全国农业高等院校规划教材
农业部兽医局推荐精品教材

宠物繁殖

● 梁书文　张卫宪　主编

中国农业科学技术出版社

图书在版编目（CIP）数据

宠物繁殖/梁书文，张卫宪主编．—北京：中国农业科学技术出版社，2008.8（2023.7重印）
全国农业高等院校规划教材．农业部兽医局推荐精品教材
ISBN 978-7-80233-571-4

Ⅰ．宠… Ⅱ．①梁…②张… Ⅲ．观赏动物－繁殖－高等学校－教材 Ⅳ．S814

中国版本图书馆 CIP 数据核字（2008）第 081290 号

责任编辑 孟 磊
责任校对 贾晓红

出版发行 中国农业科学技术出版社
北京市中关村南大街 12 号 邮编：100081
电 话 （010）82106632（编辑室）
传 真 （010）62121228
社 网 址 http://www.castp.cn
经 销 新华书店北京发行所
印 刷 北京建宏印刷有限公司
开 本 787 mm×1 092 mm 1/16
印 张 21
字 数 508 千字
版 次 2008 年 8 月第 1 版 2023 年 7 月第 4 次印刷
定 价 32.00 元

《宠物繁殖》

编 委 会

主　　编　梁书文　辽宁医学院动物科技学院

张卫宪　周口职业技术学院

副 主 编　韩丹丹　黑龙江民族职业学院

邓凯伟　信阳农业高等专科学校

柴洪亮　东北林业大学

参　　编　按姓氏笔画排列

王　星　辽东学院农学院

孙　辉　黑龙江生物科技职业学院

岳增华　黑龙江农业职业技术学院

罗守冬　黑龙江生物科技职业学院

都振玉　山东畜牧兽医职业学院

主　　审　蔡长霞　黑龙江生物科技职业学院

序

中国是农业大国，同时又是畜牧业大国。改革开放以来，我国畜牧业取得了举世瞩目的成就，已连续20年以年均9.9%的速度增长，产值增长近5倍。特别是“十五”期间，我国畜牧业取得持续快速增长，畜产品质量逐步提升，畜牧业结构布局逐步优化，规模化水平显著提高。2005年，我国肉、蛋产量分别占世界总量的29.3%和44.5%，居世界第一位，奶产量占世界总量的4.6%，居世界第五位。肉、蛋、奶人均占有量分别达到59.2千克、22千克和21.9千克。畜牧业总产值突破1.3万亿元，占农业总产值的33.7%，其带动的饲料工业、畜产品加工、兽药等相关产业产值超过8 000亿元。畜牧业已成为农牧民增收的重要来源，建设现代农业的重要内容，农村经济发展的重要支柱，成为我国国民经济和社会发展的基础产业。

当前，我国正处于从传统畜牧业向现代畜牧业转变的过程中，面临着政府重视畜牧业发展、畜产品消费需求空间巨大和畜牧行业生产经营积极性不断提高等有利条件，为畜牧业发展提供了良好的内外部环境。但是，我国畜牧业发展也存在诸多不利因素。一是饲料原材料价格上涨和蛋白饲料短缺；二是畜牧业生产方式和生产水平落后；三是畜产品质量安全和卫生隐患严重；四是优良地方畜禽品种资源利用不合理；五是动物疫病防控形势严峻；六是环境与生态恶化对畜牧业发展的压力继续增加。

我国畜牧业发展要想改变以上不利条件，实现高产、优质、高效、生态、安全的可持续发展道路，必须全面落实科学发展观，加快畜牧业增长方式转变，优化结构，改善品质，提高效益，构建现代畜牧业产业体系，提高畜牧业综合生产能力，努力保障畜产品质量安全、公共卫生安全和生态环境安全。这不仅需要全国人民特别是广大畜牧科教工作者长期努力，不断加强科学研究与科技创新，不断提供强大的畜牧兽医理论与科技支撑，而且还需要培养一大批掌握新理论与新技术并不断将其推广应用的专业人才。

培养畜牧兽医专业人才需要一系列高质量的教材。作为高等教育学科建设的一项重要基础工作——教材的编写和出版，一直是教改的重点和热点之一。为了支持创新型国家建设，培养符合畜牧产业发展各个方面、各个层次所需的复合型人才，中国农业科学技术出版社积极组织全国范围内有较高学术水平和多年教学理论与实践经验的教师精心编写出版面向21世纪全国高等农林院校，反映现代畜牧兽医科技成就的畜牧兽医专业精品教材，并进行有益的探索和研究，其教材内容注重与时俱进，注重实际，注重创新，注重拾遗补缺，注重对学生能力、特别是农业职业技能的综合开发和培养，以满足其对知识学习和实践能力的迫切需要，以提高我国畜牧业从业人员的整体素质，切实改变畜牧业新技术难以顺利推广的现状。我衷心祝贺这些教材的出版发行，相信这些教材的出版，一定能够得到有关教育部门、农业院校领导、老师的肯定和学生的喜欢。也必将为提高我国畜牧业的自主创新能力和增强我国畜产品的国际竞争力作出积极有益的贡献。

国家首席兽医官
农业部兽医局局长

二〇〇七年六月八日

前　　言

《宠物繁殖》是高等院校宠物医学专业的一门必修课。学生通过本门课程的学习，可以熟悉犬、猫、鸟、鱼、龟等宠物繁殖的基本理论和基本知识，能够基本掌握这些宠物的繁殖改良技术，为从事宠物养殖业的生产奠定基本的专业知识和专业技能。

本教材是在《教育部关于加强高职高专教育人才培养工作的意见》、《关于加强高职高专教育教材建设的若干意见》、《关于全面提高高等职业教育教学质量的若干意见》等文件精神的指导下，按教育部高教司对职业学院教育特色的要求，坚持落实科学发展观，贯彻高等职业教育以服务为宗旨，以就业为导向的职业教育办学方针，在宠物医学专业教材编写委员会的组织下，由国内多所高等学校的专家们共同编写而成。本教材是教育部“十一五”全国高等院校规划教材和农业部兽医局推荐精品教材。

本教材突破以往本专科教材的传统模式，以符合现代教学规律和教学目标的高职高专教材为目标，以应用技术为主要内容，以实验实训为主要特色，以全国高职高专教育思想为指导，突出以应用技术为主，充分考虑教材与教学的紧密结合，重点针对高职高专宠物医学专业的教学特色，体现出在编写思路上有所创新。在编写内容上以宠物繁殖应用技术为主，突出对学生实践技能的培训。在编写结构上简明清晰，以围绕宠物医学专业的岗位技能，满足高职高专技能型、综合型人才的需要，设置了独立的综合实训篇，具有一定的前瞻性、创新性和实用性。

《宠物繁殖》教材以犬、猫和鸽子的生殖生理和繁殖技术为主，同时也兼顾了观赏鱼和观赏龟的繁殖知识和实践技术。教材体系内容科学，层次清楚，结构合理，图文并茂，表达深入浅出，文字简练规范、通俗易懂。但由于我国各民族的特点和地域性差别较大，在具体的教学中，可结合本校的实际对教材中的内容进行取舍。本教材既可作为高等学校宠物专业的教学用书，也是广大宠物爱好者及宠物养殖业技术人员的参考书。

本教材的编写分工：梁书文编写前言、目录、第一篇第三章和第四章、第三篇第二章，并对全书进行了统稿和校对；张卫宪编写绪言、第一篇第一章、第二章第一节和第二节，并对第一篇第三章和第四章、第三篇第二章进行了审稿工作；韩丹丹编写第一篇第六章第一节、第三篇第一章；邓凯伟编写第一篇第五章、第一篇第六章第二节，并对第一篇第七章和第八章进行了审稿工作；王星编写第一篇第七章和第八章，并对第一篇第五章、第一篇第六章第二节进行了审稿工作；

孙辉编写第二篇第二章；罗守冬编写第二篇第一章；都振玉编写第二章第三节，并对第二篇第一章进行了审稿工作；柴洪亮对第一篇第六章第一节、第三篇第一章进行了审稿工作；岳增华对第二篇第二章进行了审稿工作；实训部分由相关章节内容的编者和审稿人分别编写和校审。

在本教材的编写过程中，得到了中国农业科学技术出版社、宠物医学专业系列教材编委会、辽宁医学院动物科技学院、周口职业技术学院、黑龙江民族职业学院、信阳农业高等专科学校、黑龙江生物科技职业学院、辽东学院农学院、东北林业大学、黑龙江农业职业技术学院和山东畜牧兽医职业学院等的大力支持和帮助，黑龙江生物科技职业学院蔡常霞教授担任了本教材的主审工作，对书稿进行了认真的审阅，提出了许多宝贵意见和建议，保证了本教材的质量，在此一并表示衷心感谢！本教材在编写过程中参考了很多国内外的文献资料，谨此一并向原作者表示诚挚的谢意。

由于编者水平有限，加之编写时间仓促，书中难免有疏漏及不妥之处，敬请专家和读者见谅并给予指正。

编　者

2008 年 4 月

目　录

第二篇　观赏鸟、鱼、龟的繁殖

第三篇　宠物的选育及繁殖力

第四篇 宠物繁殖实训

绪　言

繁殖是生命活动的本能，是生物物种延续最基本的活动之一。动物繁殖是动物生产的关键环节，动物数量的增加和质量的提高都必须通过繁殖才能实现。宠物繁殖就是研究宠物繁殖现象、规律和机理，并在此基础上开发相应的繁殖技术，达到调节和控制宠物繁殖过程、最大限度地挖掘宠物繁殖潜力、提高宠物繁殖效率的一门应用学科。

宠物繁殖以宠物解剖生理学、宠物组织与胚胎学、宠物行为与训练、宠物病理学、生物化学等为基础，并与宠物营养与食品、宠物外科及产科、宠物传染病、宠物外科手术、宠物临床诊断等密切相关。

宠物繁殖的主要内容可分为四个基本部分，即犬、猫的繁殖，观赏鸟、鱼、龟的繁殖，宠物的选育及繁殖力和宠物繁殖实训。

犬、猫繁殖的内容是研究和阐明犬、猫生殖过程的行为、现象、解剖学部位变化规律和内在机理。对犬、猫的繁殖的认识经历了一个漫长的过程，即从最初的现象观察和性行为的描述到解剖学、细胞学的探究。随着相关科学技术的发展和进步，现在已深入到生殖细胞的显微和超微结构，通过细胞生物学、分子生物学手段来揭示生殖微观现象和变化规律，进而从生物化学的角度研究激素和其他生物活性物质的生理效能、相互关系，阐明生殖机理，以解释它们在生殖过程中的激发、抑制、调节和平衡等作用。

观赏鸟、鱼、龟的繁殖部分，通过对鸟的繁殖特性、鸟类的生殖器官、种鸟的选择与配种、鸟蛋孵化和育雏、鸽子的繁殖、其他观赏鸟的繁殖、不同观赏鱼的繁殖和观赏龟的繁殖等的系统阐述，使读者对观赏鸟、鱼、龟的繁殖技术和选配有了系统的认识和掌握。

宠物的选育及繁殖力部分，系统阐述了宠物种类和一般的选育方法，在对宠物繁殖力正确评价的基础上，提出提高宠物繁殖力的措施和宠物的去势的具体方法，以期达到更佳的繁殖效率和经济效益。

宠物繁殖实训部分，对宠物繁殖的常见实践技能进行了全面的指导，达到了理论与实践的密切结合。

随着人们物质、文化水平的不断提高，犬、猫等宠物越加受到宠爱。为了做到对宠物科学的繁殖、能动的改良和有效的防病，促进宠物健康发展，许多职业院校开设了宠物及相关专业，宠物繁殖是该专业的一门重要的专业课。为适应社会发展的需要，本教材在力求符合现代教学规律和教学目标的基础上，开发出以应用技术为主要内容，以实验实训为主要特色的崭新内容。让学生（读者）通过学习，对宠物繁殖的生殖生理有扼要的认识，对掌握宠物常用的繁殖技术和宠物养殖生产者起到一定的指导作用。

第一篇

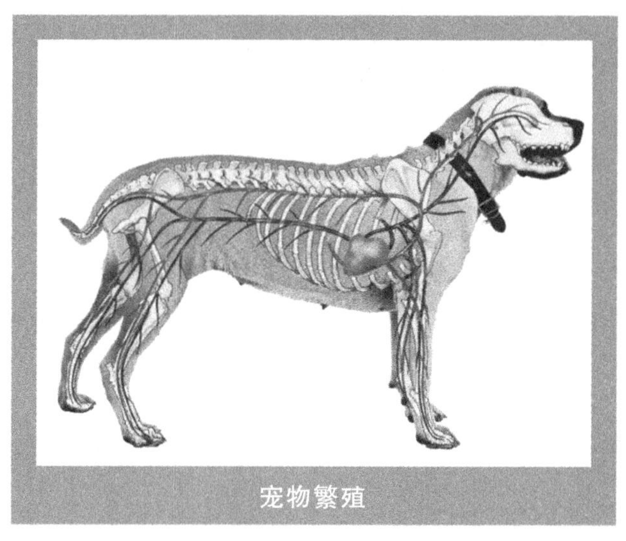

宠物繁殖

犬、猫的繁殖

第一章　犬、猫的生殖器官

第一节　公犬、公猫生殖器官

一、生殖器官的组成

公犬、公猫的生殖器官由睾丸、附睾、输精管、尿生殖道、副性腺、阴茎和阴囊所组成（图 1－1－1）。

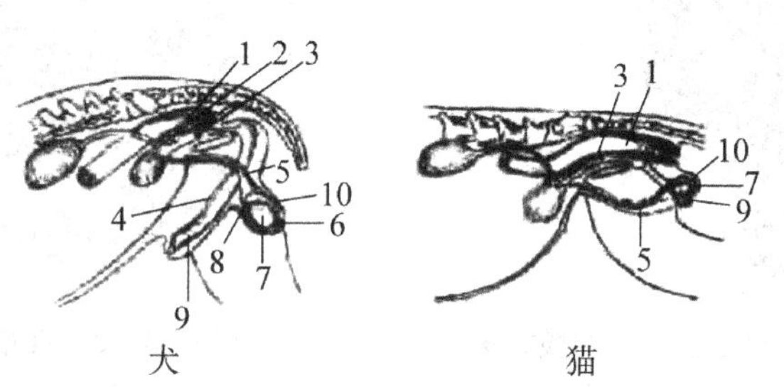

图 1－1－1　公犬、公猫生殖器官示意图

1. 直肠　2. 输精管壶腹　3. 前列腺　4. 阴茎　5. 输精管
6. 附睾头　7. 睾丸　8. 附睾尾　9. 阴茎游离端　10. 阴囊

二、生殖器官的形态、结构及生理机能

（一）睾丸

1. 睾丸的解剖结构

犬、猫的睾丸成对，位于肛门下方的会阴区。公犬、公猫的睾丸呈卵圆形，两端为头端和尾端，两个缘为游离缘和附睾缘，长轴自后上方向前下方倾斜，睾丸头位于后端。睾丸游离缘朝向阴囊底，附着缘的外侧附有附睾。睾丸的表面是由一层很薄的固有鞘膜所构成，鞘膜分为壁层和脏层，脏层覆盖睾丸表面，壁层贴附于阴囊壁内面，两层膜间为鞘膜腔，腔内含有少量液体，可使睾丸在阴囊内自由滑动。

2. 睾丸的组织结构

睾丸表面是一层致密结缔组织构成的白膜。白膜在睾丸头处进入睾丸长轴延续为睾丸纵隔，睾丸纵隔发出许多睾丸小隔伸向白膜层，将睾丸内部分隔成许多锥体形睾丸小叶。每个睾丸小叶内含2～5条曲精细管。曲精细管起于盲端，汇合为直精小管并进入睾丸纵隔中，在纵隔中互相交织形成睾丸网。睾丸网在睾丸头端延续为数条睾丸输出小管并穿出白膜进入附睾头部（图1－1－2）。睾丸内部由实质和间质两部分组成。睾丸实质部包括曲精细管、直精细管和睾丸网。

（1）曲精细管　曲精细管的外径为0.1～0.3mm，管腔直径为0.08mm，腔内充满液体。犬的曲精细管占睾丸重量的83.5%。曲精细管是一种特殊的复层上皮管道，上皮细胞可分为生精细胞和支持细胞两种。在性成熟后的犬、猫的曲精细管壁上，可见到一些稀疏的柱状上皮细胞，其底部附着在管壁的基膜上，顶部伸至管腔，这就是支持细胞。在相邻的支持细胞之间，镶嵌有许多不同发育阶段的生精细胞，根据细胞分化程度不同，生精细胞可分为A型精原细胞、B型精原细胞、初级精母细胞、次级精母细胞、精细胞和精子（图1－1－3）。曲精细管有生成精子、营养精子发生、吞噬精子残体等机能。

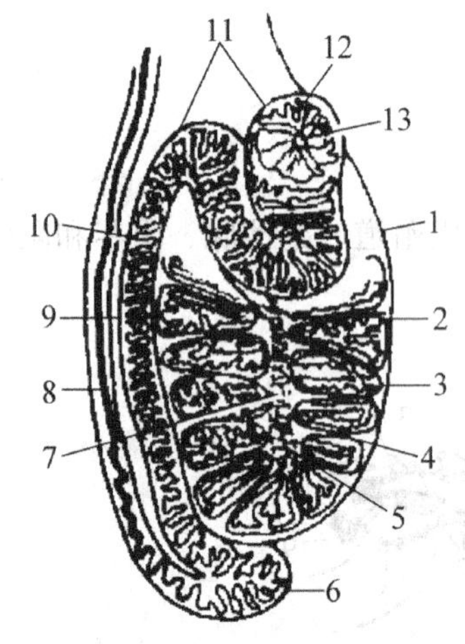

图1－1－2　睾丸及附睾组织结构模式图

1. 睾丸　2. 精细管　3. 小叶　4. 小隔
5. 纵隔　6. 附睾网　7. 睾丸网
8. 输精管　9. 附睾体　10. 附睾管
11. 附睾头　12. 输出管　13. 睾丸网

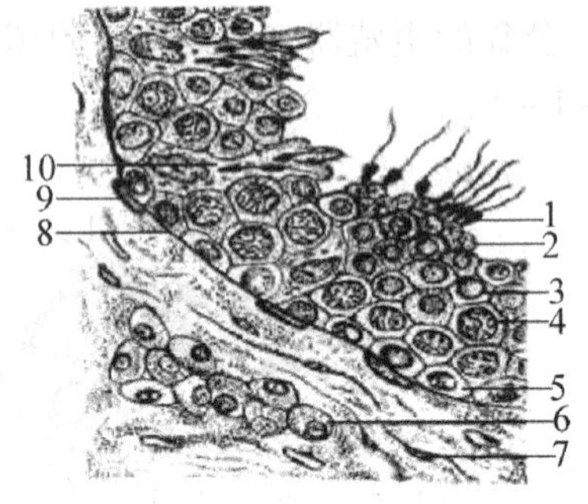

图1－1－3　曲精细管与睾丸间质

1. 精子　2. 精细胞　3. 次级精母细胞
4. 初级精母细胞　5. 精原细胞　6. 间质细胞
7. 结缔组织　8. 基膜　9. 肌样细胞
10. 支持细胞

（2）直精细管　是由每一个睾丸小叶内的2～5条曲精细管汇合而成的短直细管，其管壁上无生精细胞，不能产生精子。

（3）睾丸网　是由各睾丸小叶发出的直精细管在纵隔内汇合成的导管网。睾丸网管壁内有分泌细胞。直精细管和睾丸网有营养精子和输送精子的机能。

睾丸间质是指位于曲精细管之间的疏松结缔组织，内有很多成群的上皮样间质细胞，可分泌雄性激素。

3. 睾丸的功能

（1）生精机能　曲精细管的生精细胞经多次分裂后最终形成了精子。

（2）分泌雄激素　间质细胞能分泌雄性激素——睾丸酮，刺激性腺发育，维持第二性征，激发雄性性欲和性兴奋。

（3）产生睾丸液 由精细管和睾丸网所产生的大量睾丸液，含有较高浓度的钙、钠等离子成分和少量的蛋白质成分，其主要作用是维持精子的生存和有助于精子向附睾头部移动。

（二）附睾

1. 附睾的解剖结构

犬的附睾比较大，附着于睾丸的背外缘。附睾外部可区分为头、体、尾三部分。其前段膨大部为附睾头，此部有血管和神经进入睾丸内，它是由睾丸网发出的13～20条睾丸输出管组成，这些管呈螺旋状，借结缔组织联结成若干附睾小叶（亦称血管圆锥），再由附睾小叶联结成扁平而略成杯状的附睾头，贴附于睾丸的前端或上缘。各附睾小叶的管子汇成一条弯曲的附睾管。附睾体由弯曲的附睾管沿睾丸的附着缘伸延逐渐变细，延续为细长的附睾体。在睾丸的远端，附睾体转为附睾尾，其中附睾管弯曲减少，最后逐渐过渡为输精管（图1－1－4）。附睾内部是附睾管和部分睾丸输出管构成的管道系统。

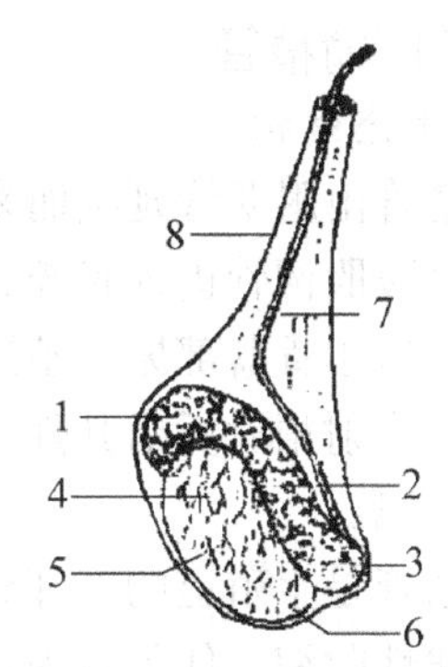

图1－1－4 附睾构造示意图

1. 附睾头 2. 附睾体 3. 附睾尾 4. 睾丸头 5. 睾丸体 6. 睾丸尾 7. 输精管 8. 精索

2. 附睾的组织结构

附睾管壁由环形肌纤维和假复层柱状纤毛上皮构成。附睾管大体可区分为三部分，起始部具有长而直的静纤毛，管腔狭窄，管内精子数较少；中段的静纤毛稍短，且管腔变宽，管内有大量精子存在；末段静纤毛较短，管腔很宽，充满精子。

3. 附睾的机能

（1）促进精子成熟 从睾丸精细管生成的精子，刚进入附睾头时颈部常有原生质小滴，活动微弱，没有受精能力或受精能力很低。精子在通过附睾的过程中，原生质小滴向尾部末端移行并脱离精子，精子逐渐成熟，并获得直线前进运动能力、受精能力。

精子的成熟与附睾的物理、化学及生理特性有关。精子通过附睾管时，附睾管分泌的磷脂质和蛋白质包被在精子表面，形成脂蛋白膜。此膜能保护精子，防止精子膨胀，抵抗外界环境的不良影响。附睾体分泌前向运动蛋白（forward movement protein，FMP），使精子的随机运动变成向前直线运动。附睾分泌一种依赖于雄激素的蛋白覆盖精子，使精子获得结合透明带的能力。精子细胞膜表面一些来源于睾丸的蛋白分子如受精素，在附睾内被去除或经剪切成熟，可使精子暴露出在精卵结合中发挥重要作用的蛋白表位，使精子与卵母细胞膜能有效结合，从而获得受精能力。

精子通过附睾管时，可获得负电荷，防止精子凝集。

（2）吸收作用 附睾头和附睾体的上皮细胞具有吸收功能，可将来自睾丸较稀薄精液中的水分和电解质经上皮细胞吸收，使在附睾尾的精子浓度大大升高，达到每微升400万个以上。

（3）运输作用 附睾主要通过管壁平滑肌的收缩以及上皮细胞纤毛的摆动，将来自睾丸输出管的精子悬浮液自附睾头运送至附睾尾。

（4）贮存作用 精子主要贮存在附睾尾。由于附睾管上皮的分泌作用和附睾中的弱酸性（pH 值 =6.2～6.8）、高渗透压（400 mosm）、较低温度和厌氧的内环境，使精子代谢和活动力维持在很低水平，因而使精子在附睾内可贮存较长时间。例如，精子在附睾尾内贮存 60d 仍具有受精能力。但贮存过久则降低精子活力，并导致畸形精子和死精子数增多。

（三）输精管

1. 形态结构

输精管由附睾管延续而来，与通往睾丸的神经、血管、淋巴管、睾内提肌组成的精索一起通过腹股沟管进入腹腔，转向后进入骨盆腔，绕过同侧的输尿管，向后行至膀胱颈的背面，开口于骨盆部尿生殖道起始部背侧。输精管管壁具有发达的平滑肌纤维，管壁厚而管径小，当射精时凭借其强有力的收缩作用将精子排出。

2. 功能

输精管是生殖道的一部分，交配时，在催产素和神经系统的共同支配下输精管肌肉层发生规律性收缩，使得管内和附睾尾部贮存的精子排入尿生殖道内。另外，输精管对死亡和老化精子具有分解吸收作用。

（四）尿生殖道

公犬的尿生殖道是一条起自膀胱颈、伸向阴茎头（龟头）的管道，是尿液和精液排出体外的共同通道。它沿骨盆腔腹壁向后移行，绕过坐骨弓后成一锐角弯曲再转向前行，被包于尿道海绵体内，成为阴茎的一部分。公犬的尿生殖道可区分为尿道骨盆段、尿道球段和尿道阴茎段三部分。公猫的尿生殖道在构造和机能上与犬基本相似。

1. 尿道骨盆段

尿道骨盆段比较长，前端与膀胱颈相接通，尿道前半部包藏在前列腺内（当此腺膨大时，可影响排尿）。

2. 尿道球段

尿道途经坐骨弓处时，该处管壁的尿道海绵体特别发达，隆突为球状，称为尿道球。

3. 尿道阴茎段

尿道阴茎段贯穿行走在整个阴茎中，末端以尿道外口开口于龟头突。

（五）副性腺

1. 形态与结构

犬的副性腺与一般动物不同，无精囊腺和尿道球腺，仅有前列腺。犬的前列腺很发达，略呈黄色，球状，环绕在膀胱颈和尿道起始部的周围，组织坚实，输出管很多，开口于尿生殖道骨盆部。前列腺分为体部和扩散部，体部较大，位于耻骨前缘处，呈球状环绕在膀胱颈及尿道的起始部。前列腺扩散部的体积较小，隐藏于尿道壁内（图 1－1－5）。

猫的副性腺由发达的前列腺和不发达的尿道球腺构成，在机能上与犬基本相似。猫的尿道球腺位于坐骨弓处的尿道球旁，呈豌豆状。

2. 功能

(1) 冲洗尿生殖道　交配前阴茎勃起时，所排出的少量液体，主要是尿道球腺所分泌，它可以冲洗尿生殖道中残留的尿液，为精液通过创造适宜的环境，使精子在通过尿生殖道时免受尿液危害。

（2）精子的天然稀释液　从附睾排出的精子，其周围只有少量液体，与副性腺液混合后，精子即被稀释，从而也加大了精液容量。

（3）活化精子　副性腺的分泌物一般为偏碱性。在弱碱性环境中，精子运动加快。另外，副性腺分泌物的渗透压低于附睾液，可使精子吸收适量的水分而得以活动。

（4）运送精子到体外　精液的射出除借助于附睾管、副性腺壁平滑肌及尿生殖道肌肉的收缩外，在排出过程中，副性腺分泌物的液流也起到推动作用。在副性腺管壁收缩排出的腺体分泌物与精子混合时，随即运送精子排出体外。精液进入雌性生殖道后，精子以一部分精清（还包括雌性生殖道的分泌物）为媒介，泳动至受精部位。

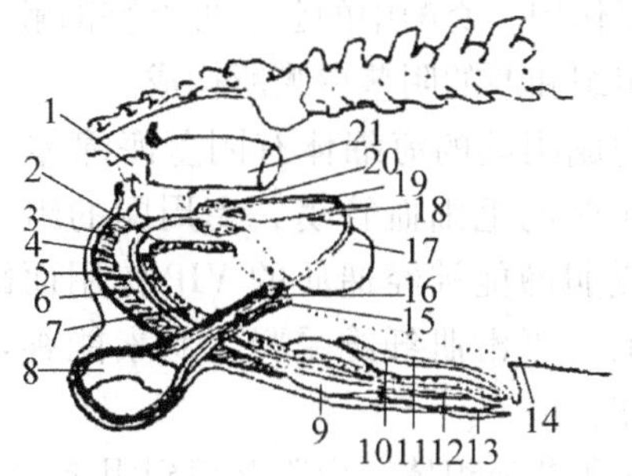

图1－1－5　公犬生殖器官侧面图

1. 外肛门括约肌　2. 耻骨联合　3. 阴茎退缩股　4. 球海绵体肌　5. 尿道　6. 尿道海绵体　7. 限茎海绵体　8. 附睾　9. 龟头体　10. 包皮脏侧　11. 包皮壁侧　12. 龟头体　13. 阴茎骨　14. 腹膜　15. 腹股沟管　16. 精索　17. 膀胱　18. 输尿管　19. 输精管　20. 前列腺　21. 直肠

（5）延长精子的存活时间　副性腺分泌物中含有柠檬酸盐及磷酸盐，这些物质具有缓冲作用，给精子提供良好的环境，从而延长精子的存活时间，维持精子的受精能力。

（6）供给精子营养物质　副性腺分泌物中含有的果糖是精子进行能量代谢的营养物质。

（六）阴茎

1. 阴茎的位置、形态

阴茎为雄性动物的交配器官，其位置起自阴茎根形成的一对阴茎脚，固定在坐骨弓的两侧。犬的阴茎向前延伸，包皮口位于腹下。猫的阴茎向后延伸，包皮口位于尾部阴囊下面。犬、猫的阴茎呈粗细不等的长圆锥形，无“S”状弯曲，龟头的形状各异。犬和猫的阴茎基部有一条长圆形的软骨称为阴茎骨。犬的阴茎骨外围有一圈特殊的海绵体结节，称为茎球腺，在交配时充血膨大使阴茎难以从阴道中抽出。

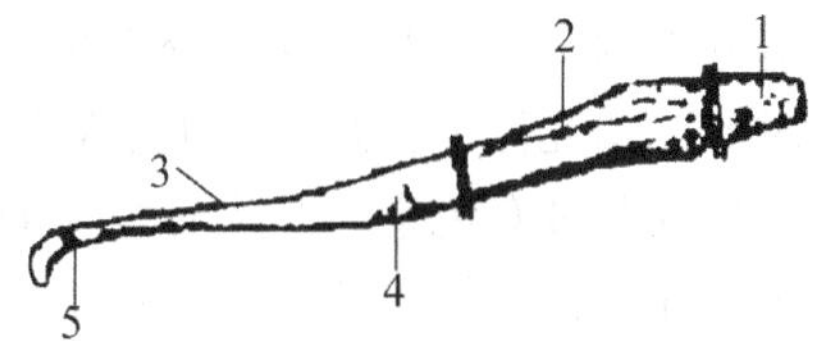

图1－1－6　犬的阴茎分段示意图

1. 阴茎根　2. 限茎体　3. 阴茎头　4. 龟头球　5. 龟头突

2. 阴茎的结构

阴茎由海绵体、尿道和外膜构成，可分为阴茎根、阴茎体、阴茎头三段（图1－1－6）。

（1）阴茎根　是阴茎的起始部，很短，靠近左、右坐骨结节处，由阴茎脚开始向阴茎体移行，是分布于阴茎的血管和神经的入口，勃起肌也集中于此。

（2）阴茎体　是阴茎脚的延续，细长，它向前伸展形成阴茎头。阴茎体从横切面看，外表是阴茎外膜，外膜下为白膜，白膜向内形成横膈和正中隔，将阴茎体内部的海绵体组织（勃起组织）分隔为左、右阴茎海绵体和腹侧的尿道海绵体。犬的阴茎体正中隔比较连贯，故左、右阴茎海绵体比较分明；猫的阴茎体正中隔不连贯，使其左、右阴茎海绵体融合为一体。在尿道海绵体的中央有尿道阴茎部通过。犬的阴茎体发育较差，阴茎勃起时不起主要作用。交配中的公、母犬臀部触合时，阴茎体弯曲，反转180°。其组织结构是由海绵体组织和厚的阴茎白膜所构成。

构成阴茎的海绵体有阴茎海绵体、尿道海绵体和龟头海绵体。组织学观察，海绵体有扩张的毛细血管窦，窦周围的组织有丰富的平滑肌纤维和胶原纤维。这种平滑肌纤维受胆碱能神经递质的VIP作用而舒张，血液进入海绵体窦内而使阴茎勃起。交配结束后，平滑肌纤维受肾上腺素能神经递质的NPY作用而收缩，促进海绵体窦的血液排出。

①阴茎海绵体：由阴茎根到阴茎前端，与阴茎白膜共同构成阴茎体。阴茎根附近的海绵体称阴茎脚。阴茎脚附着在坐骨结节上，为阴茎深动脉和静脉的进出口。前端龟头内部的海绵体钙化成为阴茎骨。犬的阴茎海绵体很不发达。

②尿道海绵体：围绕尿道，由骨盆腔到阴茎前端。骨盆腔内海绵体的起始部称尿道球，有尿道球动脉、静脉伸入。此海绵体在阴茎前端较发达，形成龟头。

③龟头海绵体：是犬阴茎最具特征的部分，分为龟头球和龟头体。此部的海绵体窦比其他部位海绵体窦粗很多。阴茎背静脉来自龟头球，浅龟头静脉来自龟头体。

（3）阴茎头　是阴茎体的延续部分。犬的阴茎头非常发达，其中含有等长的阴茎骨（由海绵体骨化而成），阴茎骨的腹面包有尿道，尿道和阴茎骨的外围包被阴茎外膜。阴茎头的后端有膨大的龟头球，龟头球前伸的部分称龟头突。猫阴茎龟头上有100～200个角质突起，长度为0.75mm，小乳突指向阴茎基部，致使母猫交配时受刺激而吼叫。

（七）阴囊

阴囊是腹壁皮肤形成的囊袋，由皮肤、肉膜、睾外提肌、筋膜和总鞘膜构成。阴囊内由中隔分为两个腔，两个睾丸分别位于其中。犬的阴囊位于腹股沟与肛门之间的中央部。胚胎时期，睾丸位于腹腔中，出生后睾丸和附睾一起由腹股沟管下降至阴囊内。阴囊颈很短，阴囊皮肤带有色素，并生有稀疏的细毛，阴囊正中缝不甚明显。正常情况下，阴囊能维持睾丸保持低于体温的温度，这对于维持生精机能至关重要。阴囊皮肤有丰富的汗腺，肉膜能调整阴囊壁的厚薄及其表面积，并能改变睾丸和腹壁之间的距离。气温升高时，肉膜松弛，睾丸位置降低，阴囊变薄，散热表面积增加。气温低时，阴囊肉膜皱缩以及提睾肌收缩，使睾丸靠近腹壁并使阴囊壁变厚，散热面积减小。另外，进出阴囊的动脉和静脉，其特殊的血管分布和血液回流也使睾丸温度的调节得到进一步加强。因此，阴囊腔的温度低于腹腔的温度，通常为34～36℃。

第二节　母犬、母猫生殖器官

一、生殖器官的组成

母犬、母猫的生殖器官由卵巢、输卵管、子宫、阴道、尿生殖前庭、阴唇及阴蒂组成（图1－1－7）。

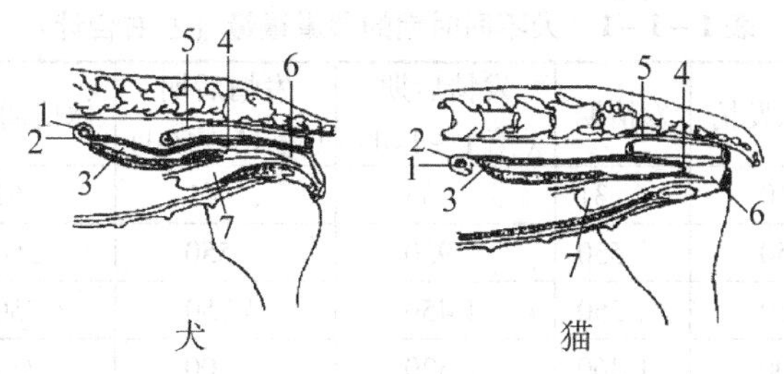

图1－1－7 母犬、母猫生殖器官解剖标意图

1. 卵巢 2. 输卵管 3. 子宫角 4. 子宫颈 5. 直肠 6. 阴道 7. 膀胱

卵巢是产生卵子和分泌雌激素的性腺；输卵管是输送卵子和卵子受精的管道；子宫是孕育胎儿的场所；阴道是交配器官和产道；尿生殖前庭既是交配器官和产道，也是排尿通道。

二、生殖器官的形态、结构及生理机能

(一) 卵巢

犬、猫的卵巢较小，左右各一个。卵巢的发生与雄性睾丸一样，都发生于中肾内胚上皮，胎儿期由腹腔移向后部，分别靠近左右肾脏的后端。卵巢位于第3～4腰椎的腹侧，由卵巢系膜和子宫阔韧带悬吊于腹腔或骨盆腔中。右侧卵巢在十二指肠的右侧与腹壁之间，左侧卵巢的外侧邻接脾脏。卵巢系膜是腹膜包围卵巢而重叠的二层浆膜，系膜中间分布有神经和血管，系膜附着在卵巢的部分为系膜缘。卵巢系膜中的神经和血管与平滑肌、结缔组织一起伸入卵巢的中心部，卵巢的这个部位称卵巢门。卵巢被卵巢囊完全包裹着。卵巢囊是卵巢系膜和输卵管系膜结合形成的。在卵巢囊的内侧有狭缝状开孔，开孔长度8mm左右，在这个部位还附着有输卵管伞。输卵管的走行是沿卵巢囊内侧壁绕到腹侧，然后穿过卵巢囊的外侧壁向子宫方向走行。卵巢囊的浆膜之间含有脂肪组织。卵巢囊内含有浆液，当卵巢中的卵泡很小时看不到浆液，卵泡发育时，有0.5～1ml左右的浆液，卵泡成熟至排卵前，浆液增加达3～5ml，充满于卵巢囊内。

1. 卵巢的解剖构造

卵巢的大小和形状有个体差异，而在同一个体性周期的各期及妊娠期也有显著差异。无卵泡和黄体的卵巢一般呈长卵圆形或蚕豆状，稍扁平，体积较小。青年犬的卵巢表面光滑，稍柔软；老龄犬的卵巢缩小变硬，表面有大小不同的凸隆和深的凹陷，凹陷中有闭锁卵泡和陈旧黄体，整个卵巢萎缩，结缔组织增多；成年犬的卵巢在接近发情期时，有数个至十数个卵泡发育，成熟卵泡的卵泡壁有部分隆起突出于卵巢的表面，卵巢呈不规则形状，卵泡排卵后有黄体发育，卵巢增大，随后黄体退化时，卵巢又逐渐缩小。犬卵巢的长度多为1.2～1.8cm，宽度多为0.8～1.4cm，厚度多为0.7～1cm。猫卵巢的长度为6～9mm，宽3～4mm。由于每个卵巢的形状不同，以重量表示其大小更为适宜。通常左、右卵巢的形状大致相似，卵巢表面及卵巢断面的基质呈同一颜色，其大小几乎相同，但重量多少有些差异。10%的犬左、右卵巢重量相差很大，有的一侧卵巢重量比对侧卵巢重1倍，90%的犬卵巢重350～2 150mg。犬在发情周期、妊娠期和泌乳期的卵巢重量见表1－1－1。

表1－1－1　犬不同时期的卵巢重量（左右合计）

项目	幼龄未发情	发情期	发情后期（第1～14d）	发情后期（第15～60d）	休情期	妊娠期	泌乳期（第1～30d）
例数	10	31	35	41	62	56	13
最小（mg）	350	550	950	550	250	750	650
最大（mg）	1 050	4 250	4 450	4 750	1 750	3 650	1 750
平均（mg）	600	1 360	1 520	1 400	750	1 360	940

2. 卵巢的组织结构

卵巢由被膜、皮质和髓质三部分构成（图1－1－8）。

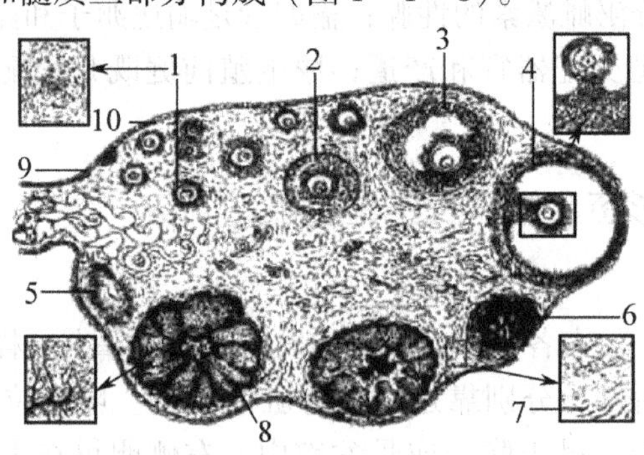

图1－1－8　卵巢组织结构示意图

1. 初级卵泡　2. 次级卵泡　3. 三级卵泡　4. 成熟卵泡
5. 白体　6. 闭锁卵泡　7. 间质细胞　8. 黄体　9. 生殖上皮　10. 白膜

（1）被膜　包括外表的生殖上皮和上皮下的白膜。

（2）皮质　包括卵泡、闭锁卵泡和黄体。

①卵泡：由卵母细胞和周围的卵泡细胞构成。按发育程度的不同，卵泡可分为原始卵泡、初级卵泡、次级卵泡、三级卵泡和成熟卵泡。

②闭锁卵泡：是退化卵泡形成的斑痕组织。正常情况下，绝大多数的原始卵泡和初级卵泡不能发育为成熟卵泡，它们或完全消失，或形成闭锁卵泡。

③黄体：成熟卵泡破裂排卵后会伴有局部轻微出血，血液流入卵泡腔内形成红体。红体逐渐被毛细血管吸收，同时有黄体细胞增生，使该处颜色由红变黄而形成黄体。黄体属于内分泌腺，能分泌孕激素，使母犬、母猫维持妊娠。排出的卵子若未受精，黄体会逐渐被结缔组织替代，演变为瘢痕状的白体。

（3）髓质　位于卵巢中心部，由结缔组织、弹性组织、血管、神经、淋巴管构成。

3. 生理机能

（1）卵泡发育和排卵　卵巢皮质部分布着许多原始卵泡。原始卵泡由一个卵母细胞和周围一单层卵泡细胞构成。它经过初级卵泡、次级卵泡、生长卵泡和成熟卵泡的发育阶段，最终排出卵子。排卵后，在原卵泡处形成黄体。

（2）分泌雌激素和孕酮　在卵泡发育过程中，包围在卵泡细胞外的两层卵巢皮质基质细胞形成卵泡膜。卵泡膜可分为血管性的内膜和纤维性的外膜。内膜能分泌雌激素，一定量的雌激素是导致母犬、母猫发情的直接因素。排卵后形成的黄体能分泌孕酮，它是维持母犬、母猫妊娠所必需的激素之一。

（二）输卵管

1. 输卵管的解剖构造

输卵管是连接卵巢与子宫角之间的一对细管，被卵巢系膜和输卵管系膜包裹。输卵管在将卵巢上排出的卵子运向子宫的同时，卵子在输卵管内与精子汇合而受精。

输卵管前部的腹腔端呈漏斗形，漏斗的周缘有皱襞状的输卵管伞，在漏斗底部有圆形的输卵管腹腔孔开口于腹腔。输卵管伞附着在卵巢门的对侧面，排卵时，输卵管伞为了能接住卵子而伸长。漏斗部为一层薄膜，是黏膜的延续，血管较多，有淋巴分布，组织学证明它是一种勃起组织。输卵管后部的子宫端，以小丘状突入子宫角尖端内，其开口为输卵管子宫孔。输卵管的长度，犬的为 4～10cm，猫的为 4～5cm。未成年犬的输卵管一般为直管状，成年犬的输卵管明显弯曲，呈螺旋状。犬的输卵管特点是直接进入卵巢囊，包埋在卵巢囊的脂肪中。发情前期的输卵管伞增大膨胀呈深红色，并堵塞卵巢囊孔，发情后期的输卵管伞缩小。输卵管上 1/2 段粗而软，称为输卵管壶腹，是卵子受精的地方。输卵管下 1/2 段细而硬，称为峡部，其末端经输卵管子宫孔与子宫角相通。输卵管壶腹部和峡部没有很明显的界线，为自然移行。

2. 输卵管的组织构造

输卵管管壁是由内侧的黏膜层、中间的肌层和外侧的浆膜层所构成。壶腹部和峡部不同，壶腹部的黏膜层有很多皱褶，呈树枝状突出于内腔，峡部的黏膜层皱褶少而平滑。输卵管黏膜层为单层柱状上皮细胞，上皮细胞的高度为 15～20μm，分为有纤毛和无纤毛两种细胞。无纤毛的上皮细胞能够分泌黏液，其细胞核位于细胞的中心，分泌颗粒集中于细胞的分泌端，这种细胞在峡部较多，壶腹部较少；有纤毛上皮细胞分布于输卵管伞的内膜及整个输卵管内面，在输卵管腹腔孔至壶腹部分布多，而峡部分布少，其纤毛向子宫角方向摆动，这有助于卵子向子宫内运行。输卵管肌层发达，其环行平滑肌纤维在黏膜中放射状斜伸。输卵管在发情周期中的变化可概括如下：

（1）发情前期　输卵管呈螺旋形，管壁厚，有浮肿表现。输卵管腹腔孔直径为 1～3mm，呈紫红色状突出于腹腔孔。输卵管管腔大，皱襞少，上皮细胞为高柱状，分泌性和多纤毛性上皮细胞清晰可辨。

（2）发情期　黏膜层增厚，皱襞也变厚，分泌细胞和纤毛细胞增多，输卵管伞和壶腹部的纤毛细胞纤毛增多且活跃，分泌细胞增加，分泌旺盛。

（3）发情后期　输卵管伞缩小，分泌减弱，黏膜分泌上皮细胞出现很多空泡，纤毛细胞的纤毛减少，被黏稠的黏液粘在一起。

（4）休情期　黏膜上皮细胞的高度变低，纤毛显著减少。黏膜层皱襞增大，壶腹部闭锁，峡部不明显。上皮细胞几乎看不到纤毛，仅见巨核柱状上皮细胞和分泌不明显的小单层细胞。

总之，在发情周期中，输卵管尤其是其黏膜层变化显著。

3. 输卵管的机能

（1）运送卵子和精子　借助于输卵管纤毛的摆动、管壁的分节蠕动和逆蠕动、黏膜和输卵管系膜的收缩、纤毛摆动引起的液体流动，将卵巢排出的卵子经过伞向壶腹运送；另外，能将精子反向由峡部向壶腹部运送。

（2）精子的获能、卵子受精和受精卵卵裂　精子在受精前必须在输卵管内停留一段时间，以获得受精能力。输卵管壶腹为卵子受精的部位，受精卵一边卵裂一边向峡部和子宫角运行。宫管连接部对精子进入有筛选作用，并控制精子和受精卵的运行。

（3）分泌机能　输卵管的分泌物主要是黏多糖和黏蛋白，是精子和卵子运行的运载工具，也是精子、卵子和受精卵的培养液，其分泌受激素的控制，发情时分泌增多。

（三）子宫

1. 子宫的解剖构造

子宫为一中空性肌质器官，未妊娠的子宫大部分位于腹腔，仅子宫颈位于骨盆腔。已经妊娠的子宫，其子宫角增长、前伸，与胃、肝接触，在外观上有许多膨大部，里面含有胎儿，在相邻两个膨大部之间，由一细缩部分开。子宫背侧为直肠，腹侧为膀胱，前接输卵管，后接阴道。子宫是由子宫角、子宫体和子宫颈所组成。子宫角与子宫体借助于子宫阔韧带悬于腰下腹腔或骨盆腔。犬和猫的两侧子宫角基部内有纵隔将两子宫角分为对分子宫，也称双间子宫；犬和猫的子宫体较短，但子宫角却特别长。中等大小的犬，子宫体长2～3cm，子宫角长12～15cm；猫的子宫体长约4cm，子宫角长9～10cm。犬和猫的子宫角形似小肠但较为平直，弯曲较小，两子宫角于膀胱上方分叉后向前延伸到位于肾脏后方的卵巢。子宫体与阴道的连接部为子宫颈，是由括约肌构造的厚壁组成的一条狭窄的管腔。子宫颈是子宫体与后部的阴道相连接的圆筒形部分，此部的环形肌发达，是由平滑肌与弹性纤维所组成。子宫颈壁厚1～2cm，中央通路是子宫颈管，子宫颈管与子宫体腔相接的部位是子宫内口。犬的子宫颈末端管壁逐渐增厚，长度为0.3～1cm，开口于阴道的部位是子宫外口。犬的子宫颈较短，长度0.5～1cm，界限清晰。猫的子宫颈长度约为2cm，子宫颈阴道部的两侧由阴道穹窿环绕，但背侧部直接与阴道壁相连，形成向后呈V形的子宫颈外口。发情前期，由于子宫颈阴道部的充血和间质浮肿而增大，膜层形成很多皱襞，管腔内潴留的黏液有流动性。发情期的子宫颈管弛缓变大，颈口开张，黏膜湿润，可见黏液流出。发情后期，子宫颈管充血和肿胀逐渐减退。间情期，子宫颈管呈收缩状态，颈管紧闭，黏膜表面干涩。

2. 子宫的组织构造

子宫壁由内向外可分为内膜、肌层和浆膜层。

（1）子宫内膜　是子宫壁的最内层，由表层的黏膜上皮和黏膜下的固有层所构成。犬的子宫内膜表层为立方细胞，基质中有很多简单分支的管状腺、毛细血管及网状纤维。有的腺体位于深部肌层，腺体分支分布表层，并以隐窝开孔于子宫腔。子宫角内膜中腺体较多，而子宫体内膜中腺体减少。牛、马等子宫颈无管状腺，但犬的管状腺分布到子宫颈外口。青年犬的子宫腺不发达，腺体短，分支也少。子宫内膜表面呈淡红色或黄红色，有4～5列纵行皱襞。子宫内膜由于受雌激素和孕激素的周期性作用，重复发生增厚或细胞增殖与退化的变化。

（2）中间层　是由平滑肌构成。此层又可分为三层，外层为纵行肌层；中层为血管层，包括有结缔组织、血管和神经；内层为发达的环行肌层。犬的内、外肌层很明显，肌层由子宫角到子宫体逐渐增厚，子宫颈的环形肌最发达，且厚而坚硬。犬与猪等多胎动物一样，子宫角较长，纵行肌也很发达。

（3）子宫外膜　是一层坚韧的浆膜，包被于子宫整体，与子宫系膜相接。

3. 子宫的功能

（1）贮存、筛选和运送精子，有助于精子获能　发情配种后，开张的子宫颈口有利于精子进入，并有阻止死精子和畸形精子进入子宫的能力，可防止过多的精子到达受精部位。大量的精子贮存在复杂的子宫颈隐窝内。进入子宫的精子借助子宫肌的收缩作用被运送到输卵管，在子宫内膜分泌液作用下，可使精子获能。

（2）孕体的附植、妊娠和分娩　子宫内膜的分泌液既可使精子获能，还提供早期胚胎生长发育的营养。胚泡附植时子宫内膜形成母体胎盘与胎儿胎盘结合，为胎儿的生长发育创造良好的环境。妊娠时子宫颈黏液高度黏稠形成栓塞，封闭子宫颈口，起屏障作用，防止子宫感染。分娩前子宫颈栓塞液化，子宫颈扩张，随着子宫的收缩使胎儿和胎膜排出。

（3）调节卵巢黄体功能，导致发情　子宫通过局部的子宫－卵巢静脉－卵巢动脉循环而调节黄体功能及发情周期。未妊娠子宫角在发情周期的一定时期分泌前列腺素，使卵巢的周期黄体溶解、退化，诱导促性腺激素的分泌，引起新一轮卵泡发育并导致发情。

（四）阴道

1. 解剖构造

阴道全部位于骨盆腔内，在直肠和膀胱之间，前端在子宫颈阴道部后方有一小凹陷，后端以阴瓣（一道横行的黏膜褶）作为阴道与尿生殖前庭的分界标志。犬的阴道较长，前端与子宫颈相接，是由扩张性的强韧肌膜构成的管腔。阴道前部是阴道圆盖，较细，无明显的穹隆。子宫颈阴道部由前上方呈圆锥状突出于阴道腔0.5～1cm，其直径为0.8～1cm。阴道后端与尿生殖前庭相接，以不太明显的阴瓣作为分界。由于子宫颈阴道部由前向后下倾斜突出，所以阴道背侧壁短，而腹侧壁较长。各种犬的阴道长度不尽相同，成年中型犬一般为9～15cm，成年德国牧羊犬的阴道长达18cm。阴道壁有数条纵行皱襞。阴道腔柔软而扩张，有收缩性，内腔的直径约为1.5～2.5cm（图1－1－9）。

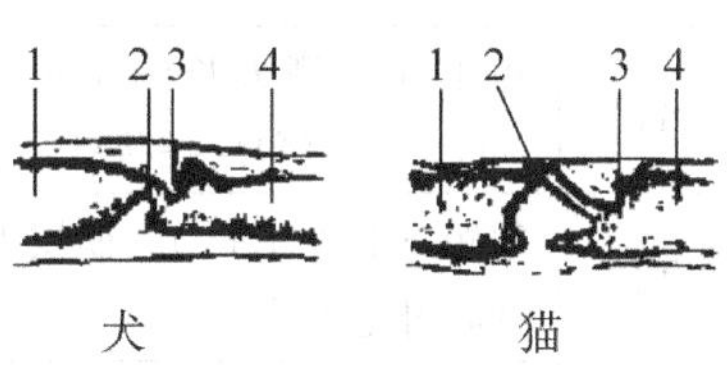

图1－1－9　母犬、母猫的子宫颈（正中矢状面）

1. 子宫体　2. 子宫颈　3. 子宫颈外口　4. 阴道

2. 组织结构

阴道壁可分为黏膜层、肌层和外膜三层。黏膜层分为上皮层和固有层，上皮为复层鳞状扁平上皮，上皮细胞随性周期而发生规律性变化；固有层的基底细胞为立方形，细胞质少，细胞核呈卵圆形，垂直密集排列于固有膜上。黏膜下层有血管网，但无腺体。

肌层为平滑肌，内侧有一薄层纵行肌，中间层的环行肌厚，外侧尚有一薄层纵行肌。内纵行肌和环行肌层包围子宫颈外口部，外纵行肌与子宫体的肌层融合。

外膜是疏松结缔组织，与邻近器官的结缔组织相接。

犬阴道黏膜随发情周期的变化而变化，其变化规律如下：

（1）发情前期　阴道黏膜开始肿胀，形成表面肿胀的皱襞，阴道壁充血和浮肿。此期的阴道上皮细胞增大，迅速增殖成6～8层明显的复层扁平细胞层，颗粒层和角质表皮层明显，基底细胞增大，数量增加，核为圆形、淡染，细胞质多，呈核分裂相。下层的基质细胞浮肿，呈短粗的纺锤形，细胞核与表面平行排列。阴道黏膜在发情前期的1周内为生长期，到发情期时则转为上皮角化期。

表1-1-2 母犬、母猫生殖器官解剖特点

项目		犬	猫
卵巢	形态	椭圆形，稍扁平	椭圆形，稍扁平
	大小	平均长度约为2cm	长约1cm
	位置	（小型犬）紧邻同侧肾的后端，（大型犬）距同侧肾的后端1～2cm处	位置与犬卵巢的位置相似
	特点	非发情期，卵巢全被包于卵巢囊内	非发情期，卵巢全被包于卵巢囊内
输卵管		输卵管伞和前段输卵管全在卵巢囊内，后段绕行到卵巢囊外	输卵管伞和前段输卵管全在卵巢囊内，后段绕行到卵巢囊外
子宫	子宫角	左右宫角分叉处呈V形，每个宫角细直而长，未孕时近似直线，怀孕时形似串珠，衬有单层柱状纤毛上皮，腺体发达	左右宫角分叉处呈V形，每个宫角细直而长，未孕时近似直线，怀孕时形似串珠，衬有单层柱状纤毛上皮，腺体发达
	子宫体	短小（小型犬长约1cm，中型犬长2～3cm），衬有单层柱状纤毛上皮	平均长约4cm
	子宫颈	很短（长约1cm），肌层发达，衬有复层柱状纤毛上皮	很短（长约1cm），肌层发达，衬有复层柱状纤毛上皮
阴道		较长（大型犬长约9cm），有阴瓣作为阴道和尿生殖前庭的分界	
尿生殖前庭		有发达的前庭小腺和前庭肌，但缺乏前庭大腺，尿有道外口与阴门间有小凹陷	有发达的前庭小腺和前庭肌，但缺乏前庭大腺，尿道外口与阴门间有小凹陷
阴门		阴唇较厚，腹联合较尖锐，其前部内腔有阴蒂头和阴蒂窝	阴唇较厚，腹联合较尖锐，其前部内腔有阴蒂头和阴蒂窝

（2）发情期　阴道黏膜皱襞肿胀减退，复层扁平上皮与发情前期相同，角化上皮逐渐脱落，红细胞渗出，阴道内血样分泌物增多。发情期的后半期，阴道上皮厚度明显变薄，细胞角化脱落，并伴有部分血细胞浸润。

（3）发情后期　阴道黏膜上皮层变薄，皱襞变得光滑而长。此期的第8～10d后，复层扁平细胞变成为高柱状细胞。当拒绝公犬交配后24h左右，白细胞浸润到上皮层和固有层，并出现在阴道分泌物中。

（4）休情期　阴道黏膜表面不光滑，上皮细胞为2～3层短立方形或圆柱状细胞。

3. 阴道的机能

阴道既是交配器官，又是分娩时的产道。交配时贮存于子宫颈阴道部的精子不断向子宫颈内运行。阴道的生化和微生物环境，能保护上生殖道免受微生物的入侵。阴道还是子宫颈、子宫黏膜和输卵管分泌物的排出管道。

（五）尿生殖前庭

尿生殖前庭是阴道和尿道向后共同通向阴门的过渡通道。其前端经阴瓣与阴道相通，前下方经阴瓣后下方的尿道外口与尿道相通，后端经阴门与外界相通。尿生殖前庭壁内有前庭小腺、前庭小球和前庭缩肌，交配中可润滑阴茎，将阴茎“锁住”在阴道内。

尿生殖前庭有交配、产道和排尿的功能。

（六）阴唇和阴蒂

1．阴唇

为肛门下部皮肤形成的皱襞。左右阴唇上、下相连形成阴裂，称为阴门。两阴唇的上部联合与肛门皮肤之间没有明显界线，中型犬的肛门到上部联合的距离约为8～9cm，下部联合稍离体下垂，呈突起状。阴唇光滑而柔软，富含弹性结缔组织、平滑肌纤维及脂肪组织。阴唇在母犬发情期发生充血、肿大。阴唇的内侧黏膜为复层扁平上皮，有多角形上皮细胞和角化细胞层。阴唇具有保护性作用。

2．阴蒂

阴蒂是阴唇下联合内侧的圆锥状小突起，由阴蒂脚、阴蒂体及阴蒂头构成。阴蒂体属勃起组织，但脂肪含量较多，表面被覆厚的白膜。阴蒂的游离部分长0.6cm，直径0.2cm。阴蒂具有神经感受机能。

综上所述，母犬、母猫生殖器官解剖特点可归纳为表1－1－2。

复习思考题

1．公犬、公猫的生殖器官由哪些部分组成?

2．公犬、公猫生殖器官各组成部分的生理机能如何?

3．母犬、母猫的生殖器官由哪些部分组成?

4．母犬、母猫生殖器官各组成部分的生理机能如何?

第二章　生殖激素

第一节　概述

一、生殖激素和繁殖的关系

生殖激素是指那些直接作用于生殖活动，并以调节生殖过程为主要生理功能的激素。例如，下丘脑促性腺素释放激素（GnRH）、来自垂体或胎盘的促性腺激素类（FSH、LH、HCG、PMSG等）及性腺本身产生的激素等。

宠物的生殖活动是一个复杂的过程，如雌性宠物发情的周期性变化、卵子的发生、卵泡的发育、卵子的排出、受精、妊娠、分娩及泌乳；雄性宠物精子的发生和交配活动等。这些生殖活动必须相互协调，而且按照严格的顺序，使有关的器官和组织产生相应的变化。所有这些生理机能的表现，都与生殖激素的作用有着密切的关系。生殖激素的紊乱，常常是造成宠物不育的重要原因。

在整个生殖过程中，雌性宠物承担了大部分繁重的任务，如排卵、受精、妊娠、分娩和哺乳等。这些活动不但使雌性宠物发生复杂的生理变化，还要经历较长的生理过程。而雄性宠物的生殖活动则比较简单，只是产生精子和交配活动。因此生殖激素对雌性宠物活动的作用也比较复杂。我们将要讨论的生殖激素问题，大部分是针对雌性宠物的生殖活动。

实际上，在哺乳动物中几乎所有的激素，在一定程度上都和生殖活动有关，其中有的是直接影响某些生殖生理活动，而有的则是间接地通过维持整体的正常生理状态而保持正常的繁殖机能。那些对生殖活动有间接作用的激素，又称“次发性生殖激素”，如垂体前叶分泌的生长激素、促甲状腺素、促肾上腺皮质激素，垂体后叶所分泌的加压素，甲状腺所分泌的甲状腺素，肾上腺皮质所分泌的皮质素和醛固酮，胰腺所分泌的胰岛素，以及甲状旁腺所分泌的甲状旁腺素等。这些次发性生殖激素，通过直接影响宠物机体的代谢机能而间接地影响正常的生殖活动。因此，在实际生产工作中，它们对生殖活动的影响是不容忽视的。

犬、猫作为伴侣动物和人类医学的实验模型，其生殖激素的研究和应用得以长足的发展。近年来，城市中饲养和流浪的犬、猫数量大幅增长所突现的生育问题，要求宠物繁殖活动更多地在人为控制条件下进行，而生殖激素就是用于控制宠物繁殖活动的重要激素。例如，诱导发情、同期发情、超数排卵、胚胎移植和分娩控制等技术的发展，对生殖生物学和宠物生产的发展有重要意义，而生殖激素的正确应用则为这些先进技术的重要环节。妊娠诊断也往往要借助于生殖激素。此外，生殖激素也可以作为医药，用于宠物繁殖障碍的治疗。被用做外源激素的生殖激素，除天然生殖激素的提取物以外，更大量的是人工合成的各种生殖激素制剂及其类似物。生殖激素的人工合成类似物常具有比天然激素更高的生物活性，有时可以通过改变分子结构除去某些副作用，而且可以比从动物组织中提取的天然激素成本低、产量高，因而提高了在生产中的实用价值。目前，大分子量的蛋白质类激素的人工合成技术，仍然是一个难以解决的问题，但利用基因工程的办法合成某些高分子生物活性物质的工作，已经取得了一定成果，从而为解决这一难题找到了一条可行的途径。

二、生殖激素的种类

宠物的生殖活动是一个复杂的过程。体内的许多激素都直接或间接、或多或少地参与生殖活动的调节。通常把直接作用于生殖活动，并以调节生殖活动为主要生理机能的激素称为生殖激素。而把那些有间接作用的激素称为“次发性生殖激素”，如生长激素、甲状腺激素等。

从不同的角度可以对生殖激素进行不同的分类，如依据激素来源可以分为天然激素和合成激素；依据激素化学性质可以分为含氮激素、类固醇激素和脂肪酸类激素等。在繁殖研究和实践中，通常依据来源和功能将生殖激素分为神经激素、垂体促性腺激素、胎盘促性腺激素、性腺激素和其他激素五大类。

主要生殖激素的来源、化学性质和主要生理功能可以归纳为表 1－2－1。

表 1－2－1　主要生殖激素的来源、化学性质和主要生理功能

分类	中文名称	英文缩写	来源	化学性质	主要生理作用
神经激素	促性腺激素释放激素	GnRH	下丘脑	十肽	促进腺垂体释放 FSH 和 LH
	催乳素释放因子	PRF	下丘脑	多肽	促进腺垂体释放 PRL
	催乳素释放抑制因子	PIF	下丘脑	多肽	抑制腺垂体释放 PRL
	促甲状腺素释放激素	TRH	下丘脑	三肽	促进腺垂体分泌 TSH 和 PRL
	催产素	OXT	下丘脑	九肽	刺激子宫收缩，参与排乳反射
	褪黑激素	MLT	松果腺	胺类	抑制哺乳动物性成熟
	8－精加催素	AVT	松果腺	九肽	抑制性腺生长，抗利尿和催产作用
垂体促性腺激素	促卵泡素	FSH	腺垂体	糖蛋白	促使卵泡发育成熟，促进精子发生
	黄体生成素	LH	腺垂体	糖蛋白	促使卵泡排卵，形成黄体，促进性激素分泌
	催乳素	PRL	腺垂体	蛋白质	促进乳腺发育与泌乳，促进黄体分泌孕酮

续表

分类	中文名称	英文缩写	来源	化学性质	主要生理作用
性腺激素	睾酮	T	睾丸	类固醇	维持雄性第二性征，促进副性器官发育和精子发生，促进性欲和好斗性，促进同化代谢
	雌二醇	$17\beta-E_2$	卵巢，胎盘	类固醇	促进发情行为、第二性征，促进乳腺管道发育，刺激宫缩，对下丘脑和垂体的反馈调节
	孕酮	P	卵巢，胎盘	类固醇	促进发情行为，抑制宫缩、维持妊娠，促进子宫腺体和乳腺泡发育
	抑制素	IBN	睾丸，卵巢	蛋白质	特异性抑制 FSH 分泌
	松弛素	RLX	卵巢，胎盘	多肽	促使软产道松弛
胎盘促性腺激素	孕马血清促性腺激素	PMSG	马胎盘	糖蛋白	主要与 FSH 类似，兼有 LH 作用
	人绒毛膜促性腺激素	HCG	灵长类胎盘	糖蛋白	与 LH 类似，兼有 FSH 作用
其他	前列腺素族	PGs	全身各组织	不饱和脂肪酸	溶解黄体、促进宫缩等广泛的生理作用
	外激素类				不同个体间的化学通讯物质

生殖激素对生殖活动的调控作用是非常重要的。体内生殖激素分泌不正常或作用紊乱，常常是造成宠物不育、不孕的重要原因。因此在生产实际中，生殖激素及其人工合成的类似物是调控生殖过程、治疗生殖疾病常用的药物。

三、生殖激素的运送

（一）含氮激素

含氮激素由腺体内产生后，常常暂时贮存于分泌腺体中，当机体需要时，再从腺体静脉输出管释放到邻近的毛细血管中。

（二）类固醇激素

类固醇激素边分泌边释放至血液中，但多数与血浆中的特异载体蛋白相结合。如雌二醇或睾酮都和某种球蛋白相结合，这种球蛋白存在于雌、雄个体的血浆中。

（三）脂肪酸类激素

脂肪酸类激素一般是在机体需要时才分泌出来，随分泌，随利用，但不贮存。这类激素主要是在局部发挥作用，进入血液循环中则很少，只有个别的能对全身起作用，如前列腺素。

四、生殖激素的作用特点

生殖激素虽然种类很多，作用复杂，但它们在对靶组织发挥作用的过程中，具有以下共同的特点：

（一）激素的信息传递作用

体内某种激素的含量体现了与分泌、代谢该激素有关器官的信息，激素作为信息载体又能够调节靶器官的活动。并且，激素只能加快或减慢靶细胞内生化反应和生理过程的速度，既不能添加成分，也不能提供能量。完成生化反应所必需的条件是在细胞分化过程中早已建成的，是受遗传因子决定的。

（二）激素作用的相对特异性

激素发挥生理作用必须先与靶细胞的相应受体结合。激素与受体的结合有很强的特异性。由于受体的分布不同，决定了激素作用的专一性（如 FSH 和 LH 只作用于性腺）或比较广泛性（如生长素和甲状腺激素）。

（三）激素的高效能生物放大效应

激素在血液中的浓度都很低，一般只有 $10^{-12} \sim 10^{-9}$g/ml，但其作用显著。例如，动物体内的孕酮水平只要达到 6×10^{-9}g/ml 就可以维持正常妊娠。这主要是激素在逐级释放中的放大效应和发挥调节作用过程中引发细胞内一系列酶促放大作用的缘故。

（四）激素间的相互作用

共同参与某一生理活动调节的多种激素间往往存在协同作用或颉颃作用。激素之间的协同作用与颉颃作用的机制比较复杂，可以发生在受体水平，也可以发生在受体后信息传递过程，或者是细胞内酶促反应的某一个环节。如孕酮浓度升高时，可与醛固酮竞争同一受体，从而减弱醛固酮调节水盐代谢的作用。有时把具有颉颃作用的激素互称为抗激素，有时“抗激素”又指激素抗体，并因此发展出激素免疫中和技术。

激素本身对某些组织器官不产生生理效应，但可使另一种激素对该对象的作用明显增强，这种现象称为允许作用。如较高浓度的雌激素，能加强子宫平滑肌对催产素反应的敏感程度。

（五）激素本身也处于变化之中

体内激素以自身的规律和条件的影响不断被合成、分泌、运输和发挥作用的同时，也不断地被灭活或排出，而从体内消失。通常用半衰期来表示激素在体内代谢的快慢。半衰期，又称半寿期或半存留期，指某种激素被释放到血液中，其浓度或活性降低为初始值一半所需要的时间。各种激素的半衰期差异很大，如肾上腺素常以秒计算，FSH 约为5h，而 PMSG 则以天计算。

第二节 生殖激素的功能与应用

一、丘脑下部生殖激素及松果腺生殖激素

（一）丘脑下部生殖激素

1. 促性腺激素释放激素（GnRH）

1933 年 Hinsey 等指出，来源于下丘脑的一种神经体液性物质参与促性腺激素的释放以诱发排卵。至 20 世纪 60 年代初期，Harris 等得到了直接证据，并将该物质命名为黄体生成素释放激素（LH－RH）。尽管有人认为下丘脑还应该存在促卵泡素释放激素（FSH－RH），但一直没有被提纯，而已合成的上千种 LH－RH 类似物，在促使 LH 和 FSH 释放两方面的作用又无法分开。因此，现在仍倾向于一种 GnRH 调控腺垂体两种促性腺激素

(GTH，包括 FSH 和 LH）的说法，实际应用中也将 GnRH 和 LH－RH 两个名称等同。

（1）GnRH 的产生部位及化学结构　GnRH 产生于下丘脑的视前区、内侧视交叉前区、弓状核等区域或核团中的肽能神经元。另外，以上神经元的纤维还分布到正中隆起和垂体柄上方，所以在这些区域内也有大量的 GnRH 分布。值得注意的是，GnRH 可能并非仅在下丘脑中合成，因为在松果体、其他脑区和脊髓液中也有 GnRH 分布；在脑外组织，如胎盘、肠、胰脏等也发现有类似于 GnRH 的物质存在。

1971 年瑞典化学家 Schally 等首先从 165 000 头猪的下丘脑中提取并纯化出几毫克 GnRH，并证明 GnRH 是由 9 种不同氨基酸组成的直链式十肽，即焦谷－组－色－丝－酪－甘－亮－精－脯－甘酰胺，分子量 1 183。GnRH 氨基端的三肽是它的生物活性基团。GnRH 在动物体内的半衰期为 4min。在哺乳动物，GnRH 结构相同。

人为改变 GnRH 某些位置上的氨基酸构成，可以合成多种 GnRH 类似物，如国产的“促排Ⅰ号”、“促排Ⅱ号”、“促排Ⅲ号”和国外的“巴塞林（Buserlin）”。其活性可达天然 GnRH 的几十倍至上百倍，可用于生产实践中。

（2）GnRH 的生理功能

①调控腺垂体促性腺激素的分泌：下丘脑至腺垂体可以通过来自垂体上动脉的长门脉系统和来自垂体下动脉的短门脉系统将神经激素传递给腺垂体。下丘脑释放的 GnRH 与垂体前叶的促性腺激素分泌细胞（嗜碱细胞）细胞膜上的特异性受体结合，通过激活腺苷酸环化酶－cAMP－蛋白激酶体系，促进 LH 和 FSH 的合成与释放。但是，LH 和 FSH 对 GnRH 的促分泌反应有所不同。例如，给兔、绵羊等动物快速静脉注射 GnRH 时，主要引起血浆 LH 水平明显升高；可是当用相同剂量的 GnRH 缓慢注射时，可以使 LH 和 FSH 的水平都有所升高。给人注射人工合成的 GnRH 类似物时发现，注射后 5min 血浆 LH 水平就升高，25～30min 达到峰值，而 FSH 反应较缓慢，在 45min 才达到峰值。一些体外实验亦证实，垂体细胞受 GnRH 刺激时，LH 和 FSH 的最大分泌量与基础分泌量的比率不同，LH 的比率要高于 FSH，也就是说 LH 分泌量的变化幅度比 FSH 的大。通过用 GnRH 给动物主动免疫进一步证实了上述差异的存在。

腺垂体细胞之所以对 GnRH 出现不同的分泌反应，可能与以下两个方面的因素有关：一是下丘脑 GnRH 神经元受到高级神经中枢其他部位传入信息的影响及性腺激素的反馈作用，以不同的脉冲频率释放 GnRH 作用于腺垂体，引起腺垂体细胞分泌反应的改变；二是性腺分泌的抑制素对垂体 FSH 特异性的抑制作用，可能是引起 FSH 对 GnRH 的促分泌反应不如 LH 明显的一个因素。

②GnRH 对性腺的直接作用：GnRH 对雄性动物有促进精子发生和增强性欲的作用，对雌性动物有诱导发情、排卵，提高配种受胎率的功能。GnRH 的这些作用是通过影响垂体 LH 和 FSH 的分泌，间接调节性腺实现的。GnRH 也可以直接作用于性腺。但 GnRH 对性腺的直接作用是抑制性的，表现为抑制排卵、延缓胚胎附植、阻碍妊娠，甚至引起卵巢和睾丸的萎缩，这称为 GnRH 对生殖系统的“异相作用”。在长时间或大剂量应用 GnRH 或其高活性类似物时会出现这种“异相作用”。在鼠等动物实验中发现，在卵巢和睾丸上均存在 GnRH 受体，GnRH 可直接与这些受体结合，对生殖功能有抑制作用。

③其他作用：实验表明，GnRH 还可以直接作用于中枢神经系统，诱发用雌酮处理过的去卵巢小鼠的交配行为，即表现出垂体外作用。

（3）GnRH及其类似物的应用 GnRH及其类似物在生产中主要用于促进雌性动物排卵。如用GnRH类似物（LRH－A_1 或 LRH－A_2，5～10μg/kg体重）可以诱导亲鱼产卵。GnRH及其类似物还可用于治疗犬、猫的卵泡囊肿。

2. 催产素（OXT）

垂体抽提液能刺激血管收缩、使机体血压升高，并能引起子宫平滑肌收缩和泌乳等生理功能早在20世纪初就已被发现。但直至1954年才由du Vigneaud等分离纯化得到催产素（OXT）和加压素（VP，又名抗利尿素，ADH）纯品，并阐明其化学结构与功能的关系。

（1）OXT的合成与释放部位 OXT是在下丘脑合成、在神经垂体中贮存并释放的神经激素。习惯上根据其释放部位或制备原料也将其称为垂体后叶素或垂体后叶激素。传统概念认为OXT由下丘脑视上核和室旁核合成后，与其相应的运载蛋白结合，被浓缩成分泌颗粒（催产素前体）沿着轴突向神经垂体运输，转运速度可达2～3mm/h。在酶的作用下被转运的复合物裂解成运载蛋白和OXT，贮存于神经垂体。20世纪80年代应用组织免疫化学定位和RIA技术的研究发现，不但在视上核和室旁核存在OXT，同时在整个下丘脑和附近区域的一些小细胞群和分散的细胞中也含有OXT。

OXT分子的活性中心是第二位的酪氨酸及第五位的天冬酰胺。二硫键虽然是稳定OXT分子紧密性的重要因素，但并非为维持生物活性所必须（图1－2－1）。OXT在血液中的半衰期为1.5min。

┌──────S────S──────┐
半胱－酪－异亮－谷酰胺－天冬酰胺－半胱－脯－亮－甘（NH_2）

图1－2－1 催产素的分子结构

（2）OXT的生理功能 OXT的主要生理功能表现在如下三个方面。

①刺激子宫平滑肌收缩：OXT对处于雌激素"致敏"下的子宫肌层有刺激作用。在犬、猫卵泡成熟期，通过交配或输精能反射性引起OXT的释放，促使输卵管和子宫平滑肌收缩，有助于精子及卵子在生殖道内的运行。犬、猫分娩时，OXT水平升高，使子宫阵缩增强，迫使胎儿产出。

②参与排乳反射：OXT可以刺激哺乳动物乳腺肌上皮细胞收缩，导致排乳，并使乳小导管扩张和缩短，乳汁经由小导管流入大导管和乳池而蓄积。当幼仔吮乳时，生理刺激传入脑区，引起下丘脑活动，进一步促进神经垂体呈脉冲性释放OXT而引起排乳。

③溶解黄体：这可能是卵巢黄体局部产生的OXT通过自分泌和旁分泌作用，刺激子宫分泌 $PGF_{2\alpha}$，引起黄体溶解而诱导发情。

另外，OXT还具有加压素的作用，即具有抗利尿和使血压升高的功能。也有报道，中枢神经系统内的OXT与学习、记忆及母性行为有关。

（3）OXT在生产中的应用 OXT常用于促进分娩，治疗胎衣不下、子宫脱出、产后子宫出血和子宫内容物（如恶露、子宫积脓或木乃伊）的排出等。事先用雌激素处理，可增强子宫对OXT的敏感性。OXT用于催产时必须注意用药时期，在产道未完全扩张前大量使用OXT易引起子宫撕裂。另外，OXT还有提高配种受胎率和诱发同期分娩的作用。

（二）松果腺生殖激素

松果腺，又名松果体或脑上腺，因外形类似松果而得名。1898年Otto Heubner发现一名患松果腺肿瘤的男孩有性早熟的现象，当时推测可能是由于肿瘤的出现抑制了松果腺中延缓性成熟激素释放的缘故。由于研究手段的限制，对松果腺的研究一直未得到深入，甚至被误认为是退化器官。1958 年 Lerner 等人成功地从牛松果腺提取物中分离出具有使青蛙皮肤褪色的物质，并命名为褪黑激素，松果腺才重新引起人们的重视。目前认为，松果腺是神经内分泌器官，对动物生殖系统、内分泌系统和生物节律系统都有很明显的调节作用。

松果腺激素包括自身分泌的激素和某些在其他腺体中已经发现的激素，其中还有一些至今尚未研究清楚的生物活性物质。松果腺多种分泌物中活性最强的是褪黑激素。

1. 褪黑激素

褪黑激素（MLT），又名褪黑素或降黑素，在许多哺乳动物的血液、尿液和组织中都可以检测到。当切除松果腺后，MLT 的含量降低。因此，松果腺是哺乳动物 MLT 的主要来源。此外，哺乳动物的小脑、视网膜、副泪腺等均可产生少量的 MLT；某些变温动物的眼睛、脑部和皮肤也能合成 MLT。松果腺内 MLT 的含量因动物种类不同而有差异，每克组织一般含 0.05～0.4μg。松果腺分泌的 MLT 进入血液后，主要与血清白蛋白结合。

（1）MLT 的化学特性与生物合成　MLT 的化学名称为 N－乙酰－5－甲氧基色胺，属于吲哚类激素。MLT 的生物合成以色氨酸为原料，先变为 5－羟色氨酸，再转变成 5－HT，然后在 5－羟色胺－N－乙酰转移酶（NAT）的作用下，转化成 N－乙酰－5－羟色胺。NAT 是合成 MLT 的限速酶。光照变化可影响 NAT 的活性和含量，进而影响 MLT 的合成。最后，N－乙酰－5－羟色胺在羟基吲哚氧位甲基转移酶（HIOMT）的作用下转化成 MLT。

MLT 可以迅速通过血脑屏障，进入脑组织。用放射性同位素^{3}H 标记的 MLT 由静脉注入到鼠体内后，很快就分布到所有组织，但在松果腺和下丘脑内含量最高，其次是交感神经、卵巢、肾上腺、睾丸、垂体和甲状腺。

MLT 的主要代谢途径是在肝脏微粒体羟化酶的催化下，羟化成 6－羟 MLT，进而与硫酸盐或葡萄糖醛酸结合，由尿中排出。因此，测定尿中 6－羟 MLT 复合物含量可以反映血液中 MLT 水平。

（2）MLT 的生理功能　松果腺对性腺发育和生殖细胞的生成有直接影响，尤其是长日照繁殖动物仓鼠对光照时间的变化、松果腺切除和提供外源松果腺激素非常敏感，故仓鼠常被用作研究 MLT 与生殖机能关系的动物模型。若 24h 中光照时间短于 12.5h，松果腺分泌活跃，血中 MLT 浓度高，下丘脑 GnRH 和垂体促性腺激素水平下降，成年雄性仓鼠的睾丸萎缩，生精作用停止，睾酮和 PRL 水平降低，副性器官萎缩。即便有时血浆促性腺激素水平不变，性腺仍然萎缩。在同样条件下雌性仓鼠的发情周期停止，子宫成为幼稚型，卵泡发育受阻，但由于间质细胞增生，卵巢重量增加，血浆 PRL 水平下降，而 FSH 水平不变。在一年中其他时间内持续黑暗和使动物失明都可以引起上述变化。

MLT 是引起性腺萎缩的重要中介物。只有在 MLT 水平较高、长时间光照情况下，其作用才能表现出来。MLT 在夜间分泌最多，午后注射 MLT 可与内源性 MLT 一起发生作用，使作用加强；而在早晨注射 MLT 时，其作用较弱。若每天间隔一定时间注射三次 MLT 则可使去松果腺动物的性腺发生萎缩。短日照和 MLT 对性腺发育的抑制作用，可能是通过增高垂体对性腺类固醇激素负反馈作用的敏感性而实现。在短日照条件下，只需要微量的外源性睾酮就可抑制去势仓鼠 LH 和 FSH 的释放。而在长日照条件下，必须增大睾酮的用量才可抑制去势仓鼠 LH 和 FSH 的释放。注射 MLT 的去势仓鼠与生活在黑暗条件下的正常仓鼠相比，对睾酮的敏感性相同。这些事实表明，MLT 与短日照对性腺的影响相同，可使垂体对性激素反馈调节的敏感性增强。

MLT 通常与季节性发情动物的生殖活动有关。如犬及大多数野生动物的生殖活动（发情排卵）多发生于长日照与短日照交替季节。

MLT 对脑吡哆醛激酶的活性有促进作用，进而促进谷氨酸脱羧形成 γ－氨基丁酸、促进 5－羟色胺酸脱羧形成 5－HT。这两种抑制性神经递质含量的增加，对中枢起调节和镇静作用。

外源性 MLT 可使血中 FSH、LH 和 MSH 水平降低，GH 水平升高。切除松果腺后，垂体发生肥大，FSH、LH 和 ACTH 的分泌增加，而 PRL、ADH、ACTH、TRH 和 TSH 水平降低。表明 MLT 对生长有促进作用，对甲状腺、肾上腺皮质、乳汁分泌和黑色素细胞的机能有抑制作用。

2. 松果腺分泌的其他激素

松果腺分泌物中 MLT 最多，而肽类激素也占一定比例，如牛的 8－精加催产素（AVT）和猪的 8－赖加催产素（LVT）。二者与 OXT 第八位氨基酸残基不同，具有抗生殖作用。据报道，松果腺肽类物质还包括 GnRH、TRH 和睡眠诱导肽等。大鼠、牛和羊等哺乳动物松果腺所含的 GnRH 比下丘脑内的 GnRH 水平高 4～6 倍。Orts 等人于 1980 年从牛松果腺中分离得到的三肽，分子结构为苏氨酸－丝氨酸－赖氨酸，具有明显的抗性腺机能的作用。人工合成的这种三肽也具有类似作用。

松果腺还分泌某些嘌啶类和胺类物质。大鼠松果腺内嘌啶一般以还原型四氢乙酸形式存在。Kapatos 等对大鼠松果腺进行体外培养实验，发现松果腺仍可合成和释放嘌啶类化合物。由松果腺提取的和生物合成的嘌啶类化合物，都对性腺功能具有抑制作用。

哺乳动物松果腺内儿茶酚胺类物质、多巴胺和 NE 含量较高，肾上腺素则很少。松果腺内的 NE 在夜间含量较高，白天则降低。

另外，松果腺还含有抑制性中枢递质 γ－氨基丁酸（GABA）。

二、垂体促性腺激素

体是重要的神经内分泌器官，位于脑下部的蝶鞍（蝶骨内的一个凹陷处）内，以狭窄的垂体柄与下丘脑相连，故又称为脑下垂体。垂体可分泌多种蛋白质激素调节动物的生长、发育、代谢以及生殖等活动。

垂体由腺垂体和神经垂体两部分组成。腺垂体和神经垂体分别起源于胚胎的两个原基，即口腔上皮和脑漏斗。腺垂体由远侧部、结节部和中间部组成。神经垂体由神经部和漏斗部构成。漏斗部包括漏斗柄、灰结节的正中隆起。在解剖学中，远侧部和结节部合称为垂体前叶，垂体后叶大体相当于神经部和中间部。1992 年鞠躬等证明，哺乳动物垂体前叶具有大量含肽神经纤维，腺细胞的活动不仅受垂体门静脉循环带来的下丘脑多肽调节，同时还直接接受神经调节。这一假说在猴、犬、大鼠中均已得到证实。

垂体中分泌激素的细胞主要分布于腺垂体。远侧部是垂体最大的一部分，其实质由细胞群和细胞索构成，这些细胞与窦状毛细血管网紧密连接。根据有无染色颗粒，可把远侧部的实质细胞分为嫌色细胞和嗜色细胞两大类。嫌色细胞是嗜色细胞释放特殊颗粒后的状态，二者可相互转化。嗜色细胞中的特殊染色颗粒是含有激素前体的囊泡。依颗粒染色性质的不同，嗜色细胞可以分为嗜酸和嗜碱两种；再根据染色反应、超微结构、激素的化学性质以及各种细胞成分上的变化，这两种细胞又分为六种细胞类型，它们分别产生七种激素，即嗜酸性细胞分泌的生长激素（GH）和PRL、嗜碱性细胞分泌的FSH和LH、促甲状腺素（TSH）、促肾上腺皮质激素（ACTH）以及促黑色细胞素（又称黑色细胞刺激素，MSH）。其中，FSH、LH和PRL三种激素直接参与生殖机能调控，属于生殖激素。

（一）促卵泡素（FSH）

促卵泡素，又名卵泡刺激素（FSH）。早在1920年，Zondek和Aschheim首先提出，雌性动物的垂体可能含有两种促性腺物质，一种刺激卵泡成熟，另一种促使排卵后形成黄体。1927年，Smith等证明，切除动物垂体则性器官萎缩，而移植垂体可以使其恢复。给动物注射垂体提取物，可刺激雌性动物卵巢的卵泡发育、成熟，并在排卵后形成黄体；对雄性动物可刺激睾丸的精子发生。1931年，Ferold等首次成功地将垂体提取物分离为两种作用不同的成分，后来被其他学者证实并定名为FSH和LH。因为LH还作用于睾丸间质细胞，也被称为间质细胞刺激素（ICSH）。此后，经过大量的研究，逐步弄清了FSH和LH的结构和特性、分泌的调节和作用机理。并可利用RIA对不同生理阶段这两种促性腺激素的动态变化进行测定。现在，纯化的FSH和LH已在生产实践和研究工作中被广泛应用。

1. FSH的合成部位及化学结构

FSH是由腺垂体的嗜碱性细胞合成和分泌的。它是一种糖蛋白，其分子中主要含四种糖类成分：己糖（3.9%）、氨基己糖（2.4%）、岩藻糖（0.4%）、唾液酸（1.4%）。FSH在垂体中的含量较少，提取和纯化较难，并在分离过程中较易破坏。

FSH由两个分子量约为16 000的α亚基和β亚基以共价键相连。糖基是以N－糖苷键的方式联结在α亚基和β亚基各自的区域。在同种哺乳动物中，FSH的α亚基与其他糖蛋白质激素（LH和TSH）基本相同，而β亚基在各种糖蛋白质激素间差异较大。相反，就同一种糖蛋白质激素而言，不同动物α亚基的种间变异较大，而β亚基的变异较小。即α亚基与动物种属特异性有关，而β亚基主要决定糖蛋白质激素的特异性生物活性。例如，将其他糖蛋白质激素的α亚基与FSH的β亚基杂合后，其杂合分子表现FSH的生物活性。

来发现，FSH分子结构具有不均一性。例如，人FSH的α亚基有三种，分别含有92个、90个和89个氨基酸残基，这三种亚基所占比例分别为60%、30%和10%。

α亚基和β亚基都是由蛋白质部分和糖基部分组成，二者以共价键结合。糖基部分约占分子量的23.9%～24.2%，由中性己糖（岩藻糖、甘露糖、半乳糖）、氨基己糖（葡萄糖胺、半乳糖胺）和唾液酸组成。糖基部分对激素在靶细胞上表现活性不重要，但可减缓激素分子在体内被蛋白质水解酶裂解的速度。

FSH的分泌是脉冲式的，主要受下丘脑GnRH和性腺分泌的抑制素、激动素等的直接调节，也受性腺类固醇激素的反馈调节。

2. FSH的生理功能

对雄性动物，FSH可促进曲细精管的增长，促进生精上皮分裂，刺激精原细胞增殖，并在睾酮的协同作用下促进精子的形成。

FSH 对雌性动物的作用，主要是促进卵巢发育，刺激卵泡生长。试验证实，FSH 能提高卵泡壁细胞的摄氧量，增加蛋白质合成，并对卵泡内膜细胞分化、颗粒细胞增生和卵泡液的分泌具有促进作用。通常，FSH 除对卵泡的生长发育有促进作用外，还可刺激卵泡细胞 LH 受体增加，在 LH 的协同作用下，刺激卵泡成熟、排卵。此外，FSH 还能诱导颗粒细胞合成芳香化异构酶，催化睾酮转变为雌二醇，进而刺激子宫发育并出现水肿。

3. FSH 的应用

在动物生产和兽医临床上，FSH 常用于诱导雌性动物发情排卵和超数排卵，以及治疗卵巢机能障碍。由于 FSH 半衰期短，约为 120～170min，故使用时必须多次注射才能达到预期效果，一般每日两次，连续用药 3～4d，如果应用缓释剂，则只需一次注射即可。至于 FSH 的用量，则需根据制剂的纯度确定，因为 FSH 商品制剂检定的效价误差很大。

（二）促黄体素（LH）

20 世纪 50 年代后期，由于应用了蛋白质生物化学的若干新技术，因而在促性腺激素的分离和化学特性的研究方面有了较大进展。现已有多种动物的 LH 纯品制剂供分析研究。

1. LH 的合成部位及化学特征

LH 由腺垂体嗜碱性细胞分泌，分子结构与 FSH 类似，也是由 α 亚基和 β 亚基组成的糖蛋白质激素。

LH 的化学稳定性较好，在提取和纯化过程中较 FSH 稳定。从猪和羊垂体中提取的 LH，生物活性比从牛和马垂体中提取的要高。用沉积分析法测定猪、马、牛、羊垂体 LH 的分子量，分别为 27 000～34 000、32 500、25 200～30 000 和 28 000～32 500；等电点 pH 值分别为 7.4～9.8、4.5～7.3、9.55 和 7.0～9.4。这四种 LH 分子中糖类的比率分别为 13.2%、23.6%、12.2% 和 13.0%。马 LH 分子中糖类含量较高，主要因为唾液酸含量较高（8.5%）的缘故，在其他动物的 LH 分子中几乎检不出唾液酸。

垂体中 LH 的基础分泌呈脉冲式。脉冲的频率和振幅增加有其生理意义，且因动物种类和生理状态而异。血液中 LH 的半衰期为 30min。

2. LH 的生理功能

（1）对雌性动物的作用　LH 与 FSH 协同促进卵泡生长成熟、粒膜增生，并参与内膜细胞合成分泌雌激素。LH 可诱发排卵、促进黄体形成，还有增加卵巢血流量的作用。

①诱发排卵：各种动物的排卵都依赖于 LH。在发情周期中，当 LH 达到峰值时，即引发排卵。以前许多人往往以卵泡容量和压力的变化来解释排卵，然而卵泡液的压力显然不是其中唯一的因素，因为在动物实验中测定，接近排卵时卵泡内压并不增加，甚至下降。发情是在血液中雌激素第二个峰值的卵泡期结束时出现的。血中雌激素突然上升作为条件，引起垂体前叶在排卵前释放 LH，血中孕酮值在排卵前上升，开始上升的时期与血中雌激素峰值的时期相同。因而可以认为血中孕酮值开始上升是发情期的开端。血中 LH 的峰值是在排卵前 38～44h，这是现在预测犬排卵时期最可靠的指标。在动物 LH 排卵峰前使用抗 LH 血清可阻止排卵。

在卵泡液中存在着一些蛋白溶解酶、淀粉酶、胶原酶和透明质酸酶等，卵泡成熟时，卵泡液中这些酶活性增加，使卵泡壁溶解、破裂而导致排卵。在 LH 作用下产生的孕酮可以触发排卵酶的形成及释放，如用抗孕酮血清阻断孕酮的作用，则将抑制排卵。在 LH 峰值的作用下 PGs 的合成增强，PGs 可以刺激卵泡外膜收缩，这对排卵起一定作用。

②促进黄体形成和孕酮的分泌：LH 因能引起黄体形成而得名，但有实验证明，黄体化不是颗粒细胞对 LH 的直接反应。从成熟的卵泡中取出颗粒细胞进行体外培养，即使没有促性腺激素存在，也会自然的黄体化。然而未成熟的颗粒细胞，只有加入 FSH 和 LH 才能黄体化。这说明两种促性腺激素对于颗粒细胞黄体化过程中的某一点可能是必需的，但二者又非黄体化的直接触发者。在卵泡成熟过程中，卵泡内促性腺激素和雌二醇含量的变化，对排卵前卵泡内黄体化的准备及维持正常黄体功能是很重要的。McNailly 认为卵泡内的内分泌环境对以后的黄体功能的影响要比 LH 释放特性的影响大。用 FSH 和 LH 注入卵泡内可引起未成熟卵泡排卵，但导致黄体功能不全。体外培养证明，向培养的黄体组织中添加 LH，能刺激孕酮的分泌。

③增加卵巢血流量：LH 能增加卵巢血流量，引起卵巢充血。这种作用可能是继发于卵巢组织胺或前列腺素的释放。卵巢血流量增多，能够使类固醇激素分布到全身血液循环中的机会增多。

（2）对雄性动物的作用　在雄性动物，LH 的靶细胞是睾丸间质细胞，LH 刺激间质细胞促进睾酮生成。LH 在 FSH 和睾酮的协同作用下，促进精子充分成熟。动物切除垂体后，睾丸间质细胞萎缩，脂肪成分丧失。给切除垂体的大鼠注射 LH，可以使睾丸间质细胞恢复正常，若连续给予 LH，可引起间质细胞明显增生。与此同时，精囊腺和前列腺也增生，证明雄激素分泌增加。在实际工作中，给切除垂体的大鼠注射 LH，观察前列腺腹侧叶的增生，是一种敏感的 LH 生物学测定方法。

对睾丸间质细胞的超微结构研究表明，用 LH 处理后，其分泌活动性发生相应变化，如高尔基复合体和粗面内质网扩张，脂滴明显耗竭。应用放射免疫组织摄影术也证明大鼠睾丸中 LH 主要出现在间质细胞。

3. LH 的应用

（1）诱导排卵　对于非自发性排卵的动物，为获得其卵子或人工授精，可在发情旺期或人工授精时静脉注射 LH，一般可在 24h 内排卵。在胚胎移植工作中，为了获得较多的胚胎，常先注射 PMSG 或 FSH，再在供体配种的同时静脉注射 LH，以促进超数排卵。

（2）预防流产　对于由黄体发育不全引起的胚胎死亡或习惯性流产，可在配种时和配种后连续注射 LH 2～3 次，可促使黄体发育和分泌机能，防止流产。

（3）治疗卵巢疾病　LH 对排卵延迟、不排卵和卵泡囊肿有较好疗效。对已知患排卵延迟或不排卵的母犬，配种的同时注射 LH，可促进排卵。卵泡囊肿时应用 LH 可促使其黄体化，使下一周期恢复正常。

（4）治疗公犬不育　LH 对公犬性欲减退、精子浓度不足等疾病有一定疗效。

（三）催乳素（PRL）

催乳素（PRL）又名促乳素、生乳素。Stricker 和 Grueter 于 1928 年证明垂体前叶提取物能使假妊娠兔泌乳，故将这种激素命名为促乳素，1933 年从动物垂体中提出其纯品。

1. PRL 的合成部位及化学特征

PRL 由腺垂体嗜酸性的促乳素细胞分泌，通过垂体静脉系统进入血液循环。在鼠的垂体中，PRL 分泌细胞处于促性腺激素分泌细胞的外围，富于粗面内质网膜，分泌颗粒的大小为 600～900μm。当哺乳动物在妊娠与泌乳期间，PRL 分泌细胞的数目及 PRL 含量显著增加。PRL分泌细胞数目的变化随种属和性别而异，在乳牛及雌鼠垂体中较多。人的垂体组织约含PRL 100～200μg。另外在中枢神经系统、胎盘组织等也发现PRL或具PRL活性物质的分泌。人胎盘催乳素为191肽，兼具GH和PRL的活性。现已发现，除哺乳动物外，两栖类和硬骨鱼类中都存在PRL。

哺乳动物的PRL是由199个氨基酸残基组成的单链蛋白质，其分子量，羊为23 300，鼠为22 000，人为25 000。PRL分子内有三个二硫键，等电点pH值为5.7～5.8或6.5（人）。动物种类不同，PRL分子结构有差异。牛和羊PRL之间分子差异较小，仅有两个氨基酸残基有差异，而羊和猪的PRL分子有36个氨基酸残基是不同的。

此外，在体液中还发现一种大分子量（56 000）的促乳素，在血浆中占PRL总量的8%～31%，其分子体积比正常PRL大1.5～2倍，与PRL无免疫学差异，并可与PRL受体结合，推测为PRL的前体，即PRL原。此外，在大鼠中还发现一种小分子量（16 000）PRL，可能是PRL的裂解产物，比原来的PRL有更强的促细胞分裂作用。由于PRL的基因只有一个（至少在人、大鼠及牛中已得到证实），不同的PRL形式可能是mRNA前体通过不同的拼接形成不同的mRNA所致。在各种生理或病理情况下，不同分子形式PRL含量的比例可能发生变化。PRL的mRNA含1 200个碱基，远多于PRL组成氨基酸所需密码的数量，说明其中含有不被翻译的区段。应用反转录方法，现已鉴定了PRL的DNA。在人类和羊中还发现含糖基的PRL，占人类垂体中免疫活性PRL的20%～30%。糖基位于第31位的天冬氨酸，其生物学意义目前尚不清楚。

PRL的分泌受多种激素影响，最重要的生理刺激是吮乳、应激和雌激素水平上升。这些刺激影响下丘脑PRL释放因子（PRF）和PRL释放抑制因子（PIF）的释放，进而促进或抑制腺垂体PRL的分泌。血浆中PRL的半衰期大约是15～30min。

2. PRL的生理功能

PRL具有十分广泛的作用。下面主要介绍与繁殖有关的作用。

（1）促进乳腺发育和乳汁生成　乳腺发育需要雌激素、孕酮、糖皮质激素、促乳素等的协同作用。在性成熟前，PRL与雌激素协同作用，维持乳腺主要是导管系统的发育。在妊娠期，PRL与雌激素、孕激素共同作用，维持乳腺腺泡系统的发育。各种动物在分娩前PRL出现分泌峰，加之孕酮降低，PRL与糖皮质激素协同，激发和维持泌乳活动。PRL对乳汁生成的作用是刺激氨基酸摄取，合成乳糖及乳脂。

（2）中断妊娠　用催乳素分泌抑制剂（溴异丙基苯），对妊娠和非妊娠犬于排卵前LH峰值后42d开始，每天以0.1g/kg体重剂量连续注射6d，血清中孕酮显著下降。

（3）行为效应　动物的生殖行为可分为“性行为”与“母性行为”两种，前者受促性腺激素控制，后者受PRL的调控。动物在分娩后，促性腺激素和性腺激素水平降低，PRL水平升高，母性行为增强。在鸟类，PRL对行为的影响更为明显，如用PRL处理后，出现明显的筑巢抱窝等行为表现。

另外，在睾酮存在时，PRL促进前列腺及精囊的生长，并增加LH合成睾酮的作用，当PRL分泌过多时，可增加肾上腺雄激素的分泌。PRL还有维持黄体功能的作用。

3. PRL的应用

由于PRL来源缺乏，价格昂贵，不能直接应用PRL为宠物养殖服务。但升高或降低PRL分泌的药物应用较多。如应用能升高PRL分泌的利血平、氟哌啶醇、精氨酸等来启动泌乳；用能降低 PRL 分泌的溴隐亭可治疗犬的假妊娠，每日按 30μg/kg 体重服用，连续 16d，能完全停止泌乳，使乳腺变小。

三、胎盘促性腺激素

除垂体外，某些妊娠雌性动物的胎盘也是促性腺激素的重要来源，同样具有重要的生殖调控意义。

动物的胎膜在发生早期附植时，便开始形成多机能的胎盘。胎盘虽然只能看作是一个暂时性的内分泌器官，但它却具有多种内分泌功能，它能够分泌孕激素、雌激素、胎盘催乳素等，而且可因动物种类的不同产生不同的促性腺激素，例如马的孕马血清促性腺激素（PMSG）、驴的 dCG、绵羊的 oCG。在人，还可以产生 HCG、ACTH、GnRH 和 TRH（促甲状腺素释放激素）。

这里对目前在生产中价值较大的 PMSG 和 HCG 加以介绍。有关其他胎盘激素还会在性腺激素等节中涉及。

（一）孕马血清促性腺激素（PMSG）

1．PMSG 的合成部位和分泌规律

（1）PMSG 的合成部位　PMSG 存在于妊娠 40～150d 的母马血清中，它产生于子宫内膜杯。当母马妊娠至 38～40d 时，便能在子宫孕角看到子宫内膜杯，它们在子宫角腔内呈杯状排列，包围着发育的胚体。试验证实，构成杯状结构主体并能分泌 PMSG 的双核细胞来源于胚胎，即于妊娠 36～38d 时，来源于胚胎外层的某种特异滋养层细胞迅速侵入子宫内膜，并增殖扩散形成杯状结构，它能分泌一种不定形的易于染色的物质，似乎将子宫内膜上皮和胚胎外层粘在一起，一旦这些细胞在子宫内膜基质内迅速胀大并变成双核，即开始分泌 PMSG。这种杯状结构发育很快，妊娠 70d 时达到最大体积，此后逐渐退化和坏死。在此期间释放出黏稠的蜂蜜样分泌物，并粘着于胎膜的表面，这种物质含促性腺激素极丰富，每克分泌物中含 PMSG 可达 1 000 000 IU。

（2）分泌规律　PMSG 合成量的多少，是与子宫内膜杯的发育、退化和消失过程相一致的。一般于妊娠 38～40d 时，PMSG 开始在血液内出现，妊娠 55～75d 时，迅速增加到 50～100 IU/ml，这种浓度可以维持 40～65d。此后，内膜杯开始逐渐退化和坏死，PMSG 急剧下降，到妊娠 160～180d 时，完全消失。坏死的杯状结构可能形成内瘤样尿膜绒毛袋状物。

血液中 PMSG 含量的多少受许多因素的影响，在临床上应用时必须注意。影响最大的是妊娠期和所怀胎体类型。如前所述，采血时最好选用妊娠 45～90d 的母马。怀不同胎体对 PMSG 的影响非常明显，以驴怀骡和马怀马较高，而驴怀驴和马怀骡较低。如当母驴怀骡时，其 PMSG 的含量比驴怀驴时高达 8 倍之多。此外马匹类型和制备方法也有影响，并且存在个体差异，高者可达 350 IU/ml，低者仅含 40 IU/ml。一般轻型马效价高，可达 100 IU/ml；重挽马一般效价低，约为 20 IU/ml；原始品种马介于轻型马与重挽马之间。在同一类型之中，体重越轻者效价越高。在实践中，应尽量选用轻型马制备 PMSG。

2．孕马血清和孕马全血的制备

（1）孕马血清的制备　选择妊娠 60～100d 的健康母马（最好选用轻型马），由颈静脉采血（一般母马每次可采 1 000～2 000ml，回输等量的 5% 葡萄糖生理盐水），盛于消毒、干燥的玻璃筒状容器中，放在较温暖处使其迅速凝固，为了析出更多的血清，可在血液凝固后压以消毒镇压器或其他较重的物体（如天平砝码等）。将析出的血清吸出，分装备用。如暂时不用，可加入0.5%的石炭酸以防腐，放在冷暗处可保存一年。

制备孕马血清时，要把有形成分分离出去，部分有效成分可能被有形成分带走而损失。据试验100ml血液平均可以分离出46ml血清，而分离血浆时则可获得60ml。另外，加入不同药物也有影响，例如柠檬酸盐能降低PMSG的活性，而硼砂则可强化其活性。

孕马血清的保存时间可达一年以上，但随着保存时间的延长而效价减低。据测定，保存7年者效价为原来的66.7%，保存8年者为41.1%，保存9年者为31.7%。而冻干制剂，经10年保存其效价虽有降低但并不显著。因此，对长期保存者，在应用时须酌情加大剂量。

（2）孕马全血的制备　用一消毒玻璃瓶，按采血量放入2%硼砂及1%的硫代硫酸钠，再加入适量蒸馏水，然后放在蒸锅中消毒，冷却至体温时即可用于盛血。在采血过程中要频频摇动瓶子，以防血液凝固，最后用灭菌翻口胶塞封好备用。如此在凉暗处可保存一年。

3. PMSG的化学特征

与垂体促性腺激素一样，PMSG也是糖蛋白，但其独特之处是含糖量极高（41%～45%），其中包括大量的唾液酸（10.8%），同时肽链中碱性氨基酸较少，因此PMSG呈酸性，等电点pH值为1.8～2.4。唾液酸在糖蛋白中的含量与该激素在血液中的半衰期有密切关系。PMSG的半衰期可达40～125h，同样，马的LH及FSH中唾液酸显著高于其他动物，因此其半衰期也较长。

用电泳法测定高纯度PMSG的分子量为53 000。PMSG含有α和β两个亚基，可以用交联葡聚糖凝胶对它们进行层析分离。α亚基和β亚基的含糖量分别为18.6%和55.3%，二者的氨基酸含量，α亚基与FSH、LH、TSH及HCG的α亚基很相似，而β亚基与LH的β亚基更接近。总之，根据PMSG的糖类、氨基酸含量和其末端残基的资料，说明它是一种典型的糖蛋白激素。其他的研究显示PMSG具有一定程度的微观不均一性。PMSG的分子不稳定，高温和酸碱条件以及蛋白质分解酶均可使其丧失生物活性。此外，冷冻干燥和反复冻融可降低其生物活性。

4. 生理作用

PMSG兼有FSH和LH的生物学作用，但以FSH的作用占优势。

（1）对雌性动物的作用　PMSG对雌性动物的作用主要是刺激卵泡生长发育和成熟。卵巢卵泡大小及分化阶段不同，对PMSG的反应程度亦各不相同。PMSG能使进入生长期的原始卵泡数量增加，腔前初级卵泡比有腔次级卵泡更多；使处于囊状（三级）卵泡的体积减小，使最小和最大囊状卵泡的生长速度均加快；在最小卵泡的生长速度增加的同时，使DNA的合成增加；使卵巢类固醇的形成增多，尤其是雌激素的产生增加；使囊状卵泡的闭锁比例减少，在某些畜种，能使已闭锁的卵泡复活。相反地，也可能使最大卵泡由于闭锁而消失，或未成熟即排卵。对正常未成熟的雌性大鼠，只要剂量恰当，可以引起排卵和超数排卵，也能形成机能性黄体。在细胞内水平上，PMSG显然会影响中间代谢、蛋白质合成、膜的通透性以及细胞内偶联和激素受体的发育。

PMSG主要具有FSH活性，但还有少量LH活性，因此，能够促进排卵和黄体的形成。

例如，在母马妊娠第40～60d时，胎盘分泌的PMSG能够作用于卵巢，使卵泡获得发育，最后多数发生排卵，并形成多个副黄体，作为孕酮的补充来源，从而维持母马的正常妊娠。

（2）对胎儿的作用　PMSG能够刺激胎儿性腺的发育，因为它能够从胎盘滤过而由母体进入胎儿体内，对胎儿性腺发生刺激作用。虽然在胎儿卵巢上没有卵泡发育，但是由于PMSG通过胎盘进入胎儿循环，使胎儿的睾丸或卵巢增大很多。马胎儿性腺的发育可以继续到第六个月左右，此时差不多全部由结缔组织所构成，大小可以超过母体的卵巢。以后体积减小，到出生时仅为怀孕期内最大体积的1/10。

5. 生产中的应用

PMSG的效果可靠，在国内外有广泛的应用。前苏联除应用血清外，还采用脱纤孕马血。在国内已有提纯的高效制剂，但基层单位一般采用孕马血液。关于怀骡母驴的血液或血清，国内尚未给予应有的重视，故临床上很少应用。

关于PMSG在宠物繁殖上的应用，可以概括为以下几个方面。

（1）催情　主要是利用其FSH的作用，对各种动物均有催情效果。由于PMSG制剂的效果不一致及个体反应不同，其应用效果常有差异。如给母犬催情，于发情后期连日给予雌酮，确认发情出血后，再给予孕马血清促性腺激素（PMSG）、人绒毛膜促性腺激素（HCG）及雌二醇来诱导发情。

（2）刺激超数排卵，增加排卵率，诱导单胎动物孪生　可以单独应用PMSG，也可以将PMSG与PG、HCG或性腺激素等生殖激素合用。由于PMSG半衰期长，易引发卵巢囊肿，近年在超数排卵时，倾向于配套使用PMSG抗血清，以中和体内残留的PMSG，并能提高胚胎质量。

（3）防止胚泡萎缩，促进胚泡发育　连日或隔日注射20～30ml孕马全血，注射2～5次，可使有萎缩倾向的胚泡转为正常发育。

（4）治疗雄性动物性机能减退　PMSG用于治疗雄性动物阳萎、睾丸生精机能衰退或死精有一定效果。

（二）人绒毛膜促性腺激素（HCG）

人绒毛膜促性腺激素（HCG）是由人胎盘产生的，在孕妇的血液和尿液中大量存在。日本将由尿液中提取的HCG称为孕尿促性腺激素（PUG）。

早在1927年，Aschheim和Zondek首先从孕妇尿中发现一种促性腺物质，其生理性质与LH相似，称之为pro1an。1943～1948年Jones，Gey和Stewart以及Sano和Montgometry等通过对胎盘组织的培养，证明这种激素是由灵长类动物妊娠早期胎盘绒毛膜的朗罕氏细胞（Langhan’cell）产生。

1. HCG的合成部位、分泌规律与提取

（1）HCG的合成部位　应用荧光免疫方法已确定，HCG是由人类、灵长类绒毛的合体滋养层细胞所分泌。用电镜观察，合体细胞内具有发育良好的内质网。组织免疫化学定位研究，发现粗面内质网池内的HCG浓度很高。1978年，Asch发现，哺乳动物妊娠时胎盘也产生HCG样物质，其生理作用有待研究。此外，Braunstein等（1975）发现，正常人的睾丸提出物中含有一种与HCG难以区分的物质，人和兔的精子中均有HCG样物质。后来在人体内广泛发现了HCG。但正常组织中的HCG样物质，虽然含有HCG的蛋白质结构，但没有胎盘 HCG 的糖分子，故可能在体内没有生物学活性，可以迅速由循环中清除；而合体滋养层具有使 HCG 糖基化的能力，能将普遍存在的细胞蛋白质变成激素，即把生物学活性授予分泌蛋白。病理情况下，癌变细胞能分泌 HCG。肺癌、胰腺癌、结肠癌及绒毛膜癌等都可以分泌大量的 HCG，此乃属于异位内分泌现象。

HCG 的生物合成像其他蛋白激素一样，是在粗面内质网上的核蛋白体合成。α 亚基和 β 亚基是由不同的 mRNA 翻译而来，不是由一个 mRNA 相继合成。β 亚基合成是生产完整 HCG 的限速步骤。在细胞合成 α 亚基和 β 亚基时，首先合成独立的前 α 亚基（前肽由 24 个氨基酸组成）和前 β 亚基（前肽由 20 个氨基酸组成），在细胞内运转过程中，由酶切去前肽，形成 α 亚基和 β 亚基。

（2）HCG 的分泌规律　HCG 是由尿排出体外的。未孕妇女注射 HCG 以后，10%～20% 可以从尿中发现，产后血清中的 HCG 几乎有 10% 由尿中排出。血清及尿中 HCG 的变化与肾脏的功能关系不大，主要依赖于 HCG 的分泌率和灭活率。正常肾脏对于 HCG 的清除率是相当稳定的。因此，尿中含量的变化大概可以反映出 HCG 生产量的变化。受孕 8d 即可在孕妇尿中用 RIA 法检出 HCG，其含量在妊娠 7～11 周时升至最高，至妊娠 21～22 周时降至最低。分泌最高时，每天可产生 25～50mg 的 HCG，血中浓度达 5μg/ml，从尿中每天排出的量达 5mg。完整的 HCG 在血液中的半衰期为 12～36h。

HCG 的合成与释放的调节机理，尚不完全了解。根据已有资料，在体内，胎盘所产生的 GnRH 可能对孕体滋养层产生 HCG 具有促进作用。因为人胎盘中 GnRH 的浓度高于母体血中的浓度，也高于胎儿血循环及羊水中的浓度。因此，胎盘中的 GnRH 可能是由胎盘本身合成的。而滋养层细胞产生的 GnRH 可能刺激着合体滋养层对 HCG 的合成。在体外培养中，发现 GnRH 对 HCG 分泌的作用是双向的，低量（10^{-9}～10^{-7} mmol/L）对 HCG 分泌有促进作用，高量（10^{-6}～10^{-5} mmol/L）反而对 HCG 分泌有抑制作用。

（3）HCG 的提取　HCG 迄今尚不能人工合成，一般都是采用孕妇尿液为原料提制。孕妇尿容易收集，但花费人力很大，且尿中 HCG 含量低微，提取时需尿量很大，生产效率低。因此，西安市兴庆公园水产研究室于 1972 年提出了从人工流产的刮宫废料中提取 HCG 的设想，并于 1973 年获得成功。所以 HCG 是一种相当经济的 LH 代用品。

2. HCG 的化学特性

HCG 是一种糖蛋白激素，分子量为 36 700，精确的分子结构已经搞清。HCG 分子也是由 α 亚基和 β 亚基组成，α 亚基有三种长度，92 肽占 60%，90 肽占 10%，89 肽占 30%。89 肽是糖蛋白激素 α 亚基的基本结构，多出来的氨基酸残基都是在 N 末端的延长部分。HCG 的 β 亚基由 145 个氨基酸残基组成，其中前 115 个与人 LH 的 β 亚基极为相似，只在个别位置上氨基酸种类不同，二者的最大区别是 HCG 的 β 亚基在 C－末端多出来 30 个氨基酸残基组成的肽段，但这一部分并不参与同受体的结合。HCG 与人 LH 这种结构相似性导致它们在靶细胞上有共同的受体位点，而且具有相同的生理作用。在 HCG 分子中，糖基部分占 30%，其中氨基已糖、中性已糖和唾液酸含量几乎相等。唾液酸位于糖基末端，这为维持 HCG 分子稳定性和表现 HCG 活性所必需。

3. HCG 的生理功能

HCG 的生理作用与垂体 LH 类似，同时还具有一定的 FSH 作用。孕妇尿中的 HCG 几乎完全是 LH 性质。

(1) 对雌性动物的作用　能促进卵泡发育、成熟、排卵和生成黄体，并促进孕酮、雌二醇和雌三醇等的合成，同时可以促进子宫生长。

(2) 对雄性动物的作用　能促进睾丸发育和精子的成熟，促进睾丸间质细胞分泌睾酮。

4. HCG在生产中的应用

国内市售的HCG有两种商品名，一是绒毛膜促性腺激素，亦称绒膜激素，用于人医；二是兽用绒毛膜促性腺激素，系由孕妇尿或妇女人工流产的刮宫废料中提取的，目前在宠物繁殖及兽医临床上已有应用，对提高宠物繁殖率起了一定的作用。

(1) 促进雌性动物卵泡成熟和排卵　在雌性动物发情开始后的一定时间，施用HCG可以使卵泡成熟排卵。也可以用于排卵延迟的雌性动物。

(2) 用于有计划地安排采精、输精　使用HCG可以减少等待雌性动物自然排卵的时间，减少输精次数，可以节省精液消耗量，从而可以提高雄性动物的配种利用率。

(3) 增强超数排卵的效果　超数排卵时，在施用PMSG等药物使雌性动物表现发情后，在配种前注射HCG，可使超排效果增强。

(4) 增强同期发情和同期排卵效果　用PGs或孕激素对雌性动物进行同期发情处理时，施用PGs或停用孕激素后，同时给予HCG，可以增强同期发情的效果，提高同期发情率。如果在施用PMSG、FSH、GnRH后一定时间同时施用HCG，不但能使发情表现同期化，还可使排卵时间比较趋于一致。

四、性腺激素

通常把雄性动物的睾丸和雌性动物的卵巢分泌的激素统称为性腺激素。性腺激素大部分为类固醇激素，最近几十年还陆续发现有抑制素、激活素和松弛素等肽类、蛋白质激素。性腺产生的类固醇激素包括雄激素、雌激素和孕激素。但性腺并非这些类固醇激素的唯一来源，肾上腺皮质、胎盘均可产生这些类固醇激素。睾酮或雌激素也并非雄性动物或雌性动物所特有，雌性动物能产生睾酮，反之雄性动物也能产生雌激素，其差别主要反映在分泌量和分泌方式上。

1923年Allen和Doisy分离出了雌激素。1934年三组研究人员（Allen等）同时鉴定出了孕酮。1935年睾酮被分离并确认。性腺类固醇激素结构相似（图1-2-2），体内合成以胆固醇为原料，其合成途径见图1-2-3。

（一）雄激素

1. 雄激素的来源及种类

雄性动物的雄激素主要产生于睾丸的间质细胞，其有效物质以睾酮（T）为代表。在雌性动物肾上腺、卵巢和胎盘中亦含有类似物，其中主要的一种是雄酮。从雄性动物体内已经分离出十多种具有生物活性的雄激素，其中主要是T、脱氢表雄酮、雄烯二酮和雄酮。这四种雄激素的生物活性差异很大，后三种激素的活性分别相当于T的16%、12%和10%，故认为T是睾丸分泌的真正雄激素，其他雄激素则可能是T的中间或终末代谢产物。

人工合成的雄激素类似物主要有甲基睾酮和丙酸睾酮，其生物学效价远比T高，并可口服。因为它们能直接被消化道的淋巴系统吸收，不必经过门静脉，可避免被肝脏内的酶

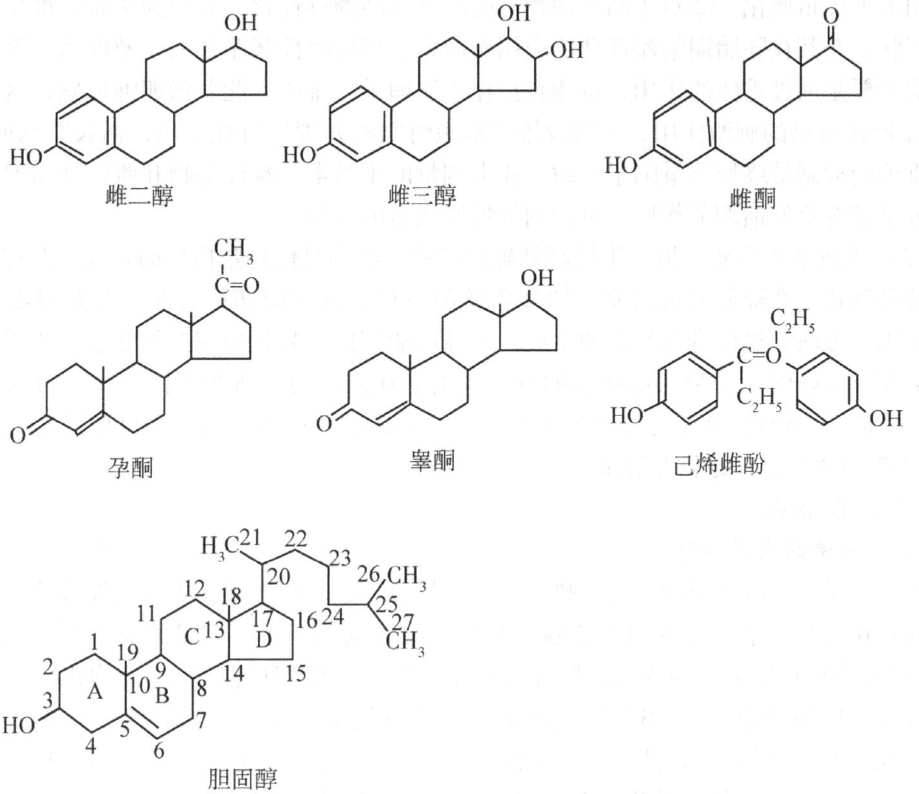

雌二醇
雌三醇
雌酮
孕酮
睾酮
己烯雌酚
胆固醇

图 1－2－2 主要性腺类固醇激素的化学结构

乙酸盐
胆固醇
孕烯醇酮
孕酮
17α羟基孕酮
皮质类固醇
雄烯二酮
睾酮
雌酮
雌二醇

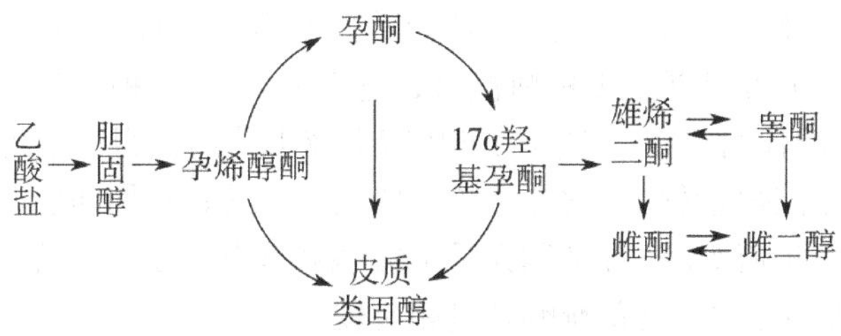

图 1－2－3 类固醇激素的合成途径

作用而失去活性。

2. 雄激素的生理功能及应用

(1) 对雄性动物的生理功能及应用 ①在性分化过程中促使雄性表型的形成。在胎儿时期，睾丸在胎盘和垂体促性腺激素刺激下生成的雄激素对于维持雄性生殖器官的发育具有重要作用。②刺激精细胞生成，促进精子的成熟，维持精子在附睾中的存活。③刺激和维持附睾、副性腺、阴茎、包皮（包括使幼年雄性动物包皮腔内的阴茎与包皮内层分离）、阴囊的生长、发育及分泌等活动。④刺激并维持雄性动物表现第二性征，引起雄性动物的性欲和性行为。皮下或肌肉注射丙酸睾酮主要用于治疗雄性动物性欲不强（如阳痿）和性机能减退。⑤调节雄性外阴部、尿液、体表及其他组织中外激素的产生，达到公母宠物间用气味联络的效果，以利于交配。⑥对下丘脑和腺垂体具有反馈调节作用。

(2) 对雌性动物的生理功能及应用 ①雄激素对雌激素有颉颃作用，可抑制雌激素引起的阴道上皮角质化。②对于幼年动物可引起雌性动物雄性化，表现为阴蒂过度生长，变为阴茎状，尤其在胚胎期给雌性动物应用雄激素，可使雌性胚胎失去生殖能力。③对卵巢的影响主要是通过垂体的作用，也能直接作用于卵巢。雄激素能刺激卵泡成熟，这可能是由于对 FSH 分泌的刺激作用，一般以雄激素短时间的处理后有此反应；而长时间的使用，则因垂体受抑制最终使卵巢陷于萎缩。④大剂量的雄激素对雄性动物和雌性动物促性腺激素的分泌都有负反馈调节作用，可抑制促性腺激素的分泌。

（3）雄激素的性外作用　①提高基础代谢率，特别是促进蛋白质的合成，并有助于骨的生长和钙化。②降低血浆脂质、加强脂肪的应用，减少脂肪的存积。③刺激红细胞生成。睾酮一方面通过促进血红素的生成，另外还能直接刺激骨髓制造红细胞。④影响毛发生长的部位和密度。⑤刺激皮脂腺的分泌，引起痤疮，而用雌激素治疗痤疮可获较好效果。⑥雄激素能促进 DNA 合成和细胞分化，对去势雄性动物注射睾酮可使肌肉等组织的细胞增殖，DNA 合成的酶类增加。

（二）雌激素

1. 雌激素的来源与种类

雌激素又名卵泡素或动情素，雌、雄动物均可产生。雌性动物主要由发育卵泡的内膜细胞和颗粒细胞产生，卵巢间质细胞、黄体和胎盘也能产生一定量的雌激素。雄性动物（如公马和公猪）睾丸中的支持细胞亦可产生雌激素。在 LH 作用下，卵泡内膜细胞产生 T，T 转移到颗粒细胞中；FSH 刺激颗粒细胞芳香化酶活性，该酶催化 T 转化为雌二醇（E_2）。类似地，在雄性动物睾丸，LH 刺激间质细胞产生 T，部分 T 进入曲细精管中的支持细胞内，在 FSH 作用下转化为 E_2。这种模式称为雌激素分泌的“双重细胞学说”。

天然的雌激素是一类分子中含有 18 个碳原子的类固醇激素，主要包括雌二醇（$17\beta-E_2$）、雌酮和雌三醇（E_3）三种。在这三种天然雌激素中，$17\beta-E_2$ 的生物学活性最强，E_3 最弱。雌二醇（E_2）是卵巢主要的雌激素，它有 α 和 β 两种类型，皆能转化成雌酮和 E_3，E_3 是 E_2 和雌酮的代谢产物。它们均可从卵泡液中分离获得，也可由孕酮或睾酮转化而成，或在合成过程中彼此转化。此外，公马睾丸和母马妊娠期间胎儿性腺和胎盘合作产生两种马属动物特有的雌激素，分别称为马烯雌酮和马萘雌酮（脱氢马烯雌酮）。孕马尿中的雌激素以马烯雌酮为主，马萘雌酮含量相对较少。

除动物可产生雌激素外，某些植物也可产生具有雌激素活性的物质，称为植物雌激素。植物雌激素主要见于豆科和葛科植物，提取物有染料木因、巴渥凯宁、香豆雌酚等。

人工合成的雌激素主要有己烯雌酚（又名乙底酚）、己雌酚、二丙酸己烯雌酚、二丙酸雌二醇、苯甲酸雌二醇等。这些合成雌激素制剂分为类固醇和非类固醇两种成分，己烯雌酚和己雌酚并非类固醇化合物，而是具有和类固醇雌激素相同甚至更高的生物学效能的化学合成药品。

如果以 $17\beta-E_2$ 的生物活性为 100%，其他具有雌激素活性物质的相对活性见表 1-2-2。

2. 雌激素的生理作用

（1）具有促进雌性生殖器官发育和表现第二性征的作用

（2）促使雌性动物表现发情　雌激素能刺激性中枢，使雌性动物产生性欲和性兴奋，出现发情征候和交配活动。这种作用是在少量孕激素的协同作用下发生的。雌激素无直接刺激卵巢使卵泡成熟、排卵的作用。

（3）对子宫、子宫颈口、阴道的作用　雌激素能使子宫充血，使子宫黏膜和肌层增殖肥厚及分泌增多，使子宫颈松软，促进阴道上皮角化。

（4）对垂体前叶的作用　排卵前，雌激素迅速增加，作用于垂体前叶，抑制 FSH 的分泌，促进 LH 的分泌，从而导致排卵，这是雌性动物性周期重复出现的一个机制。

（5）对乳腺的作用　乳腺的发育是在性周期中，受雌激素和黄体激素的反复作用而逐渐发育的，尤其是妊娠期间持续受到这两种激素的作用，乳腺显著生长和完全发育。

（6）雌激素在非生殖方面的作用　促进骨对钙的吸收和长骨骺部骨化作用，抑制长骨生长；影响体脂分布，使皮下脂肪含量增加，尤以胸、髋、肩部明显；也可促进肾小管对水和钠的重吸收，影响水盐代谢；雌激素的蛋白质合成作用已被畜牧界广为宣传，合成的雌激素制剂可使反刍动物增重和提高饲料效率。

表 1－2－2　几种主要雌激素活性物质的来源和活性比较

活性物质名称	来源	相对生物活性（%）	
		按发情行为测定	按阴道上皮角质化测定
$17\beta-E_2$	卵巢	100	100
雌酮	卵巢	17	22
雌三醇	E_2 或雌酮的代谢产物	1	$<1\%$
苯甲酸雌二醇	人工合成	128	234
苯甲酸雌酮	人工合成	15	41
己烯雌酚	人工合成	71	143
己雌酚	人工合成	66	92
双烯雌酚	人工合成	21	29
染料木因	豆科植物	107	
巴渥凯宁	豆科植物	71	
黄豆苷原	豆科植物	28	

3. 雌激素在雌性动物繁殖上的应用

（1）催情　武石等用雌激素配合 PMSG 和 HCG 对犬进行诱导发情，同时对受精卵进行移植，在世界上首次成功地繁育出仔犬。雌激素虽不能直接作用于卵巢而使卵巢发育，但可通过下丘脑的反馈作用使 LH 分泌，间接作用于卵巢，并能增加子宫对垂体后叶素的敏感度而提高子宫收缩性。

（2）排除子宫内的存留物　对于子宫内的死胎、子宫积脓及滞留的胎衣，用雌激素处理，可使子宫颈松弛，加强子宫的兴奋性，促进这些存留物的排除。如将雌激素与 OXT 配合使用，效果更好。

（3）治疗慢性子宫内膜炎　雌激素可促进子宫病理渗出物的排除，有利于子宫的康复和胚胎附植。

（4）可用于雄性动物的"化学去势"　雌激素可引起睾丸萎缩，副性器官退化，最后导致不育。

（三）孕激素

1. 孕激素的来源及种类

动物体内的孕激素是一类分子中含有 21 个碳原子的类固醇激素。其主要来源为卵巢中的黄体细胞。有人认为，妊娠犬的黄体机能至少可持续到排卵后第 56d。犬的胎盘不分泌孕激素，因此，在这之前若切除卵巢，则必然发生流产。此外，在睾丸、肾上腺和卵泡颗粒层细胞中也曾分离出孕酮，这可能是合成雄激素的中间产物。

孕激素的种类很多。天然的孕激素主要有孕酮（P，又称黄体酮）、孕烯醇酮、孕烯二醇、脱氧皮质酮等，由于它们的生物活性不及孕酮高，但可竞争性结合孕酮受体，所以在体内有时甚至对孕酮有颉颃作用。人工合成的孕激素有甲基乙酸孕酮（MAP）、乙酸氯地孕酮（CAP）、乙酸氟孕酮（FGA）、醋甲脱氢孕酮（MCA）、甲地孕酮（MA）、炔诺酮、异炔诺酮、安宫黄体酮（醋酸甲羟孕酮）、二甲脱氢孕酮等。

2. 孕酮的生理作用

孕激素和雌激素作为雌性动物的主要性腺激素，共同作用于雌性生殖活动，两者的作用既相互抗衡，又相互协同。孕酮对生殖道的作用需要雌激素的预作用，雌激素诱导孕酮受体产生。相反，孕酮可调节E_2受体，阻抗雌激素作为促有丝分裂因子的许多作用。两者在血液中的浓度此消彼长，决定着最终的作用效果。

（1）对子宫的作用　孕激素与雌激素协同作用于子宫，使子宫黏膜充血、增生变厚，使子宫腺体增生及分泌增加，这是子宫准备受精卵着床的变化，称为着床性增殖。孕激素还使子宫颈收缩及闭锁，促进子宫颈与阴道上皮分泌黏稠黏液，抑制子宫肌运动，这些都有利于胚胎着床。

（2）维持妊娠　孕激素能降低子宫平滑肌对催产素的敏感性，有助孕和维持妊娠的作用。有的动物在妊娠初期孕激素来自妊娠黄体，妊娠中期以后黄体逐渐萎缩消失，改由胎盘分泌，这种动物在妊娠后半期即使摘除卵巢也不会造成流产。犬、猪、牛等的妊娠黄体功能一直持续到分娩，因此，若妊娠期摘除卵巢可引起流产。

（3）对发情的作用　大量孕激素对雌激素有颉颃作用而抑制发情，少量孕激素对雌激素有协同作用，可促进发情。

（4）对垂体前叶的作用　抑制垂体前叶 FSH 和 LH 的分泌。因而，当黄体萎缩前，卵巢中虽然有卵泡生长，但不能迅速发育成熟。人工大量连续投以孕激素，可抑制雌性动物的发情和排卵。

（5）对乳腺的作用　乳腺的发育是由雌激素和孕激素协同作用完成的。雌激素促进乳腺腺管的发育，而孕激素促进受到雌激素作用后的乳腺腺胞的发育。

（6）具有免疫抑制作用　应用大剂量孕酮时，其作用类似肾上腺皮质激素，具有免疫抑制作用，这与母体对孕体不发生免疫排斥有关。

3. 孕酮的临床应用

孕酮在宠物繁殖中应用较多，它不仅可用于宠物的发情控制技术，还可治疗习惯性流产、卵泡囊肿等繁殖疾病。孕酮本身一般口服无效，故常制成油剂用于肌肉注射，也可制成丸剂做皮下埋藏，或制成乳剂用于阴道栓。由于其在生物体液中含量相对雌二醇较高，易于定量分析，故在繁殖状态监控、妊娠诊断，以及许多繁殖疾病诊断方面也得到了普遍的应用。

（四）抑制素及相关肽

早在 1923 年就有人提出，曲细精管上皮能产生一种抑制 FSH 分泌的特殊因子。到 1932 年 McCullagh 从牛睾丸中提出一种水溶性的非甾体物质，以其功能命名为抑制素（inhibin，IBN）。1986 年和 1987 年从卵泡液或睾丸网液中又先后发现了两种抑制素相关肽，即激活素（活化素）和卵泡抑素（folliistatin，FST）。

1. 抑制素的来源与化学特征

大量试验证明抑制素主要来源于睾丸的支持细胞和卵巢的颗粒细胞，睾丸的间质细胞、灵长类动物的黄体细胞以及人的胎盘滋养层细胞也能产生抑制素。这种由雌、雄性腺分泌的水溶性多肽激素，对垂体 FSH 分泌具有特异性抑制作用。令人感兴趣的是，在大鼠的垂体前叶发现抑制素和激活素与 FSH 和 LH 共存于同一分泌颗粒内，在 FSH 和 LH 分泌时，这些抑制素和激活素也释放出来。

抑制素是一种水溶性糖蛋白激素，含有两个由二硫键连接的肽链，即 α 亚基和 β 亚基。α 亚基上氨基酸数量较 β 亚基多。β 亚基又可分为 A 和 B 两种，故抑制素有两种类型，即抑制素 A（αβA）和抑制素 B（αβB）。β 亚单位氨基酸序列与转化生长因子 - β（TGF - β）和苗勒氏管抑制因子（MIF）相似。分离的 α 亚基或 β 亚基均无生物活性。目前已有两种牛卵泡液抑制素的提纯物，一种分子量为 58 000（α 亚基 43 000，β 亚基 15 000）；另一种分子量为 31 000（α 亚基 20 000，β 亚基 13 000～15 000）。羊也有两种抑制素，分子量分别为 67 000 和 32 000，后者已被提纯，α 亚基为 20 000～21 000，β 亚基为 16 000。猪纯化的抑制素有 A 和 B 两种，A 和 B 的差异是由于 β 亚基上氨基酸序列小有不同，分子量均为 32 000（α 亚基为 20 000，β 亚基为 13 000）。

提纯和分离抑制素都比较困难。抑制素不耐热，在有机溶媒中加热到 65℃ 以上，或在培养基中 80℃ 下加热 30min，活性即被破坏。在 pH 值 1.9～4.0 和 pH 值 7.0～10.0 范围内抑制素较稳定，可以进行过滤、冰冻和干燥。抑制素分子量大约为 31 000～100 000，分子量在 31 000～32 000 和 55 000～65 000 者提纯较容易。

不同来源的抑制素对许多动物都有降低 FSH 浓度的作用，说明抑制素缺乏种属特异性。但抑制素的免疫化学性能并不完全一致。如用纯化的人精浆抑制素制备的特异性抗体与大鼠睾丸和卵巢抑制素有交叉反应，但与纯化的羊睾丸抑制素无交叉反应。

2. 抑制素的分泌与生理作用

在雄性动物，抑制素可以从支持细胞的顶部分泌入曲细精管管腔，然后汇入睾丸网并在该处吸收入血，也可从支持细胞基底部进入间质后吸收入血。由于血睾屏障的发育完善，成熟睾丸中 95% 的抑制素是分泌入曲细精管管腔的。抑制素的分泌主要受到 FSH 的刺激作用。另外雄激素和 E_2 起促进作用，而 P 则有抑制作用。

抑制素的生理作用具有以下三个方面。

（1）抑制 FSH 的合成和分泌　体内和体外试验均证明抑制素能特异地作用于腺垂体，抑制 FSH 的合成和分泌，是 FSH 分泌的主要抑制因子之一，而对垂体 LH、TSH、PRL 和 GH 分泌的影响不大。试验证明，抑制素对基础 FSH 的分泌和 GnRH 刺激的 FSH 分泌均有抑制作用，且有剂量依赖关系。低剂量时抑制 FSH 的合成与释放，高剂量时加速细胞内 FSH 和 LH 的降解。也有报道认为抑制素除抑制垂体 FSH 分泌外，可能还增加 FSH 代谢清除率。抑制素对下丘脑的作用尚待进一步证实，已经发现苯巴比妥能抑制 GnRH 释放，如同时应用苯巴比妥和牛卵泡液则对 FSH 分泌的抑制出现叠加效应。去除卵巢的羊在动脉内注入抑制素纯品后引起 FSH 下降，但一段时间后 FSH 水平回升并超过对照组水平，即出现所谓“反跳现象”。

（2）刺激睾丸分泌睾酮　在体外培养条件下，抑制素能增加间质细胞对 LH 刺激的反应性，而增加睾酮的分泌。

（3）具有细胞调节素的作用　由于抑制素 β 亚基结构与细胞调节素 TGH－β 相似，因此抑制素在内分泌、旁分泌和自分泌水平上广泛发挥作用。

睾丸提取物中还含有来源于精原细胞的抑制素（Chalone），它能够抑制 A 型精原细胞的增殖和初情期前支持细胞的分裂，但不能降低 FSH 水平。另外，抑制素还可能直接作用于卵巢颗粒细胞而影响其功能。此外有人还发现卵巢抑制素能抑制卵母细胞的成熟分裂及卵泡的成熟和排卵。

3．抑制素在生产中的应用

动物的配子生成与 FSH 水平高度相关，因此通过降低抑制素水平增加 FSH 分泌可以改进动物的繁殖力。

（1）选择抑制素水平低的动物　繁殖力高的布鲁拉美利奴羊与普通美利奴羊比较，其卵巢中抑制素含量较低而血中 FSH 浓度较高；繁殖力高的 Dman 羊虽然缺乏有关抑制素的报道，但其 FSH 水平较高。这说明完全有可能通过改变抑制素基因，降低抑制素水平来提高繁殖力。

（2）抑制素生殖免疫方法　使用抑制素卵泡液作为免疫原，主动或被动免疫方法，中和体内循环中的抑制素，可以使 FSH 水平明显升高，从而增加羊的排卵率。或利用“反跳现象”在排卵前应用这一增加 FSH 水平的手段可以增加雌性的排卵率。

（3）临床诊断　在雄性动物，抑制素水平下降和 FSH 水平升高，往往是曲细精管生殖上皮受到损伤的标志。在这种情况下，孕酮水平一般正常，但精液中精子数量下降或无精子。在消除致病因子后，使用抑制素治疗可以促进生精上皮功能的恢复。在人类，月经稀发、更年期或具有多囊性卵泡的妇女卵泡液中抑制素含量减少，活性减弱，使用抑制素可以缓解这些症状。

4．抑制素相关肽

（1）激活素　1993 年，有人发现了由睾丸支持细胞和卵巢颗粒细胞合成的与抑制素结构近似而生理作用相反的激活素（activin，ATN，又称活化素、激动素），它不但能诱导 FSH 的特异性释放，还可能增加 FSH 诱导的 LH 受体和孕酮的产生。但在有抑制素的情况下，激活素通常不表现其生物学作用。这充分表明下丘脑－垂体－性腺轴具有复杂而微妙的调控机制。

激活素是由抑制素的 A 型和 B 型的 β 亚基通过二硫键联结而成的同种二聚体（βAβA，βBβB）或异种二聚体（βAβB），即激活素有 A、B 和 AB 三种类型，其分子量均为 24 000。转化生长因子－β（β－TGF）与激活素有相似的分子结构，也有类似的生理功能。

激活素在卵巢内还有局部作用，可引起颗粒细胞 FSH 受体表达，在 FSH 存在条件下还可促进 LH 受体表达。激活素能增加颗粒细胞产生抑制素的能力。

（2）卵泡抑素　卵泡抑素（FST），又名 FSH 抑制蛋白（FSP），是 1987 年从牛和猪卵泡液中提取纯化抑制素时发现的单链多肽分子，主要（约占 73%）由卵巢颗粒细胞分泌，另外在垂体－肾上腺轴等器官也有分泌。迄今为止，已在猪和牛卵泡液中发现多种具有 FST 生物活性的物质，其中一种由 315 个氨基酸残基组成，含 36 个半胱氨酸，分子量约 35 000。另两种分子量为 32 000 和 39 000。FST 水平在发情期较低，在黄体期中期较高，可达2～5 ng/ml。FST抑制FSH释放的生物活性只有抑制素的1/3，这一作用可能是通过结合并中和激动素的促FSH分泌活性而实现的。

（五）松弛素

1. 松弛素的来源与化学特征

松弛素（relaxin，RLX）主要产生于哺乳动物妊娠期间的黄体，但子宫和胎盘也可以产生。猪、牛等的松弛素主要产生于黄体，而兔子主要来自胎盘。松弛素可以从猪卵巢提取物中获得。目前国外已有三种松弛素商品制剂：Releasin（由松弛激素组成）、Cervilaxin（由宫颈松弛因子组成）和Lutrexin（由黄体协同因子组成）。

迄今，已从猪和鼠等动物中提取、纯化得到松弛素，不同动物的松弛素分子结构略有差异。松弛素是由A和B两个多肽链通过二硫键连接而成的水溶性多肽激素，A链中含有第三个二硫键。猪松弛素的A链含22个氨基酸残基，B链含氨基酸残基26～32个不等，说明松弛素不是单纯一种物质，而是一类多肽物质。B链含氨基酸残基数为26的松弛素分子量为6 300。鼠松弛素与猪松弛素的结构差异明显（同源性仅有54%），但是关键的位置、总的疏水性、非极性、酸性、碱性氨基酸残基非常相似。它们与人的松弛素也各不相同，彼此之间的抗原－抗体交叉反应微弱。松弛素分子结构与胰岛素相似，二者氨基酸序列的同源性达70%。

2. 松弛素的生理作用

松弛素是协助动物分娩的一种激素。生理条件下，它必须在雌激素和孕激素预先作用后才能发挥显著的作用。松弛素能参与体内硫酸黏多糖的解聚作用，因而可以使骨盆韧带松弛，使耻骨联合松开，有利于雌性动物分娩。过去人们都认为松弛素还有另外一种功能，能使子宫颈口扩张，子宫肌肉舒张、增加子宫重量和糖原及水分的含量，现在看来这可能是另外一种松弛素——子宫松弛因子的作用。

近期研究表明，松弛素不仅是一种妊娠激素，它在卵泡发育和排卵、妊娠期间乳腺生长、胎儿附植以及发动分娩等方面都有作用。

3. 松弛素在生产中的应用

由于松弛素能使子宫肌纤维松弛、宫颈扩张，因此可用于子宫镇痛，预防流产和早产，也可使宫颈松弛而诱导分娩等。

五、前列腺素

前列腺素（Prostaglandins，PGs，PG）属于组织激素，并非由专一的内分泌腺所产生。早在1930年，美国妇产科医生K. Kurzrok和C. CLieb从人和绵羊的精液和精囊腺发现这种特殊激素，证明它对刺激平滑肌收缩和降低血压起着作用，当初还以为来源于前列腺，所以命名为前列腺素，并一直沿用至今。经多年来的实验证明，它广泛存在于动物的各种组织中，主要的来源在生殖器官，特别是子宫内膜和母体胎盘，在脑部则以下丘脑较多，而且在海洋生物的柳珊瑚中含量更丰富。

（一）PGs的化学结构

PGs并不是单纯的一种激素。由于化学结构和生物学特性的不同，从动物组织已分离出A、B、C、D、E、F、G、H等十多种不同类型的PGs，其中主要的是A、B、E和F四型，它们都是含有20个碳原子的不饱和脂肪酸，前体主要是花生四烯酸，通过酶的生物催化而成。各种 PGs 的双键部位都是在 C13 和 C14 之间，PGA 和 PGB 在戊烷环又各有一个双键，PGE 和 PGF 另有一个或两个双键，这些是它们结构上的主要特点。目前最多用的是 $PGF_{2\alpha}$，是具有两个双键和三个羟基的 PGs。双键的数目可由 $F_{1\alpha}$、$F_{2\alpha}$ 和 $F_{3\alpha}$ 中的数字表示，α 和 β 表示取代基的空间构型。常见 PGs 化学结构式见图 1-2-4。

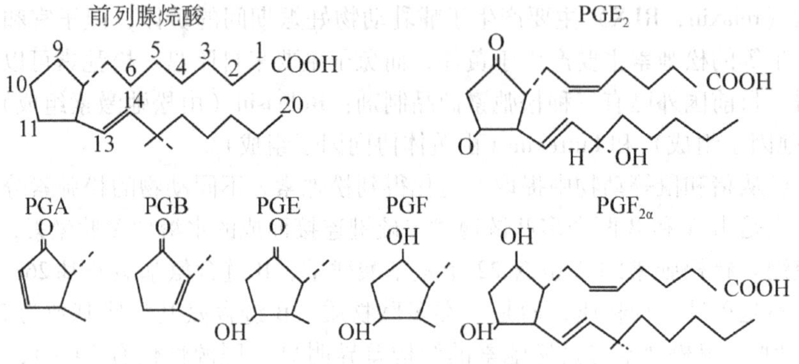

图 1-2-4　前列腺素的基本结构式

（二）PGs 的生理作用

PGs 的生理作用极其广泛，也十分复杂。几乎每个器官系统的活动都受到 PGs 的影响。同一种 PGs 对不同组织有不同的作用；而同一种组织对不同 PGs 发生的反应也很不相同。天然 PGs 在体内半衰期很短，约为 0.75min。静脉注射后 1min 内就可被代谢 95%。因此 PGs 的作用主要限于邻近部位，被认为是一类“局部激素”，即组织激素。

表 1-2-3 列出了 $PGF_{2\alpha}$ 和 PGE_2 对不同组织的生理作用。

表 1-2-3　两类主要 PGs 对不同组织生理作用的比较

功　能	PGE_2	$PGF_{2\alpha}$	功　能	PGE_2	$PGF_{2\alpha}$
血管舒张	++++	---	支气管扩张	++++	---
心输出	++++	---	胃液分泌	----	0
血压	----	因动物而异	虹膜	+++	+++
子宫活动	---	++++	黄体溶解	+	++++
输尿管活动	---	++++	神经系统	----	0
胃肠活动	++++	++++	脂肪分解	++++	0

注：+表示兴奋，-表示抑制，符号多少表示作用的相对强弱，0 表示无作用。

PGE 和 $PGF_{2\alpha}$ 对生殖系统的作用可归结为如下几个方面。

1. 对雌性生殖的作用

PGs 对雌性生殖道的作用已经进行过大量研究。有两种来源的 PGs 影响子宫和输卵管的生理功能，一种是精液中的 PGs 在交配时随精液进入子宫，另一种是子宫内膜产生的 PGs 调节自身的功能。PGs 对子宫的效应取决于 PGs 的种类和子宫本身的功能状态。在未排卵和未妊娠情况下，PGE 可使子宫颈舒张和子宫体松弛，并使输卵管的子宫端收缩，而使卵巢端舒张；PGF 则使子宫肌收缩，张力增强。在发情期的排卵期，雌性生殖道平滑肌对 PGE 的上述效应敏感性增强，而对 PGF 的收缩效应敏感性减弱。这种改变显然有利于精子通过子宫和输卵管。但在发情期的后期，子宫肌对 PGF 的收缩效应明显增强，同时子宫分泌的 $PGF_{2\alpha}$ 也明显增多。这就能直接引起子宫强烈收缩，加速子宫内膜崩溃、脱落和排出。

在正常发情周期中，子宫内膜分泌的$PGF_{2\alpha}$是使黄体退化的主要因素，并能控制发情和排卵。多年来从牛和绵羊子宫切除手术的许多试验，注意到子宫与黄体退化存在关系。如果切除有黄体的同一侧子宫角，这一侧卵巢的黄体能继续存在达数月；如果只切除对侧的子宫角，本侧的黄体仍能正常退化（仅维持15d），这是因为同侧子宫角所产生的$PGF_{2\alpha}$，能通过局部循环通过同侧的子宫静脉扩散入逆向流动的卵巢动脉血中流向卵巢，去溶解黄体。从子宫内膜提取的这种物质具有降低黄体机能或促其消失的作用，不仅可引起发情和排卵，而且还可使妊娠中止，导致流产。$PGF_{2\alpha}$的溶黄体作用也已在大鼠、仓鼠、豚鼠、兔、猪、马等的动物中证实。

在雌性动物发情周期的黄体期注射$PGF_{2\alpha}$可引起发情，但注射的时期很重要，过早注射，处在黄体形成期，则没有作用。因此$PGF_{2\alpha}$可用于同期发情。不同动物的黄体对$PGF_{2\alpha}$的敏感性不同，如犬的黄体延迟到排卵后的24d才被溶解。

2. 对妊娠和分娩的作用

PGs对分娩的作用已经得到证实。牛在妊娠情况下，$PGF_{2\alpha}$的分泌量比正常发情周期高很多。例如，在妊娠后的第16d和第19d，子宫冲洗液中$PGF_{2\alpha}$总量分别升高到482 ng和188 ng，比未妊娠时高10～18倍。但是$PGF_{2\alpha}$并不进入血液而是积蓄于子宫腔内。所以，孕牛外周血液中的$PGF_{2\alpha}$含量并不比未妊娠牛高，这对保护黄体显然是必要的。母牛妊娠早期阻止$PGF_{2\alpha}$进入血液的机理被认为是由于硫酸雌酮的作用。硫酸雌酮作用于妊娠的子宫内膜，使它的分泌维持外分泌方式，即包括$PGF_{2\alpha}$在内的各种分泌物不释放进入血液，而是分泌进入子宫腔，从而既防止黄体溶解，又保证组织营养物在子宫腔内蓄积，满足胚胎早期发育的需要。在分娩时和产后，与血浆孕酮含量降低的同时，$PGF_{2\alpha}$大量进入血液。分娩开始时，血中$PGF_{2\alpha}$迅速升高。产后第3～4d，血中$PGF_{2\alpha}$含量下降，但直到16～18d仍保持高于正常的水平。这时$PGF_{2\alpha}$不仅对妊娠子宫有促进收缩作用，而且PGE_2对其也有收缩作用。所以，血中$PGF_{2\alpha}$浓度升高是导致分娩时子宫阵缩的主要因素之一。产后血中$PGF_{2\alpha}$持续较高水平有利于促进子宫在较短时间内恢复正常。

此外，足月胎儿脐带血中也发现有较高浓度的$PGF_{2\alpha}$和PGE_2。这可能与分娩时控制胎儿的血液循环有关。因为PGs在分娩时使脐带收缩，阻断胎儿与胎盘间的血液，促使胎儿开始自身的血液循环。

3. 对雄性生殖的作用

雄性生殖系统的许多器官都能产生PGs，精囊腺中含量尤其丰富。PGE对精囊腺和输精管的平滑肌有强烈的收缩作用，并能提高它们对腹下神经刺激的效应。有人推测这可能对射精时的平滑肌收缩有促进作用。有些试验显示，PGs能通过精子内的腺苷酸环化酶发生作用，使精子完全成熟，获得进入卵子使卵子受精的能力。$PGF_{2\alpha}$可引起血液中LH水平的提高并使睾酮分泌增加，这又可证明$PGF_{2\alpha}$能刺激垂体前叶激素的分泌。在人工授精的稀释精液中加入PGE_2和$PGF_{2\alpha}$可提高受胎率15%，它们的生理效应可能是借子宫的收缩力有利于精子的运行。

根据现有试验研究材料，一般认为PGE趋向于促进受精，使精子在子宫和输卵管运动的推动下，被输送到输卵管上方与卵子结合。PGF由于能使子宫和输卵管各段都强烈收缩和促进黄体退化，因而产生抗生育作用。

(三) $PGF_{2\alpha}$类似物及其在生产上的应用

PGs 是具有高度生物活性的物质。但天然 PGs 在体内半衰期很短，生物活性范围广，易产生副作用。而合成的 PGs 具有作用时间较长，活性较高，副作用小等优点。因此在实际工作中多使用 PGs 的类似物。

PGs 在化学结构上的微小差别，可使其活性变化很大。因此可以有意识地使 PGs 在结构上加以改变，能合成一系列比天然的 PGs 活性更强的 PGs 类似物。近年来，人工合成的 PGs 类似物种类很多，目前国内试制的有 15－甲基 $PGF_{2\alpha}$，ω－乙基－13－$PGF_{2\alpha}$，$PGF_{1\alpha}$甲酯和氯前列烯醇四种（图 1－2－5）。试验初步证实它们在破坏牛的功能性黄体方面具有类似的效果，因此可有效地用于控制雌性动物的同期发情。

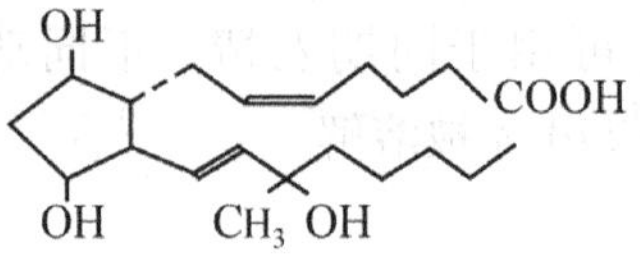

15甲基$PGF_{2\alpha}$ 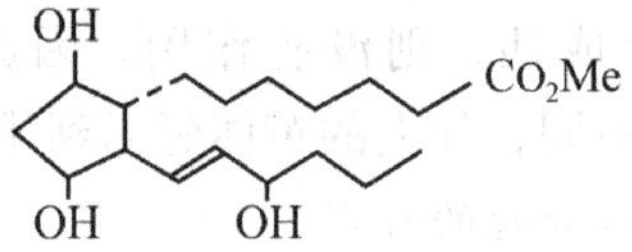　　$PGF_{1\alpha}$甲酯

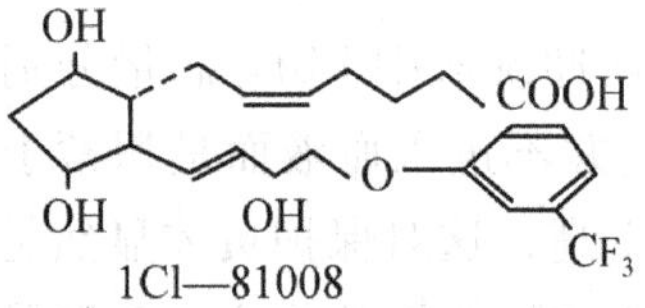

1Cl—81008

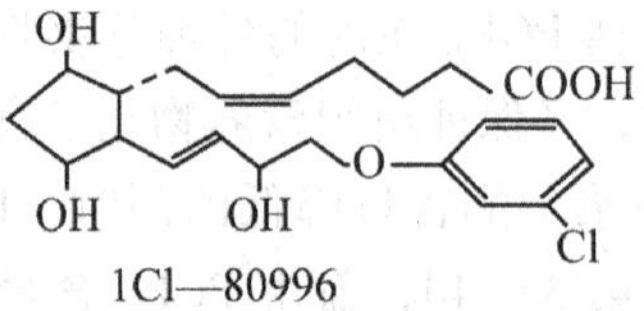

1Cl—80996 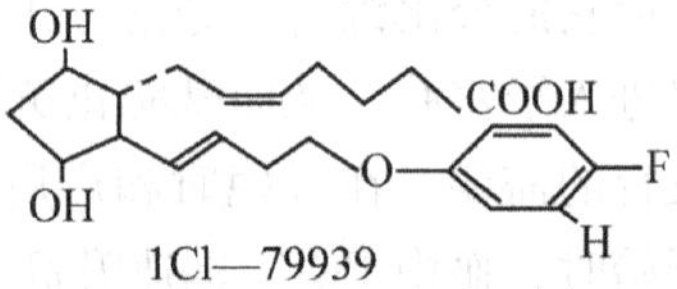　　1Cl—79939

图 1－2－5　几种前列腺素类似物的结构式

在生产上，$PGF_{2\alpha}$及其类似物主要用于诱发流产和分娩、同期发情、增加雄性动物的射精量以及治疗持久黄体、黄体囊肿等生殖机能紊乱。例如，蒋书东等对犬、猫子宫蓄脓中的闭锁型应用 $PGF_{2\alpha}$进行治疗，剂量为 0.25mg/kg 体重皮下注射，1 次/d，连用 5d，同时使用抗生素，但副作用明显，如犬、猫表现烦躁、气粗、腹痛、心动过速、呕吐等。

六、外激素

外激素又称信息素（pheromone），信息素一词是 1959 年由研究昆虫间化学信息传递的科学家提出的。在哺乳动物，外激素最早被发现在小鼠和仓鼠的性活动中是必不可少的，现在已知在宠物繁殖中也有相似的重要性。

外激素是由动物个体向周围环境释放的一种或数种化学物质，作为信息载体可引起同类动物行为或生理上的特定反应，是动物不同个体间进行化学通讯的信使。这种化学通讯主要是在同种动物内部进行，但有时在不同种的动物间，特别是分类上比较相近的动物之间也存在这种联系。大部分动物外激素可刺激异性交配，并可影响同种动物的生殖活动或生殖周期，因此又被称为性外激素。

外激素可以是类固醇、生物碱，也可以是蛋白质、低级脂肪酸或其他物质。哺乳动物的外激素，大致可分为信号外激素、诱导外激素和行为外激素（包括识别行为、进攻行为、性行为激素等）。对动物繁殖来说，性行为外激素（简称性外激素）比较重要。

（一）性外激素的来源和化学特性

性外激素是由外激素腺体释放的。外激素腺体分布很广泛，遍及身体各处，靠近体表，主要的有皮脂腺、汗腺、腮腺、颌下腺、泪腺、包皮腺、尾下腺、肛腺、会阴腺、腹腺、跗腺、掌腺等。这些腺体大多数由体表细胞所构成，可能是单层细胞，也可能比较复杂，并在贮存处与腺体相连，到需要时即将外激素排放到周围环境中。有些动物的尿液和粪便中亦含有外激素。

外激素的性质因分泌动物的种类不同而异。如公猪的外激素有两种，一种是由睾丸合成具有特殊气味的类固醇物质，贮存于脂肪中，由包皮腺和唾液腺排出体外；二是由下颌腺合成麝香气味的物质，经由唾液而排出。麝香是一种具有性刺激作用的外激素，许多动物的分泌液中都含有类似麝香的气味。由灵猫分泌的灵猫酮（顺式－环十七烯－9－酮），在化学结构上与从人和公猪机体内发现的麝香气味分泌物以及人工合成的香精“馥内酯”（15－羟基十五碳酸内酯）具有一定的相似性。各种外激素都含有挥发性物质。

（二）性外激素的生理作用及应用前景

性外激素的生物学意义在低等动物（如昆虫）和高等野生动物的性活动中表现特别突出。通常，某种性别的动物释放性外激素可引起异性向其聚集，或者由于适宜的环境刺激可引起两种性别的动物向同一区域聚集（约会）。在两性聚集后，外激素又可传递近距离范围内的性行为，即刺激求偶行为与交配行为，因此有人将性外激素称为激发性欲的“催欲剂”。各种动物的性外激素对性行为的影响有其特定模式，主要表现在以下三方面。

1. *召唤异性*

雌性分泌的外激素可召唤雄性靠近等候雌性，直到雌性出现发情并与之交配。这种现象在鸟类多见。雄性分泌的性外激素可引诱雌性，使雌性接受交配。如母犬进入发情前期以后，随着体内雌激素的含量增加，母犬尿中含有一种特殊的气味，公犬在很远处就可嗅到，并被母犬所吸引。母犬进入发情期时对公犬及其遗留气味（粪尿、足迹等）表现得非常敏感，常喜欢耗费较多的时间去接近公犬，接受并愿意让公犬爬跨和交配。

2. *刺激求偶行为*

性外激素可诱导发生性行为反应，使雄性动物嗅闻雌性动物外阴及其分泌物，雌性向雄性靠拢。

3. *激发交配行为*

性外激素可引起雄性的交配行为，并可使雌性表现愿意接受交配的行为反应。

此外，性外激素对异性和同性的生殖内分泌调节以及雌性的发情、排卵均有一定程度的影响，主要表现在“异性刺激”、“雄性效应”或“群居效应”等。

第三节　生殖激素的分泌与调节

一、下丘脑－垂体－性腺调节轴

犬、猫等动物生殖系统的发育和功能维持受到下丘脑－垂体－性腺轴的调控。下丘脑、垂体、性腺在中枢神经的调控下形成一个封闭的自动反馈系统，三者相互协调、相互制约使犬、猫等动物的生殖内分泌系统保持相对稳定。下丘脑接受经中枢神经系统分析与整合后的各种信息，以间歇性脉冲形式分泌促性腺激素释放激素（GnRH），刺激垂体前叶分泌促性腺激素（GTH），即卵泡刺激素（FSH）和黄体生成素（LH），然后促进睾丸或卵巢的发育并分泌睾酮或雌二醇。性腺、垂体、下丘脑释放的调控因子又可以作用于上级中枢或其自身，形成长轴、短轴和超短轴反馈调节通路。

（一）下丘脑与垂体的关系

下丘脑是间脑的一部分，位于丘脑的腹侧，形成第三脑室的底壁和部分侧壁。它主要包括视交叉、乳头体、灰白结节、正中隆起等部分，由漏斗柄和脑下垂体相连（图1－2－6）。

垂体是一个很小的腺体，位于脑下蝶骨凹部，分前后两叶及位于之间的中叶。垂体前叶主要为腺体组织，包括远侧部和结节部；后叶主要为神经部。垂体远侧部为构成前叶的主要部分，是垂体促性腺激素的分泌部位。

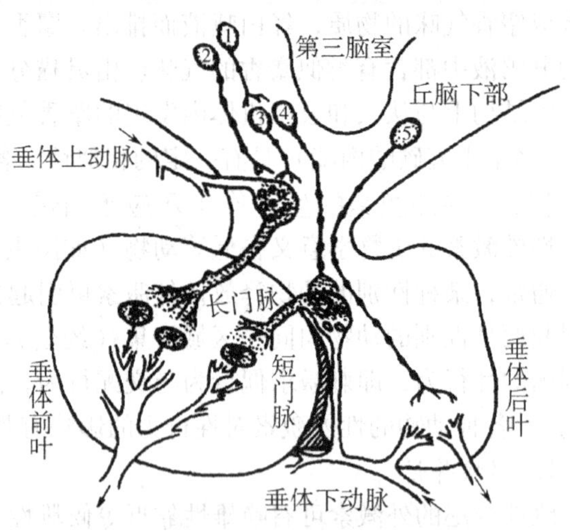

图1－2－6　丘脑下部与垂体关系示意图

由垂体上动脉和垂体下动脉所形成的垂体门脉系统，在下丘脑神经内分泌细胞和垂体前叶分泌细胞之间建立了生理联系。下丘脑外的神经细胞①可刺激下丘脑的神经内分泌细胞分泌释放（或抑制）激素（因子）；位于下丘脑外的神经内分泌细胞②也能分泌释放（或抑制）激素（因子）；神经细胞②和③所分泌的激素均被微血管丛所吸收，而经过长门脉系统进入垂体前叶，神经细胞④所分泌的激素通过短门脉而进入垂体前叶。神经细胞⑤所合成的催产素和加压素，被直接运送到垂体后叶，并于该处释放进入体血液循环。

（二）促性腺激素释放激素与垂体促性腺激素的释放

目前人们已确定下丘脑可分泌9种释放或抑制激素（因子），其中分子结构已明确的称激素，而分子结构尚未完全清楚的称为因子。其中促性腺激素释放激素（GnRH），是由下丘脑某些神经细胞所分泌。其生理功能主要有：促使垂体前叶合成与释放LH和FSH；刺激排卵；促进精子生成；抑制生殖系统机能；垂体外作用等。

垂体受下丘脑分泌的释放激素以及性腺激素的反馈作用，可以释放多种激素，其中垂体前叶分泌的LH、FSH和PRL与生殖的关系最为密切，它们都直接作用于性腺。如FSH的释放是在下丘脑促性腺激素释放激素的作用下，由垂体前叶促性腺激素腺体细胞产生的。其生理功能主要有：刺激卵泡的生长发育；促进生精上皮细胞发育和精子形成等。

（三）腺垂体激素分泌的调节

腺垂体的分泌功能一方面受中枢神经系统特别是下丘脑的控制，另一方面也受外周靶腺所分泌的激素和代谢产物的反馈调节（图1－2－7）。

1. 下丘脑的调控作用

表现在以下三个方面。

(1) 下丘脑促垂体区释放激素和抑制激素的作用　垂体促性腺激素、促甲状腺激素和促肾上腺皮质激素的分泌直接受下丘脑分泌的相应的释放激素的控制，而生长激素、催乳素和促黑素细胞激素则分别受下丘脑释放的释放激素和抑制激素的双重控制。

(2) 神经肽、神经递质和神经调节物的作用　加压素、神经降压肽、P 物质、阿片样肽、5－羟色胺等可促进 GH 分泌，肾上腺素、去甲肾上腺素、5－羟色胺等对 MSH 和 ACTH 分泌有调节作用。

(3) 其他中枢部位和外周感受器的作用　MSH 分泌还受下丘脑的直接控制，切除中间叶与脑的联系或用某种方法抑制下丘脑，可见 MSH 分泌增加；吮吸刺激乳头可反射性地引起催乳素分泌增加。

2. 反馈调节作用

靶腺激素在血液中的浓度通过反馈途径可直接影响，也可间接通过下丘脑影响腺垂体激素的分泌。

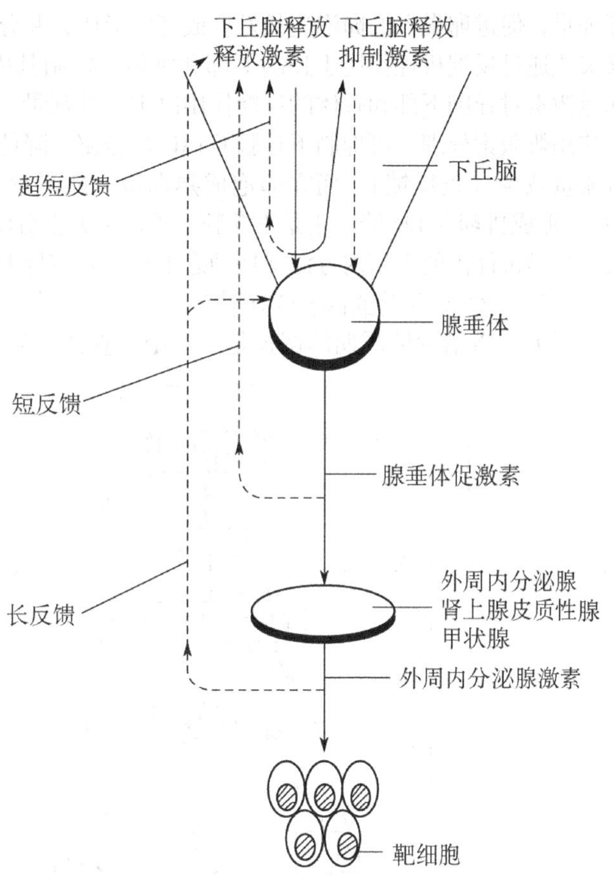

图 1－2－7　下丘脑－垂体－性腺调节轴示意图

例如用化学方法或切除手术消除甲状腺和肾上腺的作用后，血液中甲状腺素和皮质醇浓度的下降既可直接作用于腺垂体，也可通过对下丘脑释放激素的改变间接作用于腺垂体，从而使 TSH 和 ACTH 分泌加强。相反，给予甲状腺素或皮质醇可通过同样途径引起 TSH 或 ACTH 分泌减少。

血糖和血液中氨基酸特别是精氨酸的浓度可调节生长激素的分泌。长期饥饿或注射胰岛素引起血糖过低时，血浆中生长激素增多。注射精氨酸可促进生长激素分泌，而且在高血糖情况下也不能影响和抑制这个反应。

(四) 生殖激素对犬、猫生殖活动的调节作用

下丘脑－垂体－性腺轴在犬、猫生殖内分泌调节活动中起着核心作用。但是由于雌、雄个体的生殖生理特点不同，以及分泌的生殖激素在生殖过程中所起的作用不同，所以它们的生殖内分泌调节机理也不尽相同，具有各自的生殖内分泌调节特点。

二、生殖激素对母犬、母猫生殖的调节

母犬、母猫生殖生理的主要特点是：机体在下丘脑－垂体－卵巢轴调节下，生殖活动表现出明显的周期性。

（一）下丘脑、垂体和卵巢在内分泌功能上的相互作用

下丘脑通过释放 GnRH 作用于垂体前叶，引起 FSH 和 LH 分泌增加，FSH 和 LH 又作用于卵巢，促进卵巢上的卵泡生长发育或黄体形成，并分泌相应的激素。同时卵巢所产生的激素又能通过反馈机理作用于丘脑下部和垂体，控制其内分泌保持在合适的状态。实验证明，卵巢激素对丘脑下部和垂体的反馈作用决定于其剂量、时间及机体的状态。若在早期卵泡阶段应用雌激素处理，可抑制下丘脑 GnRH 的分泌，降低垂体对 GnRH 的敏感性，结果使 FSH 分泌量减少（负反馈）；而在卵泡成熟期应用雌激素处理，则可诱导 LH 大量分泌（正反馈），形成排卵前 LH 峰。正是下丘脑、垂体和卵巢分泌的激素相互促进或相互制约，才使母犬、母猫机体内的生殖内分泌保持动态平衡，并使母犬、母猫出现周期性生殖活动。

（二）发情周期的内分泌调控

母犬、母猫发情周期的调控是下丘脑－垂体－卵巢轴所分泌激素相互作用的结果（图

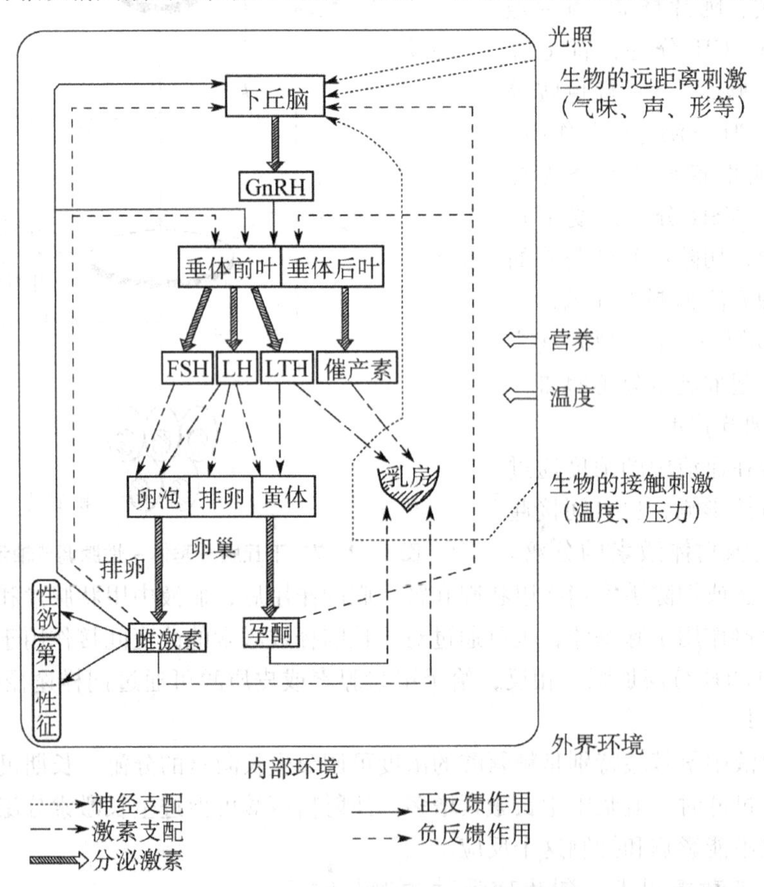

图 1－2－8　母犬、母猫发情周期的调控过程

1－2－8）。在发情周期的黄体期晚期，子宫内膜分泌的 $PGF_{2\alpha}$ 使黄体退化，孕酮分泌减少，此时孕酮和雌激素均处于低水平，对下丘脑和垂体的负反馈作用减弱。同时，下丘脑 GnRH 分泌逐渐增加，刺激垂体分泌 FSH 和 LH。初始阶段主要是 FSH 分泌增多，血浆 FSH 水平升高，作用于卵巢，刺激卵泡生长发育，并分泌雌激素。当血液中雌激素达到一定水平时，一方面刺激性中枢神经引起发情，另一方面又通过正、负反馈分别作用于下丘脑，使 GnRH 分泌脉冲发生改变，在抑制垂体 FSH 分泌的同时又促进 LH 的分泌。在卵泡

发育成熟时，高水平的雌激素诱导 LH 突发性释放（母猫是在受到交配刺激时才引发 LH 的释放），形成排卵前 LH 峰，进而导致排卵。排卵后，雌激素和促性腺激素水平降低，发情也随之停止。随着黄体的形成和孕酮分泌增多，抑制 GnRH 和促性腺激素的分泌，母犬、母猫进入黄体期状态。在未孕状态下，功能黄体持续一段时间后，在子宫内膜分泌的 $PGF_{2\alpha}$作用下发生退化时，又开始下一个发情周期。

三、生殖激素对公犬、公猫生殖的调节

公犬、公猫生殖活动的周期性不如母犬、母猫明显，可能是因为公犬、公猫下丘脑的周期中枢因受雄激素抑制而处于不活动状态，只有紧张中枢维持雄性生殖激素的分泌。与母犬、母猫相似，公犬、公猫的生殖活动是受下丘脑－垂体－睾丸轴的调节（图 1－2－9）。

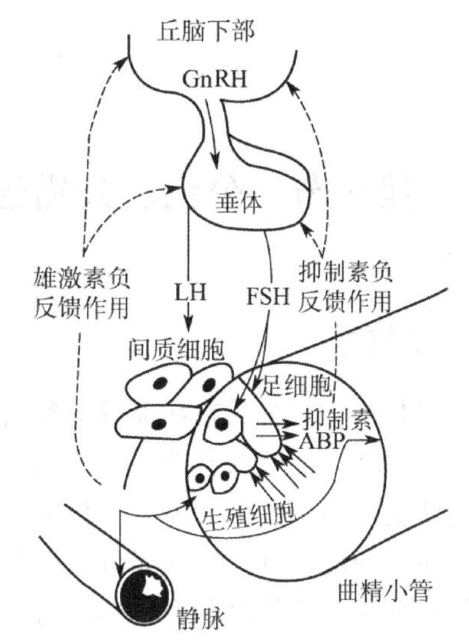

图 1－2－9　生殖激素对公犬、公猫生殖的调节

公犬、公猫的性行为不受季节和时间的限制。公犬、公猫对母犬、母猫产生的性反射，主要是通过嗅觉、视觉、听觉等感觉神经接受刺激，在性激素的作用下发生的。最能引起公犬性欲的刺激因素是发情母犬尿液的气味，发情母犬尿液中含有甲基羟苯甲酸，可通过公犬嗅觉神经刺激下丘脑，下丘脑通过释放 GnRH 作用于垂体前叶，引起 LH 和 FSH 分泌增加，LH 和 FSH 又作用于睾丸，促进睾丸分泌睾酮，进而促进精子生成、副性器官的发育及产生性行为等。

复习思考题

1. 何谓生殖激素？其作用特点有哪些？
2. 生殖激素的种类有哪些？
3. GnRH、OXT、FSH、LH、PMSG、HCG、$PGF_{2\alpha}$、雄激素、雌激素和孕激素的生理功能和临床应用有哪些？
4. 生殖激素对母犬、母猫发情周期的调节过程如何？

第三章　公犬、公猫的生殖生理

第一节　公犬、公猫生殖机能的发育阶段及性行为

一、初情期

初情期是公犬、公猫首次能够射精时的年龄，是性成熟过程的初始阶段。一般公犬的初情期为7～12月龄，公猫为6～12月龄。

初情期受很多因素的影响，如体型大小，繁殖力高低，寿命长短，动物种类和品种的不同，个体之间的差异，环境条件和饲养管理的好坏等都会影响初情期的长短。一般早熟品种的初情期早于原始品种和晚熟品种，温暖地区、饲养管理好、健康状况好的犬猫初情期就会较早一些。

达到初情期的公犬、公猫生殖器官发育迅速，开始有配种的机能。初情期是脑垂体促性腺激素活动增强、性腺类固醇激素生成和精子发生能力具备的结果。但此时由于公犬、公猫生殖器官尚未发育成熟，性机能表现不完全，一般不具有生育能力，故不能用于繁殖。大多数公犬、公猫的初情期比同品种母犬、母猫稍大一些。

二、性成熟期

公犬、公猫的性成熟期是指生殖器官基本发育完全，具有明显的雄性特征和正常的性行为，睾丸内能产生成熟的精子，配种能使母犬、母猫正常受胎时的年龄。

公犬的性成熟期一般为7～14月龄，有的大型犬如亚雷特犬，其性成熟期可达18～24月龄。公猫的性成熟期为7～13月龄。

性成熟期受犬猫的品种、个体、性别、所处的地理位置、环境条件、饲养管理等因素的影响。一般而言，小型犬性成熟较大型犬早。如小型犬的性成熟期为6～10月龄，大型犬为8～14月龄。公犬的性成熟期一般稍迟于母犬，如公犬的性成熟期一般为12～14月龄，母犬一般为9～12月龄。

如果把雄性幼犬与同窝其他犬分开饲养，则不利于其性成熟，如果把其饲养在见不到其他公犬的地方，它就会失去性欲或不会交配。因此，幼犬要过群体生活，避免过早将其分开饲养。当成年犬交配时，可把幼犬带到现场，使其学习交配过程。如果公犬过了性成

熟期仍不会交配，可用手按摩其包皮促使其射精，这样经过几次，公犬就会自己交配了。

小型公犬一般在6～8月龄期间，精液品质迅速改善，到9月龄时，生精机能基本完成，说明公犬这时已达到性成熟。公犬从初情期到性成熟期需要经历几个月的时间，而从性成熟到体成熟也需要经历几个月的时间。大部分公犬在生理上的性成熟期要晚于它的第一次交配年龄，也就是说，当公犬在行为上出现交配现象时，它体内还不能产生成熟的精子，用这样的公犬交配会导致母犬不受胎。

性成熟受机体内分泌机能的控制。公犬、公猫在初情期以前，垂体前叶中的促性腺激素、促生长激素就已有微量的分泌，由于促性腺素对性腺发育的刺激，从而使睾丸产生雄激素。但早龄幼犬、幼猫的性腺对微量的促性腺激素尚缺乏敏感性，以后在促生长激素的协同作用下，性腺对垂体促性腺激素才比较敏感，于是睾丸分泌较多的雄激素，进而促使各部分生殖器官的生长发育，并可引起性冲动，开始产生成熟的精子。

三、配种适龄

配种适龄是对公犬、公猫一生中第一次进行配种利用的最佳年龄。公犬、公猫的配种适龄应在性成熟期之后，接近体成熟的年龄。中、小型犬的配种适龄一般为12～18月龄以后，大型犬为2岁左右，一些名贵纯种犬的配种适龄应更晚一些为好。猫的配种适龄为10～12月龄，一些长毛品种猫在12～18月龄配种较合适。

犬、猫到达配种适龄的体重约占成年体重的75%左右。确定犬、猫配种适龄应根据其品种、年龄、体重和健康状况灵活掌握，总的原则应是在性成熟之后的2～3个月，但不能一概而论。如果初配年龄过早，犬、猫身体的骨骼、肌肉及某些器官还处在较快的生长发育过程中，这时让其参加配种，不仅影响身体的生长发育，容易使个体变小、早衰，使寿命缩短，也容易出现所配母犬、母猫的产仔数减少，产弱仔，幼仔不易成活等不良后果。

四、繁殖终止期

公犬、公猫的繁殖终止期是指老龄犬、猫繁殖机能停止，即生精机能消失，不能进行交配时的年龄。一般而言，犬的繁殖终止期为10岁左右，猫为8岁左右。

公犬、公猫繁殖年限的长短，因品种、饲养管理、健康状况、利用程度等不同而异。一般公犬的繁殖年限不超过7～8年。从未交配过的公犬，一般到5～6岁时性机能衰退，往往出现死亡精子或不活泼的精子。种公猫一般利用5～7年后即可淘汰。

五、公犬、公猫的性行为

（一）性行为的含义

性行为是动物生长发育到一定年龄后，所出现的一种特殊的生殖行为表现，是在生殖激素的作用下，通过嗅、视、触、听的感觉神经接受到某些刺激后，对异性产生的性反射过程。这种性反射具有本能性，完整的性反射过程直接关系到动物配种的成败，是维持动物繁衍后代所必需的。

犬、猫在性成熟以后，雄、雌两性个体以各自的性行为表现形式相互协调配合，从而保证有效地交配、繁殖后代。正确认识和了解犬、猫的性行为，有利于对发情母犬、母猫和种用公犬、公猫的饲养管理与繁殖，对提高配种的成功率有着重要意义。犬、猫的性行为在幼龄期就有所表现。据报道，最早表现爬跨行为的公犬是在22日龄，母犬是在27日龄；表现嗅闻生殖器的行为，公犬在34日龄，母犬在41日龄。16周龄时，41%的公犬和23%的母犬表现爬跨行为，63%的公犬和55%的母犬表现嗅闻生殖器行为；犬的爬跨反射在4～7周龄时就可出现。一般来说，公犬比母犬性行为出现得早，但幼龄期的性行为不具有生殖意义，只有到性成熟之后的性行为才有实际意义。

（二）性行为链

在动物的繁殖过程中，当某些特殊刺激引起动物的性反应后，可再由这些反应引起另一种反应，由此表现出性行为不同的动力形式，以达到繁殖的目的，这种按一定顺序表现出来的性行为序列称为性行为链。

雄性动物的性行为链一般是比较确定的，并且按一定的顺序表现出来。雄性动物完整的性行为链是：求偶→勃起→爬跨→交配→射精→结束。正常的性行为链是公犬、公猫完成交配和人工采精的必要条件。

（三）性行为的激发与维持

性行为的产生是动物繁殖的本能反应，是在神经系统的支配下，通过感觉器官和生殖激素的共同作用下激发的一种特殊生殖行为。

1. 神经系统的作用

神经系统的刺激和调节是发动性行为的条件。当犬、猫发育到一定年龄时，其身体的感觉器官接受到某些条件的刺激，就会通过各级神经的传导作用，引起性行为反应。公犬、公猫的阴茎勃起和射精分别受荐部脊髓的副交感神经和交感神经的作用，例如，用适宜的电极直接刺激公犬、公猫腰荐部的射精中枢，可实现对犬、猫的人工采精。

2. 生殖激素的作用

动物性行为的产生除受神经系统的作用外，某些生殖激素的作用是引发性行为的重要因素。当犬、猫发育到一定年龄时，其脑垂体前叶就可分泌促性腺激素，促性腺激素通过血液循环作用到睾丸或卵巢上，就会促使睾丸或卵巢产生性腺类固醇激素。睾丸产生的雄激素或卵巢分泌的雌激素进入血液循环，与中枢神经的感受器发生结合，进而引起雄性动物或雌性动物的性行为反应。某些有严格季节性繁殖的动物，在非繁殖季节，脑垂体前叶不分泌促性腺激素，睾丸或卵巢机能停滞，性腺类固醇激素水平极低，因而在非繁殖季节不表现性行为。摘除睾丸的公犬、公猫，由于雄激素的分泌不能产生，因此丧失了交配能力。

3. 感觉器官的作用

动物的感觉器官，如触觉、听觉、视觉和嗅觉等感官，在接受了触摸、声音、图像以及气味等外部条件的刺激，就会通过各级神经的传导作用，引起性行为反应。当动物的感觉器官受到损伤时，其感觉能力就会降低或丧失，进而影响性行为的产生。不同动物对异性的吸引力、识别配偶和促使交配的敏感度有差异，是由于它们的感官感觉能力有差异。公犬、公猫在看到了发情母犬、母猫的行为，或听到发情母犬、母猫的叫声，或嗅到异性气味后，就会引发公犬、公猫的性行为表现。视觉、听觉或嗅觉丧失的公犬、公猫就会降低配种能力。由于公犬的嗅觉发达，对母犬发情时阴道分泌物和肛门腺分泌物的气味很敏感，因此，即使将眼睛蒙上的公犬或患有听力障碍的公犬与发情母犬放在一起，也能与母犬发生交配。

（四）影响性行为的因素

动物性行为的表现方式和敏感度，受多种因素的影响。影响动物性行为的主要因素有遗传因素、环境因素、身体生理状态、性经验、社群地位、饲养管理因素和交配前性刺激等。

1. 遗传因素

动物的性行为在不同品种乃至不同个体间都有很大差异，这些差异表现在个体间交配行为的频率、强度、精力充沛程度以及发情高峰期持续时间的长短等方面，这是由个体的遗传结构不同而决定的。

2. 环境因素

季节和气候对公犬、公猫的性行为有明显影响。在夏季炎热的季节，精子生成减少，精液品质下降，性欲降低，性行为受到抑制。春季气候温和，秋季天高气爽，公犬性欲旺盛，性行为明显。在温带和热带培育的犬、猫品种，处在北方寒冷的冬季时，性行为会受到抑制。

环境条件的改变对某些犬的性行为也有影响。在母犬发情时，若把公犬引进母犬舍内则有利于配种，如果把母犬引入公犬舍内，则因母犬的胆怯而不利于配种，当相处一段时间后，也可以比较顺利地完成交配。有些公犬当有熟识的人在场时，特别是有母犬调情时，性欲较强，有助于配种的进行。

犬在选择配偶方面是有偏好的。据观察，经常在一起嬉戏、追逐的公母犬，在母犬发情时很少发生过分激动的相互接触。相反，非发情期很少在一起嬉戏的公母犬，在母犬发情时会较频繁地与公犬相互接触。

3. 性经验

性经验可影响犬、猫的性行为。从幼年期就将犬、猫从群体中隔离饲养，有碍于其性行为的发生。被隔离的母犬有的表现不能正常交配，有的则缩短发情持续时间。隔离饲养的公犬，会出现性行为缺陷，主要表现在对母犬的空间定位能力上，最初与母犬交配往往慌张、犹豫或不经勃起就急于爬跨。隔离的影响不仅使犬性行为的亲身实践缺乏，而且被剥夺了更多的感觉信息，而在正常的群体生活中，这种信息是参与性行为调节过程的。

4. 群体地位

公犬、公猫个体在群体中所处的地位不同，其性行为表现方式和强度也有差异。在群体中通过争斗而处于较低地位的公犬、公猫，由于受到群体地位较高的公犬、公猫的威胁，其性行为和配种能力受到抑制。

5. 生理状态

公犬、公猫的身体健康无病，性行为表现就很正常。而患有慢性疾病的公犬、公猫，其性行为出现抑制现象。处于初情期的公犬、公猫，性行为表现不规律，老龄期的公犬、公猫，性行为明显不足，而壮龄期的公犬、公猫性行为比较强烈。

6. 饲养管理因素

对公犬、公猫饲养管理的水平高低，将影响其性行为的表现。公犬、公猫营养过剩，运动不足，会产生肥胖现象而使性行为异常。如营养不良可使身体瘦弱，性行为受到抑制。将初情期前的公犬、公猫同群饲养管理，有促进性行为表现的作用，而在长期隔离饲养情况下，初配时会表现犹豫、胆怯、性行为链表现不正常和交配不易成功的现象。对公犬、公猫错误或粗暴的管理会导致性抑制，如交配或采精时的恐惧、痛感、干扰及过分的刺激等，这些因素对于易建立条件反射的犬来说，影响特别明显。例如，公犬在交配时受到某人给予的抑制性刺激，以后配种时只要看到此人在场，便表现非常胆怯，而不敢与母犬交配，当此人离开后方能进行交配。

7. 配种前的性刺激

公犬、公猫在配种前通过某些性刺激对配种很有利。配种前公犬、公猫与母犬、母猫的逗玩和几次空爬跨，可通过视觉、触觉和嗅觉，激发公犬、公猫的性行为。这种配种前的性刺激还有助于提高精液数量和质量，能引起垂体促间质细胞素（ICSH）的分泌，提高血液中雄激素的浓度，增强配种效果和人工采精的成功率。

8. 交配频率和采精频率

由于种公犬交配时，爬跨次数较多，交配时间持续较长，体力消耗大，故种公犬要有优良的种用体况，旺盛的性欲，不能过肥过瘦。一只公犬在一年中的交配次数不能超过40次，在交配时间上要尽可能均匀分开进行。根据种公犬的精液排空试验表明，将公犬的精液排空后，大约需要24～36h以后才能产生新的精子。因此必须注意控制公犬的配种次数及频率，两次交配至少要间隔24h以上，否则，交配次数过多或频度过密，则有害于公犬的体质，降低精液品质，不利于母犬受孕。

采精频率对公犬、公猫性行为和精液性状影响很大。试验证明，一天采精两次，连续采4d以后，精子数减少一半，停止采精后，精子数仍停留在半数状态。对这种精液做保存试验，与一周采两次的精液相比，精子存活性差，因而，一般认为一周采精两次为宜。精子活率与采精频率成反比，频繁采精造成精子活率急剧下降，但长久不采精的公犬，其精子活率也降低。

（五）公犬的性行为特点

公犬的交配季节无规律性。在母犬集中发情的繁殖季节，公犬睾丸进入功能性活动状态，当接近发情的母犬，嗅到发情母犬的特殊气味时，便可引起性兴奋，随时都可以与母犬发生交配。

公犬在与母犬交配过程中表现出的性行为特点如下：

1. 求偶阶段

公犬在交配前，与发情母犬有一个亲近接触的过程。平常，公犬与非发情期母犬接触时，会友好相处，不发生咬架和争斗现象，常喜欢在一起互相追逐、玩耍等。当母犬进入发情前期，阴户开始滴血以后，随着体内雌激素含量的增加，母犬尿液含有一种特殊的气味，阴道能分泌出外激素，肛门腺也能分泌吸引公犬的外激素，公犬在很远处就可嗅到发情母犬释放出的外激素气味。此时，公犬可通过气味寻找到母犬并对母犬表现出一些“求偶”行为，有的公犬欲要爬跨母犬，但此时母犬拒绝爬跨，有的甚至显得很凶恶。只有在母犬进入发情期时，才对公犬的行为发生明显的改变，如对公犬及其遗留的粪尿、足迹等气味表现得非常敏感，常喜欢耗费较多的时间去接近公犬，接受并愿意让公犬爬跨和交配。发情的母犬与公犬相遇后，彼此嗅闻对方的外生殖器，互相追逐、嬉戏、挑逗。母犬尾巴歪向一侧，露出阴门，拉长阴唇，使阴道前庭呈平直状态，阴唇有节律地收缩，对于不甚主动的公犬，母犬会做出公犬交配时的动作，爬到公犬背上抱住公犬，后躯来回推动。但是，有的母犬对接受公犬交配有选择性，这种情况在东非猎犬和拉布拉多犬表现得特别明显。

2. 勃起、爬跨、交配阶段

公犬经过求偶阶段以后，激发了阴茎的勃起。但犬的阴茎勃起机制，由于其解剖生理的特点而与其他动物的阴茎勃起过程有明显不同。即阴茎在插入母犬的阴道前，海绵体窦呈充血状态，阴茎的静脉尚未闭锁，只是动脉血液的流入多于静脉血液的流出，因此，阴茎呈不完全勃起状态。然后，公犬迅速爬跨到母犬后背上，用两前肢抱住母犬，此时母犬站立不动，脊柱下凹，使会阴部抬高，公犬的腹部肌肉特别是腹直肌的突然收缩，使后躯来回推动，在阴茎骨的作用下使呈半勃起状态的阴茎插入母犬阴道内。公犬阴茎插入阴道后，由于母犬阴唇括约肌的收缩而使阴茎背侧静脉闭锁，阴茎动脉血液仍继续流入，使阴茎龟头体变粗，龟头球膨胀，直径增大2～3倍，可达4～6cm以上，此时，阴茎才达到完全勃起状态（图1－3－1），从而导致阴茎被锁结，使阴茎较长时间不能从阴道中脱出。

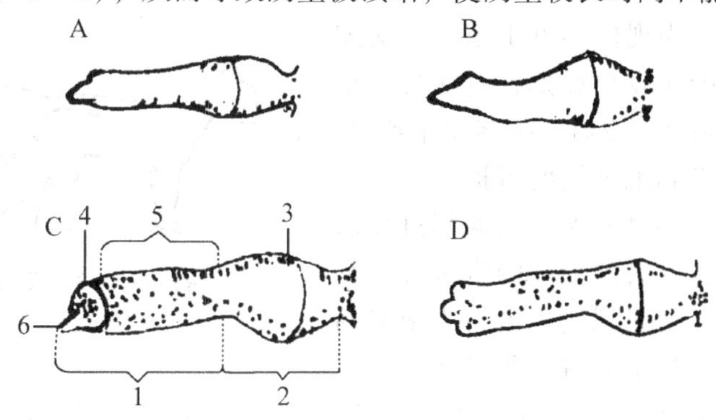

图1－3－1 犬阴茎勃起时的形态

A. 非勃起时 B. 勃起第一阶段（交配前） C. 勃起第二阶段（交配中） D. 勃起消退

1. 龟头颈 2. 龟头球 3. 包皮 4. 龟头冠 5. 龟头颈 6. 尿道突起

3. 射精阶段

公犬的射精过程分三个阶段进行。第一阶段是在阴茎尚未完全勃起时，刚插入阴道后即射精，此阶段射出的精液中不含精子，呈清水样液体。第二阶段是阴茎在阴道中经几次前后抽动，再加上阴道的节律性收缩，使阴茎充分勃起，并将含有大量精子的乳白色精液射入生殖道内，此阶段在很短的时间内即结束。第三阶段射精是在公犬阴茎被锁结时发生的，此阶段排出的精液为不含精子的前列腺分泌物。

4. 锁结阶段

是在射精的第三阶段时发生的。此时阴茎尚处于完全勃起状态，母犬阴道括约肌仍在收缩，当公犬从母犬背上下来时，阴茎不能从阴道中拔出来，而是扭转成180°角，使公犬和母犬的臀部呈触合姿势，这种状态称为锁结（图1－3－2）。在这种相持阶段中，公犬完成第三次射精。锁结时间一般持续5～30min，个别者长达2h左右。在锁结过程中，不要人为强行将公、母犬分开，不能追打，否则会严重损伤生殖器官。但有些品种的犬，在交配过程中不发生锁结现象。

5. 交配结束

在公犬第三阶段射精结束后，公犬的性欲明显降低，母犬阴道的节律性收缩也减弱，阴茎勃起减退而变软，并由阴道中抽出，缩入包皮内。公、母犬分开后，各躺在一边，舔着自己的外生殖器，相互之间变得冷淡。

在公、母犬交配结束后，不可马上牵拉、驱赶，应让母犬保持1～2h的安静，避免到处运动，否则会影响受胎率。公犬在交配后，常出现腰部凹陷，即“掉腰子”现象，切不可做剧烈运动。交配后必须让犬休息半小时后，稍微活动一下才能给以温热的饮水。公犬交配结束后，经过一段时间的休息，可再次恢复性欲和交配，如果不加以限制，公犬在1d时间内可交配3～5次。

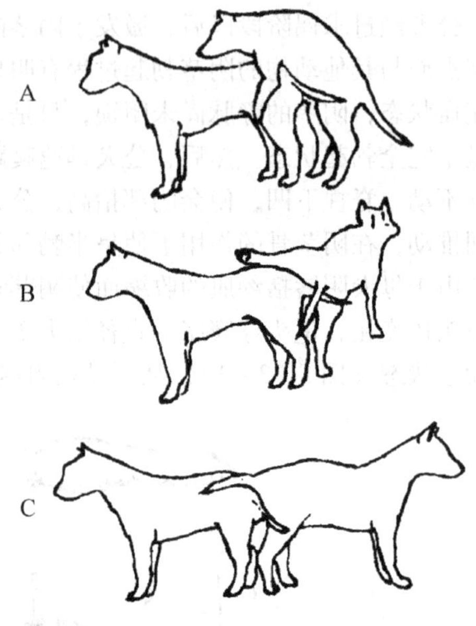

图1-3-2 犬的交配姿势

A. 第一阶段（插入） B. 第二阶段（转向）
C. 第三阶段（锁结）

6. 公犬的异常性行为

公犬的异常性行为现象多见于第一次交配的公犬，即使母犬处于发情盛期，有些公犬也需要经过人工按摩阴茎包皮后，阴茎才能勃起。有时携带另外的母犬到配种场所可提高公犬对第一只母犬的兴趣。如果公犬从前遇到过攻击性很强的母犬，则在以后的交配中常常表现很紧张。反之，如果母犬遇到过攻击行为很强的公犬，母犬就会在交配中表现得很紧张。遇到这种情况，要设法使犬安静。有的公犬离开了自己的饲养场地，或者遇到生人在场，或主人不在场，其性欲就会受到抑制。有些犬在有人在场时不交配，相反，有些犬因胆怯而需要有人在场才交配。

公犬的交配行为因品种不同差异很大。例如，东非猎犬难于与别的品种犬交配，可能是因为这个品种对同品种犬的性行为特别敏感，而不接受其他品种的犬。因此，这样的品种很容易保持纯种，而难以得到杂交后代。

母犬即使在不发情时，也可能对不同的公犬表现出不同的兴趣。但母犬进入发情期后，原来在乏情期所感兴趣的对象可以改变。有些母犬可能一直只与某些公犬交配，而拒绝与另一些公犬亲近。一个优势种母犬不允许和一个劣势种公犬交配。有时候，虽然母犬处于发情期，但当公犬接近时，它就伏卧在地，遇到这种情况，可以进行人工保定，使母犬站立起来，以便公犬交配。

有时公犬对某一母犬不感兴趣，而喜欢爬跨其他公犬或其他动物，甚至爬跨人或其他非生命物体。对这种公犬，要做去势处理或注射长效孕酮。不论公犬还是母犬，都会出现自淫现象，但在公犬更多见。公犬自淫时表现为爬跨其他动物、人或玩具等。母犬自淫时，常在地板、墙壁等处摩擦阴门。对自淫的犬可进行去势或注射孕酮加以控制。

（六）猫的性行为特点

公猫没有特定的繁殖季节，但公猫受母猫发情的诱惑，随时都可能与母猫交配。公猫出生后约6月龄，就可产生精子，8～10月龄基本上性成熟并具有生殖能力。公猫为了维护自己的势力范围，向其他公猫炫耀威风，就会到处撒尿来标记自己的活动范围，即所谓“喷附”行为。在母猫发情后期及乏情期，母猫和公猫之间无性行为表现。但是在母猫发情前期和发情期，母猫的叫声、行为以及尿味等都对公猫有吸引作用。

母猫发情时，其阴道分泌物中含有戊酸成分，戊酸属于一种性外激素，不但可招引公猫，而且可刺激其他母猫发情。因此，在群养条件下，其中一只母猫发情可引起其他几只母猫同时发情。公猫的尿液中含有一种特殊气味的外激素，这种气味可使猫识别一个公猫的活动范围，并能促进母猫发情。

猫的交配活动通常在夜间进行，交配时不愿让人看见，也不喜欢灯光，故家庭养猫在选择交配场所时要注意环境的黑暗和安静，猫的主人应躲在猫不能察觉的地方，以保证猫交配的顺利进行。

猫的交配行为取决于其交配经验和体内激素水平。初次交配的母猫对公猫的接近是渐进性的，开始时抵抗公猫的接近，因此让母猫和公猫多接触有助于母猫接受公猫的交配。一般情况下，发情前期母猫拒绝接受公猫交配，进入发情期后，母猫变得活跃和紧张，鸣叫，而公猫同时会模仿母猫这种叫声。发情期母猫会到处摩擦头部，并在地上打滚，当公猫接近时，母猫就趴伏在地面上，腰部下凹，臀部抬高，尾巴弯向一侧，以迎合公猫的交配，但一个陌生的公猫要经过5～6次交配尝试才能被母猫接受。

交配时，公猫紧紧咬住母猫颈部，前肢抱住母猫胸部，两后肢着地，腰弓成90°角。在平时，公猫阴茎方向朝后，而交配时，阴茎稍勃起，方向朝前下方，与水平方向呈20°～30°角。当公猫阴茎插入母猫阴门后即发生射精。公猫射精时，两眼眯成一条缝，臀部用力向前推进，后肢微微颤动。此时，母猫两眼紧闭，不时发出低微的呻吟声，后肢时而颤动。交配后，母猫发出哀叫声，可能是由于公猫阴茎上角质突起对阴道的刺激所致。交配后公猫一般暂时走开，以避免母猫的攻击，而母猫则在地上打滚并用舌舔阴门区，公猫躲在旁边安全的地方观望，经过数分钟或1h左右，交配可再次开始。

猫的交配期平均为2d，最长可达4d，在一个发情期内通常交配可进行到射精9次，而是否中止交配通常由母猫决定。猫的交配时间，短的3～5min，长的可达30min，一般为10～15min。交配成功时，母猫外阴部高度充血，呈紫红色或粉红色，阴毛湿润，而未配上者无任何变化。交配后，如母猫仍与公猫亲近，或维持发情一周左右，很可能交配未成功，应继续交配。

公猫在交配期间，由于体力消耗、饮食量减少而使体重降低。公猫在交配期间肾脏变大，可突出肋骨缘，有时会被误认为肿瘤。

有时，尽管母猫发情，但公猫对其无兴趣，这可能是由于公猫对环境不熟悉所致。要使公猫熟悉一个新环境，可能需要两个月的时间。有些公猫在离开自己的饲养场所后拒绝交配，这种情况多见于把公猫带到母猫的饲养场所交配时。

第二节　犬、猫的精子和精液

一、精子

（一）精子发生

精子是雄性动物的生殖细胞，由睾丸曲精细管上皮的生殖细胞发育而来。精子在睾丸内形成的全过程，称之为精子发生。

雄性动物出生时，睾丸曲精细管内还没有管腔，只有性原细胞和未分化细胞（支持细胞）。随着机体的发育，曲精细管逐渐形成管腔，性原细胞开始变成精原细胞。在曲精细管内壁衬以生殖上皮，上皮内含有支持细胞和处于不同发育阶段的生精细胞。

雄性动物发育到一定年龄时，睾丸在垂体分泌的促性腺激素的作用下分泌雄激素，曲精细管内壁的精原细胞经过复杂的分裂和变形过程，最后形成精子。在此过程中细胞染色体数目减半，细胞质和细胞核也发生了明显变化。刚从睾丸内释放出的精子没有运动和受精能力，需要在附睾中受附睾微环境的 pH 值、渗透压、离子、大分子物质的作用才可逐步获得运动和受精能力。

1. *精子发生过程*

精子发生过程包括精细管上皮生殖细胞的分裂、增殖、形态演变和向管腔释放等过程，同时也存在时间和空间的变化规律。精子发生过程大体可分为以下四个阶段（图 1-3-3）。

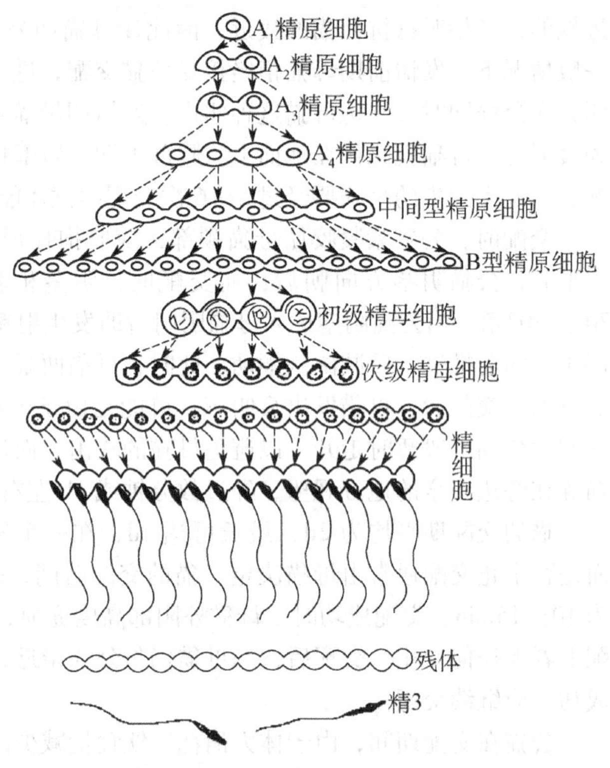

图 1-3-3　精子发生过程示意图

（1）*精原细胞的分裂增殖和初级精母细胞的形成阶段*　睾丸曲精细管上皮中的精原细胞可分为三类。①A 型精原细胞：由性原细胞分化而来的称为 A 型细胞，由它分裂形成 A_1、A_2、A_3 型细胞，少数能分裂成 A_4 型细胞；②中间型精原细胞：由 A_2 或 A_3 型细胞分裂而成；③B 型精原细胞：由中间型细胞分裂增殖而成，最后由 B 型精原细胞经有丝分裂形成初级精母细胞。

A 型精原细胞是生精细胞的干细胞。一个生精干细胞通过第一次有丝分裂，产生两个 A 型精原细胞，其中的一个 A 型精原细胞再经有丝分裂又产生两个 A 型精原细胞；而另一个 A 型精原细胞则经有丝分裂产生两个中间型精原细胞，继而又先后进行有丝分裂并分化成 B 型精原细胞及初级精母细胞。故在精原细胞增殖过程中，有一部分 A 型精原细胞不再继续分裂，而是保留下来，成为新的精原干细胞。因此，通过增殖不仅能使精原干细胞不断得到更新，而且能使精原细胞保持一定数量，从而使精子的发生能持续不断地进行下去。

在精子发生的第一阶段中，由一个精原细胞经过数次有丝分裂，最终可形成 16 个初级精母细胞。此阶段大约需要 15～17d。

（2）*初级精母细胞的第一次减数分裂和次级精母细胞的形成阶段*　初级精母细胞形成后，发生细胞核的变化和染色体的复制，并进入第一次减数分裂期，由 1 个初级精母细胞分裂为 2 个次级精母细胞，染色体数目减半。此阶段大约经历 15～16d。

(3) 初级精母细胞的第二次减数分裂和精细胞的形成阶段　次级精母细胞形成后，存在的时间很短，然后很快进行第二次减数分裂，由1个次级精母细胞形成2个精细胞。这一阶段在1d内即可完成。

(4) 精细胞的变形和精子的形成阶段　呈圆形的精细胞不再分裂，而在支持细胞的顶端靠近曲精细管的管腔，经复杂的形态变化而形成蝌蚪形的精子。在精细胞的变形过程中，细胞核成为精子头部的主要部分，细胞质大部分消失，细胞体积逐渐缩小，细胞内的中心小体逐渐生长成精子的尾部，高尔基体变成精子的顶体，线粒体聚集在尾部中段的周围，最后精子从支持细胞顶端脱离，进入曲精细管管腔内。此阶段大约需要10～15d。

2. 精子发生周期

是指从精原细胞开始，经过增殖、生长、减数分裂和变形成精子的全过程所需的时间。哺乳动物精子发生周期为50d左右。

(二) 精子的运输、成熟及贮存

1. 精子的运输

在前列腺素作用下，精细管收缩，将精子经睾丸网、睾丸输出管送入附睾，再经附睾管收缩，将精子从附睾头运送至附睾尾。交配时，在交感神经的控制下，附睾管壁平滑肌收缩，使精子随其周围的液体，由附睾尾经输精管、尿生殖道射出体外。

2. 精子的成熟

精子在附睾内贮存时，发生一系列结构与功能的变化，从不具备受精能力，转化为具备受精能力，这种变化称为精子的成熟。

精子成熟过程中的变化：①原生质脱水浓缩，原生质滴从精子头部移至尾部，最后脱落；②精子顶体和头部缩小；③精子内部cAMP浓度增加；④能量代谢从糖酵解转化为氧化分解乳酸；⑤精子表面被一层膜所覆盖。

3. 精子的贮存

精子是在附睾管内贮存的，贮存的最短时间为7～16d，最长时间为60d。在公犬、公猫长期不排精时，贮存在附睾中的精子会衰老、退化、变性和死亡，最终被分解吸收。在交配或采精过于频繁时，由于精子在附睾中贮存时间过短，会有不成熟精子排出。

(三) 精子的形态结构

犬、猫等哺乳动物，其正常精子形状类似蝌蚪形，长约50～70μm。精子的结构主要由头部、颈部和尾部组成，尾部又分为中段、主段和末段（图1-3-4）。

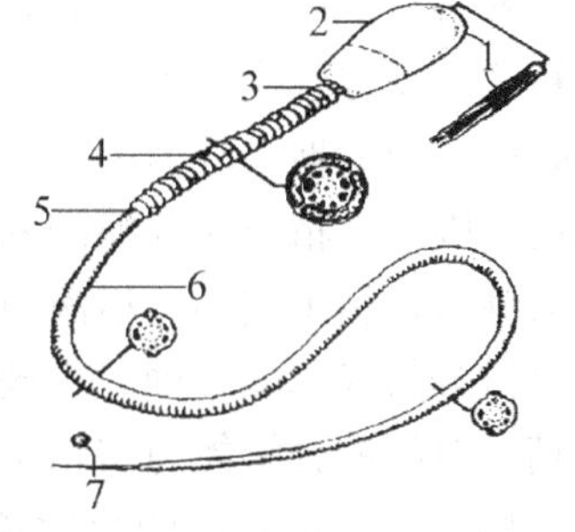

图1-3-4　精子的形态构造示意图

1. 顶体　2. 头部　3. 颈部　4. 中段　5. 终环　6. 主段　7. 末段

1. 头部

呈扁卵圆形，一般长8μm、宽4μm、厚1μm，主要由核、顶体和核后帽构成。核内含有单倍的染色体。顶体覆盖于核的前端，是一种双层膜囊结构，好像精子的帽子一样，故又称为核前帽。顶体内含有参与受精的多种酶类，如顶体素、透明质酸酶、放射冠穿透酶等，它们在受精过程中具有重要作用。顶体是一个不稳定的结构，在精子衰老时容易变性、出现异常或从头部脱落。核后帽为包在核后部的一层薄膜。

顶体与核后帽相重叠的部分称核环或赤道节。核后帽能被伊红和溴酚蓝着色的属于死精子，不易着色的为活精子，借此可以鉴别精子的死活状态。

2. 颈部

精子的颈部位于头和尾之间，起连接作用。颈部由2～3个基粒、基板和尾部轴丝起始端构成。基粒由中心小体发育而来，基板位于基粒和核之间。颈部是精子最脆弱的部分，在精子成熟过程中，或在精液稀释、保存、运输时，若受到不良影响，颈部容易发生断裂，使头和尾分离。

3. 尾部

是精子的代谢和运动器官，根据其结构的不同又可分为中段、主段和末段三部分。中段位于颈部和终环之间，其内部为轴丝，外部是50～70圈螺旋状环绕的线粒体鞘。轴丝由中心的1对纤丝、外围的9对纤丝和最外层的9条粗纤维组成，其中的9条粗纤维具有弹性和收缩性。在线粒体中，存在多种酶类，是精子能量代谢的部位。主段是位于终环之后最长的部分，由中央的20条纤丝和外围的9条粗纤维组成，没有线粒体鞘膜包裹。末段最短，由主段的轴丝末梢形成。由于精子能量来自尾的中段，对于头尾脱离或头部有缺陷和损伤的精子仍可能有运动能力。

在精子的头部、颈部和尾部外表都被覆着质膜。质膜主要为脂蛋白成分，耐酸不耐碱。

(四) 精子的生理特性

精子是具有生命力的特殊细胞。和其他细胞相比，精子形态类似蝌蚪，细胞核内的染色体数只有体细胞染色体数的一半，细胞质缺乏，有运动能力。精子在其生命活动过程中，具有代谢和运动的特性。

1. 精子的代谢

精子的生命力，表现在它具有代谢特性。但精子的代谢和其他生物的代谢有明显的不同，精子没有合成代谢，只有分解代谢。即精子只能将精液中的营养物质分解利用，而不能将营养物质合成精子本身的成分。精子的代谢方式有糖酵解代谢和呼吸代谢两种。

(1) 精子的糖酵解代谢　是指精子处在无氧气的条件下，能利用糖激酶将精液中的果糖或葡萄糖分解成乳酸并释放能量的代谢方式。从而可见，糖类对维持精子的生命活动至关重要，但精子内的糖很少，必须利用精清中的糖经酵解后供精子活动的需要。每摩尔的果糖经酵解后能产生150.7 kJ能量。

精子的糖酵解代谢主要是利用精液中存在的果糖，也能利用葡萄糖、半乳糖和甘露糖等六碳糖。而蔗糖和乳糖等双糖不能被精子直接利用，需要先将双糖分解成单糖后才被精子利用，因此，精子对双糖的利用率较低。精液中存在的山梨醇，可在脱氢酶的作用下氧化为果糖后被精子利用。精液中的甘油磷酰胆碱，在雌性动物生殖道中所特有的酶的作用下，可被分解成磷酸甘油，再被精子酵解利用。

精子对糖的分解能力与精子密度、精子活动能力和温度有关，可作为评定精液品质的一项指标。精子对果糖的分解能力可用果糖酵解指数表示，即在无氧气存在，37℃条件下，10亿个精子1h分解果糖的毫克数。

(2) 精子的呼吸代谢　是指精子处在有氧气的条件下，利用氧气将精液中的果糖或葡萄糖氧化成二氧化碳和水并释放能量的代谢方式。每摩尔的果糖经氧化后能产生2 872.1 kJ

能量，约为糖酵解产生能量的20倍。

精子的呼吸代谢主要在尾部进行，通过呼吸作用，对糖类彻底氧化，从而得到大量能量。精子呼吸旺盛，会使精液中的营养物质消耗过快，造成精子早衰，对精子存活不利。为防止这一不良现象，在精液保存时常采取降低温度，隔绝空气和充入二氧化碳等办法，使精子减少能量消耗，以延长其体外存活时间。

2. 精子的运动

精子在代谢过程中，由于能量的释放，可使精子尾部发生摆动。精子运动强度与其代谢机能有关，是活精子的主要特征。精子的运动类型有四种，即直线前进运动、圆周运动、后退运动及摆动。

直线前进运动：是指精子一直朝着头部的方向运动。呈直线前进运动的精子进入母犬、母猫生殖道内能运行到输卵管壶腹部与卵子结合受精，因此称为有效精子。直线前进运动精子在精液中占总精子数的百分率称为精子活率，是评定精液质量的重要指标。

后退运动：是指精子朝着尾部的方向运动。这种运动是异常的，是无效精子。

圆周运动：是指精子沿着圆周方向作转圈运动，这样的精子也属无效精子。

摆动运动：是指精子只在原地摆动尾部或头部。当精子处于较低温度、弱酸环境条件，或精子接近衰老死亡状态，其代谢水平很低，就会呈现摆动运动。

精子在运动过程中，还表现出向流性、向触性和向化性的特性。

向流性：在母犬、母猫生殖道中，由于发情时分泌物向体外流动，精子可逆流向输卵管方向运行的特性。

向触性：在精液中如果有异物存在，精子就会向着异物运动，其头部粘住异物做摆动运动，精子活力就会下降。

向化性：精子具有向着某些化学物质运动的特性。雌性动物生殖道内存在某些特殊化学物质如激素等，能吸引精子向生殖道上方运行。

（五）外界环境因素对精子的影响

在犬、猫人工授精过程中，将精液在体外的环境条件下进行处理时，不同的外界环境因素会对精子的代谢和运动产生影响，进而影响精子的受精能力。因此研究不同环境因素对精子代谢和运动的影响规律，对正确处理精液、保证精子的受精能力具有重要意义。

1. 酸、碱环境的影响

犬、猫新鲜精液的酸碱度近于中性，放置一段时间后，随着精子代谢产生的酸性物质的累积，精液的pH值会逐渐下降，精子的代谢和活动力会减弱。在弱酸性环境中（$6 < pH$值<7），精子代谢和运动减弱，能量消耗减少，存活时间延长。在弱碱性环境中（$7 < pH$值< 8），精子代谢和运动增强，能量消耗加快，存活时间缩短。在强酸（pH值<6）或强碱（pH值>8）环境中，精子迅速死亡。据此，为精子提供弱酸环境，能延长精子存活时间。

2. 温度的影响

温度是影响精子代谢、运动和存活时间的重要因素。精子处在不同的温度条件下，其代谢强度和运动能力有明显变化。

在37℃时，精子的代谢正常，运动正常，但由于能量的逐渐消耗，使精子生存时间有限，不利于对精液的保存。

当温度由37℃升高时，精子代谢增强，运动加快，存活时间缩短。精子能耐受的高温极限是45℃，当温度上升至50℃以上时，则精子呈热僵直状态迅速死亡。

当温度由37℃下降时，精子的代谢降低，运动减慢，存活时间延长。当缓慢降温至0～5℃时，精子的代谢和活动力被暂时抑制，精子代谢水平很低，处于不动的休眠状态，存活时间更加延长，当温度回升后又可恢复正常代谢和运动。但急剧地将精液从射精时37℃的温度降到10℃以下，精子会发生不可逆的失去活力，不能恢复，最终死亡，这种现象称为冷休克。出现冷休克的原因是精子的细胞膜遭到破坏，使三磷酸腺苷、细胞色素、钾等从细胞膜渗出，渗透压增大，精子不能存活。因此在寒冷气温下采集公犬、公猫精液时一定要做好保温措施。据此，为延长精子存活时间，应将精液温度缓慢降温至0～5℃，并在此温度环境中保存。

－60～0℃的环境对精子存活不利，其中－25～－15℃为最危险温度区域。精液经过适当的处理，在适宜降温速率的前提下，可以在－196℃的环境（液氮）中保存数年，解冻后仍然可得到理想的受胎率，这就是精液冷冻保存技术。

3. 渗透压的影响

精子是特殊的细胞，其细胞膜属于生物膜。当精子处于不同的渗透压环境中，会导致精子细胞内外水分子的移动现象。

精子在等渗环境中，细胞内外水分子不发生移动，形态、代谢和运动等各方面正常。据此，为精子提供等渗环境，能延长精子存活时间。

在低渗环境中，精子细胞外的水分子会向细胞内移动而使精子内部水分增加，使精子体积膨胀、尾部弯曲、运动不正常或死亡，严重者使精子细胞崩解。因此，精液中不能混入水或低渗溶液。

在高渗环境中，精子内部水分脱出，使精子失水、体积皱缩、原生质变干、内部结构发生变化、运动异常或死亡。因此，加入到精液中的稀释液应具有一定的浓度。

精子对不同的渗透压环境有逐渐适应的性能，但其适应性有一定的限度。相对而言，低渗环境比高渗环境对精子的危害更大。

4. 光照和辐射的影响

光照和辐射对精子的影响程度有差异。直射阳光、红外线、紫外线、其他射线对精子危害很大，能加速精子死亡。其次是日光灯光线，再次是白炽灯光线，而室内的散射光线或黑暗环境对精子的生存影响不大。

直射阳光含有紫外线和红外线，红外线能使精液升温，对精子代谢和运动有激发作用，加速精子代谢和运动，不利于精子的存活。紫外线对精子的影响取决于其强度，强烈的紫外线照射能使精子活力下降甚至死亡。荧光灯能发射紫外线，对精子有不利影响。大剂量X射线的辐射对精子细胞染色质会造成严重伤害，进而危害精子的受精和早期胚胎发育。据此，为延长精子存活时间，在精液处理、保存和运输时，应将精液装入有色容器中并放在暗处。

5. 化学药品的影响

常用的消毒药品，如酒精、煤酚皂、新洁尔灭、高锰酸钾等对精子有损害，即使浓度很低也足以杀死精子，应避免与精液接触。农药对精子有害无益。精液中可以加入果糖、葡萄糖等为精子提供营养的物质以及能抑制病原微生物的抗生素类药品如青霉素、链霉素、氨苯磺胺等，还可加入冷冻保护剂如甘油、二甲基亚砜等，这些化学成分在适当的浓度下，不但无毒副作用，还有利于对精子的保存。

一些弱酸性的盐类，如碳酸氢钠、柠檬酸钠、磷酸二氢钾、磷酸氢二钠及乳酸盐等的溶液，具有较好的缓冲性能，对维持精液相对稳定的 pH 值是必要的。

一些电解质物质，例如生理盐水，即使它是精子的等渗液，但由于对精子的刺激作用而使精子运动很活泼，因而死亡也较快。

因此，为延长精子存活时间，应避免有毒、有害药品混入精液中，可以提供对精子生存有益的药品。

6. 气相、异物的影响

精液直接暴露于空气或有氧的环境中时，可使精子能量消耗加快，增加二氧化碳的产量。但在缺氧时，因乳酸累积过多，也抑制精子的活动。烟雾对精子有损害作用。消毒药品和有毒药品的挥发性气味，对精子均有危害。灰尘、被毛、血液、尿液、炎症分泌物、油脂等异物混入精液中，会污染精液，导致精液品质下降或不能使用。

7. 稀释的影响

新鲜精液中精子运动较活跃，不利于精子生存时间的延长。精液经适宜倍数的稀释后，可为精子提供适于生存的环境，进而能延长精子的存活时间和提高精液的利用率。但对精液进行高倍稀释，特别是快速高倍稀释，对精子活力及受精力会有不良、甚至严重的影响，这种现象称为稀释打击。精液稀释超过一定倍数后，精子表面的膜发生变化，细胞膜通透性增大，K^+、Mg^{2+}、Ca^{2+} 等从精子中渗出，而 Na^+ 向精子内移动，影响了精子代谢和生存，对精子造成损害。因此，对精液做高倍稀释前，首先应对精液进行低倍稀释。

8. 振动的影响

轻微振动对精子的危害不大，但过度振动可以影响精子的存活。在对液态精液进行运输时，应将精液容器装满、封严，防止液面和封盖之间出现较大空间。如果有空气存在，振动可加速精子的呼吸作用，对精子的生存危害就会增加。

二、精液

（一）精液的形成和排出

精液是公犬、公猫在交配过程中，由尿生殖道中排出的黏稠状液体。在公犬、公猫的非交配状态下，睾丸内产生出的精子被输送到附睾中贮存起来。当公犬、公猫发生交配活动时，受神经和激素的调节作用，附睾管和输精管产生收缩反应，将贮存在附睾尾部的精子经输精管排入到骨盆部尿生殖道内，同时，位于骨盆部尿生殖道周围的副性腺分泌出液体并排入尿生殖道内与精子混合在一起形成精液，再经尿生殖道肌肉的收缩作用被排出体外或排入母犬、母猫生殖道内。

（二）精液的组成

犬、猫的精液由精子和精清两部分组成。精清主要是副性腺的分泌物，此外还有少量睾丸液和附睾液。精液中干物质只有 2%～10%，其余 90%～98% 为水分。在干物质中，蛋白质含量占 60% 左右。

精液中的化学成分包括有机成分和无机成分两大类（表 1－3－1），无机成分主要有 K^+、Na^+、Ca^{2+}、Mg^{2+}、Cl^-、PO_4^{3-} 等离子，其中 K^+、Na^+ 离子的含量最高，对维持渗透压起重要作用。

精液中的有机成分较为复杂，主要有糖类、氨基酸、酶、维生素、脂类和核酸等。

糖类：糖是精液中的重要成分，是精子代谢的能量来源。精液中的糖类主要有果糖、山梨醇、唾液酸等。果糖在精液中含量较高，主要来自副性腺。刚排出的精液，果糖很快被分解为丙酮酸，其释放的能量是精子运动的主要能源。

氨基酸：精液中含有10多种游离的氨基酸，是精子有氧代谢的基质。

酶：精液中的酶有多种，如顶体酶与精子、卵子受精有着重要关系，三磷酸腺苷酶参与精子呼吸和糖酵解活动，脱氢酶使精子具有受精力等。

维生素：有硫胺素、核黄素、抗坏血酸、烟酸、泛酸等，这些维生素对于增加精子活力和密度至关重要。

脂质：精液中的脂质主要为磷脂，主要存在于精子外膜和线粒体中。在精液中加入卵磷脂有助于延长精子存活时间，对精子能起到抗冷保护作用。

核酸（DNA）：几乎全部存在于精子细胞核内，不仅能传递遗传信息，而且是决定性别的因素。

犬精液中 Na^+、K^+、Ca^{2+} 的浓度较高，阴离子主要是 Cl^-。果糖、乳糖及柠檬酸浓度较低。在6～10月龄公犬精液中，睾酮浓度为0.36～3.64 ng/ml。精液中酸性磷酸酶及碱性磷酸酶的浓度高低能反映前列腺功能的变化，且磷酸酶浓度与精子异常或损坏以及精子活力有一定关系。在隐睾公犬精液中，乳糖、柠檬酸及磷酸酶浓度升高，而乳酸浓度降低，在输精管结扎后，Ca^{2+} 浓度明显降低，可能是因为缺乏精子和睾丸液所致。

表1-3-1　犬精液的主要组成成分及理化特性

理化特性	数　值	成　分	数　值
射精量（ml）	10（1～25）	钙 mmol/L	150
精子数（亿/ml）	1.25（0.04～5.4）	氯 mmol/L	0.6（0.5～0.7）
精子长度（μm）	60	总磷量 mmol/L	4.2
比重	1.011	无机磷 mmol/L	0.32
冰点下降（℃）	0.58～0.6	钾 mmol/L	8
电导性 $\Omega \times 10^4$	129～138	钠 mmol/L	90（56～124）
pH值	6.4（6.1～7）	蛋白质 g/L	23（11～36）
水分（%）	96（96～97）	总脂 g/L	1.82

（三）精液的理化特性

1. 射精量

犬的射精量在品种和个体间差异较大，从几毫升至十几毫升不等，有的大型犬一次射精量可达30 ml。射精量和精子密度之间有显著的负相关，而射精时间和射精量之间关系不大，但交配或采精时公犬、公猫的性欲强弱会影响射精量。一般情况下，大型犬的精液量比小型犬多，冬、春季射精量多，而夏季射精量少。犬的三段射液量变化较大（表1-3-2），第一段射精为透明水样液体，主要是尿道球腺的分泌物，不含精子，但有时内含少量尿或尿道脱落的上皮细胞等。第二段射出的精液富含精子，呈黏稠的乳白色。

第三段射出的精液是澄清透明的水样液体，是前列腺分泌的产物，这部分精液含精子很少，有的含有上皮细胞或小颗粒状物质。

公猫每次可射精0.01～0.2ml，平均0.05ml。

2. 精子密度与精子数

公犬的性成熟状况、营养状况、犬种、个体的大小以及采精时的性欲等可影响精子密度和精子数。为了稳定公犬的精液性状，除了要有稳定的饲养条件外，采精人员的操作技术、固定的采精条件等也要考虑。精子密度与采精频率成反比，采精间隔时间短，可造成精子密度显著下降。2～4岁犬的精子密度较高，高龄犬的精子密度和精子活力降低，畸形精子数增加，使受胎率和产仔数减少。一般来说，正常犬一次射出的总精子数为0.5亿～5亿，精子密度一般为1.68～3.05亿/ml。据测定，对犬不做分段采精的混合精液共含5亿个精子，第二阶段射出精液的精子密度为247亿/ml，总精子数为3.8亿。而第三段射出精液的精子密度仅为0.1亿/ml。

公猫的精子密度为0.57亿/ml左右，精子活力0.8～0.9，每周可采精2～3次。

3. 精液的pH值

精液pH值主要由副性腺分泌物决定，刚采出的精液pH值接近于7，此后由于精子的代谢，造成酸性物质累积，致使pH值下降。犬精液一般呈弱酸性，pH值为5.8～6.7。猫精液的pH值为7～7.9，平均为7.4。

表1-3-2　丝毛犬和比格犬在不同季节的精液性状

犬种	精液性状	春季	夏季	秋季	冬季	平均
丝毛犬	一次射精总量（ml）	9.4	7.0	8.0	8.7	8.65
	第一段射精量（ml）	1.0	1.3	1.0	1.0	1.0
	第二段射精量（ml）	1.6	1.8	1.8	1.65	1.7
	第三段射精量（ml）	6.8	4.0	5.2	6.0	5.5
	总精子数（亿）	4.372	3.996	3.364	3.903	3.809
	pH值	6.2	6.2	6.2	6.2	6.2
	精子畸形率（%）	5	7	6	6	6
比格犬	一次射精总量（ml）	7.3	4.84	6.1	9.1	6.83
	第一段射精量（ml）	0.6	0.5	0.7	0.6	0.6
	第二段射精量（ml）	1.0	0.94	1.0	0.8	0.94
	第三段射精量（ml）	5.7	3.4	4.2	7.5	5.2
	总精子数（亿）	4.2	2.6	2.72	3.16	3.16
	pH值	6.2	6.1	6.2	6.3	6.2
	精子畸形率（%）	6	6	6	6	6

4. 精子异常率

精子的异常形态可分为头部畸形（巨大、矮小、变形、部分缺损、双头、轮廓不清等）、颈部畸形（曲折、膨大、脱离等）和尾部畸形（长度异常、曲折、螺旋、缺损、双尾等）。这些异常形态是精子形成过程异常所致，其中尾部畸形的出现频率较高。精液处理过程中，渗透压不适宜时，多发生尾部曲折畸形；采精频率高时，附有原生质滴的未成熟精子增加。精子异常率不超过10%～20%的精液用于人工授精时，可以得到正常的受胎率。

5. 精液颜色

犬、猫精液一般呈灰白色或乳白色，混浊不透明，且精子密度越大，颜色就越深。如果精液呈水样透明，则不含精子；若呈现淡黄色，可能混入尿液；公犬、公猫若患了前列腺炎、龟头炎或包皮炎造成出血时，则精液呈现红色或粉红色。

6. 精液的气味

犬、猫精液的气味呈腥味或汗渍味。

犬的不同品种和不同季节的精液特性并不完全一致，如丝毛犬和比格犬在不同季节的精液性状见表1-3-2。

复习思考题

1. 何谓性行为和性行为链？公犬、公猫的性行为特点有哪些？
2. 精子的发生过程及形态结构怎样？
3. 精子的生理特性有哪些？
4. 外界因素对精子的生存有何影响？
5. 精液是怎样形成和排出的？
6. 犬、猫精液的理化特性如何？

第四章　母犬、母猫的发情及鉴定

第一节　母犬、母猫的发情

一、母犬、母猫性机能的发育阶段

性机能的发育，是指犬、猫在生命活动中与生殖机能有关的一系列生理变化过程。在犬、猫胚胎期性分化阶段，母犬、母猫原始性腺的皮质层发育成卵巢，沃尔夫氏管没有雄激素的支持而退化，苗勒氏管则发育成雌性生殖道。

在母犬、母猫的一生中，性机能的发育是一个由发生、发展直至衰退、停止的过程。母犬、母猫的性机能发育过程分为初情期、性成熟期、配种适龄和繁殖机能停止期四个阶段。犬、猫的不同品种、个体及不同的环境和饲养管理条件等因素的差异，其性机能发育阶段的时间长短均有不同。

（一）初情期

初情期是指母犬、母猫一生中第一次出现发情、排卵时的年龄。母犬的初情期一般为7～12月龄，母猫一般为6～12月龄。

初情期受很多因素的影响。体型小、繁殖力高、寿命较短的犬猫初情期早于体型大、繁殖力低、寿命长的犬猫，早熟种早于原始种和晚熟种，温暖地区、饲养管理好、健康状况好的犬猫初情期较早一些。例如，大多数母猫约在7月龄、体重达到2.3～2.5kg时开始发情。但有些母猫3月龄就出现发情，而有些外来品种猫，如波斯猫的初情期为12月龄以后。总之，纯种猫的初情期比杂种猫的长，笼养猫比放养猫长，单个饲养的猫比群养猫长。另外，猫的初情期与其出生的季节关系很大，在每年10～12月份猫一般不发情，如果在这几个月份里，猫虽已达到初情期体重，通常也要到次年1～2月份才能出现发情。

初情期与机体发育有很大关系，良好的饲养管理能促进机体生长发育，提早初情期的到来，饲养管理较差则生长缓慢，将推迟初情期的到来。

达到初情期的母犬、母猫生殖器官发育迅速，开始有繁殖后代的机能，一旦配种就有受胎的可能。初情期的出现是脑垂体促性腺激素分泌活动增强、性腺类固醇激素生成和配子发生能力增加的结果，但此时由于生殖器官尚未发育成熟，性机能表现尚不完全，故发情表现往往不规律。

（二）性成熟期

性成熟期是指母犬、母猫的生殖器官在解剖和生理上基本发育完全时的年龄。达到性成熟的母犬、母猫，卵巢上能周期性出现卵泡生长发育过程并排出成熟的卵子，雌激素、孕酮等生殖激素的分泌也呈现出有规律的变化，有正常的发情表现和性行为，配种能正常受胎。

母犬的性成熟期一般为 8～14 月龄，有的大型犬如亚雷特犬，其性成熟期可达18～24 月龄。母猫的性成熟期为 7～13 月龄。

性成熟期因品种、个体、地理位置、环境条件、饲养管理等的不同而有差异。一般而言，小型犬性成熟较大型犬早，如小型犬的性成熟期为 6～10 月龄，大型犬为 8～14 月龄。母犬的性成熟期一般稍早于公犬，如母犬的性成熟期一般为 9～12 月龄，公犬一般为 12～14 月龄。处于温暖气候条件下的母犬其性成熟早于处于寒冷气候中的母犬，营养状况好的母犬一般要早于营养状况差的母犬。

犬、猫的性成熟是一个渐进的过程，在初情期后要经历 1～2 个月的时间。初情期后，母犬、母猫的脑垂体促性腺激素分泌水平进一步提高，其周期性释放脉冲的幅度和频率都增加，使生殖器官逐渐达到成熟，具有了协调的生殖内分泌系统，能表现出完全的发情征状，能排出成熟的卵子，出现规律的发情周期，具有了繁殖后代的能力。到达性成熟期的母犬、母猫通过配种虽然可以正常受胎，但此时身体生长发育还在继续，尚不宜配种，以免影响母体的生长发育和胎儿的初生体重，或造成难产现象。

（三）配种适龄

配种适龄是对母犬、母猫第一次进行配种利用的适宜年龄。母犬、母猫的配种适龄应在性成熟期之后，接近体成熟的年龄。中、小型犬的配种适龄一般为 12～18 月龄以后，大型犬为 2 岁左右，一些名贵纯种犬的配种适龄应更晚一些为好。猫的配种适龄为 10～12 月龄，一些长毛品种猫在 12～18 月龄配种较为合适。

母犬、母猫到达配种适龄时的体重约占成年体重的 75% 左右。确定母犬、母猫的配种适龄应根据其品种、年龄、体重和健康状况灵活掌握，总的原则应是在性成熟之后的2～3 个月，但不能千篇一律。如初配年龄过早，犬、猫身体的骨骼、肌肉及某些器官还处在较快的生长发育过程中，这时让其妊娠繁殖后代，不仅影响母体的生长发育，容易使个体变小、早衰、寿命缩短、发生难产，也可能出现胎儿发育不良、产仔数减少、产弱仔、幼仔不易成活和品种出现退化等后果。

（四）繁殖机能停止期

母犬、母猫的繁殖机能停止期是指老龄母犬、母猫的发情活动停止，不能排卵和繁殖后代时的年龄。正常情况下，母犬的繁殖机能停止期为 10 岁左右，母猫为 8 岁左右。

母犬初生时卵巢中卵母细胞的数量可达 70 万枚，性成熟时有 25 万枚，5 岁时剩 3 万多枚，10 岁时只剩 500 多枚。由此可见，母犬的繁殖力是随年龄的老化而逐渐下降的。

母犬、母猫繁殖年限的长短，因品种、饲养管理、健康状况、利用水平等不同而异。一般犬、猫的繁殖年限不超过 7～8 年，但有些犬在 20 岁时仍能发情配种。

二、发情的概念及特征

发情是指母犬、母猫生长发育到性成熟时所表现的周期性性活动现象，是一种与平常不相同的特殊生理状态。发情的基本特征是在生殖激素的调节下，母犬、母猫表现出一系列生理和行为上的变化。如卵巢上有卵泡发育和排卵等变化，这是发情的内在本质特征。其次，生殖道有充血、肿胀和排出黏液等变化，外表行为举止有兴奋不安、食欲减退和出现求偶活动等变化，这是发情的外部特征。

三、发情周期和发情持续期

（一）发情周期

1. 发情周期的含义及时间

母犬、母猫发育到初情期以后，卵巢上出现周期性的卵泡发育和排卵变化，生殖器官及整个机体也发生一系列周期性生理变化，这种变化周而复始（非发情季节及怀孕期除外），一直到性机能停止活动的年龄为止，母犬、母猫这种周期性的性活动称为发情周期。

发情周期的计算，一般是从一次发情（排卵）开始至下一次发情（排卵）开始所间隔的时间，并把发情当天计作发情周期的第1天。

发情周期的长短因动物种类不同而异，常见家畜的发情周期一般为21d左右。与家畜相比，母犬因系季节性一次发情类型，故发情周期很长，其变化范围也很大。犬的发情周期因品种及个体不同而有较大差异，从22周至47周不等，平均为31周。例如，灵猩犬的发情周期平均为244d，变化范围为100～410d。另外，有些母犬即使品种不同、体形差异悬殊，却有相同长度的发情周期。如京巴犬、凯思泰利犬、拉伯里达猎犬及罗德背脊犬的发情周期均为29周。杂种犬的发情周期比纯种犬短。

母犬从一次发情后，不论受胎与否，再次发情的出现要经过几个月的休情期阶段。在休情期阶段，母犬卵巢处于完全休止状态。休情期的长短，因犬的品种、年龄、外界环境、饲养状况以及个体不同而有差异。小型犬6个月发情一次，也有4个月发情1次的；大型犬约8个月发情1次，而澳大利亚野狗，犬与狼杂交的后代，每年只发情一次。即使同一个体，发情周期也不恒定，有的犬随年龄增长，发情周期会延长一些，有的则无明显变化。老龄母犬通常发情周期不规则，休情期延长。

Meischner（1966）在4年内观察了6只母犬的48次发情，发情周期一般为5～7个月，平均为182d（6个月），1年发情1次的占26.1%，1年发情2次的占65.2%，1年发情3次的占8.7%。

有妊娠过程的生殖周期称为完全生殖周期，它包括卵泡发育、发情、交配、排卵、黄体形成、妊娠、分娩和泌乳的全部过程。犬的生殖周期具有特殊性，排卵后形成的功能性黄体可持续存在很长时间，与妊娠黄体不易区分。如果发情后配种妊娠，则下次发情期比未妊娠时来得要晚一些。例如，比格犬在未妊娠时，发情周期为202d±5d，而妊娠时延长为230d±3d。有人对小型苏格兰牧羊犬进行了调查，把调查的犬分为妊娠组和未妊娠组，43例未妊娠犬的发情间隔为90～350d，多为180～280d，平均为205d，107例妊娠犬的发情间隔为120～354d，多为180～280d，平均为249d。结果是妊娠犬比未妊娠犬的发情周期多了40d左右，这可能是受到妊娠或哺乳的影响所致。

猫属于多次发情和诱发性排卵动物，因此，猫发情周期的持续时间取决于其是否交配、排卵、妊娠以及分娩后是否泌乳。母猫发情周期一般为15～28d，平均为18d，发情持续期3～7d。如果母猫发情期未能排卵，则发情周期为14～28d。如果出现持续发情，发情周期就会延长。猫发情周期为21d 的占74%，持续发情的占12%，周期变化不定的占14%。如果交配后排卵但未受胎，则发情周期可延长至30～75d，平均为42d。在室内群养的情况下，母猫每年可发情4～25 次，平均为13 ±4 次。

2. 发情周期的分期

在母犬、母猫的发情周期中，根据其机体发生的一系列生理变化，可将发情周期分为若干阶段，一般采用四期分法和二期分法来划分发情周期的阶段。

(1) 四期分法　根据发情周期中母犬、母猫生殖器官的变化和性欲等表现，可将发情周期划分为四个阶段，即发情前期、发情期、发情后期和间情期（图1 –4 –1)。

①发情前期：是发情的准备阶段。此期的特征是：卵巢中上一个发情周期所形成的黄体萎缩退化，新的卵泡开始生长发育；生殖道上皮细胞开始增高，阴道和阴门黏膜轻度充血肿胀，生殖道内有少量稀薄黏液分泌；在阴道黏液涂片上分布有大而轮廓不清的扁平上皮细胞和散在的白细胞；母犬、母猫外表发情行为不明显，尚无明显的性欲表现。

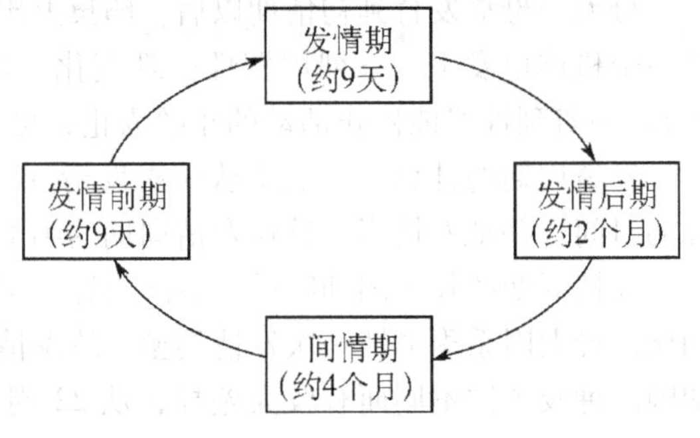

图1 –4 –1　犬6 个月发情周期模式图

②发情期：是集中表现发情征状的阶段。此期的特征是：卵巢中卵泡迅速发育，卵巢体积明显增大，母犬多数在发情期末排卵，而猫在交配刺激后24～50h 排卵；生殖道黏膜充血肿胀明显，子宫黏膜显著增生，子宫的弹性增强而变硬实，子宫颈口松弛开张，子宫、阴道收缩性增强，腺体分泌活动加强，有透明稀薄黏液排出；阴唇呈充血、水肿、松软状态；阴道黏液涂片上分布着无核的上皮细胞和白细胞；母犬、母猫外表精神状态和行为表现明显，交配欲强烈。

③发情后期：是发情后的恢复阶段。此期的特征是：卵巢上的成熟卵泡排卵后开始形成黄体并分泌孕酮；子宫颈管逐渐收缩关闭，子宫内膜增厚，表层上皮较高，子宫收缩性减弱，腺体分泌减少，黏液量少而黏稠，阴道黏膜增生的上皮细胞脱落；阴道黏液涂片上分布着有核、无核的扁平上皮细胞和白细胞；母犬、母猫精神状态逐渐恢复正常，性欲逐渐消失。

④间情期：又称休情期，是发情后期结束到下一次发情前期的阶段。此期的特征是：在间情期的早期，卵巢上的黄体逐渐发育成熟并分泌孕酮，使子宫内膜增厚，表层上皮呈高柱状，子宫腺体高度发育增生，能分泌含有糖原的子宫乳；阴道黏液涂片上分布着有核、无核的扁平上皮细胞和大量的白细胞。如果卵子没有受精，在间情期后期，则黄体发生退行性变化，子宫内膜也逐渐回缩，呈矮柱状，腺体缩小，分泌活动停止并恢复正常；母犬、母猫外部表现处于正常状态。

(2) 二期分法　根据发情周期中母犬、母猫卵巢上卵泡的发育过程和黄体的形成、退化过程，可将发情周期划分为卵泡期和黄体期。发情周期的实质是卵泡期与黄体期的交替出现。黄体期占发情周期的大部分，而卵泡期只占小部分。

①卵泡期：是卵巢中有卵泡发育、成熟直至排卵的阶段。卵泡期包括四期分法的发情前期和发情期。

②黄体期：是从卵巢上成熟卵泡排卵后，黄体开始形成、发育成熟直至黄体变性、退化为止的阶段。黄体期包括四期分法的发情后期和间情期。

3. 母犬发情周期各分期的特征

（1）发情前期　是从阴户滴出带有鲜血的黏液开始至接受公犬爬跨前的阶段。此期一般持续6～12d，有的犬可达27d。在发情前期，母犬卵巢中上一个发情周期所产生的黄体已经退化，新的卵泡开始生长。子宫腺体略有生长，生殖道轻微充血肿胀，腺体分泌活动逐渐增加。阴道涂片检查时，主要为有核上皮细胞、多量红细胞和少量嗜中性白细胞。外阴部逐渐充血肿胀、潮红、湿润，2～4d后由阴门流出带有鲜血的黏液，此为发情开始的标志。行为上表现跑动不安，饮水量增加，不听从饲养员的命令，有时接近公犬并与其戏耍，有的母犬可互相爬跨，排尿次数增加而量少，尿液可吸引公犬嗅闻。公犬爬跨时，母犬不接受交配、龇牙和打转。到第7～8d时阴唇变成粉红色且隆肿，此时表明卵泡已接近成熟。年龄较大的母犬发情前期表现不太明显，可利用公犬进行试情。

（2）发情期　是母犬从接受公犬爬跨开始到不接受爬跨为止的时期，即从阴户滴血的第8～18d期间。此期一般持续4～13d，平均9d，长者可达30d。在发情期，母犬外阴部红肿、变软并有节律地收缩，阴门中滴出的带血黏液减少或停止，颜色由鲜红变为淡红或淡黄色。子宫角和子宫体呈充血状态，肌层收缩加强，腺体分泌活动增加，子宫颈管道松弛。卵巢上卵泡发育很快，多数在发情开始后2～3d内排卵。母犬精神兴奋不安，主动接近公犬和接受公犬爬跨。当公犬舔其阴户或爬跨时，其四肢站立不动，并下蹋腰部，臀部朝向公犬，尾巴歪向一侧，阴户频频开张。如用手指刺激母犬的臀部，则尾部歪斜，露出阴部，做接受交配的姿势。阴道黏液涂片检查时，主要为角质化上皮细胞，缺乏嗜中性白细胞，红细胞早期较多，末期减少。发情期为母犬交配最佳时期。

（3）发情后期　发情期过后，即进入发情后期。如母犬在发情期配种受胎则进入妊娠期，乳腺会逐渐胀大。如发情期未配或配后未受胎，发情后期一般维持60～80d，然后进入间情期。在发情后期，母犬发情外表征状逐渐消失，性情变得安静，拒绝公犬交配。阴户滴出带血黏液进一步减少，颜色由淡红变成暗红或无色，阴唇肿大程度减退，逐渐恢复正常。子宫颈管逐渐收缩，腺体分泌活动逐渐减弱，黏液分泌量少而黏稠。子宫内膜逐渐增厚，表层上皮较高，子宫腺体逐渐发育。卵泡破裂排卵后开始形成黄体。阴道黏液涂片检查时，重新出现有核上皮细胞和嗜中性白细胞，缺乏红细胞和角质化细胞。

（4）间情期　是母犬卵巢上处于无生理活动的非繁殖时期。犬的间情期很长，一般持续3～4个月左右。在间情期，母犬的性欲已完全停止，精神状态、行为举止、体形外貌均为正常表现。生殖器官呈休止状态。在间情期早期，卵巢上黄体已发育完全，因此这个时期为黄体活动时期，子宫内膜增厚，表层上皮呈高柱状，子宫腺体高度发育弯曲，腺体分泌活动旺盛。在间情期后期，卵巢上的黄体萎缩退化，增厚的子宫内膜回缩，呈矮柱状，腺体变小，分泌活动停止。外阴部表现为干瘪，无黏液滴出。不愿接近公犬，不容许公犬爬跨，公犬对其尿液和身体气味不感兴趣。阴道黏液涂片检查时，主要为有核上皮细胞和少量嗜中性白细胞，缺乏红细胞。血浆孕酮水平很低，仅为1 ng/ml。

4. 母猫发情周期各分期的特征

（1）发情前期　该期持续1～3d，通常表现为喜欢人抚摸，尿频。但与犬发情前期的表现不同，猫在发情前期阴门水肿不明显或不水肿，阴道无血红色分泌物排出。卵巢上有

3～7个卵泡发育，直径可达2mm。

（2）发情期　该期持续时间因季节不同和是否排卵而异。在春季，发情持续时间较长（5～14d），在其他季节发情期缩短（1～6d）。如果交配后排卵，则发情期持续约5d，于交配后24～48h结束。如果交配未排卵，则发情期一般要持续约8d。然而，有时无论排卵或不排卵，发情期都一样长。而未交配过的母猫，发情期却较短。猫发情时表现为鸣叫，腰部下凹，尾巴弯向一侧呈接受交配的姿势，会阴部前后抽动，如果轻敲骨盆区，这种表现更为明显。猫发情时还表现出厌食和撒尿方式异常等。此期内卵泡直径为2～3mm。

（3）发情后期　母猫如果在发情后未交配，发情后期持续14～28d，平均21d。如果交配后诱发排卵，但未受精（如利用做过绝育手术的雄猫交配），则导致假妊娠，可持续30～73d，平均35d。

（4）间情期　间情期卵巢体积缩小，卵泡直径仅为0.5mm，无发情表现。

5. 影响母犬发情周期的因素

（1）年龄　由于年龄增大，老龄犬身体代谢机能下降，发情周期出现紊乱，往往使间情期延长，而发情前期和发情期缩短。

（2）初情期　一般小型犬初情期来的早些（如比格犬初情期为6～7月龄），大型犬初情期晚些（如德国牧羊犬初情期为8～10月龄）。初情期长的犬，发情前期和发情期都较长。

（3）季节　犬有季节性繁殖的特点。一般情况下，母犬一年发情两次，每次间隔6个月左右。单养犬多数在春季3～5月份和秋季9～11月份发情；群养的比格犬四季都可发情，发情的季节性不明显。另外，据Marshall（1906）和Heape（1900）报道，在南美的野生犬和北极圈饲养的犬，有的一年只发情一次。

（4）营养　营养缺乏或过剩，可导致母犬瘦弱或肥胖，也会使间情期延长或导致异常发情。

（5）疾病　卵巢囊肿、子宫蓄脓等生殖器官疾病往往导致间情期时间过长，或不发情。当上一窝产仔过多或连产几窝等，母犬机体没能很好地得到调整恢复，也会导致间情期过长。

（6）遗传　不同种类、不同品种和不同个体的遗传组成的差异，可造成发情周期的不同。

（二）发情持续期

发情持续期是指母犬、母猫从发情表现开始至发情表现结束所持续的时间。犬的发情持续期一般为6～14d，平均10d。在发情持续期内，母犬接受公犬的爬跨和交配，并在交配时作出明显的姿势，表现为站立不动，后肢分开，会阴部上提，尾巴偏向一侧。相比之下，在这之前1周左右的发情前期，母犬先是面对着公犬拒绝爬跨或交配，继而逃避、蹲坐或蜷伏。在发情前期的后期，母犬或许能被动地站着不动，但无主动的交配姿势。

犬的品种、个体、年龄及季节、饲养管理状况的不同，发情持续期的长短也有所不同。由于某些方面的原因，当发情的启动延迟后，发情持续期会缩短至2～3d。在有些情况下，发情持续期也可能延长至多达3周的时间。即使是正常的发情周期，发情期的结束也不是突然的，不太明显的发情行为仍要持续3～6d。目前，阴道细胞学和形态学的方法为确定发情期的结束及发情后期的开始提供了较好的依据，采用此方法能确定可孕期的结束，同时也可以估计以排卵为基准的配种时间。

猫每次发情约持续3～7d，接受交配的时间约2～3d，适宜的配种时间为发情后第2d夜间。母猫在发情时会表现出性情不稳、嗷嗷怪叫、不吃不喝、外阴部红肿并有黏液状分泌物存在。

四、发情季节

季节的变化是影响雌性动物生殖活动的重要环境因素。季节变化的各种信息通过神经系统转化而来的神经冲动传到下丘脑，从而引起下丘脑－垂体－性腺调节轴系统的变化，进而导致发情的季节性变化。犬、猫、马、驴、绵羊、骆驼及一些野生动物等，一年中只在一定季节才表现出发情活动，这一时期称为发情季节，这些动物只有在发情季节内才能发情排卵和配种受胎。

（一）发情季节的类型

1. 季节性多次发情

有季节性发情的动物，在发情季节内有多个发情周期出现，称为季节性多次发情。猫、马、驴、绵羊、骆驼等动物属于这种类型。

2. 季节性一次发情

有季节性发情的动物，在发情季节内只有一个发情周期出现，称为季节性一次发情。犬、多数野生动物和毛皮动物属于该种类型。

3. 全年多次发情

发情不受季节性影响，在一年四季都可以出现多次发情并能配种受胎，称为全年多次发情或无季节性发情。牛、猪和兔等动物属于此种类型。

（二）犬、猫发情季节的特点

1. 犬的发情季节

母犬的发情季节一般属于季节性一次发情类型。大多数母犬每年春季3～5月份和秋季9～11月份各发情一次。但是，不同品种、不同地理位置和环境，犬的发情季节也有所不同。实际上家犬经过人们的驯养，有的已失去了繁殖的季节性，一年之间可发情3～4次，仅有少数品种（如北美的格林兰犬）仍受季节的影响。这种季节性的影响，主要是由于温度、光照等因素的影响造成的。

关于母犬的发情时期，有人认为有季节性，多为春季和秋季，也有人认为无季节性，是重复一定的性周期，即重复卵泡发育、卵泡成熟、排卵、黄体形成以及黄体退化过程。按照后一种观点，犬就不是季节性一次发情性动物了。Engle（1946）根据美国犬俱乐部1943年登记的犬出生记录，对西班牙长耳犬、丹麦大猎犬、爱尔兰塞特犬和中国小狮子犬4个品种，共计3 754只犬进行了繁殖季节调查，从出生日向前推60d为基准，调查结果表明，它们的繁殖季节无地区差异，不同品种的犬也没有固定的繁殖季节，在一年中的繁殖时期分布均衡。Anelersen和Wooten（1959）统计了400只比格犬的发情时期，大部分犬发情出现在初冬和晚春。Christis & Bell（1971）汇集了英国犬繁殖专家记录的1 561次犬的发情资料后，认为犬的发情在一年中平均分布，没有季节变化。

一般情况下，家庭单独饲养的犬每年发情两次，多在春季3～5月份和秋季9～11月份。群养犬的发情与季节关系不大，通常可见连续几个月没发情的群居母犬中，当有1只犬发情后，接着在几天中相继出现若干只犬发情，这是由于群养犬同时受到促进发情的条件和环境的影响以及同群犬的诱发作用。

据观察，野犬只在冬季交配，而培育程度高的家犬一年四季均可发情，不具有季节性发情的特点。有人对176只杂种母犬和比格母犬经237次发情统计观察，冬季出现发情的有52次，春季发情的51次，夏季发情的62次，秋季发情的72次。

发情周期的间隔时间在同一母犬以及不同母犬间变异很大，甚至当它们被饲养在相似环境中亦是如此。室外养犬场常年可见发情母犬，尽管有集中于晚冬和早春以及晚夏和早秋的趋势。当母犬被置于人工控制光照的条件下，即12h光照、12h黑暗或14h光照、10h黑暗的环境中时，这种趋势常常消失。当人工光照改由自然光照时，在夏至发情的就要减少。有些母犬趋向于隔6个月发情一次，即春季和秋季各发情一次，这可能是受自然光照长短的影响。这种光照时间的效果受松果腺分泌的调节。松果腺产生的褪黑素以及精加催产素可表现出抑制LH（促黄体激素）释放的作用。如巴吉圣犬和藏獒犬这两个品种一般在秋分或秋分后不久发情，家庭养犬或小型犬场的非自然光照，可能导致母犬明显的不育或休情期延长。

公犬的繁殖本身不受季节性限制，只要母犬允许，任何时候都可交配，即公犬的繁殖时期取决于母犬的发情、排卵时期。

2. 猫的发情季节

猫属于季节性多次发情动物。母猫性成熟后，除夏季三伏天以外，都可出现多次发情周期，而春、秋两季是发情配种的最好时期。

每年2～3月份和9～10月份是母猫发情配种的最佳时期。当母猫出现卧立不安、不思饮食、叫声异常不断、四处寻找公猫时即为发情，俗称“叫春”，应及时选择公猫与之交配，配种时间最好安排在早晨或晚上。

猫的发情季节及持续时间受品种、个体、地理位置和环境因素的影响。在北半球饲养的猫，发情季节为1～10月份。饲养在室内并给予人工光照的猫全年都能发情配种。当猫受到运输、转群和惊吓等应激因素的刺激后，会出现发情的中断。缩短光照时间能抑制母猫发情，而延长光照能促进母猫发情。

五、产后发情

产后发情是指母犬、母猫分娩后的第一次发情。在良好的饲养管理、气候适宜、哺乳时间短以及无产后疾病的条件下，产后出现第一次发情的时间就相对早一些，反之就会推迟。

犬的产后发情时间与品种、季节、环境、饲养管理方式等因素有关。

猫的产后发情时间通常在产后泌乳期结束后第8d，即产后第8周。产后不泌乳的猫，产后发情可出现在产后第1周。而产后长期哺乳的猫，产后发情可推迟到产后第21周。有的猫即使是在哺乳期，在产后9d前后，也会出现产后发情。

六、乏情和异常发情

（一）乏情

乏情是指母犬、母猫到达性成熟期后无发情周期出现，或卵巢无周期性机能活动，处于相对静止状态的现象。乏情的种类有生理性乏情和病理性乏情两大类。生理性乏情是由季节、环境、营养因素和母犬、母猫所处的某些生理状态而导致的乏情，包括泌乳性乏情、妊娠性乏情、衰老性乏情、季节性乏情、营养性乏情和应激性乏情；病理性乏情是由某些病理性因素而导致的乏情，包括持久黄体性乏情、黄体囊肿性乏情、卵巢机能障碍性乏情、子宫疾病性乏情等。

1. 泌乳性乏情

母犬、母猫在产后泌乳期间，由于卵巢周期性机能活动受到抑制而引起的无发情周期现象。泌乳性乏情的发生和持续时间长短，因种和品种不同而有很大差异。

2. 妊娠性乏情

母犬、母猫在妊娠期间由于卵巢上存在妊娠黄体并分泌孕激素，抑制卵巢上的卵泡发育而不出现发情周期。妊娠期乏情是保证胎儿生长发育的正常生理现象。

3. 衰老性乏情

母犬、母猫由于机体衰老，使下丘脑－垂体－性腺调节轴的功能减退，导致垂体促性腺激素的分泌减少，或卵巢对激素的反应性降低，不能激发卵巢机能活动而不表现发情周期。

4. 季节性乏情

有的母犬、母猫在进化过程中形成了在适宜的季节环境中繁殖的特点，在非繁殖季节，其卵巢无周期性活动变化，进而导致季节性无发情周期出现。在季节性乏情期内，卵巢小而硬，卵巢上既无卵泡发育又无黄体存在。因此，在季节性乏情期内，可以通过改变环境条件（如光照或温度）或使用某些生殖激素，使卵巢机能从静止状态转变为活动状态，达到诱导发情的目的。

5. 营养性乏情

母犬、母猫的日粮水平对卵巢活动有显著的影响。由于营养不良、矿物质和维生素缺乏会引起乏情。缺磷会引起卵巢机能失调，发情征状不明显，最后停止发情。缺锰会造成卵巢机能障碍，发情不明显，甚至不发情。缺乏维生素 A 和 E 可引起发情周期无规律或不发情。

6. 应激性乏情

不同环境因素引起的应激，如气候恶劣、卫生不良、长途运输等都能抑制发情、排卵及黄体功能。这些应激因素可使下丘脑－垂体－性腺调节轴的机能活动转变为抑制状态。

7. 持久黄体性乏情

当母犬、母猫的卵巢排卵后形成的黄体长期存在，不发生退化时，就会由于黄体分泌的孕激素作用，抑制卵巢上卵泡的发育而处于乏情状态。

8. 黄体囊肿性乏情

当母犬、母猫的卵巢黄体囊肿化时，由于囊肿黄体分泌的孕激素作用，抑制卵巢上卵泡的发育而表现乏情。

9. 卵巢机能障碍性乏情

在母犬、母猫的卵巢发育不良、卵巢静止、卵巢萎缩和卵巢硬化时，由于卵巢机能的丧失，不能出现卵泡的发育，因而造成乏情。

10. 子宫疾病性乏情

如先天性子宫发育不全、两性畸形，或子宫发生严重的疾病时，由于子宫内膜分泌前列腺素的机能丧失，而导致母犬、母猫发情周期不能运转而表现乏情。

（二）异常发情

异常发情是指母犬、母猫出现的不正常发情现象。常见的异常发情种类如下：

1. 短促发情

是指正常的发情持续期明显缩短的发情。这种发情多见于青年期的母犬、母猫，如不注意观察，往往会错过配种机会。造成短促发情的原因可能是神经内分泌系统的功能失调，或卵泡发育过快、提前排卵所致，也可能是由于卵泡发育受阻而引起。

2. 持续发情

又称长期发情，其特点是正常的发情持续期明显延长，发育的卵泡迟迟不能排卵。持续发情一般多由卵泡囊肿引起。

3. 断续发情

发情表现时断时续，使发情时间延续很长。如有的母犬发情持续达30d仍接受公犬的交配。断续发情是由于卵泡交替发育所致，往往是先发育的卵泡中途停止发育、萎缩退化，新的卵泡又开始发育，因而出现时断时续的发情现象。

4. 安静发情

指母犬、母猫缺乏发情外在表现，但卵巢上有明显的卵泡生长发育、成熟和排卵的变化。一般当母犬、母猫连续两次发情之间的间隔相当于正常间隔的2倍或3倍时，即可怀疑中间有安静发情出现。引起安静发情的原因，可能是由于有关生殖激素不平衡所致。如在繁殖季节的第一个发情周期，安静发情的发生率一般都很高，这是由于孕酮的分泌量不足，降低了中枢神经系统对雌激素的敏感性，进而缺少发情的外部表现。在发情季节内出现的安静发情可能与缺少雌激素有关，雌激素的含量不足，可以引起安静发情。促乳素分泌量不足或缺乏，引起黄体早期萎缩，于是孕酮分泌量不足，也会引起安静发情。

5. 假发情

指母犬、母猫有外在的发情表现，但其卵巢上无卵泡生长发育的现象。如给母犬、母猫使用雌激素时，就会诱导其出现假发情。

6. 孕后发情

指母犬、母猫妊娠后出现的发情现象。在正常情况下，母犬、母猫妊娠后，由于妊娠黄体分泌的孕酮抗衡了雌激素的作用，并可反馈性地作用于丘脑下部和垂体，进而抑制了促卵泡素的分泌，使卵巢上无卵泡发育，因此妊娠期间母犬、母猫不会出现发情现象。但在妊娠期间，如果黄体分泌孕酮机能不足，而胎盘分泌雌激素的机能亢进时，就会引起妊娠期间出现发情现象。实践中要注意判定正常发情与孕后发情，防止误配造成流产。

第二节　犬、猫的卵泡发育与排卵

母犬、母猫在周期性的发情过程中，其实质性变化是卵巢上有卵泡的生长发育、成熟、排卵和黄体的形成与退化过程。

一、卵泡发育

（一）卵泡的形成

母犬、母猫卵巢皮质层中的卵泡是由内部的卵母细胞和其周围的卵泡细胞组成。母犬、母猫在胎儿时期，卵巢表面的生殖上皮细胞进行分裂，形成细胞团并与生殖上皮脱离进入卵巢皮质中，这种细胞团内有一个较大的细胞称为卵原细胞，周围的小细胞称为卵泡细胞，而整个的细胞团即为原始卵泡（图 1－4－2）。母犬、母猫出生后，卵巢皮质层中就已存在着大量的原始卵泡，随着年龄的增长，在卵泡生长发育过程中，除了少数的卵泡能生长发育、成熟及排卵外，大量的卵泡在发育过程中的不同阶段发生闭锁、退化而消失。例如，新生仔犬卵巢上约有卵泡 70 万枚，性成熟时卵泡数量减少到 35 万枚，5 岁时减少到 33 万枚，而到 10 岁时只有 500 枚左右。

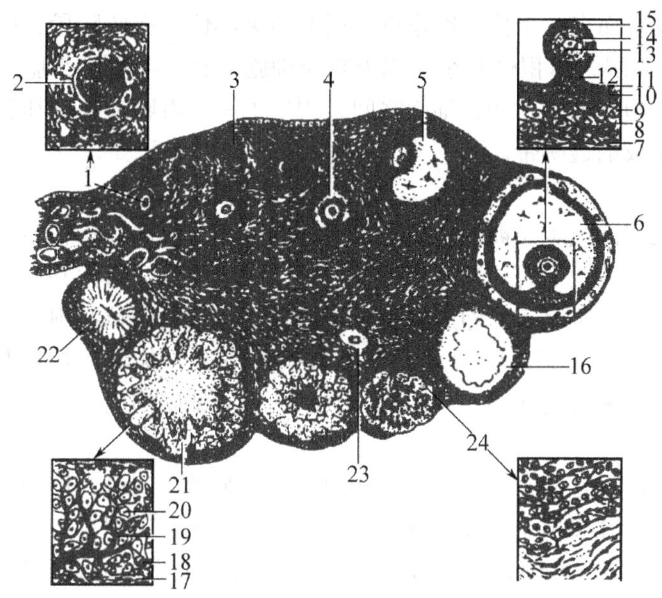

图 1－4－2　卵泡发育过程示意图

1. 原始卵泡　2. 卵泡细胞　3. 卵母细胞　4. 次级卵泡　5. 生长卵泡　6. 成熟卵泡　7. 卵泡外膜　8. 卵泡膜血管　9. 卵泡内膜　10. 基膜　11. 颗粒细胞　12. 卵丘　13. 卵细胞　14. 透明带　15. 放射冠　16. 排卵后的卵泡空腔　17. 由卵泡外膜形成的黄体细胞　18. 由卵泡内膜形成的黄体细胞　19. 血管　20. 由颗粒细胞形成的黄体细胞　21. 黄体　22. 白体　23. 萎缩卵泡　24. 间质细胞

（二）卵泡的发育过程

母犬在初情期前，其卵巢上的原始卵泡没有多大变化。从第一次发情开始，卵巢中的原始卵泡在发情前期和发情期的几天或十几天内，在垂体促性腺激素的作用下，通过一系列发育阶段而达到成熟、排卵状态。因为母犬卵巢几乎完全被卵巢囊所包被，所以卵巢上卵泡的发育状况通常不易观察。对于成年母犬，由于卵巢囊含脂肪物质，通常是不透明的，加之卵巢囊裂口很小，以至于不能清楚地看见卵巢表面。此外，卵泡直到即将排卵之前才突出于卵巢表面，呈现灰色、半透明状，在卵泡发育的大部分期间，卵泡处于卵巢表面之下。

在母犬、母猫的发情周期中，根据卵泡发育的形态结构特点，卵泡的发育过程可分为五个阶段，即原始卵泡→初级卵泡→次级卵泡→三级卵泡（生长卵泡）→成熟卵泡（图1-4-2）。其中的原始卵泡、初级卵泡和次级卵泡无卵泡腔存在，属于无腔卵泡，而三级卵泡、成熟卵泡有卵泡腔存在，属于有腔卵泡。

1. 原始卵泡

排列在卵巢皮质层外周，其内部是卵母细胞，周围是单层扁平的卵泡细胞，无卵泡膜和卵泡腔。

2. 初级卵泡

排列在卵巢皮质层外围，其内部是卵母细胞，在卵母细胞的周围是一层或两层柱状的卵泡细胞，无卵泡膜和卵泡腔。

3. 次级卵泡

由初级卵泡发育而来，多位于卵巢皮质层的中央部位。在此阶段，卵母细胞周围的卵泡细胞增殖为2～4层，体积略变小，称为颗粒细胞。在某些颗粒细胞之间出现了很小的卵泡腔隙，同时在卵母细胞和颗粒细胞之间，积聚了一层由卵母细胞和颗粒细胞分泌的由黏多糖透明物质组成的透明带。

4. 三级卵泡

又称葛拉夫氏卵泡或生长卵泡，由次级卵泡继续发育而成，体积不断增大，颗粒细胞间的许多小卵泡腔隙彼此汇合成半月形的卵泡腔，卵泡腔明显增大并充填着卵泡液。卵母细胞及其周围的颗粒细胞突入卵泡腔内形成了卵丘，其余的颗粒细胞则分布于卵泡腔的周围形成了颗粒层。在颗粒层外围形成了卵泡内膜和外膜。内膜为类上皮细胞，有血管分布，具有分泌类固醇激素的作用，外膜由纤维状的基质细胞构成。

5. 成熟卵泡

由三级卵泡继续发育而来。此阶段的卵泡，卵泡腔增大到最大体积，卵泡扩展到整个卵巢皮质部的厚度，并突出于卵巢表面，卵泡壁变薄，即将破裂排卵。犬的成熟卵泡大小不一，一般直径为4.5～6mm，有的为7.8～8mm。猫的成熟卵泡直径为2～3mm。

（三）犬卵泡发育的组织学变化

有人对不同个体母犬卵泡发育的不同时期进行解剖，观察卵泡的组织学变化，其结果如下：

1. 发情前期（发情出血第1d）

左侧卵巢重522mg，有5个直径1.5～1.8mm和3个更小的卵泡；右侧卵巢重528mg，有直径1.5～1.8mm的卵泡6个。左、右卵巢都有很多不同发育阶段的卵泡分散在卵巢门以外的卵巢表面，最大的卵泡直径为1.8mm，呈球形，且挤压于临近的卵泡。卵泡的颗粒层为3层至数层，厚度为25～50μm，颗粒细胞排列疏密不等。颗粒层外周的细胞构成间质细胞层，其细胞呈纺锤形，结合紧密。

2. 发情前期（发情出血第3d）

左侧卵巢重517mg，有很多发育卵泡，成熟卵泡只有1个；右侧卵巢重602mg，有5个成熟卵泡，卵泡部分凸起于卵巢表面，卵泡内充满淡橙黄色的透明液体。卵泡朝向卵巢中心侧的颗粒层细胞为数层，厚度为60μm，朝向卵巢表面侧的颗粒层细胞有十数层，厚度达 170μm，细胞排列紧密，凸出于卵泡外侧壁上。间质细胞层在较厚部分清晰可见，这种细胞有的具有黄体细胞所特有的明显细胞核，细胞间排列疏松，呈网眼状。

3. 发情期（允许交配第 1d）

左侧卵巢重 329mg，无成熟卵泡；右侧卵巢重 565mg，有 3 个直径为 3.9～5.0mm 的成熟卵泡，但未凸起于卵巢表面。卵泡内有透明的橙黄色卵泡液，在这种卵泡的外周有一层黄白色的似幼稚黄体细胞层，此细胞层朝向卵巢表面侧较薄，朝向卵巢中心侧较厚。颗粒层向泡腔内弯曲成卷状，并部分突入于泡腔内，形成卵丘。间质细胞层厚薄不均，但比颗粒层厚。颗粒层细胞和间质细胞在卵巢中心侧的细胞数比对侧多，且细胞形态也大，细胞排列松散，两种细胞层之间屈曲相接形成皱襞。

4. 发情期（允许交配第 2d 至排卵前 12h）

左侧卵巢重 690mg，表面光滑，有两处被膜变薄，此为成熟卵泡的卵泡壁，卵泡直径分别为 5.5mm 和 4.7mm，约占卵巢中央断面的 70%。此外，还有数个萎缩的卵泡；右侧卵巢重 469mg，有 3 个直径 4.0mm 的成熟卵泡。左侧卵巢的卵泡近似球形，卵泡内壁厚，形成皱襞，间质细胞大量增生，部分与卵泡壁分离，卵泡内壁为淡黄色，其中一个成熟卵泡的卵母细胞游离于卵泡腔内，另一个成熟卵泡的卵母细胞在卵丘中。右侧卵巢的 3 个卵泡并排相接，相互压迫呈楔状伸向卵巢中心，这时的卵泡已经成熟，内壁凸凹成皱襞状，颗粒层细胞剥离，与增生的间质细胞重叠排列，形成卷状的卵泡壁，卵泡壁中的部分细胞呈幼稚黄体细胞样形状，细胞排列松散，在这种细胞层的基底部可见充满血细胞的小血管，卵泡液中有很多脱落的变性颗粒层细胞。

5. 发情期（允许交配第 3d 至排卵前 1h）

左侧卵巢重 514mg，有 2 个直径 4.5mm 的球形成熟卵泡，部分卵泡壁凸起于卵巢表面；右侧卵巢重 593mg，有 2 个直径为 4.8mm 和 4mm 的球形成熟卵泡，此外还有 2 个中等大小的卵泡。中等卵泡的颗粒层细胞萎缩、变性，发育不良的间质细胞也变性、闭锁。左、右卵巢上 4 个成熟卵泡的内壁为分叶状、呈黄色的幼稚黄体细胞层，并形成大小皱襞脱离卵泡壁，同时可见部分卵泡壁出血和部分卵泡液流出。卵泡液中由于有脱落的颗粒层细胞和血液而呈混浊半透明状态。间质细胞层发达，部分增殖较快并聚集成团而挤压颗粒层。卵泡壁基底层有充盈血细胞的血管存在。

综上所述，犬的卵泡发育到一定程度时，卵泡壁由 3～4 层颗粒层细胞所构成，随着卵泡继续发育，颗粒层细胞进一步增殖，使卵泡壁厚薄不均，卵泡最表层的细胞多为柱状细胞。成熟卵泡的颗粒层屈曲，部分隆起突出于卵泡内腔，形成卵丘。卵丘中包裹着卵母细胞，有时卵丘脱离卵泡壁，游离于卵泡液中。卵泡液呈透明的橙黄色，但成熟卵泡液中因含有剥离和脱落的变性颗粒层细胞而呈混浊半透明。卵泡破裂之前，颗粒层细胞渐进性变性萎缩，卵泡破裂排卵时，一部分颗粒层细胞同卵泡液一起排出，其余部分颗粒层细胞残留在卵泡壁上，不久后发生变性而消失。间质细胞在小卵泡中为纺锤形，细胞排列紧密，与颗粒层基底部相接。间质细胞在卵泡发育的同时也增殖变大，细胞层变厚。成熟卵泡的部分间质细胞显著增大，富含原生质。间质细胞中有 1～2 个明显的梭形核小体，类似幼稚黄体细胞，且细胞排列松散。排卵前，间质细胞进一步发育，部分聚集成团，成为幼稚黄体细胞。

二、卵子发生及形态结构

（一）卵子发生

卵子是母犬、母猫的生殖细胞，其核内染色体数为体细胞的一半，它的功能就是把母代的遗传信息传递给子代。由卵巢中的卵原细胞经过增殖、生长、减数分裂过程，直到形成卵细胞（卵子）的全过程，称为卵子发生。卵子本身存在的时间较短，它的前身，即各级卵母细胞存在的时间较长。在卵子的形成及发育过程中，它存在的空间位置也发生了一次改变，即排卵前它位于卵巢上的卵泡内，排卵后进入输卵管内。

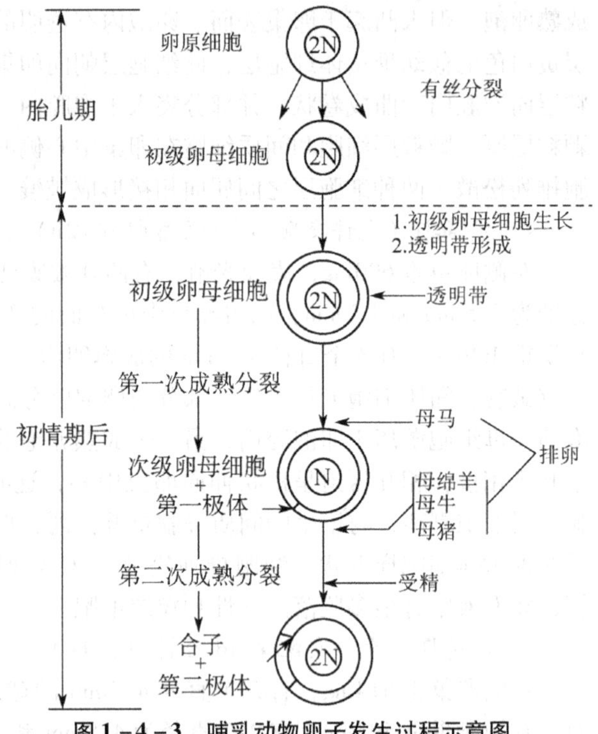

图 1－4－3　哺乳动物卵子发生过程示意图

犬、猫在胚胎期卵巢形成时，在卵巢皮质内由原始生殖细胞分化的卵原细胞经过多次的有丝分裂而发育成初级卵母细胞，在初级卵母细胞外包围着卵泡细胞。出生后的卵巢皮质层中已无卵原细胞存在。当母犬、母猫到达初情期时，初级卵母细胞经过第一次成熟分裂排出第一极体后形成次级卵母细胞。次级卵母细胞在受精时精子的刺激下，发生第二次成熟分裂排出第二极体后形成卵细胞，并与精子结合成受精卵。因此，卵子的发生过程包括卵原细胞的增殖、卵母细胞的增长和卵母细胞的成熟三个阶段（图 1－4－3）。

1. 卵原细胞的增殖阶段

母犬、母猫在胚胎期性别分化后，胎儿卵巢的原始生殖细胞便分化为卵原细胞。卵原细胞的染色体数为 2N 条，含有典型的细胞成分，如高尔基体、线粒体、内质网、细胞核和核仁等。卵原细胞通过有丝分裂的方式进行增殖，这个时期称为增殖期或有丝分裂期。在胚胎后期或胎儿出生后 1 周左右，卵原细胞经过最后一次有丝分裂发育为初级卵母细胞并进入成熟分裂前期，而后便被卵泡细胞所包围而形成原始卵泡。此后，有的初级卵母细胞会发生退化，到胎儿出生时或出生后不久，卵母细胞的数量就已经减少了很多。以后随着犬、猫年龄的增长，卵母细胞数量继续减少，因此，最后能达到发育至排卵阶段的卵母细胞，只有极少数。

2. 卵母细胞的生长阶段

在胚胎后期或胎儿出生后 1 周左右，卵原细胞经过最后一次有丝分裂，细胞内卵黄颗粒逐渐增多，细胞体积逐渐增大，最后发育为初级卵母细胞并进入成熟分裂前期。初级卵母细胞形成后，一直到犬、猫的初情期到来之前，其生长处于停滞状态，称为静止期。这种初级卵母细胞的发育停滞现象一直维持到排卵前才结束。初级卵母细胞周围的卵泡细胞可作为营养细胞为卵母细胞提供营养物质，为以后的发育提供能量来源。

3. 卵母细胞的成熟阶段

卵母细胞的成熟过程是初级卵母细胞发生两次成熟分裂的过程。当雌性动物发育到初情期时，卵泡中的初级卵母细胞在垂体促性腺激素的作用下，开始第一次成熟分裂，排出第一极体后变为次级卵母细胞。初级卵母细胞的第一次成熟分裂过程分为前期、中期和末期，前期又分为细线期、偶线期、粗线期、双线期及终变期。在此过程中，初级卵母细胞的核向卵黄膜方向移动，核仁和核膜消失，染色体聚集成致密状态，然后中心体分裂为两个中心小粒，并在其周围出现星体，这些星体分开，并在其间形成一个纺锤体，成对的染色体游离在细胞质中，并排列在纺锤体的赤道板上。在第一次成熟分裂的末期，纺锤体旋转，有一半的染色质及少量的细胞质被排出，称为第一极体，而含有大部分细胞质的细胞则称为次级卵母细胞，其所含有的染色体数仅为初级卵母细胞的一半，变为单倍体。

在初级卵母细胞进行第一次成熟分裂的过程中，其周围的卵泡细胞通过有丝分裂而增殖，由扁平状变为立方形，并由单层变为多层，整个卵泡逐渐发育成熟，最终破裂将其中的次级卵母细胞排出。因此，卵子发生与卵泡发育密切相关。

次级卵母细胞在受精过程中，通过精子的刺激，短时间内发生第二次成熟分裂，排出第二极体后形成卵细胞（卵子），并与精子结合成合子（受精卵）。卵细胞的染色体数为单倍体，细胞质含量也很少。此外，第一极体有时也可分裂为两个极体，分别称为第三极体和第四极体。

综上所述可以得出，由一个初级卵母细胞最终只能形成一个卵子和1～3个极体。

大多数哺乳动物在排卵时，卵子尚未达到完全成熟状态。在卵泡生长发育过程中，其内部的初级卵母细胞在卵泡颗粒细胞产生的减数分裂抑制因子的作用下，处于第一次成熟分裂前期的双线期，到卵泡发育至临排卵前，由于脑垂体前叶分泌的多量促性腺激素使卵泡颗粒细胞产生的成熟分裂抑制因子的作用被掩盖，从而导致初级卵母细胞完成第一次成熟分裂，产生1个次级卵母细胞和第一极体。例如，牛、绵羊和猪的卵子在排卵时，仅完成第一次成熟分裂，即卵泡成熟破裂时，排出的是次级卵母细胞和第一极体。排卵后，次级卵母细胞开始进行第二次成熟分裂，直到精子进入透明带才被激活，释放出第二极体后完成第二次成熟分裂。大多数哺乳动物在排卵后3～5d，不论受精与否，卵子均已运行至子宫，未受精的卵子在子宫内退化及碎裂，被吞噬细胞吞噬或被子宫吸收。马的卵子在排卵后才完成第一次成熟分裂，只有受精后的卵子才能通过输卵管而进入子宫，未受精的卵子停留在输卵管内，最后被分解吸收。

母犬的初级卵母细胞第一次成熟分裂开始于胚胎期，当进行到减数分裂前期的双线期时便停止发育而处于静止期，并一直持续到初情期卵泡成熟即将排卵之前。因此，母犬在成熟卵泡排卵时，排出的是尚未完成第一次成熟分裂的初级卵母细胞。当初级卵母细胞运行到输卵管后，第一次成熟分裂继续进行，排出第一极体，成为次级卵母细胞。这时，如有精子进入次级卵母细胞内部，则刺激次级卵母细胞进行第二次成熟分裂，排出第二极体后才真正成为卵细胞。有人对19只健康母犬的观察证明，排卵后的初级卵母细胞需经2～3d的时间，才能发育成次级卵母细胞，此时已处于输卵管末端部位。

（二）卵子的形态结构

犬、猫的正常卵子形态呈圆球形。凡是椭圆形或扁圆形的、体积过大或过小的、极体过大或无极体的以及卵黄内有大空泡的卵子，都属于畸形卵子。造成卵子畸形的原因有遗传、环境性应激、营养和年龄等因素。

不包括放射冠在内的犬卵子直径，排卵后1～4d为173～188μm，排卵后5～9d为188～200μm。

卵子的结构由外向内依次包括放射冠、透明带、卵黄膜、卵黄和卵核五部分（图1-4-4）。

1. 放射冠

是由卵母细胞最外围呈放射状排列的颗粒细胞构成。放射冠细胞靠近透明带一侧的原生质突起伸入透明带内并与卵黄膜表面的微绒毛相接触。放射冠的作用是对卵母细胞提供养分和进行物质交换，同时也能保护卵子。

母犬卵巢刚排出的卵子，其外周的放射冠细胞数量会随着时间的推移而逐渐减少。排卵后1d的放射冠细胞很多，排卵后5d只有少量放射冠细胞附着，排卵后第6d时，仅部分卵子有少量放射冠细胞附着，排卵第7d以后，放射冠细胞完全消失。

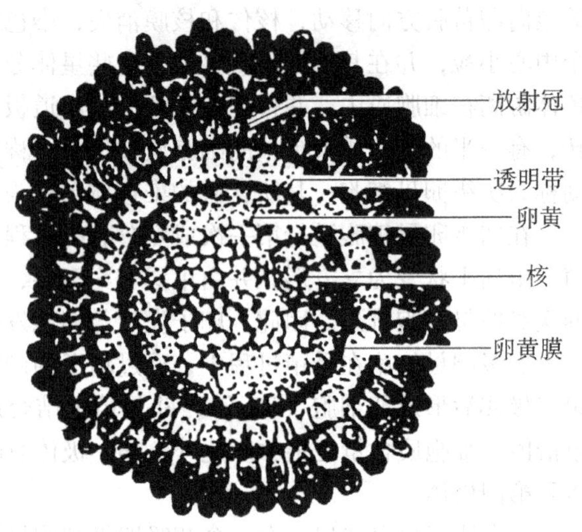

图1-4-4 哺乳动物卵子形态结构

2. 透明带

是一层均质而透明的半透膜，位于放射冠和卵黄膜之间，一般认为它是由卵泡细胞和卵母细胞所分泌的细胞间质成分，主要由糖蛋白组成，可以被胰蛋白酶和胰凝乳蛋白酶等蛋白分解酶所溶解。透明带具有保护卵子完成正常的受精过程，并对精子具有选择和限制多精子入卵的作用，也能保护早期胚胎的正常发育。

犬卵子透明带的厚度，排卵后1～6d为20～23μm，排卵后7～9d为27～33μm。因此，在排卵后第7d以后的卵子直径稍变大，可能是卵子在输卵管内运行过程中，透明带周围形成蛋白层所致。

3. 卵黄膜

位于透明带以内，是包围卵黄的一层薄膜。卵黄膜由两层磷脂分子组成，在其表面具有很多微绒毛结构，它具有与体细胞原生质膜基本相同的结构和性质，具有保护卵子完成正常的受精过程，使卵子有选择性地吸收无机离子和代谢产物，并在受精过程中对精子具有明显选择作用等功能。

4. 卵黄

是位于卵黄膜以内的原生质物质。卵子在受精前，卵黄膜和透明带之间几乎没有空隙，受精时在精子的刺激下卵黄发生收缩，并在透明带与卵黄膜之间形成卵黄周隙，卵母细胞成熟分裂过程中排出的极体就存在于此。卵黄内含有线粒体、高尔基体、色素内容物和卵核。犬的卵母细胞卵黄中含有很多脂滴，因此卵黄较暗且均一分布。卵黄的作用是为卵子和胚胎早期发育提供营养物质。

5. 卵核

位于卵黄之中，且位置不在细胞中心，而是偏向一侧。卵核由核膜、核质组成。核质中有一个或多个染色质核仁，所含的 DNA 量是体细胞内 DNA 量的 1/2。实际上，大多数哺乳动物排出的卵子正处于第二次成熟分裂的中期，并不表现出核的形态。

三、排卵过程与机理

排卵是指卵巢上发育成熟的卵泡破裂，将其中的卵母细胞排出的过程。

母犬在发情期间，当血液中开始出现 LH 峰后的 1～2d 即可发生排卵，排卵前的卵泡已经黄体化，因此卵泡中的孕激素水平较高，而大多数哺乳动物的卵泡排卵后才黄体化，卵泡中雌激素水平较高。猫的成熟卵泡是在交配刺激作用下才能破裂排卵。

（一）排卵过程

成年犬的卵巢上有很多生长卵泡，但多在发育过程中闭锁、萎缩和消失，发育成熟而排卵的是极少数。在一次发情中，卵巢上通常有数个至十数个成熟卵泡。这些成熟卵泡稍凸出于卵巢表面 2～3 mm，卵泡腔内充满卵泡液，卵丘颗粒细胞与卵泡壁颗粒层分离，卵泡膜明显变薄、充血呈红色，其顶部透明。卵泡外膜发生水肿，其中的纤维蛋白水解酶活性提高，在卵泡中蛋白分解酶的作用下，卵泡膜进一步变性，卵泡凸出部顶端的上皮细胞脱落，卵泡膜不断变薄，最后形成排卵点，并在卵巢神经肌肉系统的作用下，卵泡自发性收缩频率增加，不久，从卵泡顶端部开始渗出血液，此时即为排卵的开始，紧接着大部分卵泡液和其中的卵母细胞一起被排入到卵巢囊中。

犬及一般哺乳动物的排卵部位除卵巢门外，在卵巢表面的任何部位都可发生排卵，惟马属动物的排卵仅限于卵巢中央的排卵窝处。但是，犬卵泡成熟和排卵过程与其他家畜明显不同。犬的卵巢被卵巢囊包裹，输卵管与卵巢囊相接，排出的卵子直接进入卵巢囊内，再靠输卵管的运动将卵子送到输卵管漏斗部。犬的卵巢囊以长约 8 mm 的腹腔口开口于腹腔，发情时，输卵管伞充血、增厚，与卵巢囊相接触的部分扩张至腹腔口，这样就完全遮住了卵巢囊腹腔口，使得排出的卵不至于落入腹腔中。

有人对犬的排卵过程做了详细研究，在母犬接受公犬交配开始后，分别在第 6、48、72 、84 和 96h，将不同犬分别做剖腹手术，观察其卵巢上卵泡发育状态，发现卵泡的成熟、排卵经过是：①卵泡没凸出于卵巢表面，但卵泡膜表面变薄，较易确定卵泡的发育；②卵泡的一部分凸出于卵巢表面 1.5 mm 左右，其尖端部透明；③卵泡的一部分凸出于卵巢表面 2～3 mm 左右，突出部位直径约 6 mm，其中央部位又突出 1.5 mm 左右，尖端是透明的；④成熟卵泡的直径为 6～9 mm 左右，卵泡膜充血发红，此时是排卵开始的表现；⑤卵泡可见出血现象；⑥卵泡出血停止，排卵点呈火山口状，开口直径为 1.5 mm 左右，突出部的直径为 4～5 mm。

（二）排卵机理

卵巢上的成熟卵泡发生破裂排卵是一个复杂的过程，许多研究表明排卵是由生殖激素及卵泡局部活性物质参与调节的。

1. 促性腺激素的作用

排卵前，卵泡雌激素分泌增加。在雌激素的反馈作用下，垂体前叶 LH 分泌增加，FSH 分泌减少，使排卵前出现 LH 峰，进而激发卵泡产生一系列的理化变化。在 LH 峰之后，卵丘颗粒细胞与卵泡壁颗粒层连接松散，LH 峰诱导颗粒细胞产生诱导成熟因子，促进了卵母细胞成熟分裂的恢复。LH 峰还诱导卵泡类固醇激素、前列腺素的合成与分泌，使一些生长因子和蛋白酶的合成增加，因此引发卵泡膜变性、破裂而排卵。

2. 类固醇激素的作用

排卵前，卵泡雌二醇的含量增高，促进了卵泡细胞促性腺激素受体的形成，同时增加了排卵调节轴（下丘脑－垂体－卵巢轴）对孕酮等因子的敏感性。此外，雌二醇还是排卵前 LH 峰的激发者。而排卵前孕酮对排卵过程所起的作用，一方面可通过调控卵泡的组织结构和抗卵泡闭锁作用；另一方面，孕酮加速排卵的作用与刺激前列腺素和纤维蛋白溶解酶原激活因子系统有关。

3. PG 的作用

排卵前卵泡 PGE_2 和 $PGF_{2\alpha}$ 均增加。PGE_2 可促进纤维蛋白溶解酶原的产生，增加纤维蛋白分解酶的活性，使卵泡膜细胞破裂；$PGF_{2\alpha}$ 既可提高纤维蛋白溶解酶原的水平，也可使卵泡顶端上皮细胞的溶酶体破坏，溶酶体释放出蛋白溶解酶，使上皮细胞脱落，卵泡顶端形成排卵点。同时，卵泡前列腺素还能使卵泡外膜组织的平滑肌细胞收缩，促进卵泡破裂。

4. 蛋白溶解酶的作用

排卵前卵泡凸出部顶端的卵泡膜胶原分解和细胞死亡是即将破裂的标志。在促性腺激素的刺激下，排卵前卵泡表面上皮细胞分泌纤维蛋白酶原激活因子，使局部合成组织型纤维蛋白溶解酶，进而活化了胶原酶并促使卵泡膜内皮组织分泌肿瘤坏死因子。胶原酶和肿瘤坏死因子可促进卵泡膜的胶原溶解。

综上所述，一般认为排卵的机制是由于雌二醇引起的排卵前 LH 峰的出现，LH 峰引发卵泡内一系列细胞和分子关联反应，包括前列腺素和类固醇激素合成和释放的增加，某些生长因子和蛋白酶活性作用的增强，促进排卵前卵泡顶端细胞和血管破裂以及细胞死亡，最终导致卵泡壁破裂释放出卵子和卵泡液。

其次，随着卵泡发育和成熟，卵泡液不断增加，卵泡内压增大，使卵泡膜凸出卵巢表面，形成一个乳头状的排卵点，排卵点逐渐膨胀而最终破裂排卵。

四、排卵类型和排卵数目

（一）排卵类型

大多数哺乳动物排卵都是周期性的，根据卵巢排卵特点和黄体的功能，哺乳动物的排卵可分为两种类型，即自发性排卵和诱发性排卵。

1. 自发性排卵

卵泡发育成熟后自行破裂排卵并自动形成黄体。但这种排卵类型所形成的黄体尚有功能性及无功能性之分。一是在发情周期中黄体的功能可以维持一定时间，如犬和家畜类；二是除非交配刺激，否则所形成的黄体是没有功能的，即不具有分泌孕酮的功能。如大鼠、小鼠和仓鼠等未交配时发情期很短，约 5d，若交配未孕发情周期可维持 12～14d。

2. 诱发性排卵

在发情季节中，卵巢上的卵泡有规律的成熟和退化，如有交配、输精或注射 LH 等刺激因素，可引起成熟卵泡排卵，并形成功能性黄体。猫、骆驼、兔等属于诱发性排卵。

上述两种排卵类型都和 LH 的作用有关。在自发性排卵动物，LH 的作用是周期性的，无交配刺激照常排卵，其排卵是由神经内分泌系统的相互作用所激发的。对于诱发性排卵动物，当阴道或子宫颈受到某种适当的刺激时，神经冲动很快传至下丘脑的神经核团，该核团产生的GnRH沿着垂体门脉循环系统，通过血液循环到达垂体前叶，刺激腺垂体细胞分泌LH，当LH峰出现后才引起排卵。诱发性排卵动物没有明显的类似自发性排卵动物的发情周期，在交配前基本处于发情状态，而交配排卵后有相当一段时间为乏情期（图1－4－5）。

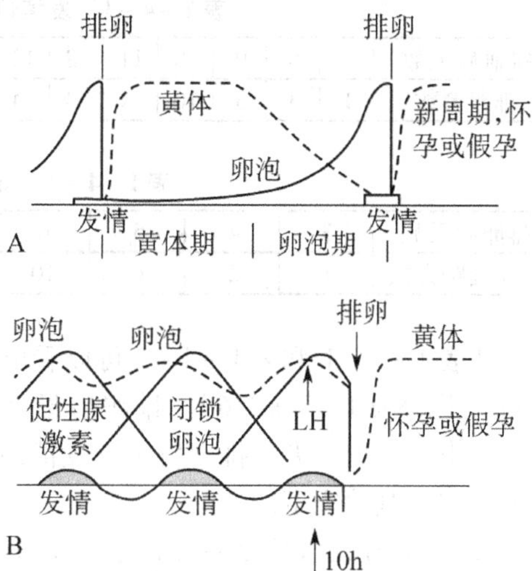

图1－4－5　自发性排卵与诱发性排卵的比较

A. 自发性排卵　B. 诱发性排卵

（二）排卵数目

犬是多胎动物，在一次发情中左右两侧卵巢一般可排卵4～8枚，有时可排十几枚。一般而言，排卵数总是大于或等于窝产仔数。母犬的窝产仔数范围是1～22只，平均6～7只。

排卵数可根据犬、猫出生胎儿数进行推断，也可通过解剖检查卵巢黄体数进行准确判断。有人解剖了发情排卵后的135只实验犬，根据卵巢黄体数和黄体状态来确定排卵数，结果左、右卵巢总排卵数为2～12个，平均为6.0±1.7个。左侧卵巢排卵数为0～6个，平均为3.1±1.4个，右侧卵巢排卵数为0～8个，平均为2.9±1.4个。从左、右侧卵巢的排卵比例上看，左侧卵巢排卵数多于右侧卵巢的有61只犬，少于右侧卵巢的有49只犬，左、右卵巢排卵数相同的有25只犬。虽然犬的排卵机能有个体差异，但左、右侧卵巢排卵机能基本相同。通过比较妊娠犬左、右侧卵巢的黄体数和子宫内的胎儿数，可以判断排出的卵约有90%受精。

犬的排卵数依其品种和个体不同而有差异，即使是同一个体，不同发情周期的排卵数也常不固定。一般而言，小型犬排卵数少于大型犬，青年犬、老龄犬、过肥犬排卵数少些，壮年犬排卵数多些。

猫的排卵数一般为3～7枚。猫的窝产仔数因品种、营养及健康状况而异，一般为2～7只，平均4只，个别猫一窝产仔可多达14～15只。猫1年可产2～3窝，第1胎产仔数2～3只，从第2胎起可产4～5只。

五、排卵时期

（一）母犬的排卵时期

由于确定母犬排卵时期的方法不同，排卵期的时间也不同。母犬的年龄也影响排卵时期，一般青年母犬排卵较早，老龄母犬排卵较迟。

1. 按照母犬生殖道出现带血黏液的时间推算

排卵期为发情出血日的第8～17d，平均在第11d。

例如，有人将36只发情母犬在生殖道出现带血黏液后的不同时间进行剖腹检查，以确定母犬排卵的时期及排卵后继续接受公犬爬跨的天数，结果如表1－4－1和表1－4－2。

表 1-4-1　发情母犬生殖道排血后的排卵情况

排血后天数	7	8	9	10	11	12	13	14	15	16	17	20	25	母犬排卵期
排卵犬数	1	3	3	10	4	3	4	1	1	1	1	1	1	排血后第 11.7±3.6d

表 1-4-2　排卵后母犬接受爬跨情况

排卵后天数	3	4	5	6	7	8	9	10	排卵后接受爬跨天数
接受爬跨犬数	1	2	6	10	7	7	2	1	6.6±1.7 d

从表 1-4-1 和表 1-4-2 可以看出，发情母犬从生殖道排血到排卵的天数为 7～25d 左右，平均为 11.7±3.6d。排卵后母犬接受继续爬跨的天数为 3～10d，平均为 6.6±1.7d。由此可见，犬的排卵发生于发情期初期，排卵后，发情还会持续较长一段时间，这是犬不同于其他家畜的特征。

2. 按照母犬从接受公犬爬跨时开始计算

排卵期在母犬接受公犬交配日的 2～3d 内。

例如，有人对 133 只发情母犬从接受公犬爬跨开始 36h 至 96h 期间，每间隔 12h 进行剖腹探查，以观察犬的卵泡成熟和排卵情况，结果如表 1-4-3。

表 1-4-3　母犬排卵期的观察结果

母犬接受爬跨后的时间（h）	观察犬数（只）	未排卵犬数（只）	排卵犬数（只）			排卵率（%）
			正在排卵	已排卵	合计	
36	4	4	0	0	0	0
48	29	15	8	6	14	49
60	91	17	34	40	74	81
72	4	0	0	4	4	100
84	3	0	0	3	3	100
96	2	0	0	2	2	100

从表 1-4-3 可以看出，以母犬接受公犬爬跨来作为判定排卵期的标准，母犬的排卵期是在从接受爬跨后 48h 左右开始至 72h 结束。这种确定母犬排卵期的方法，可使排卵期的范围较窄，因而较为准确。

3. 按照母犬血液中 LH 峰值出现的时间推算

母犬排卵期大都发生在 LH 峰值后的 1～4d。

犬是自发性排卵动物，排卵是在 LH 和雌激素的协同作用下发生的。一般认为，雌激素分泌是在临近发情期达到峰值。雌激素对丘脑下部和垂体前叶有正反馈作用，可促使垂体分泌 LH。因此，LH 峰值出现在雌激素峰值之后，位于发情期之前 2d 至发情期的第 4d 之间。经观察，犬的排卵 77% 发生于 LH 峰值后 1～3d，93% 发生于 LH 峰值后的 4d 之内。

4. 根据发情母犬阴唇肿胀程度判断

母犬排卵期是在阴唇第一次肿胀明显的时期，排卵后阴唇迅速消肿，之后又出现第二次肿胀，肿胀程度接近排卵前的程度，此后又逐渐消肿恢复正常。

（二）母猫的排卵时期

母猫的排卵属于诱发性排卵类型，只有通过一次或多次交配时对阴门和阴道的刺激作用，反射性引起丘脑下部释放 GnRH，进而促使脑垂体前叶分泌和释放 LH，最终导致成熟卵泡破裂排卵。一般母猫的排卵发生在交配刺激后 24～50h。

六、黄体的形成与退化

成熟卵泡破裂排卵后，由于卵泡液被排空，卵泡壁塌陷皱缩，卵泡腔内产生了负压，致使卵泡膜的血管发生破裂，流出的血液和淋巴液积聚于卵泡腔内形成凝结块，卵泡破裂口呈火山口样，颜色发红，故称为红体。此后卵泡壁颗粒层细胞在 LH 作用下增生变大，并吸收类脂质而变成黄体细胞，同时卵泡内膜分生出血管，布满于发育中的黄体。随着这些血管的分布，含类脂质的卵泡内膜细胞移至黄体细胞之间，并参与黄体形成。黄体细胞增殖所需要的营养来源于血液供应。黄体是一种暂时性的激素分泌器官，可分泌孕酮（图 1－4－2）。

黄体是由较大的不规则多角形黄体细胞团构成，黄体细胞中的脂肪含有大量呈黄色、橙黄色或红黄色颗粒状的色素，细胞核明显，为透明的圆形。黄体周围的结缔组织纤维伸入黄体内部，在黄体细胞间成网状排列。

犬排卵后第 8d，黄体外观虽然完整，但内部有较大的空腔。排卵后 13d 的黄体机能旺盛，称为开花期黄体。排卵后 18d 的黄体呈不完整的块状，排卵后 20d 的黄体达到最大体积，此时的黄体与妊娠犬的黄体无多大差异。犬成熟黄体的直径为 5～6mm，呈红色的凸起块状物，被结缔组织和毛细血管分成许多小叶，周围有基质细胞和血管。未妊娠犬的发情周期黄体在排卵后 30d 左右发生空泡化变性，排卵后 60d 的黄体为无结构化的脂肪变性，最后萎缩退化。有的退化黄体残余部分到下次发情期还可看到。

黄体在退化时，由颗粒细胞转化的黄体细胞退化很快，表现在细胞质空泡化及核萎缩。随着黄体微血管退化，供血减少，黄体体积逐渐变小，黄体细胞的数量也显著减少，颗粒层黄体细胞逐渐被成纤维细胞所取代，黄体细胞间结缔组织侵入并增生，最后整个黄体被结缔组织所代替，形成一个瘢痕组织，颜色变白称为白体。大多数动物的白体存在到下一个发情周期的黄体期，此时功能性黄体与退化的白体共存，一般至第二个发情周期，白体仅有疤痕存在，其形态已不清晰。

有人通过解剖排卵后不同天数的犬，观察到犬卵巢上黄体的发育、形成和退化状况如下：

1. 排卵后第 1d 的黄体（发情期第 3d 的犬，体重 9.5kg，4 岁）

左侧卵巢重 650 mg，表面有 3 个凸起的新生黄体，呈浅黄色，直径分别为 5.7mm、4mm 和 3mm。此外，还有扁平的深黄色黄体和很多散在的小卵泡。右侧卵巢重 550mg，有 2 个直径分别为 5.5mm 和 3mm 的新生黄体。左侧卵巢的 3 个新生黄体呈球形，中心部内腔含有液体，外周为分叶状的幼稚黄体层。新生黄体外周组织呈树枝状，间质细胞排列疏松，呈不规则的锁链状，周围被数层结缔组织包裹，纤维束之间有充盈红细胞的血管分布，卵巢基质与黄体细胞层界线清晰，有的部位有间隙。右侧卵巢 2 个刚形成的黄体，幼稚黄体细胞从周边向中心腔增生成数层至数十层，中心腔形成大空洞，充满着液体。另有 3 个中等大小的卵泡，其颗粒层细胞只有 2～3 层，颗粒层细胞处在变性和闭锁过程中。

2. 排卵后第 3d 的黄体（发情期第 5d 的犬，体重 10kg，3 岁）

左侧卵巢重 960mg，表面有 3 个褐色球状黄体，直径分别为 7.5mm、6.3mm 及

6.2mm，呈分叶状。黄体与基质界线清晰，中心腔残存着液体，其中混有变性、脱落的细胞核。黄体层外周排列着数层纤维细胞，内侧的幼稚黄体细胞呈辐射状排列。幼稚黄体细胞呈纺锤形，排列松散，有的成团，有的散在。右侧卵巢重654mg，有2个直径分别为6.5mm和5.5mm的黄体和1个陈旧的小黄体。黄体外周有数层纤维细胞平行排列，界线清晰地紧密相接，纤维束增粗，外周层可见很多小血管。幼稚黄体细胞呈不规则纺锤形，呈疏松垂直排列。黄体中心部残留的液体为红色，呈絮状或薄膜状，有少量黑色的变性细胞核。

3. 排卵后第10d的黄体（某犬，体重9kg，7岁）

左侧卵巢重1 002mg，有5个直径为6.5～5.8mm的黄体。右侧卵巢重717mg，有3个直径为6.8～6.1mm的黄体。这些黄体都呈球形，约1/3分布于卵巢的表面。左侧卵巢有1个黄体的内部稍有腔隙，其他黄体内腔充实，都为黄色的新黄体。黄体细胞内部为红泥状，含有颗粒，细胞大小和形态规整，黄体细胞间散在着长圆形或椭圆形的小空泡。黄体与外周的基质界线清晰，黄体表面平行排列的数层结缔组织纤维与黄体紧密相接，基质的结缔组织纤维伸入黄体不太明显。黄体中心部的积液呈红色、无构造，可见脱落细胞变性浓染的细胞核。黄体细胞层内壁可见纤细的结缔组织纤维。

4. 排卵后第18d的黄体（某犬，体重8kg，4岁）

左侧卵巢重1 050mg，有3个较大黄体占据了卵巢的大部分表面，呈黄色球形，与卵巢基质界线清晰，黄体间界线也明显，黄体细胞萎缩，细胞排列松散，其间有很多小空隙，细胞多单个存在，细胞间散在无核的细胞崩解物，大部分细胞核变性黑染。右侧卵巢重600mg，无黄体，仅见有小卵泡。

5. 排卵后第22d的黄体（318号犬，体重12kg，3岁）

左侧卵巢重613mg，有2个直径分别为5.0mm和4.5mm的黄体分布于卵巢的表面。右侧卵巢重866mg，表面光滑，有4个黄体重叠相接，占据了卵巢的大部分，同时有很多圆形、椭圆形的小卵泡。左、右侧卵巢的黄体结构相同，与卵巢基质界线清晰。黄体外周有带状结缔组织纤维包围，纤维束呈树枝状伸入黄体层，纤维层有充满血细胞的小血管分布。黄体细胞大多数萎缩变小，由多角形变成细长形，细胞核呈透明、浓染的圆形，细胞排列松散，细胞间有空泡。

6. 排卵后第27d的黄体（6号犬，体重14kg，2.5岁）

左侧卵巢重1 285mg，有3个直径为6mm呈球形的黄体和1个直径为4mm的黄体，颜色深黄。右侧卵巢重1 082mg，有2个直径为9.3mm的黄体，其中1个黄体的中心有小的空腔。卵巢基质与黄体的界线清晰，局部界线不清处有小纤维束伸入黄体层中。黄体层与基质层界面有很多小裂痕状间隙，并有小血管分布。黄体中心呈星芒状。黄体细胞单个存在，夹杂少量纺锤形细胞，其间有结缔组织纤维分布。大部分黄体细胞变性、萎缩，细胞排列松散，有的细胞内有空泡。大部分细胞核黑染、萎缩，细胞质淡红色，呈网状或斑点状。

7. 排卵后第34d的黄体（18号犬，体重7kg，2.5岁）

左侧卵巢重822mg，有5个小黄体及多个小卵泡。右侧卵巢重740mg，有9个小黄体。左、右侧卵巢的黄体都呈灰白色，黄体内部有发达的无色透明的树枝状结缔组织。黄体处在退化过程中，包围黄体的数层纤维细胞清晰，纤维束伸入黄体层中。纤维细胞层中分布有较大的血管，黄体层中有很多长条状的裂痕，可见有小血管存在，黄体细胞缩小、呈单个存在，1/5～1/3的黄体细胞有核，但核偏离细胞中心并缩小浓染，看不见圆形透明的核小体。

8．排卵后第43d的黄体（15号犬，体重12kg，3.5岁）

左侧卵巢重838mg，有3个小黄体和3个小卵泡。右侧卵巢重578mg，有3个小黄体。左、右侧卵巢的黄体都呈淡黄色，内部为无色树枝状条索。黄体与卵巢基质界线清晰，在基质部有2～3个极小的红褐色斑点。黄体外周的黄体细胞间隙少，看上去较充实，而中心部有大的裂痕状空隙，很多纤细的纤维由基质伸入黄体，也有的纤维成束，这些纤维围绕各黄体细胞形成网状，使各细胞独立存在。黄体细胞形态不固定，无特有的多角形态，多接近圆形，细胞质完全消失而形成空泡，很多细胞无核或核变性、膨胀，有的细胞内呈薄雾状。

9．排卵后第59d的黄体（81号犬，体重7.7kg，3岁）

左侧卵巢重503mg，有3个小黄体。右侧卵巢重257mg，有2个小黄体和很多变性小卵泡。左、右侧卵巢上的黄体都为淡黄色，与卵巢基质颜色相近，黄体外周颜色稍深，与基质的界线清晰，纤维伸入黄体呈树枝状，有小血管伴随同行。黄体层中央有大的龟裂，黄体细胞完全变性，形态不清，有大量含有圆形小空泡、淡染的云雾状细胞分布于结缔组织网中。黄体细胞核变性、浓染，偏离细胞中心，呈裸核状态。

10．排卵后第71d的黄体（7号犬，体重7.5kg，4岁）

左侧卵巢重478mg，有2个小黄体和很多小卵泡。右侧卵巢重423mg，有3个小黄体和很多小卵泡。这些小黄体的颜色与卵巢基质相近，黄体界线不清，很多纤维由基质伸入黄体。黄体仅有轮廓，其中有较大的纤维束伸入而成树枝状，很多血管也与纤维束同行。黄体不成圆形，周边有多处裂痕。黄体细胞被网状纤维包围，呈圆形，细胞质消失，代之以无色的空泡，无细胞核。

11．排卵后第120d的黄体（147号犬，体重6kg，3岁）

左侧卵巢重300mg，有1个陈旧小黄体。右侧卵巢重309mg，有4个陈旧小黄体。左、右卵巢表面有很多小卵泡存在，黄体周边与卵巢基质的界限不太清晰，但基质的细胞较密，黄体细胞稀疏，且有小圆形的空泡。结缔组织纤维和血管伸入黄体呈树枝状。黄体细胞显著缩小、变性、退化，细胞内及细胞间有很多空泡或间隙。

综上所述，犬的初期黄体在中心腔有血凝块存在，幼稚黄体细胞在卵泡壁外周开始发育，逐渐向内腔增殖，很快形成黄体。排卵后10d，黄体细胞发育成熟并充填于黄体内腔，形成开花期黄体，结缔组织纤维伸入黄体细胞间。排卵后18d，黄体细胞开始萎缩、变性，或出现空泡而退化，结缔组织纤维伸入增多。排卵后22d和27d，黄体细胞显著萎缩退化，结缔组织增生，中心部形成结缔组织核团。排卵后34d，仅见黄体细胞残骸，黄体与卵巢基质的界线不清，在网状结缔组织中呈褐色颗粒。从而可见，犬未妊娠时，周期性黄体可存在60～80d，其大小、形状及颜色用肉眼观察明显，若在显微镜下观察，排卵后18d，黄体逐渐开始退化。据推测，排卵22d后，黄体机能开始衰减。

第三节　母犬、母猫的发情鉴定

发情鉴定是对母犬、母猫发情的阶段及排卵时间做出判断的过程。发情鉴定技术是犬、猫繁殖改良工作中的重要技术环节。通过发情鉴定，可以发现母犬、母猫是否发情及发情是否正常，可以判断母犬、母猫发情周期所处的阶段及排卵时间，从而能够确定对母犬、母猫适宜的配种或输精时间，提高母犬、母猫的受胎率。

母犬、母猫发情时，既有外部表现，也有内部变化。外部表现是发情的表面现象，内部变化，即生殖道的变化、卵泡的发育等是发情的实质。不同种动物的发情特征，既有共性，又有特性，同时，影响发情特征的因素很多。因此，在给母犬、母猫发情鉴定时，既要观察外部表现，又要检查生殖道等的变化，同时还要联系影响发情的因素，根据不同种动物的特点，采取重点与一般相结合，进行综合分析，最终判断排卵时间和确定配种时间。

一、母犬的发情鉴定

母犬发情时外部表现比较明显且有规律性，发情持续期较长，因此，母犬的发情鉴定主要用外部观察法和试情法，必要时结合阴道检查、阴道细胞学检查和血液中生殖激素测定等方法。

（一）外部观察法

外部观察法是对母犬发情鉴定最常用的一种方法，主要根据母犬的外部特征和精神状态来判断其是否发情和发情周期所处阶段。

母犬发情时，其生理和行为都会出现某些特殊性的变化或表现，称为发情征兆。母犬发情征兆主要表现为：情绪不稳，有些神经质，烦躁不安，爱活动，叫声粗大，眼睛发亮，会向主人以及陌生人扑跳表示亲昵，食欲下降甚至拒食，频频排尿，偶尔会胡乱大小便，举尾弓背，常爬跨其他犬，喜欢接近公犬，阴门肿胀、潮红、湿润，阴道中流出带有血液的红色黏液等。母犬发情时阴道出血的持续时间一般为13～15d。母犬的发情特征是随着发情过程的进展，由弱变强，又由强逐渐减弱直至完全消失的过程。由于母犬发情周期阶段不同，外表征状也有不同，要仔细加以区别才能判断准确。

母犬发情周期的生理变化可分为4个阶段，各阶段的外表特征如下：

1. 发情前期特征

发情前期是母犬开始从阴门滴出带有鲜血的黏液至接受公犬爬跨的阶段。此期一般持续6～10d。在此阶段，母犬外阴部逐渐充血、肿胀、潮红、湿润，触诊整个阴唇有硬实感，2～4d后由阴门流出带血的黏液，此为发情开始的标志。在发情前期的初期，阴道内流出的分泌物为暗红色或茶褐色血样黏液，以后逐渐变红呈水样。有些母犬会将排出的带血黏液弄干净，这样即使阴道内有血液存留，在外部也看不到血迹。多数母犬在发情前期的前2～3d，就表现跑动不安、易兴奋，不服从命令，饮水量增加，食欲减少，初产母犬有的废食。少数母犬在发情前期出现肌肉痉挛或强直收缩现象，有的则表现兴奋或震颤。母犬发情前期愿意接近公犬并与其戏耍，排尿次数增加而量少，其尿液可吸引公犬嗅闻而来，而母犬不接受交配，但有繁殖经验的母犬偶有接受公犬交配的。当母犬发情前期持续到第7～8d时，阴唇变成粉红色肿胀状态，此时表明卵巢上的卵泡已接近成熟。年龄较大的母犬发情开始表现不太明显，可利用公犬进行试情加以判断。

2. 发情期特征

发情期是母犬发情征状最明显的时期，也是母犬从接受公犬爬跨开始到不接受爬跨为止的阶段，或是阴门开始滴血的第 8～18d 期间。母犬的发情持续期大约为 6～14d，长的可达 20 多天。在发情期内，母犬外阴部红肿、变软并有节律地收缩，阴道分泌物含血量减少或停止，由红色变为浅红色或淡黄色。神态兴奋不安，爬跨其他母犬或公犬，并有交配动作。发情期母犬主动接近公犬和接受公犬爬跨，表现为走到公犬前边时，前肢伫立，腰部下凹，臀部朝向公犬，尾巴向背后高高卷曲或歪向一侧，做出接受交配的姿势。初产犬在允许交配前，经常反复呈现交配姿势，而经产母犬则缺少挑逗行为，可直接接受公犬交配。有时主人用手指刺激母犬的臀部，则尾部歪斜，露出阴部，也做出接受交配的姿势。母犬排卵一般在发情期开始后 2～3d 内，至发情期的第 3～5d 时，肿胀的阴唇会表现一过性消肿变化，这个时期可作为交配适期。

3．发情后期特征

发情期过后，即进入发情后期，此期约持续 10d 左右。在发情后期，母犬外表征状逐渐消失，性情变得安静，拒绝公犬交配。阴道内分泌物停止排出，外阴部肿胀消退并逐渐恢复正常。如母犬在发情期配种受胎则进入妊娠期，乳腺会逐渐发育变大。如母犬在发情期未配或配后未受胎，发情后期一般维持 50～60d，然后进入乏情期。

4．间情期特征

间情期是发情后期结束至下一个发情前期之间的时期，又称休情期，一般持续 3～4 个月左右。此期内，母犬的性欲已完全停止，其外表及精神状态正常，生殖器官呈休止状态，阴户干瘪，不愿接近公犬，不容许公犬爬跨，公犬对母犬尿液和身体气味也不感兴趣。

（二）试情法

试情法是利用体质健壮、有交配经验、性欲旺盛、无恶癖的公犬对母犬进行试情，根据母犬对试情公犬的反应来判断母犬是否发情及发情程度的方法。

试情时，将试情公犬拴系在母犬舍外，然后将母犬牵到试情公犬旁让它们接近或接触，观察母犬对试情公犬的表现，一般每天早、晚各试情一次。试情用的公犬在试情前要进行必要的处理，最好做输精管结扎或在腹部戴试情布，以防试情时发生交配。

1．发情前期试情表现

在发情前期的早期，母犬排斥公犬的交配行为。当公犬试图爬跨时，母犬表现嗥叫、逃避或撕咬。随着发情前期的进行，卵泡分泌雌激素水平的增加促使母犬变得性情温顺，表现出与公犬戏耍和诱情行为，但仍不接受交配，而经产的母犬偶有接受公犬交配的。在发情前期的晚期，上述行为仍在继续，尽管母犬经常顺从于公犬的爬跨而且站立不动，但一般不能达成交配，当公犬要交配时，母犬或者坐下、蜷伏，或者伏于地上。

2．发情期试情表现

母犬主动接近公犬并接受公犬爬跨，常常站立于公犬前面以引起公犬的注意。当公犬舔其阴门或爬跨时，母犬四肢站立不动，腰部下凹，臀部朝向公犬，阴门屡屡上提，尾巴向背后高高卷曲或歪向一侧，作出接受交配的姿势。初产母犬在允许交配前，经常反复作出交配姿势，经产母犬则戏耍行为较轻，可直接接受公犬交配。

3．发情后期试情表现

母犬性情变得安静，多数拒绝公犬交配。

4. 间情期试情表现

母犬的性欲完全停止，外表正常，不愿靠近公犬，不接受公犬爬跨和交配。

（三）阴道检查法

阴道检查法是将灭菌的阴道开张器插入被检查母犬的阴道内，观察阴道黏膜的颜色、充血程度和润滑度，子宫颈的颜色、肿胀度和开口大小，阴道中黏液的数量、颜色和黏稠度，据此来判断母犬是否发情的方法。由于此方法需要人为对母犬进行操作，容易对生殖道造成损伤、感染等，故只作为辅助的发情鉴定手段。如采用本方法，在操作时要对母犬进行保定，防止伤人，也便于操作。对母犬外阴部和阴道开张器要严格进行清洗消毒，以防阴道感染。阴道检查时，开张器的温度要和犬体的温度接近，动作要轻稳谨慎，避免损伤阴道黏膜和撕裂阴唇。根据母犬尿生殖前庭和阴道的解剖学结构，伸入开张器时应先向前上方，当开张器通过尿生殖前庭到达阴道时，再改为水平向前伸入到阴道深部，同时要注意不能将子宫颈后褶误以为是子宫颈，而把子宫颈后褶腹侧的凹陷当作子宫颈外口。

1. 发情前期阴道特征

母犬开始从阴门滴出带血的黏液，外阴部及阴道黏膜轻微充血、肿胀、潮红和湿润，触诊阴唇时有硬实感。在发情前期的初期，阴道内的分泌物为血红色的黏液，以后颜色逐渐变浅。子宫颈外口稍微开张。

2. 发情期阴道特征

外阴部红肿、变软并有节律地收缩，阴道黏膜明显充血、肿胀、潮红、湿润，阴道中排出血样及淡黄色的分泌物，子宫颈管道松弛变大。

3. 发情后期阴道特征

外阴部肿胀消退，逐渐恢复正常，阴道黏膜充血肿胀减轻，颜色浅红，子宫颈外口逐渐收缩，腺体分泌活动逐渐减少，黏液分泌量少而黏稠，由淡红色变成淡黄色或无色。

4. 间情期阴道特征

外阴部干燥、收缩、有皱纹，阴道黏膜无充血、肿胀表现，颜色发白，阴道上皮菲薄，腺体分泌活动停止，子宫颈管呈收缩状态。

（四）生殖激素含量测定法

从母犬的血液、尿液中测定某些生殖激素含量的变化，可判断母犬是否发情及发情周期的阶段。但此方法的费用较多，测定的技术条件要求很高，因此在实际生产中难以推广。

一般情况下，母犬在血液中 LH 峰值之后的 8～32h 之内出现发情表现。对于那些施用了类固醇性腺激素的被切除了卵巢的母犬，其发情前期的行为与血液中雌激素水平升高有关，而发情行为由随后雌激素水平下降所触发，且同一时期孕酮水平的上升也促进了这种变化。类似的试验表明，雌激素与孕酮的比值的迅速下降也将产生类似于排卵前的那种 LH 峰值。但是，母犬发情期的启动与 LH 峰值的出现有时不同步，通过研究，发现其原因可能是由雌激素水平的暂时下降或者是孕酮水平的上升而引起的。母犬发情的启动也可能推迟至 LH 峰值之后的 4～6d 或排卵后的 2～4d，特别是那些初次发情的小母犬，这表明控制行为的神经中枢对 LH 峰值时期的雌激素与孕酮的比值的下降不够敏感。

在发情后期的早期阶段，卵巢形成功能黄体，血中雌激素含量降低，孕酮水平持续增加，且在 LH 峰值之后约 20～30d 出现一个孕酮峰值。在此后的 30～100d 期间，黄体逐渐退化，孕酮水平逐渐下降，下降的快慢存在个体间的差异。

（五）阴道细胞学检查法

母犬在发情周期的各阶段中，由于受雌激素和孕激素分泌变化的作用，阴道分泌物中的细胞成分、形态结构和黏液性状可出现规律性的变化。因此，根据母犬阴道分泌物中白细胞、红细胞、上皮细胞的数量及其特征性变化，可以确定母犬发情周期的阶段。阴道分泌物中白细胞在发情周期的各分期都会出现，但排卵时消失；红细胞在发情前期的初期较多，发情期结束时减少；有核上皮细胞在发情期和发情后期都可见，呈鳞片状或圆柱状，细胞核和细胞膜清晰；角化上皮细胞在发情前期的末期到发情期可见，细胞较大，呈长方形或鳞片状，核与核仁不太清晰，在发情后期有形态不整的细胞碎片；排卵时，上皮细胞全部角化，核不明显，白细胞崩解消失呈不规则的碎片，红细胞的有无不确定。

目前，阴道细胞学检查方法为确定母犬发情期的结束及发情后期的开始提供了较好的依据，也可采用此方法来确定可孕期的结束，同时也可以估计以排卵为基准的配种时间。由于阴道细胞学检查在取样、染色和观察方面比较容易，故此法是母犬发情鉴定的一种实用方法。

1．阴道分泌物的采样

通常可用胶头吸管进行采样。将母犬站立保定，尾巴提起，用1%来苏儿消毒液及生理盐水擦拭母犬外阴部。阴道开张器清洗消毒后加温至37℃，缓慢伸入阴道后扩张阴道。胶头吸管经清洗消毒后，吸入少量生理盐水，伸入阴道深部注入生理盐水后再吸取阴道分泌物。

采样时，应注意不能损伤阴道黏膜，也不能造成样品污染。当母犬阴道有炎症等病变时，不能采样，否则，可影响正常阴道分泌物的性状和细胞成分，而得出错误的结论。阴道开张器表面不能使用滑润剂，以免影响涂片的制作。阴道分泌物样品应取自阴道深部黏液，而不能取自尿生殖前庭中的黏液，因为尿生殖前庭的上皮细胞全为角化细胞并有污染物。为了结果的可靠性，应每间隔24h采集一次阴道分泌物样品进行涂片检查。

2．阴道分泌物涂片的制作和固定

将吸管内采集的阴道分泌物滴在清洁的载玻片上，用另一个载玻片的一端将黏液滴均匀地涂布到载玻片上，经自然干燥后，用95%的酒精固定10min，使涂片中的细胞形态被固定，防止发生改变。

3．涂片的染色和水洗

将固定后的阴道分泌物涂片用姬姆萨染液染色10min，再用蒸馏水轻轻洗去多余的染色液，经自然干燥后进行显微镜检查。

4．发情周期不同阶段阴道黏液涂片细胞学特征

（1）发情前期　主要为有核上皮细胞及多量红细胞和少量嗜中性白细胞。

（2）发情期　主要为角质化上皮细胞，缺乏嗜中性白细胞，红细胞早期较多，末期减少。

（3）发情后期　重新出现有核上皮细胞，其数目逐渐增加。在最初10d，白细胞数目增加，以后又减少。20d后白细胞消失，出现大量泡沫细胞和发情后期细胞，缺乏红细胞和角化细胞。

（4）间情期　主要为有核上皮细胞和少量嗜中性白细胞，缺乏红细胞。

应该注意的是，阴道细胞学变化不总和发情周期的阶段性绝对相关。一般而言，阴道细胞学变化比临床表现早出现1～3d，个别犬不出现阴道细胞学变化。虽然血样黏液通常出现于发情前期，但有时发情期和发情后期也可看到血样分泌物。

星修三等在研究母犬阴道分泌物的细胞学变化时，是以开始发情出血、接受公犬交配及拒绝公犬交配的首日作为发情前期第 1d（A）、发情期第 1d（B）及发情后期第 1d（C）的，然后分为发情前期（A～B）和发情期（B～C）。因各期的持续时间有个体差异，而取其平均数，即发情前期按平均 8d 计算，把发情前期的前 4d 和发情前期结束前 4d 的各种细胞出现比率合并起来作为发情前期所见的细胞比率。当发情前期超过 8d 时，除去中间多余天数，少于 8d 的重复读取中间天数。发情期按平均 11d 计算，把发情期的前 6d 和结束前 5d 合并起来作为发情期所见的细胞比率。星修三等试验性观察了 32 只母犬在发情开始前 10d 至发情结束后 10d，共约 39d 的阴道分泌物中各种细胞出现情况（用百分率表示），如图 1－4－6 所示，可描述如下。

有核上皮细胞：在发情出血开始前 10d，出现率约 80%，进入发情前期开始减少，至发情前期的中期为 60%，后半期至发情期中期为 10% 以下，发情期末期又开始增加，至发情期结束日达 50%，发情期结束后 10d，持续为 60%。

角化上皮细胞：发情出血开始前 10d，出现率约 30%，进入发情前期开始增加，从发情前期到发情期为 80%～90%，发情期结束后减少到 40%。

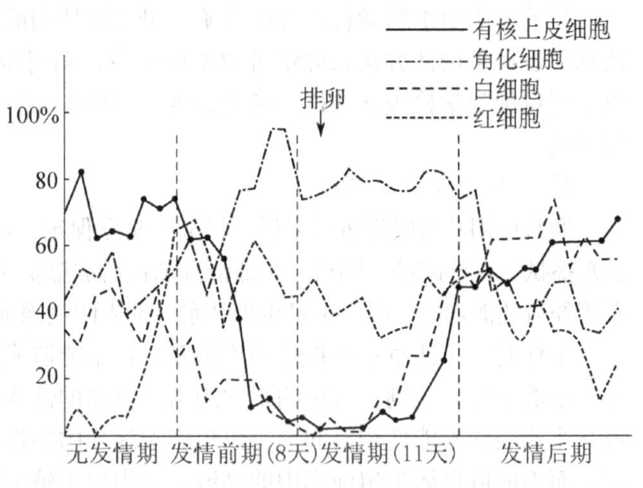

图 1－4－6　犬不同发情阶段阴道涂片中各种细胞的出现率

嗜中性白细胞：发情出血开始前 10d，出现率约 40%，至发情前期开始减少，发情前期的中期为 20% 以下，至发情期前半期减少到 10%，至发情期末期又急剧增加，至发情期结束之日达 50%，至发情结束后 10d 为 60%。

红细胞：发情出血开始前 10d，出现率约 50%，之后急剧增加，发情前期的第 1d 达 70%，之后又逐日减少，至发情期第 1d 为 50%，至发情期中期则降到 40%，至发情期后半期则稍有增加，至发情结束后 7d 为 30%，之后急剧减少，至第 10d 时为 10%。

从母犬发情不同时期来看，阴道分泌物的细胞成分变化如图 1－4－7 所示，可叙述如下。

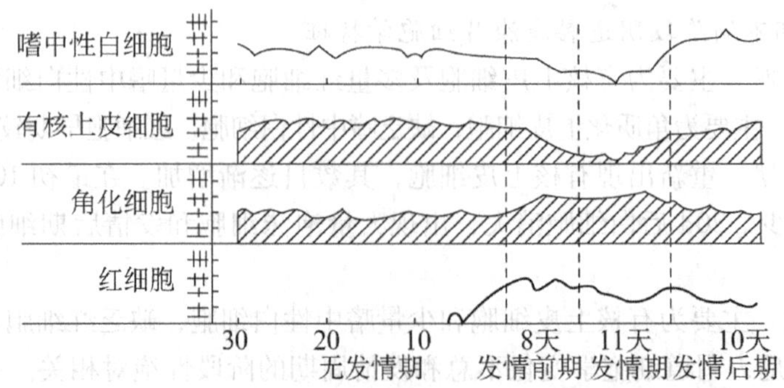

图 1－4－7　犬不同发情期阶段阴道涂片中不同类型细胞消长变化

有核上皮细胞在发情出血开始前30d，绝大多数犬少量出现，发情出血开始前20d，约2/3的犬一过性增加；嗜中性白细胞在发情出血开始前30d，多数犬少量出现；红细胞在发情出血开始前10d以前，所有犬几乎不出现，发情出血前10d，偶有个别犬稍有出现，发情出血开始前7d，多数犬开始少量出现。

在发情前期，有核上皮细胞逐渐减少，至发情前期的后半期，多数犬有核上皮细胞消失；角化上皮细胞在发情前期逐渐增加；嗜中性白细胞在发情前期逐渐减少，前半期，约1/3犬的嗜中性白细胞消失，后半期，大部分犬嗜中性白细胞消失；红细胞在发情前期的前半期，出现量很多，后半期，逐渐减少。

在发情期前半期，有核上皮细胞和嗜中性白细胞几乎不出现，后半期有2/3犬出现；角化上皮细胞在发情期持续大量出现；红细胞在发情期有半数犬消失，半数犬有少量染色不清的红细胞。

在发情期结束后的10d内，有核上皮细胞和角化上皮细胞有少量出现；嗜中性白细胞在多数犬少量出现，近半数犬有一过性增加；不论阴门有无血样黏液流出，约2/3的犬出现红细胞。

在上述的试验观察中，有4只犬的阴道黏液细胞变化不规律，因而，仅根据阴道分泌物细胞学变化判断发情周期各阶段是不够准确的，需要结合其他发情征候来综合判断。但是，小型犬和超小型犬的外部发情征候轻微，阴道出血少，容易错过交配适期，因此，根据阴道分泌物细胞学检查来确定发情期，仍是一种重要方法。

图1－4－8为犬阴道角化上皮细胞和非角化上皮细胞的模式图。按照这种细胞模式，母犬发情周期各阶段的阴道分泌物中各种细胞出现情况如下：

在发情前期的初期阴道分泌物中，可见中层细胞、表层细胞、红细胞、嗜中性白细胞，后期可见表层细胞、无核扁平细胞、红细胞。

在发情期，可见无核扁平细胞、表层细胞（50%以上），红细胞或有或无。发情期结束时，有的犬出现嗜中性白细胞。

在发情后期，大多可见中层细胞、表层细胞、扁平细胞、发情后期细胞和泡沫细胞，嗜中性白细胞多少不定。

在间情期，有少量基底细胞和中层细胞，嗜中性白细胞或有或无。

角化细胞：

非角化细胞：

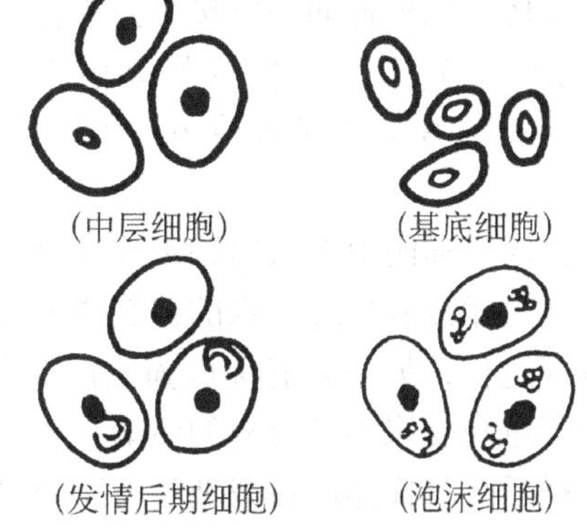

图1－4－8　犬阴道角化和非角化上皮细胞模式图

二、母猫的发情鉴定

母猫发情时外部表现比较明显且有规律性，发情持续期较长，故发情鉴定主要用外部观察法和试情法。

（一）外部观察法

外部观察法是对母猫发情鉴定最常用的一种方法，主要是根据母猫的外部特征和精神状态来判断其是否发情。

青年母猫初次发情时表现不明显，仅出现外阴部稍有红肿、排尿次数增多、尾根常翘起等现象，不易被人们所注意。

成年母猫发情时表现较明显，每次发情持续时间为4～10d。在发情期间，母猫愿意与主人接近，喜欢在主人面前走来走去，在主人两腿之间摩擦，并发出"喵、喵"的叫声，性情变得温顺，常依偎于主人身边，并出现弓背、举尾现象，或将腹部紧靠在地上摩擦或滚动，排尿次数增多，活动性增加，喜欢外出游荡，尤其在夜间更是卧立不安，食欲不良，频频发出与平时不同的叫声，声音粗大，甚至是嚎叫，俗称"叫春"，以此招引公猫的注意。母猫发情时，如主人用手抚摸、按压母猫的颈背部，则表现静止不动，后躯上提，尾部高举摆动，后肢不停的踏步，呈现出接受交配的姿势。发情期间，母猫外阴部的阴毛明显分开、倒向两侧，阴唇红肿、湿润，有时外翻，有黏液流出，有时可见到会阴部的收缩活动。发情母猫肛门附近的一对肛门腺分泌物具有很强的气味，有招引公猫的作用。见到公猫后，母猫表现兴奋，常与公猫对峙，相互逗引，可持续很长时间。当发情母猫受公猫挑逗或爬跨时，身体常蹲伏下来，踏足举尾，尾根偏向一侧，接受公猫爬跨。公猫和发情母猫双方认可时才会进行交配，交配前公猫紧跟着母猫，在适当的时机，公猫咬住母猫颈部，爬跨在母猫背部，此时母猫伏在地面上，臀部向上耸起，公猫即与之交配，约半分钟时间，母猫发出一种特殊的尖叫声，说明交配已完成。公猫离开后，母猫背部朝地左右滚动。发情母猫如被关在笼子内，表现很不安静，当听到公猫叫声或在笼子附近的走动声，就会狂暴地抓挠笼子。

（二）试情法

试情法是利用体质健壮、有交配经验、性欲旺盛、无恶癖的公猫对母猫进行试情，根据母猫对公猫的反应来判断母猫是否发情的方法。

非发情的母猫，不愿接近公猫，也不接受公猫的爬跨和交配。当母猫发情时，见到公猫后，表现兴奋，常与公猫对峙，相互逗引，如受公猫挑逗或爬跨时，身体常蹲伏下来，踏足、举尾，尾根偏向一侧接受公猫爬跨和交配。

（三）生殖道分泌物细胞学检查法

由于猫是诱发性排卵动物，所以猫的阴道细胞学检查对确定最适交配时间的意义不大。

不论向母猫阴道伸入何种采样用具，都有可能诱发排卵，因此，采样时要格外小心。采样时，可用浸有生理盐水的棉签或吸有生理盐水的吸管，一人用手抓住猫的颈背部和尾巴将其固定住，另一人清洗母猫阴门及其周围，将采样用具伸入阴道内约1.5cm深处取样。为了避免受尿生殖前庭的污染，采样用具应从阴门背侧伸入阴道内。

采样后，将样品涂在载玻片上，经自然干燥后，用95%酒精固定，再用吉姆萨染色液染色后用显微镜检查。

与犬阴道细胞学变化相类似，猫发情期阴道黏液中可发现有多量的角质化细胞和白细胞。猫阴道上皮细胞的变化不能很准确地反映发情的开始时间，有大约1/3的猫在阴道上皮细胞角化前就开始发情。在发情期和发情后期，看不到基细胞，而间情期基细胞最多。

在发情期，中间型细胞减少，进入发情后期时又开始增多。无核表皮细胞在发情周期各阶段都有，但发情时数目最多，而细胞核固缩的细胞从发情前期到发情后期逐渐减少。在排卵后3d内，通过阴道细胞学检查可以确定是否排卵，但不能确定是妊娠还是假妊娠。猫发情期阴道样品中无细胞碎片，因而涂片较清晰（图1－4－9）。

根据上述细胞学检查计数，可以计算出表皮细胞指数（SCI，即表皮细胞总数占表皮下细胞总数的百分率）和核退化指数（NDI，即表皮细胞总数占中间型细胞总数的百分率），用于推断猫处于发情周期的哪一阶段。在发情期，SCI可达70%以上，在约半个月时间后降低。NDI变化规律与SCI相似。

表皮细胞包括有核表皮细胞、无核表皮细胞和大中型细胞。表皮下细胞包括小中型细胞和基细胞。

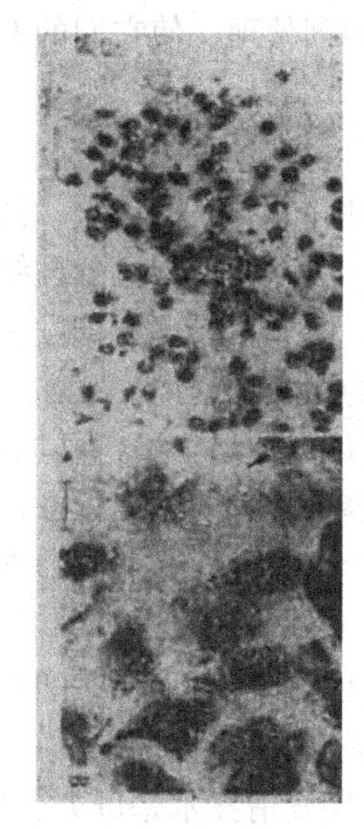

图1－4－9　猫发情周期阴道上皮细胞的变化

上半部为间情期阴道上皮的基细胞及白细胞
下半部为发情期阴道上皮的大型角化细胞

第四节　母犬、母猫的发情控制技术

发情控制技术是采用某些激素、药物或环境控制等措施，人为地干预母犬、母猫个体或群体的发情排卵过程，以达到人们的需求和不断提高犬、猫繁殖力的一种应用技术。发情控制技术包括同期发情技术、诱导发情技术和超数排卵技术等。发情控制技术是在内分泌生理研究的基础上发展起来的，已成为繁殖管理的重要技术手段。

近年来，良种犬猫、观赏犬猫迅速增加，犬、猫的繁殖技术得到了不断提高和改进，诱导发情、超数排卵和同期发情已被犬、猫养殖者接受和应用。通过这些现代的繁殖技术，可人为地控制和调节犬、猫的发情和排卵，缩短繁殖周期，提高母犬、母猫的产仔数和繁殖率，达到显著提高母犬、母猫养殖经济效益的目的，对犬、猫业的规模化、产业化发展有重要意义。

实施发情控制技术要注意的问题是：科学的饲养管理是犬、猫正常繁殖的基本条件，任何繁殖技术的运用只能在这个前提下才会表现出应有的效果。另外，使用激素制剂务必有严谨的科学态度，如对激素在体内的作用机理、特定的生理条件、血液激素浓度、激素作用维持的时间、激素之间的协同和颉颃作用等都要有深入的认识，要对症下药，运用得当，因地制宜，避免盲目性和片面性，做到合理使用激素制剂。

一、同期发情技术

同期发情技术是指对处于不同发情周期进程或乏情状态的群体母犬、母猫，利用某些生殖激素制剂处理，使它们的发情周期进程达到一致，并在预定的时间内集中发情、排卵的技术。

（一）同期发情的意义

1. 采用同期发情技术，可以更迅速、更广泛地应用冷冻精液进行人工授精，节约冷源和设备，可以有计划地合理组织母犬、母猫的配种，变分散、零散发情为成批、集中和定时发情，这样，既可减少发情鉴定工作，又能集中对母犬、母猫进行配种，从而有利于人工授精的普及和推广。

2. 对母犬、母猫进行同期发情，可使群体母犬、母猫在配种、妊娠、分娩、幼仔培育和断奶等相继得到同期化。这既有利于商品犬、猫及其副产品的批量生产，便于组织集约化、科学化生产，又可以合理调配人力、物力资源，节省劳动力和生产成本。

3. 同期发情技术在对一群母犬、母猫进行处理时，不但可使正常母犬、母猫发情同期化，而且能促使乏情状态的母犬、母猫出现发情周期活动，从而缩短了犬、猫群体的繁殖周期，提高了繁殖力。

4. 同期发情技术是母犬、母猫新鲜胚胎移植技术中的配套技术之一。这是由于在鲜胎移植时，供体和受体必须发情同期化，才能使移植的胚胎正常发育。

（二）同期发情技术的原理

母犬、母猫在发情周期中，卵巢上的变化可分为卵泡期和黄体期。在卵泡期中，卵巢上有卵泡的生长发育过程，在黄体期中，有黄体的形成与退化过程。在发情周期循环中，卵泡期结束即进入黄体期，黄体期结束即进入卵泡期，从而可见，黄体是发情周期运转的关键。在黄体期内，黄体分泌的孕酮抑制了卵泡的发育，当黄体退化时，孕酮的水平降至底限，解除了对卵泡发育的抑制作用，从而使卵泡开始发育。通过控制黄体期的长短变化，可暂时打乱自然发情周期的规律，进而能调整发情周期的进程。

自然情况下，在犬、猫群体中，每个个体均随机地处于发情周期的不同阶段。如果对发情周期进程不同的群体母犬、母猫同时施用孕激素处理，处理时间为自然黄体期所持续的时间，这样，在处理期间，孕激素对卵泡期的卵泡发育有抑制作用，使卵泡停止发育或萎缩，导致卵泡期的延长。当黄体期的母犬、母猫自然黄体期结束时，同时停止施用孕激素，使所有母犬、母猫孕激素的水平降低到最低水平，卵泡即开始迅速生长发育，这就使群体母犬、母猫同时处于卵泡期，从而使母犬、母猫发情同期化。

如果对发情周期进程不同的群体母犬、母猫同时施用 $PGF_{2\alpha}$，对卵泡期母犬、母猫的卵泡发育不产生影响，但可导致黄体期母犬、母猫卵巢上的黄体提前退化，缩短了自然黄体期，提前进入卵泡期，从而使群体母犬、母猫发情同期化。

为了使群体母犬、母猫发情同期化效果更好，在用孕激素或 $PGF_{2\alpha}$ 处理结束后，再用促性腺激素处理，会使卵泡发育阶段更趋一致，使发情同期化程度更高。

孕激素处理法，不但适用于周期性发情活动的母犬、母猫，也适用于乏情期的母犬、母猫。而前列腺素处理法只适用于周期性发情活动的母犬、母猫。但两者的共同点，都是通过延长或缩短黄体期，导致母犬、母猫体内孕激素水平迅速下降，进而达到调节卵巢功能，引起母犬、母猫同期发情的目的。

（三）用于同期发情的激素及其使用方法

1. 抑制卵泡发育的激素

如孕酮、甲孕酮、甲地孕酮、炔诺酮、氯地孕酮、氟孕酮、18 甲基炔诺酮、16 次甲基甲地孕酮等。这些孕激素制剂能够抑制垂体 FSH 的分泌，从而间接地抑制卵泡的发育和成熟，使母犬、母猫不能发情排卵，这相当于延长了黄体期。

抑制卵泡发育的孕激素制剂，其用药期通常相当于一个自然黄体期的持续时间，用药方式如下：

（1）阴道栓塞法　将泡沫海绵栓或脱脂棉团经灭菌后，浸吸一定量混有清洁植物油的孕激素制剂，放置于子宫颈外口附近，使孕激素持续不断地被生殖道黏膜吸收，用药期结束后取出海绵栓。为防止海绵栓刺激阴道黏膜产生轻度的炎症，可在海绵栓中添加适宜的杀菌、消炎药物。目前，国外生产有两种商品化的孕激素阴道栓剂，即 PRID（硅胶环螺旋栓剂）和 CIDR（T 形硅胶栓剂）。

（2）注射法　每日将一定量的孕激素制剂进行皮下注射、静脉注射或肌肉注射，经一定时期后停止给药。此法剂量准确，但操作麻烦。

（3）皮下埋植法　将成型的孕激素药剂或装有孕激素药物的带孔塑料细管，埋植于皮下组织中，经一定时间后取出，在埋植期间药物被缓慢吸收。

（4）口服法　每日将一定量的孕激素制剂均匀拌于饲粮中，以个体形式单独饲喂，经一定时间后同时停药。这种方法较费工费时，用药量大，且个体摄取剂量不够准确。此法仅限于不易被消化道分解的孕激素。

2. 溶解黄体的激素

在同期发情技术中，$PGF_{2\alpha}$具有明显溶解黄体的作用，此外，还有 15 甲基 $PGF_{2\alpha}$、$PGF_{1\alpha}$甲脂、13 去氢 $PGF_{2\alpha}$、氯前列烯醇（ICI80996）等。

$PGF_{2\alpha}$、氯前列烯醇的给药方式有子宫内灌注法和肌肉注射法，但以肌肉注射为主。子宫内灌注法的效果优于肌肉注射法，前列腺素的用量是肌肉注射法的一半，但在子宫颈收缩状态下不易操作。

溶解黄体的制剂只适于正处于黄体期的母犬、母猫。经 $PGF_{2\alpha}$处理后的群体母犬、母猫，一般在 2～4d 后有 75% 左右集中表现发情，这是由于在群体中总有 25% 左右的母犬、母猫正处于非黄体期或新生黄体期，对 $PGF_{2\alpha}$不产生反应的结果。如果要提高群体母犬、母猫同期发情效果，可在第一次使用 $PGF_{2\alpha}$处理后间隔一定时间，再用 $PGF_{2\alpha}$处理第二次，可使母犬、母猫获得较高的同期发情率和受胎率。

3. 促进卵泡发育、排卵的激素

在使用孕激素或前列腺激素进行同期发情处理的同时，如果配合使用促性腺激素，可以增强发情同期化的效果和提高发情率，并可促使卵泡更好的成熟及排卵。常用的促进卵泡发育、排卵的激素有 PMSG、HCG、FSH、LH、GnRH 等，其使用方式可采用肌肉注射法。

使用孕激素进行同期发情处理后，第一次发情的受胎率往往较低，但第二次发情的受胎率可达到正常水平。这是由于孕激素能影响精子在母犬、母猫生殖道内的运行和生活力。因此，在用孕激素处理结束后，配合应用促性腺激素，将会提高母犬、母猫的受胎率。

(四) 同期发情方法

对母犬、母猫进行同期发情处理的效果如何，受母犬、母猫的生理状态、年龄和体况，以及环境条件和激素的种类、质量、应用剂量、施用方式等多种因素的影响。如果被处理的一群母犬、母猫有80%以上集中在处理后的2～4d内表现发情，配种后受胎率接近或相当于正常水平，就可以认为是很成功的。

给群体母犬肌肉注射前列腺激素后，经一定时间，母犬会出现发情表现，可于第2次阴唇肿胀后（发情出血后第8d）输精或自然交配。

但是，目前对犬科动物同期发情技术的研究还没有取得明显的效果。这是由于犬科动物多为季节性单次发情，其生殖生理特点与其他哺乳动物有所不同，对发情周期中激素的变化规律还不是很了解，用激素诱导发情相对其他动物较困难。况且，犬科动物发情结束后长时间处于间情期，卵巢上既无卵泡发育，也无黄体存在，与下一次发情周期的开始是怎样受到激素调控的机理尚不太清楚，这给犬的发情控制技术带来了许多困难，还有待进一步开展研究。

二、诱导发情技术

诱导发情技术是对处于乏情状态（生理性乏情或病理性乏情）的母犬、母猫，利用某些外源生殖激素或其他手段，人工引起母犬、母猫出现发情排卵的技术。

(一) 诱导发情的意义

作为实验动物，犬历来在科研及教学工作中发挥着重要作用。近年来，随着人们生活水平的提高，犬的肉用、警用、军用等作用日益受到重视，各种观赏犬也愈来愈受到人们的喜爱。然而，由于犬的季节性单次发情特点，如果错过了一个发情期，则需经过半年左右的休情期，下一个发情期才能到来，从而影响了养犬业的经济效益。如果能使处于乏情状态的母犬发情、配种，就可缩短母犬的乏情期，使之比自然情况下提前配种，从而能缩短母犬的繁殖周期（产仔间隔），增加胎次，产生较多的后代，提高母犬的繁殖率与利用率，这对于发展养犬业具有重要意义。

(二) 诱导发情的原理

母犬、母猫的繁殖活动始终是在内分泌系统和神经系统的共同作用下发生的。母犬、母猫的发情周期主要受到“下丘脑－垂体－性腺轴”的调控及环境因素的影响。下丘脑分泌的GnRH作用于脑垂体，促使脑垂体分泌FSH和LH，FSH和LH作用于卵巢，使卵巢上卵泡发育、成熟和排卵。在此过程中卵巢分泌雌激素和孕酮，雌激素和孕酮的变化又反馈作用于下丘脑和脑垂体，从而使各种生殖激素之间产生相互促进、相互制约的复杂生理过程。

处于季节性乏情、哺乳期乏情的母犬、母猫，其垂体前叶FSH和LH的分泌量少、活性低，不足以引起卵泡的发育和排卵，在此时期内，卵巢上既无卵泡发育，也无黄体存在。处于病理性乏情的母犬、母猫，有的卵巢上有持久黄体存在，从而抑制卵泡发育，长期不发情。卵巢萎缩、卵巢硬化等造成的乏情母犬、母猫，是由于卵巢机能不全而不发情。因此，对哺乳期乏情、季节性乏情的母犬、母猫，可利用外源性促性腺激素或某些环境条件刺激（如光照时间的改变、异性刺激、断奶等）进行诱导发情；对持久黄体性乏情母犬、母猫，可用溶黄体激素（$PGF_{2\alpha}$等）处理进行诱导发情；对卵巢萎缩、卵巢硬化等卵巢机能减退的病理性乏情，可用改善环境条件并配合促性腺激素进行辅助性治疗的方法诱导其发情。这些利用外源激素和神经刺激诱导发情的方法，其本质都是通过内分泌和神经调节作用，激发卵巢的机能活动，使卵巢从相对静止的状态转变为活跃状态，促进了卵泡的生长发育，最终使母犬、母猫由乏情状态转变为发情状态。

利用激素诱导发情的效果比用神经刺激诱导发情的效果快而明显，这是由于神经刺激所产生的效应需要通过生殖内分泌的调节才能得以实现。

（三）诱导发情常用的药物

1. 促性腺素释放激素（GnRH）

运用 GnRH 及其类似物可诱导母犬、母猫发情排卵，但诱导发情的效果并不一致。一些研究表明，只有卵巢上存在发育到一定程度的卵泡时，注射 GnRH 才有效。GnRH 不能使生长的卵泡数增加，只能促使成熟的卵泡排卵。

2. 促性腺激素

促性腺激素能够有效刺激母犬、母猫的卵泡生长发育和排卵，已被广泛应用于母犬、母猫的诱导发情。由于促卵泡素（FSH）和促黄体素（LH）半衰期短，而且价格较高，在生产实践中多用孕马血清促性腺激素（PMSG）和人绒毛膜促性激素腺（HCG）。用促性腺激素诱导母犬、母猫发情所产生的效果存在着差异，分析其原因，可能是由于在激素处理时能够引起反应的发育卵泡数不同，或不同母犬、母猫对激素的反应不同，或与激素质量不同有关。试验证明，用 PMSG 结合 HCG 诱导母犬发情，尤其是曾发情的母犬可获得较满意的效果。对诱导发情的母犬配种，受胎率仅为 20%，远低于自然发情的受胎率。这可能是由于使用外源性促性腺激素时，缩短了卵泡的正常成熟期，从而导致卵泡生长发育不充分而影响了卵子的质量。另外，用 PMSG 结合 HCG 诱导母犬发情，处理的母犬大多孕酮水平异常，黄体功能不足，从而影响妊娠的维持。

3. 雌激素

无论是天然雌激素还是人工合成的雌激素，绝大多数情况下能促使母犬、母猫表现发情行为和生殖道发生一系列生理变化，但是却很少伴随排卵，因而是一种假发情现象。但是使用雌激素处理后，可以促进母犬、母猫以后发情周期的正常出现。

4. 溶黄体素（$PGF_{2\alpha}$）

母犬的黄体在任何时期对外源性 $PGF_{2\alpha}$ 都不敏感，除非多次注射，否则很难溶解黄体。应用 $PGF_{2\alpha}$ 诱导母犬发情时会产生一些副作用，如口水增多、呕吐、腹泻、运动失调、不安、尿频等，因此使用剂量不能过大。

5. 促乳素抑制剂－溴隐亭

据报道，溴隐亭可使乏情期母犬出现阴道出血现象，出现正常的孕酮水平，诱导母犬发情效果较好。

6. 复方中草药

研究结果表明，用激素诱导母犬发情的发情率仅为 60% 左右，受胎率仅达到 30% 左右。另外，用激素对母犬进行诱导发情时，能够导致母犬真正排卵的比例较少，并且由于激素使用剂量、作用时间不适当，有时不但不能诱导发情，反而造成卵巢囊肿、假发情、不排卵等不良反应。而应用益母草、淫羊藿、覆盆子等组成复方中草药，用于诱导母犬发情，其发情率达 42%，受胎率达 80%，并且诱导发情的母犬孕酮水平正常，弥补了应用激素诱导发情的不足。同时，中草药副作用小，没有不良反应，具有全面调节机体机能，恢复机体固有的生理规律，达到与自然发情相近的效果。

（四）诱导发情方法

利用PMSG，配合使用氯前列烯醇钠注射液（PGc）和HCG（或LRH－A_3），对休情期过长或初情期推迟的母犬可进行诱导发情。

张玉西等在2004年6月至2005年12月，使用PGc（0.2mg/支）、HCG（1 000 IU/支）和LRH－A_3（25mg/支），对广西南宁等地区休情期过长或在预期的发情年龄不发情，体重在15～25.5 kg的156只狼犬，进行了诱导发情试验。他们将试验母犬分为六组，即Ⅰ组（PMSG处理组），Ⅱ组（PMSG＋HCG处理组），Ⅲ组（PMSG＋PGc处理组），Ⅳ组（PMSG＋PGc＋HCG处理组），Ⅴ组（对照组），Ⅵ组（对照组）。在试验过程中，各试验组激素的用法及剂量分别为：PMSG500 IU/只，间隔24h一次，连用3次；PGc 0.2mg/只，与PMSG同时肌肉注射，1次/只；HCG500 IU（或LRH－A_3 25mg）/只，1次/只，配种前24h使用。各组母犬表现发情后第10d第一次本交配种，间隔48h后第二次本交配种。发情鉴定主要根据母犬的行为表现和阴道分泌物来进行。试验结果与分析如下：

1．不同的处理方法对母犬诱导发情的发情率、受胎率和产仔数的影响见表1－4－4。

表1－4－4　不同处理方法对母犬诱导发情的作用及效果观察

处理组	处理犬数（只）	发情犬数（只）	受胎犬数（只）	产仔总数（只）	发情率（只）	受胎率（%）		均产仔数（只）
						占处理犬数	占发情犬数	
Ⅰ	21	9	5	26	42.86	23.81	55.56	5.20
Ⅱ	23	11	6	39	47.83	26.09	54.55	6.50
Ⅲ	27	17	13	76	62.96	48.15	76.47	5.85
Ⅳ	26	16	14	96	61.54	53.85	87.50	6.86
Ⅴ	21	21	18	97	100	85.71	85.71	5.39
Ⅵ	22	22	19	125	100	86.36	86.36	6.58

从表1－4－4可以看到，在母犬发情率上，用PMSG＋PGc（Ⅲ组）和PMSG＋PGc＋HCG（或LRH－A_3）（Ⅳ组）处理的母犬发情率最高，达62.96%和61.54%，明显高于PMSG（Ⅰ组）和PMSG＋HCG（或LRH－A_3）（Ⅱ组）处理组（$P<0.01$），Ⅰ组、Ⅱ组之间，Ⅲ组、Ⅳ组之间无显著差异（$P>0.05$）。试验表明PMSG＋PGc联合使用时，具有较好的诱导发情作用，效果显著优于PMSG单独使用的效果，这可能与部分母犬卵巢上存在黄体有关。在母犬受胎率上，以PMSG＋PGc＋HCG（或LRH－A_3）（Ⅳ组）处理获得的受胎率最高，达87.50%，明显高于Ⅰ组、Ⅱ组和Ⅲ组（$P<0.05$），而与Ⅴ组、Ⅵ组无显著性差异（$P>0.05$）。其次为PMSG＋PGc（Ⅲ组），达76.47%，明显高于Ⅰ组、Ⅱ组（$P<0.05$），而Ⅰ组、Ⅱ组之间无显著性差异（$P>0.05$）。结果说明PMSG与PGc、HCG（或LRH－A_3）联合使用时，具有较高的配种受胎率，其中以PMSG＋PGc＋HCG（或LRH－A_3）（Ⅳ组）最显著，配种受胎率与自然发情本交配种（Ⅴ组、Ⅵ组）效果相当，PMSG＋PGc次之，单独使用PMSG（Ⅰ组、Ⅱ组）效果不理想。在平均产仔数上，使用HCG（或LRH－A_3）组的母犬显著高于不使用HCG（或LRH－A_3）组，即Ⅱ组、Ⅳ组和Ⅵ组显著高于Ⅰ组、Ⅲ组和Ⅴ组（$P<0.05$），第Ⅱ组、Ⅳ组和Ⅵ组之间，Ⅰ组、Ⅲ组和Ⅴ组之间无显著差异性（$P>0.05$）。结果表明HCG（或LRH－A_3）对母犬具有促进卵泡

发育、成熟和排卵的作用，可显著提高母犬产仔数。

2. 本试验在实施过程中，发现未经产母犬对激素的反应性比经产母犬差（表1－4－5），未经产母犬发情率明显低于经产母犬（$P<0.05$），受胎率也明显比经产母犬低（$P<0.05$）。表明未经产母犬中可能卵巢尚未发育成熟或处于幼稚状态，致使PMSG等激素对未经产母犬的诱导发情效果不理想。

表1－4－5　同一处理方法对未经产母犬和经产母犬的发情率和受胎率的影响

处理组	未经产犬数（只）	未经产犬		经产犬数（只）	经产犬	
		发情率（%）	受胎率（%）		发情率（%）	受胎率（%）
Ⅰ	12	25.00	33.33	17	58.82	70.00
Ⅱ	11	27.27	33.33	16	56.25	66.67
Ⅲ	15	40.00	50.00	23	69.57	81.25
Ⅳ	21	47.62	50.00	22	68.18	86.67

3. 试验结果表明，PMSG对母犬具有诱导发情的作用，对休情期过长或初情期推迟的母犬诱导发情可起到一定的作用。单独使用PMSG时具有一定的效果，与PGc联合使用时，效果显著增强，与PGc＋HCG（或LRH－A_3）联合使用时，效果最好，产仔数得到显著提高，PMSG＋PGc＋HCG（或LRH－A_3）（Ⅳ组）组合为比较理想的处理方法，至于更合理的剂量搭配范围，有待进一步探讨和研究。

PGc具有较好的溶解黄体作用，对卵巢持久黄体有较好的疗效。上述试验使用PGc显著的提高了PMSG诱导发情的效果，主要原因可能是被处理母犬中有一部分母犬卵巢上有持久黄体存在，PGc的使用促使这部分母犬恢复了正常的生殖机能，进而表现正常发情、排卵和受胎。

HCG和LRH－A_3具有促进卵泡成熟和排卵的作用，临床上常与PMSG或PGc联合使用，可促使母犬卵泡发育成熟，排出更多的成熟卵子，从而获得更高的产仔数。在试验中还可以看出，在自然发情母犬配种前使用HCG或LRH－A_3也可显著提高产仔数，提高母犬的经济价值。因此，HCG或LRH－A_3的合理利用具有显著的临床意义。

引起母犬休情期过长或初情期推迟的原因很多，在实践中对母犬进行诱导发情时，要与科学的饲养管理相结合。如提高饲养水平和改善环境条件，适当增加运动量和光照时间，合理使用公犬调情等，能对母犬休情期过长或初情期推迟起到一定的疗效，同时结合使用生殖激素诱导发情，会获得理想的发情率、受胎率和产仔数。

三、超数排卵技术

超数排卵技术是指在母犬、母猫发情周期的适当阶段，即在黄体消退期和卵泡开始发育时，给其注射一定量的促性腺激素，以增进卵巢的生理活性，诱发卵巢比在自然情况下有较多的卵泡发育成熟、排卵的技术。利用超数排卵技术，可以适当提高优良犬、猫的窝产仔数。在胚胎移植技术中，通过对供体超数排卵，可以充分提高优秀供体的利用效率，迅速扩大良种犬、猫的群体数量，增加胚胎移植技术的经济效益。在体外受精技术中，通过超数排卵，可以获得更多量的卵母细胞进行操作，从而使犬、猫的体外受精技术更具有实用性。

（一）超数排卵技术的原理

在自然状态下，母犬、母猫卵巢上约有90%以上的卵泡在发育中出现闭锁、退化现象，只有少量的卵泡能发育成熟并排卵。在每次发情之前，具有发育优势的卵泡加速生长，几乎吸收利用了全部的促性腺激素而使其他的有腔卵泡发生闭锁或退化。因此，在母犬、母猫黄体消退期和卵泡开始发育的时机，给其补充一定量的外源性促性腺激素，可促使将要发生闭锁的有腔卵泡继续发育，从而出现有比自然情况下更多的卵泡发育成熟、排卵的结果。试验表明，在母犬、母猫有腔卵泡发生闭锁前注射 FSH 或 PMSG，能使更多卵泡不发生闭锁而正常发育成熟，若在排卵前再注射 LH 或 HCG，即可弥补内源性 LH 的不足，促进这些成熟卵泡破裂排卵。

（二）超数排卵所用的激素

1．PMSG

由于 PMSG 在体内半衰期较长，一般在使用时，只作一次性肌肉注射。随着 PMSG 使用剂量的增大，卵巢的反应也会增强，发情期会提前出现。但 PMSG 使用剂量过大，超数排卵的效果不稳定，不但不能增加排卵数，反而容易引起卵巢囊肿。

2．FSH

在体内半衰期短，肌肉注射后较短时间内便失去活性。因此，使用时需作分次注射。另外 FSH 的注射剂量应是由多到少的递减过程。

3．$PGF_{2\alpha}$

在超数排卵处理中常作为配合药物使用，可使黄体提早消退，进而提高超数排卵效果。

4．促排卵类激素

在母犬、母猫出现发情时，需要静脉注射 HCG 或 GnRH、LH 等，能增强超数排卵效果，减少卵巢上残余的卵泡数。

（三）超数排卵方法

1．FSH 多次注射法或 PMSG 一次注射法

FSH 或 PMSG 都具有促进卵泡发育的功能，所不同的是 FSH 需分多次注射，一般一天两次，连续处理 3～4d，有的甚至需要处理 5d，而使用 PMSG 只需注射一次即可。经超排处理的母犬、母猫一般在发情开始后 12～16h 和 20～24h 各配种或人工授精一次，并且在第一次配种后静脉注射 HCG 或 LH，以促使排出更多的卵子。

2．PMSG（或 FSH）＋前列腺素法

若用 PMSG 或 FSH 进行超数排卵处理，一般于注射 FSH 或 PMSG 的 4～6d 再注射 LH 或 HCG，这种方法的缺点在于黄体退化时间不一致，排卵时间的先后也不同。因此，在超数排卵处理的程序中加入 $PGF_{2\alpha}$ 或其类似物，及时溶解黄体，可使超排时间整齐一致。通常是在使用 PMSG 和 FSH 处理后 48h，采取子宫颈注入法或肌肉注射法来应用 $PGF_{2\alpha}$ 或其类似物。

（四）超数排卵效果分析

1．受胎率

凡是经超数排卵处理所排出卵子的受精率一般低于自然发情排出卵子的受精率。因为超数排卵处理后，在高浓度雌激素的作用下，改变了卵子和胚胎在输卵管、子宫内的生存环境，从而影响了卵子的受精和胚胎的发育。在胚胎移植技术中，从经过超数排卵处理的母犬、母猫生殖道中采集早期胚胎时，回收时间越晚，变性胚胎的比例也就越高。一般情况下，随着超数排卵数目的增加，卵子的受精率和采胚率都有下降。

2. 排卵数

在以提高犬、猫窝产仔数为目的的超数排卵时，一次超数排卵的数目不宜过多，否则会对妊娠产生不良影响。在胚胎移植技术中的超数排卵，两侧卵巢一次排卵以 20 枚左右为宜，如超排数目过多，卵子的受精率下降，卵巢机能恢复所需时间也较长。

3. 超数排卵效果

通过外源性促性腺激素，增加早期阶段卵泡发育到高级阶段卵泡的数量，或者降低发育卵泡的闭锁率，与所使用的促性腺激素的生物学半衰期及不同激素间的比例、剂量和处理方法等有关，同时也受超数排卵处理时母犬、母猫的年龄和生理状况的影响。试验表明，一般 2～6 岁的母犬，超数排卵处理的效果较为明显。

复习思考题

1. 母犬、母猫的性机能发育有哪几个阶段？
2. 何谓发情和发情周期？如何对发情周期进行分期？
3. 母犬、母猫发情季节的特点有哪些？
4. 乏情和异常发情的种类有哪些？
5. 母犬、母猫的卵泡发育过程如何？
6. 卵子的形态结构如何？
7. 母犬、母猫的排卵类型、排卵数目及排卵期如何？
8. 母犬、母猫发情鉴定的基本方法有哪些？
9. 母犬、母猫发情期的外部表现有哪些？
10. 母犬、母猫发情期的试情表现有哪些？
11. 何谓同期发情技术？同期发情的意义及原理如何？
12. 何谓超数排卵技术？超数排卵的意义及原理如何？

第五章　犬、猫的配种

第一节　犬的配种方法

配种是将公犬的精液导入雌犬的生殖道中，使卵子和精子相遇受精产生下一代的过程。犬的配种方法分为自然交配和人工授精两种。

一、自然交配

自然交配是指公犬和母犬发生的直接交配，又称为本交。

（一）自然交配方式

1．交配适期

公、母犬交配时间是否适当，是决定母犬受胎率与产仔率的关键因素。公、母犬交配后，精子和卵子是在输卵管内相遇受精。因此，交配时间决定了精子和卵子能否在输卵管内及时相遇。

母犬交配的最佳时间是在其阴道出现流血后的第 9～11d。在生产实践中，为提高受胎率和产仔率，可采用交配 2～3 次的方法，如果发情鉴定准确，交配 1 次基本可以保证受胎。

2．交配方式

目前常采用自由交配和人工辅助交配两种方式。犬的交配一般以自由交配为好，个别犬需要人工辅助交配。但无论采用哪种方式，其公、母犬必须是经过选定的，并由专人负责，做好交配记录。

自由交配是指公、母犬的交配是在没有人为帮助时进行的。即把公犬牵入交配场地让其和母犬自然交配，一般较顺利，表现自如。

人工辅助交配是指借助于人的辅助使公、母犬完成交配的配种方式。如在母犬已到交配期，但由于交配时慌乱、蹦跳、追咬公犬或公犬缺乏“性经验”，或公、母犬体型大小相差悬殊等原因而不能完成交配时，由工作人员辅助公犬将阴茎插入母犬阴道内，或抓紧母犬脖圈，协助固定，托住腹部，使其保持站立姿势，迫使母犬接受交配。或由工作人员屈膝支撑在母犬的胸腹部，以防止母犬受到爬跨时蹲卧，同时，工作人员可用手将母犬尾巴拉到一侧，防止母犬尾巴遮挡阴门，另一只手帮助公犬的阴茎准确插入母犬阴道。

交配前应让公、母犬彼此熟悉和调情。母犬交配后，阴户外翻明显，说明已交配成功，若阴户自然闭合，则说明没有交配成功。

3. 交配过程

对公犬来说，交配大体上经过勃起、交配、射精、锁结、交配结束等过程。母犬在交配过程中往往处于被动地位，配合公犬完成交配（图1-3-2）。

（1）勃起　公犬经发情母犬刺激后，阴茎勃起，但犬的阴茎勃起机制由于其解剖生理的特点与其他动物有明显不同。阴茎在插入母犬的阴道前，海绵体窦呈充血状态，阴茎的静脉尚未闭锁，只是动脉血液流入多于静脉血液流出。因此，阴茎呈不完全勃起状态。犬的阴茎是靠阴茎骨支持而使阴茎呈半举起状态插入阴道的。阴茎插入阴道后，由于母犬阴唇肌肉的收缩而使阴茎静脉闭锁，阴茎动脉血液仍继续流入，使阴茎龟头体变粗，龟头球膨胀，最终阴茎完全勃起。

（2）交配　公犬阴茎勃起后迅速爬到母犬背上，两前肢抱住母犬。此时的母犬站立不动，脊柱下凹，使会阴部抬高，便于阴茎插入阴道。公犬的腹部肌肉特别是腹直肌的突然收缩，后躯来回推动，从而将阴茎插入母犬阴道内。

（3）射精　犬的射精过程可分为三个阶段，但有时这三个阶段并不能完全分开。第一阶段是犬阴茎刚插入阴道时，就开始射精。这时的精液呈清水样液体，很少有精子。经过阴茎的几次抽动后，再加上阴道的节律性收缩，阴茎充分勃起，从而将含有大量精子的第二段乳白色样精液射入子宫内。第三阶段射精是在锁结时发生的，此时的精液为不含精子的前列腺分泌物。

（4）锁结　犬是多次射精动物，当完成第二阶段射精以后，还有第三阶段的射精，这时的阴茎尚处于完全勃起状态，母犬阴道括约肌仍在收缩。因此，公犬从母犬背上爬下时，生殖器官不能分离而呈臀部触合姿势，称此状态为锁结。在这种相持阶段，公犬完成第三阶段的射精。

（5）交配结束　第三阶段射精完毕后，公犬性欲降低，母犬阴道的节律性收缩也减弱，阴茎勃起停止而变软，并由阴道中抽出，缩入包皮内。

（二）自然交配的注意事项

1. 公、母犬的繁殖年龄

公、母犬初配年龄以体成熟为基础，即母犬1.5岁、公犬2岁为宜，应防止未成熟犬过早配种繁殖。超过8岁的公犬已进入老龄期，一般不再作为种用。

2. 公犬的交配频率

公犬交配时，爬跨次数较多，交配持续时间较长，体力消耗大，所以公犬要有优良的种用体况，旺盛的性欲，不能过肥或过瘦。一只公犬在一年中的交配次数不能超过40次，在时间上要尽可能均匀地分开进行，并要注意控制公犬的配种次数及频率，二次交配至少要间隔24h以上，否则，会降低精液品质，不利于母犬的受胎。

3. 母犬的繁殖次数

青壮年母犬若身体健康、强壮，在确保母犬不喂养太多仔犬的前提下，每年可以繁殖两次，但在生产实践中，母犬繁殖以两年3次为宜。

4. 交配时间和地点的选择

交配时间以清晨公、母犬精神状态良好时为最佳。交配场所应选择在固定场地或公犬的饲养地，以免受到陌生环境影响而加重交配的困难。交配场所应安静，避免外界不良刺激对自然交配的影响，必要时可进行人工辅助。

5. 其他注意事项

在进行辅助交配时，对咬公犬或咬人的母犬应带上口笼，交配中要防止母犬坐卧，避免挫伤公犬阴茎。因犬的交配特殊，锁结的臀部触合状态持续时间较长，不能强行使它们分开，应等其交配后自行解脱。每次交配后，应让公、母犬分别回犬舍休息，不可将犬随意拴在外边，以免感冒或发生意外事故。

二、人工授精

（一）人工授精的概念

人工授精是指人工采集公犬的精液，经检查和处理后，再用器械将之注入到发情母犬的生殖道内使其妊娠的配种方法。

（二）犬人工授精的优越性

人工授精作为一种先进的、科学的繁殖技术，对于犬的繁殖与改良具有重要意义。

1. 能提高优秀种公犬的利用率

自然交配时，一只公犬每次只能与一只母犬交配，每日最多只能交配1～2次。而采用人工授精技术，一次采出的精液经稀释处理后可给几十只母犬输精，这就显著地提高了优秀种公犬的利用率。目前发展起来的精液冷冻技术，可长期保存精液，如将精液冷冻技术与人工授精技术相结合，就能成百倍地提高种公犬的利用率，充分发挥优秀个体的遗传潜力和在品种改良中的作用，加速犬品种改良进程。

2. 能改变引种方式和保种方式

由于冷冻精液可长期保存，便于运输，可在不同地区或国际间进行交流。因此，可将引进种犬的传统方式改变为引进精液，可降低运输和检验费用，减少引进种犬而传入疫病的机会。冷冻精液的成功，可以建立犬的精子库，对具有种用价值和濒临绝种犬的精液进行保存，是一种理想的保种手段。

目前世界多数国家，都在建立各种动物精液基因库，这种方法的最大优点是提高了种用动物的利用率，延长了种用动物的利用年限。我国也在着手研究和建立犬精液基因库。

3. 能提高种犬质量，加快育种进度

由于人工授精技术，特别是冷冻精液的应用，极大地提高了公犬的利用率，提高了种犬的选择强度。因此，在育种中可依据血缘关系从众多的公犬中选择最优秀的个体作为种犬，从而提高了种犬质量，加快了育种进度。

4. 能提高母犬受胎率

人工授精时，使用经严格处理的精液，每次输精的时间经过科学的判断，并且将精子直接输入到母犬子宫颈内，有利于精子与卵子相遇结合，从而提高了受胎率。

5. 能防止疾病的传播

人工授精避免了公、母犬生殖器官的直接接触，使用的输精器械需进行严格的消毒，从而可以防止某些因交配而引起的传染病。

6. 能解决某些配种上的困难

人工授精可以克服公、母犬因个体差异过大而无法交配或异地饲养不便运输而不能交配等困难。

第二节　犬人工授精技术

犬的人工授精包括采精、精液品质检查、精液稀释和保存及输精四个基本技术环节。

一、犬的采精

采精是人工授精技术的第一个环节。在采精过程中要求收集到公犬的全部精液，同时不降低其精液品质，也不能损伤公犬的生殖器官。

(一) 采精准备

1. 采精场地

采精应选择在良好的环境中进行，以利于公犬形成稳定的性条件反射，同时又能避免精液受到污染，因此，采精场地一般应选择在室内。采精室面积一般应为 20 m^2 左右，室内要求干燥、通风、清洁、安静、地面平整，以利于采精操作和获得质好、量多的精液，同时可避免损害公犬性行为和健康的不良因素，使公犬处于定时采精的良好状态。如果采精环境不良，则会影响采精效果并可能使公犬形成不良的条件反射或恶癖。

2. 假母犬的制作

假母犬是供给公犬爬跨用的假犬体。给大型公犬采精时，假母犬一般体高 60cm 左右，体长 70cm 左右，体宽 25cm 左右，四肢着地，四肢间距离稍宽一些，外形类似母犬即可。假母犬的制作方法是按母犬体形基本尺寸，做成一个木板骨架，上面和两侧钉上薄木板，木板上面用布包入软草或海绵使之呈拱形，外形如犬样，最好在外面固定一张犬皮，使之以假乱真。

3. 公犬的调教

给公犬人工采精时，必须对采精的公犬进行严格细致和耐心的调教训练，以使公犬在采精场地形成良好的条件反射。用假母犬对公犬采精时，牵一只发情的母犬紧贴在假母犬右侧站立，并固定母犬不让其乱动，接着牵种公犬到母犬旁，待公犬爬跨真母犬时，人为协助让公犬爬跨于假母犬身上。此时，采精员应很好地把握时机，在公犬阴茎勃起后，用手按摩刺激，公犬便会射精。

采精的另一种训练方法是用真母犬作台犬，采精员手拿安装好的假阴道，当公犬爬跨母犬时，将阴茎导入假阴道内，公犬即可射精。

4. 消毒

采精前，需用温水及肥皂对公犬的阴茎部及其周围进行清洗，以避免皮屑及被毛对精液造成污染，同时，这也是对公犬阴茎部的刺激，使公犬在清洗以后进行采精时形成条件反射。采精用集精杯、假阴道等器材，一般需经过清洗、消毒、烘干等过程后，才能使用。

(二) 采精方法

对公犬采精的方法有电刺激法、手握按摩采精法、假阴道法三种。电刺激法容易使公犬休克，而且精液中易混入尿液，因此这种方法不够理想。假阴道法对犬无刺激，但在分段采精时，不易掌握射精的时机。手握按摩采精法简单实用，是对公犬采精常用的方法。

1. 手握按摩采精法

在公犬出现性冲动、阴茎勃起后，采精员一只手戴乳胶手套握住公犬阴茎，将阴茎执向侧面，同时给阴茎球体适当的压力并做前后按摩，当阴茎充分勃起后经30s左右即开始射精，射精过程持续3～5s，此时，另一手持杯口覆有2～3层灭菌纱布的集精杯收集精液。采精时注意不要使公犬的阴茎接触集精杯，否则会抑制射精。公犬射出的精液一般分为三段，第一段较透明，呈水样，可弃之不用，后两段可一起收集。但在实际采精中，三段精液很难截然分开。此种采精方法可现采现用，不宜对精液进行保存。

2. 假阴道采精法

给公犬采精用的假阴道，可用牛的假阴道部件进行改造而成（图1－5－1和图1－5－2）。假阴道内开始的水温要求为40～42 ℃，至使用时降至38.5 ℃为宜。假阴道内胎可少用或不用润滑剂涂擦，以免影响精液品质。假阴道的内充气量以假阴道外口呈三角形为标准，以给阴茎造成压力环境，引起性冲动的维持。

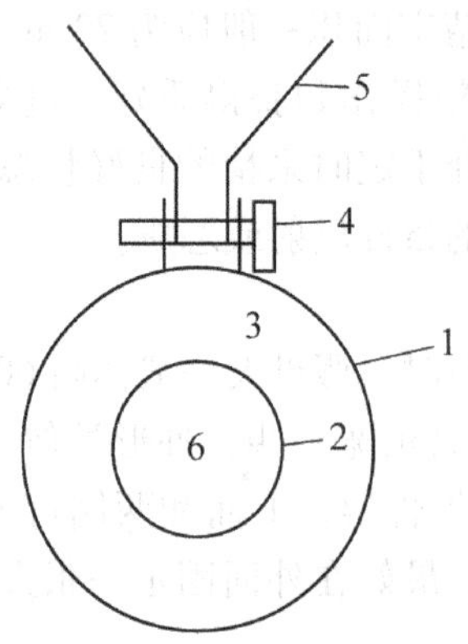

图1－5－1 犬采精用假阴道剖面图

1. 外壳 2. 内胎 3. 外壳和内胎的夹层 4. 开关旋钮 5. 漏斗 6. 导入阴茎的开口

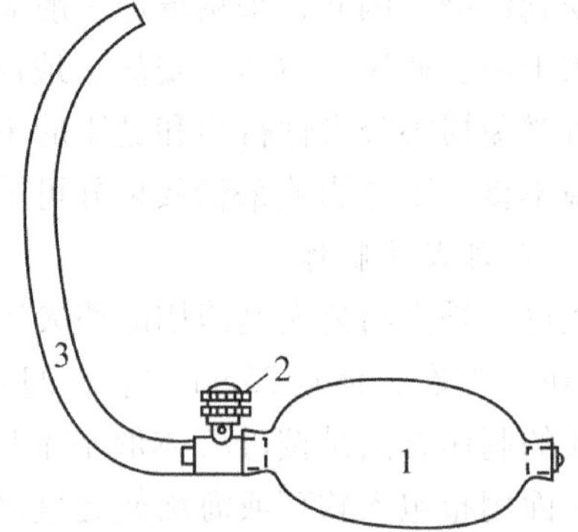

图1－5－2 假阴道用加压气球

1. 橡皮球 2. 开关旋钮 3. 橡皮管

假阴道准备好后，采精员将假阴道拿在手中，当公犬爬跨母犬时，将阴茎导入假阴道，公犬即可射精。当公犬射精后，要使假阴道集精杯端向下倾斜，以使精液流入集精杯内。

3. 电刺激采精法

是利用特制的电刺激采精器进行的采精。在进行电刺激采精时，先将公犬给予一定的基础麻醉后，将电刺激采精器的电极棒涂抹润滑剂后，插入公犬直肠内10～15cm，使电极棒前端接近耻骨前缘，然后启动电源，控制电压和频率，给予节律性的刺激，公犬就开始射精。

采精是一项专门的技术，开展此项工作的人员，必须要经过严格的训练。

采精时公犬的射精量受品种、个体、年龄、性欲情况、采精方法、技术水平、采精频率和营养状况等多种因素的影响。

（三）采精频率

采精频率是指每周对公犬采精的次数。为了维持公犬正常的性生理机能，保持健康的体况和最大限度的提高射精量及精液品质，合理安排公犬采精频率是十分重要的。

采精频率应根据公犬正常生理状况下可产生的精子数量与附睾内精子的贮量、每次射精量及精子总数、精子活率、精子形态正常率及公犬的饲养管理等情况来决定。对于在科学饲养管理下的壮年公犬，可以适当增加采精次数，但不能随意加大采精频率，否则不但会导致精液品质下降，而且还会造成种公犬生殖机能降低和体质衰弱等不良后果。

采精频率对精液性状影响很大。采精频率与精子活率成反比，频繁采精会造成精子活率急剧下降。长久不采精的公犬，其精子活率也会显著降低。因此，一般认为1周采精2次较为适宜。

二、精液品质检查

（一）精液品质检查目的

精液品质检查的目的在于鉴定其品质的优劣和确定输精剂量，同时也为精液稀释、分装保存提供依据。通过精液品质不仅可以反映公犬的饲养水平和种用价值，也可反映出对精液处理的水平，同时，精液品质直接影响到配种后的受胎率。在进行精液品质检查时，动作要快速、准确，取样要有代表性，操作室内要清洁无尘，室温应保持在18～25 ℃。

（二）精液品质检查指标及方法

1. 外观检查

（1）射精量　是指公犬一次采精所收集的精液容量，可用清洁的量筒测量。大型犬射精量比小型犬多，冬、春季射精量多于夏季。一般情况下，大型种公犬的射精量为10～13ml，第二段射精量平均为3.8ml。当种公犬的射精量与正常射精量差异较大时，应查明原因，及时调整采精方法或对公犬加强饲养管理与治疗。

（2）色泽　正常公犬的精液颜色呈乳白色或灰白色，浑浊不透明。精子密度越大，精液的颜色越深，密度低时则为清淡色。若精液呈红色，说明混有新鲜血液；若精液呈褐色，则混有陈血；若精液呈淡黄色，则是混有脓汁或尿液。颜色异常的精液应废弃，立即停止采精，查明原因后及时治疗。

（3）气味　犬的精液一般略带有腥味，气味异常者，常伴有色泽的改变。

（4）pH值　将一滴精液滴在pH试纸上，与标准色板对照来确定。犬精液平均pH值为6.4，先后射出的精液pH值不同，这与副性腺分泌物有关，其变化范围是6.1～8.0。

（5）云雾状　犬的精液因精子密度不大，用肉眼观察时，看不到云雾状运动现象。

2. 精子密度

是指每毫升精液中所含的精子数。精子密度的大小直接关系到精液稀释倍数和输精剂量的有效精子数，也是评定精液品质的重要指标之一。通常公犬每毫升精液中精子数为1.25（0.4～5.4）亿。目前，评定精子密度的方法有目测法、计数法和光电比色法三种。

（1）目测法　这种方法不能准确测出每毫升精液中的精子数，容易受检查者的主观因素影响，但方便易行，是生产中常用的测定方法。测定时，取一滴精液于清洁的载玻片上，盖上盖玻片，放于400倍显微镜下进行目测估计，按精子分布状态粗略地评为密、中、稀三个级别（图1－5－3）。

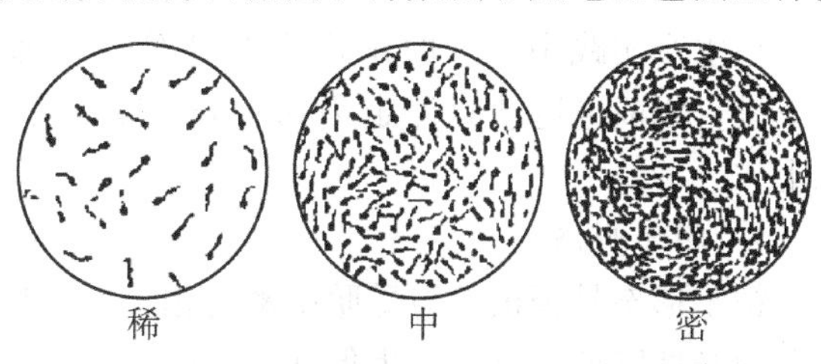

图1－5－3　犬精子密度示意图

密：整个视野内布满精子，几乎看不到空隙，很难看清单个精子活动状态。这种精液的精子密度约为每毫升10亿以上。

中：视野内精子分布较为分散，精子之间有相当于一个精子长度的明显空隙，可看清单个精子活动状态。这种精液的精子密度约为每毫升2亿~8亿。

稀：视野内精子分布很分散，精子之间的空隙很大，超过一个精子的长度，甚至可查清精子的个数。这种精液的精子密度约为每毫升2亿以下。

（2）计数法　用血细胞计数法可准确测定精子的密度。其操作方法是将精液用白细胞吸管稀释10倍或20倍后，滴入计数室内，置于400～600倍显微镜下观察、计数。红血球计数室有25个中方格，每个中方格内有16个小方格，计数精子时，只需要数出四个角加中央的5个中方格的精子数即可，对于头部压线的精子，采用“上计下不计，左计右不计”的原则，避免重复和漏掉，然后将5个中方格内的精子总数代入下面的公式中，计算出1ml精液内的精子数。

1ml原精液中的精子数=5个中方格的精子总数×5（25个中方格的精子数）×10（1 mm^3容积内的精子数）×1 000（1ml容积内的精子数）×精液的稀释倍数

为保证检查结果的准确性，滴入计数室的精液不能过多，否则，会使计数室的高度增加。为了减少误差，应连续检查两次，取其平均数。如果两次检查误差大于10%，要求做第三次，将第三次结果与前两次中数据接近的一次平均计算，作为最后的结果。

（3）光电比色法　此方法快速、准确、操作简便。此法是根据精液的精子密度越高，其透光性越低的特性，利用分光光度计来测定精子密度的方法。检查时，须预先将精液稀释成不同比例，并用血细胞计数板测出相应的精子密度，然后用分光光度计测出相应精液的透光度，再根据不同精子密度标准管的透光度，求出每相差1%透光度的级差精子数，制成精子查数曲线或采用计算机直接显示。

3. 精子活率

精子活率又称为精子活力，是指精液中呈直线前进运动的精子数占总精子数的比率。精子活率与精子的受精能力密切相关，是评定精液品质的一个重要指标。在采精后、稀释前后、保存和运输前后、输精前都要进行检查。目前常用目测法进行精子活率的评定。

检查时用玻璃棒蘸取一滴精液于载玻片上，盖上盖玻片，放置在显微镜35～37℃的恒温载物台上，放大400倍，然后目测精子运动状态并评定精子活率。

精子的运动有三种类型，即直线前进运动、原地摆动和转圈运动，有时还有后退运动。评价精子活力是根据视野中直线前进运动精子所占比率来确定的。即：

精子活率=直线前进运动精子数/总精子数×100%

在生产实践中，一般采用十级评分法，即精子100%呈直线前进运动时评为1分，90%呈直线前进运动时评定为0.9分，以此类推。一般新鲜精液的精子活率应为0.7分以上。

4. 精子形态

精子形态是否正常与受胎率密切相关。如精液中畸形、顶体异常的精子过多，则其受精能力必然降低，因此，为保证一定的受胎率，检查精子形态是十分重要的。

（1）精子畸形率　畸形精子是指精液中形态和结构不正常的精子。精子畸形率是指精液中畸形精子数占精子总数的百分率。

畸形精子一般有头部畸形、颈部畸形、中段畸形和主段畸形四类（图1－5－4）。在正常精液中，一般以精子尾部、头部畸形比较多见，而颈部畸形较少。

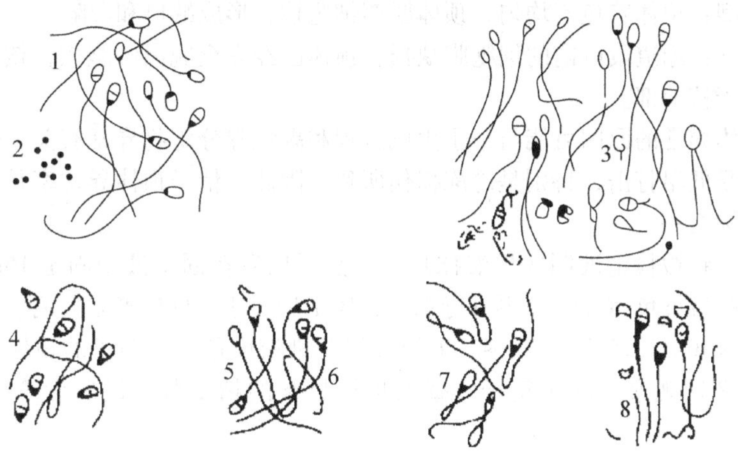

图1－5－4　正常和畸形精子类型

1. 正常精子　2. 游离原生质滴　3. 各种畸形精子　4. 头部脱落
5. 附有原生质　6. 附有远侧原生质　7. 尾部扭曲　8. 顶体脱落

在正常情况下，精液中常有畸形精子出现，少量的畸形精子对受精能力影响不大。犬的正常精液畸形精子一般不超过20%，否则，视为精液品质不良，不能用于输精。

精液中出现大量畸形精子的原因可能是精子生成过程受阻，或副性腺及尿生殖道分泌物发生病理变化，也可能是在精液处理过程中操作不当，使精子受到外界不良因素影响所引起的。

犬精子畸形率的测定方法是：取一滴精液样品滴于洁净载玻片的一端，用另一载玻片与精液滴接触并以30°角平稳地前推，使精液均匀地涂抹在载玻片上。待涂片自然干燥后，用95%的酒精固定3min，然后置于蓝墨水（或伊红、龙胆紫染液）中染色5min，再用蒸馏水漂洗多余的染色剂，自然干燥后放在400～600倍显微镜下检查500个精子，计算出畸形精子的百分率。

即：畸形精子百分率＝畸形精子数/记数精子总数（500）×100%。

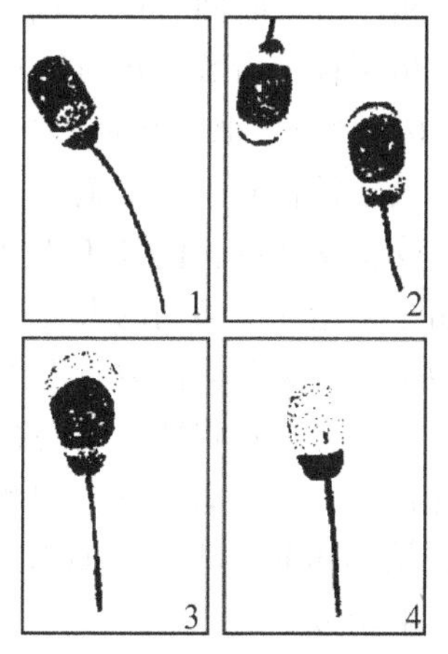

图1－5－5　精子顶体异常图

1. 正常顶体　2. 顶体膨胀
3. 顶体缺损　4. 顶体全部脱落

（2）精子顶体异常率　精子顶体异常率是指精液中顶体异常精子数占精子总数的百分率。正常精子顶体内含有多种与受精有关的酶类，在受精过程中起着重要的作用。因此，一般认为呈直线前进运动并且顶体完整的精子才可能具有受精能力。

精子顶体异常，一般表现为顶体膨胀、缺损、完全脱落三种类型（图1－5－5）。

顶体完整型：精子头部外形正常，细胞膜和顶体完整，着色均匀，顶脊、赤道段清晰，核后帽分明。

顶体膨胀型：顶体膨大呈冠状，出现明显条纹，头部边缘不整，核前部细胞膜不明显或缺损。

顶体缺损型：顶体着色不均匀，顶体脱离细胞核，形成缺口和凹陷。

顶体全脱型：赤道段以前的细胞膜缺损，顶体已经完全脱离细胞核，核前部裸露，核后帽的色泽深于核前部。

犬精子顶体异常的原因可能与精子生成过程和副性腺分泌物异常有关，也与精子在体外保存不当、受低温打击，特别是冷冻损伤所致。因此，精子顶体异常率是评定精液保存效果的重要指标之一。

检查方法：将被检精液制成精液抹片，自然干燥后在固定液中固定 15min，经水洗、风干后用姬姆萨液染色 90min ，再进行水洗、风干后置于 1 000 倍显微镜下观察，或用相差显微镜（10 ×40 ×1. 25 倍）观察。采用姬姆萨染液染色时，精子的顶体呈紫色。检查时，每张抹片必须观察 300 个精子，查出顶体异常的精子数，最后计算出精子顶体异常率。

5．精子存活时间及存活指数

精子存活时间是指精子在体外一定条件下（如稀释液种类、稀释倍数、保存温度和方法等）的总生存时间。精子的存活指数是精子存活时间和精子活率两种指标变化的一个综合表现，是反映精子活力下降速度的指标，该指数越大说明精子活力降低越慢，精液品质越好，所采用的稀释处理和保存方法合适。因此，精子存活时间及存活指数与受精率密切相关，是评定精液品质的一项实用指标，也是鉴定精液稀释液优劣和精液处理效果的一种有效方法。

检测精子存活时间时，须将精液样品每隔 4～8h 抽样在 37～38℃中镜检精子活力，直到无活动或只有个别精子呈原地摆动为止，然后统计精子存活时间和存活指数。

精子存活时间（h） = 各次检查间隔时间的总和 － 最后两次检查间隔时间的 1/2

精子存活指数 = 每前后相邻两次检查精子活率的平均数与间隔时间乘积的总和

6．精液中微生物的检查

犬正常精液中不含微生物，但精液在体外受微生物污染后，不仅使精子存活时间缩短、受精率降低，而且还严重影响母犬的繁殖效果，特别是用含有病原微生物的精液人工授精还会造成传染病的人为扩散。因此，国内外都十分重视精液的微生物检查，精液中病原微生物种类及菌落数量已被列入评定精液品质的重要指标。

检查方法：将新采集的精液或冷冻保存精液，取 1ml 样品，用灭菌生理盐水进行 10 倍稀释后，取 0. 2ml 置于血琼脂平板上，使其均匀分布，然后在普通培养箱中（37℃恒温）培养 48h，观察平皿内的菌落数并计算每个剂量中的菌落数。每个样品做两个平板，取其平均数。

计算公式：每个剂量中的细菌数 = 菌落数 × 取样品量的倍数

精液中如果含有病原微生物，或每毫升精液中的菌落数超过 1 000 个，则视为不合格精液。

三、精液稀释

精液稀释是在采精和精液品质检查后，向合格精液中添加适合精子体外存活并保持受精能力液体的过程。在精液稀释中，稀释液的配制是一个重要环节。

（一）精液稀释的目的

1. 扩大精液容量，增加受配母犬只数，充分提高优良种公犬的配种效率。

2. 通过向精液中添加营养物质和保护剂可延长精子在体外的存活时间，维持其受精能力。

3. 有利于对精液的保存、运输和进行地区间的精液交流。

（二）稀释液的成分和作用

1. 稀释剂

主要用于扩大精液容量，但稀释液的渗透压要和精液的渗透压相等。一般用来单纯扩大精液量的稀释剂有等渗的葡萄糖、蔗糖及氯化钠溶液。

2. 营养剂

主要为精子代谢提供营养物质，补充精子代谢所需的能量。如稀释液中的糖类、卵黄、奶类（鲜全奶、脱脂乳或纯奶粉）可以作为精子的营养物质，此类物质参与精子代谢，为精子提供外源性能量，减少内源性物质消耗，从而延长精子在体外的存活时间。

3. 保护剂

包括维持精液 pH 值的缓冲剂、防止精子冷休克的抗冷物质、防止精子受冻害的抗冻物质及能抑制细菌繁殖的抗菌物质等。

（1）缓冲剂　精子在体外不断进行代谢，随着代谢产物（乳酸或二氧化碳）的积累，使精液的 pH 值逐渐下降，甚至发生酸中毒，使精子不可逆地失去活力。因此，必须向精液中加入一定量的缓冲物质，以保持精液 pH 值的稳定。常用的无机缓冲剂包括柠檬酸钠、磷酸二氢钾、磷酸氢二钠、碳酸氢钠等；有机缓冲剂有三羟基甲基氨基甲烷（Tris，又称三基）以及乙二胺四乙酸二钠（EDTA）等。

（2）抗冷物质　在精液低温保存过程中，如果将精液温度急剧下降到 10 ℃以下，会使精子发生冷休克，引起精液品质降低。精子发生冷休克的原因是其内部的缩醛磷脂在低温下发生凝固，影响了精子的正常代谢，从而出现不可逆的死亡。因此，在低温保存的精液中需要加入抗冷休克物质。常用的抗冷物质有卵黄和奶类，这两种物质含有卵磷脂，其熔点低，在低温下不易凝固，可渗透到精子内部以代替缩醛磷脂而被精子所利用，从而可保护精子，防止冷休克的发生。

（3）抗冻物质　精液在冷冻保存过程中，精液中的水分需经历液态和固态的转化过程，对精子的存活极其有害，而甘油、乙二醇及二甲基亚砜等则有助于减轻或消除这种危害，可作为防冻物质。

（4）降低电解质浓度的物质　副性腺液中 Ca^{2+}、Mg^{2+} 含量较高，可刺激精子代谢和运动加快，使精子存活时间缩短。因此，向精液中添加非电解质或弱电解质物质，可达到降低电解质浓度的目的。常用的非电解质或弱电解质物质有各种糖类、氨基乙酸等。

（5）抗菌物质　在采精和精液处理过程中，虽然严格遵守操作规程，但也难免使精液受到细菌的污染，况且精液稀释液含有丰富的营养物质，为细菌的繁殖提供了良好的条件。细菌的繁殖不仅影响精液品质，输精后也会引起母犬发生生殖道感染。因此，在稀释液中加入抗生素可以抑制精液中细菌的繁殖。常用的抗菌物质有青霉素、链霉素、氨苯磺胺等。

4．添加剂

主要用来改善精子外在环境的理化特性及母犬生殖道的生理机能，进而能提高人工授精的受胎率、促进胚胎早期发育。常用的添加剂有酶类、激素、维生素等。

（三）稀释液的种类和配制

1．稀释液的种类

根据稀释液的用途和性质，可将稀释液分为四类。

（1）现用稀释液　只用于扩大精液容量，不适于精液保存的稀释液。此类稀释液常以简单的等渗糖类或奶类配制而成，也可使用生理盐水，适用于对新鲜精液进行稀释，以扩大精液容量、增加配种母犬只数为目的，采精后立即稀释并进行输精。

（2）常温保存稀释液　适用于精液常温保存的稀释液。这类稀释液以糖类和弱酸盐为主，pH 值偏酸。

（3）低温保存稀释液　适用于精液低温保存的稀释液。这类稀释液中含有卵黄和奶类等抗冷休克物质，对精子在低温条件下有保护作用。

（4）冷冻保存稀释液　适用于精液冷冻保存的稀释液。这类稀释液成分较为复杂，常含有糖类、卵黄、甘油、二甲基亚砜等抗冻剂成分。

2．稀释液的配制

配制稀释液要按一定的程序进行，即：选配方→确定配制容量→量取配方中的各种成分→溶解（卵黄、甘油、抗生素、酶、维生素除外）→过滤→消毒→冷却后再加入卵黄、甘油、抗生素、酶、维生素。另外，配制稀释液时应注意以下几个问题：

（1）稀释液应现用现配。如配制后确需贮存的，经消毒、密闭后放入 0～5℃的冰箱中可保存 2～3d。

（2）配制稀释液的器具要求清净、干燥，稀释液灭菌后不能接触带菌物品。

（3）配制稀释液的蒸馏水要新鲜，最好现用现制。

（4）所用化学药品要纯净，一般使用化学纯制剂。药品要称量准确，经煮沸灭菌消毒后减少的水分，要用无菌蒸馏水补充至原容量方可使用。

（5）卵黄要采自新鲜鸡蛋。卵黄、抗生素、甘油、酶类等不能经过过滤和蒸煮消毒处理。

（6）奶粉的颗粒比较大，溶解时先用等量蒸馏水调成糊状，再加蒸馏水至需要量，然后以 4 层脱脂纱布过滤并在 92～95℃水浴中消毒 10min，冷却后需除去奶皮。

（四）精液稀释方法和稀释倍数

1．稀释方法

采精后应将精液置于 30℃的环境中，以防止温度发生变化。精液在稀释前要检查其活率和密度，然后确定稀释倍数。稀释前将精液和稀释液同时放入 30℃的水浴锅内，稀释时将稀释液沿精液容器侧壁慢慢加入精液中，边加边轻轻搅匀。如需高倍稀释，可先做低倍稀释，然后再进行高倍稀释，以防止精子受到稀释打击。

2．稀释倍数

精液的稀释倍数过大时，对精子存活不利并会严重影响受胎率；精液稀释倍数过小，不能充分发挥精液的利用率，所以，应适当确定精液的稀释倍数。精液的稀释倍数应根据母犬每次受精所需要的有效精子数、稀释液的种类、精子活率和密度等来确定。

（1）根据有效精子数确定　根据每次采出精液中的有效精子数和每头份输精量中要求含有的有效精子数计算出稀释倍数，以便确定出原精液中应加入的稀释液容量。

（2）根据稀释液种类确定　奶类稀释液可做高倍稀释，而糖类稀释液则稀释倍数不宜过大。

（3）根据精子活率和密度确定　精子活率高、密度大的精液，稀释倍数可适当加大。在实践中，一般精子密度达“中”者，稀释倍数为0.5～3倍，“密”者为3～8倍，“稀”的全份精液可不稀释。

四、精液的保存

精液保存是将犬的精液与稀释液按确定的稀释倍数稀释后，在一定条件下进行保存的过程。精液保存是根据精子的生理特性，在低温和超低温条件下，通过抑制精子的代谢和运动，降低精子的能量消耗，创造延长精子寿命的条件，消除对精子存活有害的因素来实现的。

精液保存的目的是为了延长精子在体外的存活时间及维持其受精能力，便于对精液进行运输和扩大精液的使用范围，增加受配母犬只数，提高种公犬的配种效率，也可使母犬的配种不受公犬采精时间的限制。

目前，精液的保存方法有常温保存、低温保存和冷冻保存三种。

（一）精液常温保存

常温保存的温度一般在15～25℃，春、秋季可放在室内，夏季也可置于地窖或空调控制的房间内，保存温度允许有一定幅度的变动，所以又称为变温保存或室温保存。用此法保存犬精液不需要特殊的设备，简单易行，便于普及和推广应用。

常温保存精液的原理，是利用弱酸性环境抑制精子的代谢和活动，减少其能量消耗，使精子保持在可逆的低代谢状态而不丧失受精能力，当pH值一旦恢复正常，精子即可恢复正常的代谢和活动。因此，可在精液稀释液中添加弱酸性物质，从而抑制精子的活动，达到保存精子的目的。这种方法是2d内短期保存精液的简单方法。

不同的酸性物质对精子产生的抑制程度和保存效果不同，一般认为有机酸较无机酸好。同时，常温保存精液的条件也有利于微生物的生长繁殖，因此必须在稀释液中加入抗菌素。

（二）精液低温保存

低温保存是将精液用含卵黄或奶类等抗冷物质的低温保存稀释液稀释后，置于0～5℃的环境中避光保存的方法。冬季可将稀释后的精液置于温度符合要求的室内，其他季节可放在0～5℃冰箱内或加有冰块的保温瓶内保存。

低温保存精液的原理是：首先，低温保存主要是向精液中添加抗冷物质（卵黄、奶类），防止精子发生冷休克。其次，通过缓慢降温至0～5℃保存，使精子的代谢和活动受到抑制，精子的能量消耗降低，存活时间得以延长。当温度回升后，精子又可恢复正常代谢机能并不丧失其受精能力。另外，在0～5℃的低温条件下保存精液，不利于微生物的繁殖，可以达到较长时间保存精液的目的。

在进行精液低温保存操作中，要注意严格遵守逐步降温的操作规程。即在精液经稀释后，一般经过1～2h使精液温度从30℃降至0～5℃，以避免精子发生冷休克。在生产实践中，为了提高工作效率，可将分装有稀释精液的小瓶，包以数层纱布或棉花，再装入塑料袋内，然后直接放入0～5℃的冰箱内或装有冰块的广口保温瓶中进行保存。在保存期间应尽量保持温度的恒定，避免温度的大幅度波动对精子的不良影响。

低温保存的精液在使用前，须将精液瓶从低温环境中取出后放到35℃左右的温水中或恒温箱中使之升温，经镜检精子活力合格后方可用于输精。

(三) 精液冷冻保存

精液的冷冻保存是指将采集到的新鲜精液，经过品质检查、稀释和冷冻前处理，利用-196℃液态氮作为冷源，将液态精液冷冻成玻璃态，然后保存于液态氮中的方法。

精液冷冻保存的主要优点，一是可以长期保存精液，便于对精液的携带和运输；二是有利于对优秀种公犬的推广和繁殖。但其主要缺点是解冻后精子活力低、生存时间变短、受胎率降低。

1. 精液冷冻保存原理

精子具有受温度变化直接影响其本身活动力和代谢能力的生物学特性。精液经特殊处理后，保存在超低温环境下，精子的代谢活动完全受到抑制，其生命在静止状态下长期保存下来，当温度回升后又能复苏，且具有受精能力。

有关精子在冷冻过程中能从冷冻状态复苏的冷冻保存原理，目前尚无定论，其中比较公认的观点，是精液在冷冻过程中，在抗冻保护剂的作用下，采用一定的降温速率，在冷冻过程中尽可能使其形成玻璃态，防止精子内外水分冰晶化，就可使精子不受冻害，解冻后仍可复苏。

在精液冷冻、解冻过程中，精液中冰晶的形成是造成精子死亡的主要因素。精子外水分在形成冰晶过程中可引起精子周围溶液渗透压升高，造成精子外的高渗环境，引起细胞内水分外渗，造成精子脱水，从而使精子细胞发生不可逆的化学伤害而死亡。同时，精子内外水分形成冰晶时，其体积增大且形状不规则，使精子原生质和细胞膜受到物理伤害而死亡。冰晶只有在-60～0℃温度范围内，缓慢降温或升温条件下才能形成，降温过程越慢，冰晶形成越大，-25～-15℃时形成冰晶最多，对精子的危害最大。所以，在精液冷冻过程中，只有避开-60～0℃这个有害温度区域，才能使精液不形成冰晶态。

精液经过必要处理后，在超低温下迅速冷冻可使精液形成玻璃态。玻璃态中的水分子保持原来无次序排列方式，形成超微颗粒结晶。精子在玻璃化状态下，不会发生脱水，细胞结构维持正常，解冻后可恢复代谢和运动。因此，为了避免精液发生冰晶化，促进玻璃态形成，必须使精液降温时快速越过冰晶态形成温度区，并保持在能使精液形成玻璃态的超低温条件下（-250～-60℃）。精液的玻璃态形成过程具有不稳定的可逆性，当玻璃态精液缓慢升温经过-60～0℃温度区时可转化为冰晶态，同样会造成精子死亡。

基于以上原理，在精液冷冻保存技术中，无论是降温或升温，都必须快速进行，以避免在对精子有危害的冰晶化温度区域内经过的时间加长。另外，在冷冻稀释液中添加一定量的甘油、二甲基亚砜、乙二醇等抗冷保护物质，可增强精子的抗冻能力，并对防止冰晶发生起重要作用。甘油可渗入到精子内部发挥抗冻作用，但甘油浓度过高时对精子有毒害作用，可能造成精子某些酶的破坏和顶体损伤，使尾部弯曲等，从而影响精子的活力和受精能力，因此要限制甘油的浓度。

2. 精液冷冻保存技术步骤

目前，精液冷冻保存技术的一般步骤是：精液品质检查→精液稀释→降温和平衡→冷冻和保存→解冻和检查→精液运输。

（1）精液品质检查　精液品质好坏直接关系到冷冻后的效果，因此，应做好采精的准备和操作，争取获得优质的精液。采精后要将新鲜精液置于30℃左右的环境中，然后迅速准确地检查精液品质。作为冷冻精液用的原精液，精子活率应在0.8以上，并应选用第二段射精的精液，用前需用纱布过滤。

（2）精液稀释　稀释液成分的确定，要求能为精子提供营养物质，可缓冲精液渗透压的变化，能降低精液中电解质浓度，能防止精子发生冷休克和受到冻害，能抑制微生物生长繁殖，能为精子创造良好的理化条件，能保持精子活力。

目前精液冷冻保存应用最广泛的稀释液有两类：一是卵黄－Tris稀释液（配方见表1－5－1）；另一类是卵黄－乳糖稀释液，主要成分是卵黄、乳糖、甘油和抗生素类。从目前的研究结果看，卵黄－Tris稀释液优于卵黄－乳糖稀释液。

表1－5－1　卵黄－Tris稀释液的配方

成分	Tris	果糖	柠檬酸	卵黄	甘油	蒸馏水（加至）	抗生素
用量	2.422g	1.0g	1.36g	20ml	8ml	100ml	青、链霉素各10万IU

精液的稀释倍数应根据冷冻精液的分装剂型不同而异，现在生产中多采用一次稀释法和两次稀释法。

①一次稀释法：将含有甘油、卵黄的稀释液按一定的稀释倍数一次加入精液中，常应用于制作颗粒冻精、细管冻精及安瓿冻精。

②两次稀释法：在精液稀释过程中，为了避免甘油与精子长时间接触而造成的损伤，常采用两次稀释法，也就是将精液分两次稀释。首先用不含甘油的稀释液（第一液）对精液进行最后稀释倍数的半倍稀释，然后把首次稀释后的精液连同第二液一起降温至0～5℃，并在此温度下进行第二次稀释。

（3）降温和平衡　采用一次稀释法，降温是从30℃经1～2h缓慢降温至3～5℃，以防止低温对精子的打击。平衡是把稀释后的精液降温后，放置在3～5℃的环境中停留一定时间，其目的是使精子有一段适应低温的过程，同时使甘油能充分渗入到精子内部，达到增强精子耐冻性的作用。

（4）冷冻与保存　经过平衡后的精液，要进行分装。一般精液的分装保存形式有三种，即细管型、安瓿型及颗粒型。

①细管型精液的冷冻：用0.25～0.5ml塑料细管进行精液的分装，然后用逐步降温法或一步降温法进行冷冻。逐步降温法是将精液和冷冻保护液按1∶1或1∶2的比例进行稀释，平衡4h后，以5℃/s速度从5℃降到－15℃，然后再以20℃/s速度从－15℃降至－100℃，然后将细管直接投入到液氮中进行保存；一步降温法是将精液稀释后，在4℃环境下平衡2h，再将精液分装到细管中，用液氮直接进行快速熏蒸冷冻。或将稀释后的精液在0～5℃环境下平衡4h，分装在塑料细管中，在－114～－110℃温度下冷冻8～10s，然后放在液氮中进行保存。

②颗粒型精液的冷冻：即把精液直接滴冻成颗粒状。在滴冻前，将特制的铝盒放置在离液氮面2～3cm处，让其降温到-100℃以下，然后用滴管把精液直接在铝盒上滴冻成颗粒状，当精液冻实后收集起来放于液氮中保存。

③安瓿型精液的冷冻：即把精液分装到玻璃安瓿中，经降温平衡后，将其放在离液氮面2～3cm处的金属纱网上，用液氮熏蒸10min使其迅速冷冻，然后将安瓿冻精装入纱布袋内投入液氮中长期保存。

（5）冻精的解冻　冷冻精液的解冻温度、解冻方法都直接影响精子解冻后的活力。颗粒冷冻精液用37℃的生理盐水进行解冻，精子的复苏率较高。细管精液浸入在37℃温水中经30s解冻后可获得较好效果。0.5ml细管精液在37℃温水中放置5s也获得良好的解冻效果。安瓿冻精可直接将其放入50～55℃水浴中不断摇晃，融化一半时取出放入37℃的温水中或保温箱中。解冻后精液要进行活力和密度检查，对活力在0.35以上的精液可以用于输精，并根据其活力和密度确定输精量。解冻后的精液在体外放置数小时后精子活力会明显下降，一般解冻后最长不超过1～2h就要用于输精。

（6）冷冻精液的保存和运输　冷冻精液的保存原则是精液不能脱离液氮面，确保冷冻精液完全浸入液氮中。由于每取用一次精液就会使冷冻精液脱离液氮一次，如取用不当容易造成精液品质下降，因而从液氮中取用冷冻精液时一定要注意，不可将精液提筒超越液氮罐茎口下沿，脱离液氮的时间不得超过10s。

冷冻精液的运输应有专人负责，要检查所运输的冷冻精液的公犬品种、犬号、数量及精子活力是否符合要求后，方可运输。运输前将液氮容器充满液氮，容器外应罩好保护套，安放牢固，装卸时要轻拿轻放，严禁碰撞翻倒。运输中应避免强烈震动和暴晒。为保证冷冻精液的保存效果，要定期检查液氮的消耗情况，当液氮减少2/3时，需及时添加液氮。

五、输精

输精是把一定量的合格精液，适时而准确地输入到发情母犬生殖道内的一定部位，以使其妊娠的操作技术。输精是人工授精技术的最后一个环节，也是很重要的技术环节，是保证受胎率的关键步骤。输精前应做好各方面的准备，以确保输精工作的正常实施。

（一）输精前的准备

1. 母犬的准备

经发情鉴定确认可以输精的母犬，在输精前应尽量实行站立保定。母犬保定后，将尾巴拉向一侧，对阴门、会阴部进行清洗消毒。可先用清水洗净，再用消毒液涂擦消毒，后用生理盐水冲洗，最后用灭菌布擦干。

2. 输精器材的准备

可借用羊的输精器或自制输精器。自制输精器时，用塑料或不锈钢材料制成细管，长17cm，直径6mm，用10ml或5ml注射器与输精导管连接即可。阴道开膣器可根据母犬的情况进行设计和制作，或利用羊的阴道开膣器。输精用的各种器材使用前必须彻底清洗、消毒，用灭菌稀释液冲洗。玻璃和金属输精器可在高温干燥箱内消毒或蒸煮消毒；阴道开膣器或其他金属器材等用具，可高温干燥消毒，也可浸泡在消毒液内或酒精火焰消毒。输精管以每只母犬一支为宜，如需要重复使用时，必须先用生理盐水棉球将输精管外壁由尖端向后擦拭干净，再用酒精棉球涂擦消毒，待酒精挥发后再使用，切忌用酒精棉球涂擦后就使用。输精管管腔内先用灭菌生理盐水冲洗干净，后用灭菌稀释液冲洗后方可使用。

3. 输精人员的准备

输精人员穿好工作服，指甲剪短磨光，手消毒后戴上输精专用手套后再进行操作。

4. 精液的准备

输精用的精液要经过品质检查，确认合格后方可用于输精。

（二）输精要求

输精量应根据母犬体型大小以及精液的品质来确定，一般为1.5～10ml，有效精子数为0.6亿～2亿，新鲜精液的精子活力要求在0.6以上，每次发情输精2次。

对于冷冻精液，解冻后应立即输精，有效输精量应为0.25～0.5ml，含1 500万个精子，精子存活率不低于50%～70%。低温保存精液升温后精子活力不应低于0.5。

人工输精时，对母犬输精时间的确定非常重要。目前，临床上对发情母犬的排卵时间，尚无准确的判定方法。因此，只能从母犬允许交配的反应、阴道黏液涂片、阴唇肿胀程度等方面进行综合判断。母犬有交配反应时，允许公犬爬跨，用手触摸其阴唇或阴蒂时有尾巴歪向一侧的行为。从发情前期开始，用生理盐水冲洗阴道，进入发情期时，由于脱落的角化细胞在冲洗液中剧增，乳白色的混浊液体可持续2～3d，这个时期可作为输精时期。

（三）输精方法

1. 母犬的保定

将适合输精的发情母犬保定在输精架上，大型母犬可令其站在地面上，后躯抬高，将头部固定在助手的两膝之间。将保定好的母犬尾巴拉向一侧，露出阴门，用温水洗净母犬的外阴部并擦干，再用酒精棉球擦拭消毒。

2. 打开阴道

将阴道开膣器加温并涂上液体石蜡，轻轻插入阴道，使阴道开张，借助光线寻找子宫颈外口，用阴道开膣器前端顶住子宫颈突入阴道内的部分，向前并略向下推进，这有助于固定子宫颈的位置。

3. 注入精液

在输精管的前端涂以少量经灭菌的液体石蜡，通过阴道开膣器插入子宫颈，尽量插入到子宫颈管的深处或子宫体内，然后推动注射器，将精液缓慢注入。精液注射完后，将注射器取下吸入约1ml空气再注入，以顶出输精管内的残留精液。接着把输精管后退2～3cm并倒抽一下注射器，若没有吸到精液，就可一次性抽出输精管和阴道开膣器。如果倒抽注射器时，精液又倒流回注射器内，应把精液全部抽出，重新调整阴道开膣器位置，直到准确地完成输精操作。

母犬的子宫内输精比子宫颈内输精效果好，但由于母犬阴道前背侧有皱褶，子宫内输精比较困难。因此，可制作一个金属输精器，输精时，将阴道开膣器靠阴道背侧向前伸入抵达子宫颈，同时用另一手手指固定子宫颈，以便输精管顺利通过子宫颈到达子宫内。

4. 输精后的刺激

输精后为防止精液的流失，在输精后最好将母犬的后躯抬高几分钟，并立即将一手指伸入阴道前庭内5～10min，按摩阴蒂引起生殖道收缩，促使精子从阴道向上运行，并起到阴道塞的作用。

第三节　猫的配种和人工授精

一、选种与选配

（一）猫的选种

猫的选种是按照预定的育种目标，通过一系列方法，从猫群中选择优良个体作为种用的过程。对于宠物猫，由于人们的爱好和要求不同，选择的标准也应有所区别。

1. 看猫本身

观察猫的外貌、品种特征、生长发育情况等，要求公猫体型大，身体各部匀称，腹部紧缩，姿态端正，毛色纯正、密而有光泽，反应灵敏，精神饱满，两侧睾丸发育正常，性欲旺盛。母猫应外貌清秀，体型中等，品种特征鲜明，性情温和。

2. 看祖先

祖先应生长发育健康，体形外貌好，遗传性稳定，有明显的品种特征。

3. 看后代

如已有后代，应看其后代的表现，生长发育和体形外貌是否具有品种的优良特性。

（二）猫的选配

选配是在选种的基础上选择合适的公、母猫进行配种，目的是为了得到身体健康、抗病力强、遗传性稳定的后代。因此，做好选配工作十分重要。但是选配是比较细致而复杂的工作，应从以下几个方面着手。

1. 纯种繁殖

为了保持品种的优良遗传特性，应选择纯种猫进行交配，同时也应适当引进同品种的远血缘，最好在外地引进同一品种进行更新，以进一步提高其品质。

2. 防止近亲交配

4 代以内有血缘关系称为近亲，近亲交配会造成不良后果，如空怀率高，仔猫成活率低、生活力下降、体型小、多病，甚至出现死胎、畸形胎等现象。

3. 体形选配

在选配时要考虑到公、母双方体形不能相差太大，以防止交配过程中相互攻击而被咬伤。如果母猫体型小、公猫体型大，则很可能会使母猫分娩时发生难产。

4. 年龄选配

一般应选择青壮年的公猫与具有繁殖能力的母猫进行配种。如果选择老年公猫与青年母猫交配，则繁殖率低，后代生活力会不强。

二、猫的自然交配

猫的交配行为受交配经验及体内激素水平的影响。初配母猫对公猫的反应，开始时是抵抗，通过接触次数的增多才能慢慢接受。因此，让母猫和公猫多进行接触，有利于交配的顺利进行。发情时母猫散发出含有戊酸的外激素，成为交配信号，公猫嗅到气味便会来到母猫身边进行交配。

（一）交配时期

猫的交配具有季节性，一般是春、秋两季，春季2～3月份，秋季8～9月份，其他时间较少交配。猫是交配刺激排卵动物，在配种时为了提高配种率和受胎率，1只母猫可以选用1只公猫配种两次，也可选2只公猫与其配种。

（二）交配过程

猫的配种容易受周围环境及光照的影响，因此，猫的交配一般选择在光线较暗的地方，以夜间居多。交配时，公猫骑在母猫的身后，用牙齿紧紧咬住母猫的颈背，接着母猫靠地面蹲伏，但由于公猫阴茎朝向后方，于是公猫用后肢使身体处于适当的位置，并做出一系列迅速的腰荐部挺伸动作，经过3～5min时间，才能将阴茎插入阴道内，这时母猫会发出响亮的叫声。在此过程中，公猫保持安静不动，几分钟后射精完毕，母猫开始打滚，转身将公猫抛下来。然后，母猫不断舔前肢、体躯和阴门部。此时，母猫不准公猫再度爬跨，如果公猫前来追逐母猫，母猫会立即向公猫发起攻击。

猫的交配期平均为2d，最长为4d。在此期间，公猫因体力消耗和饮食量减少而体重降低。公猫在交配期间肾脏变大，可突出肋骨缘，有时会被误以为肿瘤。

有时，尽管母猫发情，但公猫对其无兴趣，这可能是由于公猫对环境不熟悉所致。要使公猫熟悉新环境，可能需要较长的时间。有些公猫在离开自己的饲养场所后拒绝与母猫交配，这种情况多见于把公猫带到母猫的饲养场所进行交配的时候。

如果是笼养猫或进行人工授精的猫，应根据母猫发情表现及其他检查结果，确定母猫进入发情期后再安排配种。

母猫交配后，发情持续1周后消失，进入妊娠期。未交配母猫发情持续10～13d，间隔约3周又开始发情。

三、猫的人工授精技术

目前国内在猫的繁殖中采用人工授精的报道还很少，但是随着养猫业的发展，人工授精将作为猫的繁殖技术而得到应用。猫的人工授精技术可以提高优良品种公猫的利用率，使其后代数量增加，并能提高受胎率，也能防止母猫生殖器官疾病的传播。

猫的人工授精可用鲜精或冷冻精液，输精成功的先决条件是母猫应处于发情期。

（一）采精

进行精液品质检查或人工授精时，都需要采集公猫精液。猫的采精可用假阴道法或电刺激采精法。

1. 假阴道法

假阴道是人工模仿母猫阴道的生理环境而设计的一种采精用具。猫用假阴道外壳长8～10cm，直径4cm左右，外壳中央有注水孔。采精用的假阴道应具备温度、压力、润滑度三个基本要素。

在用假阴道对猫采精时，必须要在有发情母猫存在的情况下进行训练。经过2～3周训练后，约有20%的公猫可适应假阴道采精。采精操作时，假阴道内胎温度应为44～46℃。当公猫阴茎开始勃起时，把假阴道套在阴茎上，用手指在外壁加压刺激，1～4min即可引起射精。在采精过程中，不可用力过猛，以免过度刺激公猫阴茎，引起公猫不适。使用假阴道采精时，每周可采精 2～3 次，但对于同一只公猫每 3 周采精 1 次比较合适。每次采精可收集精液 0.01～0.12ml，平均为 0.04ml。每毫升精液含精子57×10^6个，精子活力为80%～90%。

2．电刺激法

采用电刺激法采精时，先将欲采精的公猫进行全身麻醉，然后将电极探头涂抹润滑剂后插入公猫的直肠内。调节电刺激采精的频率，刺激电压为 2～8V，电流强度为5～22mA。

电刺激法每周可采精一次，每次可采精 0.23ml，精子总数为 28×10^6，精子活力为60%。电刺激法采精量较大，可能是副性腺分泌物较多所致。

（二）精液品质检查

猫的精液品质检查指标和方法与犬的精液品质检查指标和方法相同。

猫的射精量少，一般将采得的精液用少量生理盐水稀释，然后用显微镜检查精子活力和密度，也可检查精子畸形率和顶体完整率。

猫精液的 pH 值为7.0～7.9，平均为7.4。猫正常精子长度为55～65μm，精子头部的长和宽分别为6.5μm 和3μm。精液中异常精子占 10%左右，精子异常类型及比例为：头部异常占（11 ±1.4）%，颈部异常占（5 ±1.5）%，中段异常占（2 ±0.5）%，主段异常占（21 ±5.0）%，末段异常占（7 ±0.8）%。

宠物猫户主一般不具备显微镜等仪器设备，可将采得的精液直接用生理盐水稀释，用于发情母猫输精。一般情况下只要成年公猫身体健康，精液质量基本没有问题。

（三）精液冷冻

稀释液用蒸馏水配制，含 20%（V/V）卵黄，11%（w/V）乳糖及 40%（V/V）甘油，并加入链霉素和青霉素 G，使其浓度分别达到 1 000μg/ml 和 1 000 IU/ml。

采精后，立即于室温条件下，在精液中加入灭菌生理盐水及稀释液各 200 μl，并混合均匀。在进一步稀释前，应检查精子的活力及密度。在 5℃条件下平衡 20min 后，继续加入稀释液，使鲜精稀释倍数达到 1∶1，然后将稀释好的精液冷冻成颗粒，装入纱布袋内保存于液氮中。

猫的冷冻精液以 37℃，0.154 mol/ml NaCl 溶液解冻效果最好。

（四）输精

1．精液稀释

新鲜精液可不加稀释直接用于输精。但新鲜精液经稀释后，可延长精子的存活时间及扩大输精母猫只数。因此，如果采集的新鲜精液不能立即使用，可将精液稀释后存放一段时间。根据鲜精的精子密度，猫的精液可按 1∶8～1∶3 倍稀释，稀释后，精子在数小时内受精率不会降低。

常用的猫精液稀释液有以下三种：

（1）新鲜牛奶（经 92～94℃消毒 10min）；

（2）含 2%脂肪的消毒均质奶；

（3）2.9%柠檬酸钠溶液 +20%卵黄。

2．输精

（1）输精前的准备　使用冷冻精液时，要先进行解冻，解冻过程一定要快，从液氮中取出颗粒冻精，立即投入到37℃的适量生理盐水中。输精时，将母猫按照5～10mg/kg体重剂量肌肉注射氯胺酮进行麻醉，并使其仰卧，将后躯抬高，直至输精后20min。

（2）输精要求　应用冷冻精液时，每次需输入活精子数5×10^7～1×10^8个，至少需输精两次，每次输精量为0.1ml。因此，冷冻精液经解冻后须经离心处理，以提高精子密度。

新鲜精液采集后立即用生理盐水稀释到1ml，每次输精0.1ml，每次保证输入有效精子1.25×10^6个才能受精。

（3）输精过程　用头部磨钝的吸管或尖端磨光的9cm的20号注射针头，接上1ml的注射器，吸取经稀释后的精液，小心插入阴道内，在靠近子宫颈口处注入精液。为提高受胎率，可间隔24h再输精一次。输精后轻轻拍打母猫臀部数次，以刺激阴道和子宫的收缩，防止阴液逆流出体外。

复习思考题

1. 名词解释：人工授精、精子活力、精子密度、精子存活时间和存活指数、精液冷冻保存。
2. 如何利用假台犬对公犬进行采精调教？
3. 如何检查和评定精子的活力？
4. 如何用计数法测定精子的密度？
5. 精液品质检查的目的是什么？检查的项目有哪些？
6. 精液稀释液一般分为哪几类？精液稀释有何意义？
7. 简述精液低温保存和常温保存的原理。

第六章　犬、猫的受精与妊娠

第一节　受精

受精是两性配子（精子和卵子）相结合形成合子的过程。受精标志着胚胎发育的开始，是一个具有双亲遗传特征的新生命的起点。

一、配子运行

精卵结合的受精部位是在输卵管壶腹部，因而在受精前雌雄配子必须在雌性生殖道内相向运行一段距离，才能到达受精部位。精子和卵子进入输卵管到达受精部位的过程，称为配子的运行。

（一）精子运行

1. 精子的运行过程

精子的运行是指精子由射精部位到达受精部位的过程。进入雌性子宫内的精子，必须经过子宫体、子宫角、宫管连接部才能进入输卵管，最终到达输卵管壶腹部与卵子结合受精。雌性发情时，尤其在交配时，雌性释放的催产素与精液中的前列腺素可增加子宫的活性，使子宫肌层收缩增强，对精子进入和通过子宫到达宫管连接部起着主要作用。子宫的收缩波由子宫传向输卵管，推动子宫内液体的流动，进而带动精子到达宫管连接部，最后进入输卵管完成受精过程。

2. 精子运行的动力

（1）雄性的射精力量　雄性射精时，尿生殖道肌肉有次序的收缩，将精液推出尿生殖道，这是精子运行的最初动力。

（2）精子本身的运动能力　精子的尾部可以活动，这种活动能力对精子到达受精部位是不容忽视的。

（3）雌性子宫颈的吸入作用　雌雄交配时，雄性阴茎的抽动和雌性阴道的收缩以及雄性阴茎球腺的膨大，使雌性子宫内形成负压，进而可将精液吸入子宫内。

（4）雌性生殖道内在的自发运动力　雌性发情时，子宫的蠕动强而有力；雌雄交配时，雄性对雌性生殖道的刺激，能反射性地刺激垂体后叶分泌催产素，使子宫收缩加强，这对精子运行到宫管连接部有促进作用。

(5) 雌性生殖道内液体的流动　精子随着雌性生殖道内液体的流动而运行，而液体的流动取决于子宫及输卵管肌肉的收缩活动。

(6) 精液内含有某些能刺激子宫活动的物质　精液进入子宫后，精液内的某些物质（如前列腺素）可以刺激雌性生殖道的收缩，促进精子的运行。

3. 精子运行的速度

精子在雌性生殖道内的运行速度受精子活力、雌性子宫的收缩强度等因素的影响。一般情况下，精子活力高、子宫收缩有力，精子运行的速度就快；经产老龄的雌性由于其子宫松弛，所以精子运行的速度就慢。其他因素如交配或输精的质量等也会对精子运行的速度产生影响。

4. 精子在雌性生殖道内的存活时间与保持受精能力的时间

由于精子缺乏细胞质和营养物质，同时又是一种很活跃的细胞，因此在雌性生殖道内的存活时间就比较短暂，有的虽然还具有活动能力，却已丧失了受精能力。精子的活动能力和受精能力是有区别的，一般活动能力较受精能力时间长。

确定精子在雌性生殖道内的受精寿命，对于确定配种间隔时间，保证有受精能力的精子在受精部位等待卵子很重要。此外，精子在雌性生殖道内的存活时间不仅与精子本身的品质有关，还与雌性生殖道内的生理环境有关。一般情况下，犬的精子在雌性生殖道内的存活时间为268h，而受精寿命为134h。

（二）卵子运行

1. 卵子的运行过程

卵子的运行是指卵子从成熟卵泡排出之后，沿着输卵管伞部的纵行皱褶下行，进入输卵管壶腹部的过程。被输卵管伞部接纳的卵子，沿着输卵管伞部的纵行皱褶通过漏斗口进入壶腹部，在此与获能精子相结合，完成受精过程，然后能继续运行到子宫内。

2. 卵子运行的机制

卵子无运动能力，它能在输卵管内运行，主要靠输卵管肌层的活动、输卵管上皮纤毛向子宫方向的颤动、管内液体的流动及卵巢激素的调节作用来完成的。

3. 卵子保持受精能力的时间

犬的卵子维持受精能力的时间为排卵后的60～108h。卵子维持受精能力的时间与卵子本身的品质及输卵管的生理状况有关，而卵子的品质又与对雌性的饲养管理有关。卵子受精能力的丧失不是突然的，如果延迟配种，卵子可能在接近其受精寿命的末期受精，这样形成的胚胎其活力不强，可能在发育的早期被吸收，或者在出生前死亡。卵子过于衰老时，受精就变得异常，或者完全丧失受精能力。

卵子到达受精部位后，如果没有精子与之受精，则继续运行，此时的卵子已接近衰老，又由于卵子外面包上了由输卵管分泌物形成的一层隔膜，从而阻碍精子进入。所以在实际工作中，最好在排卵前的某一时刻配种，使受精部位有活力旺盛的精子等待新鲜的卵子，进而能提高受精率。

二、配子受精前的准备

（一）精子获能

雄性刚射出的精子尚不具备受精能力，当精子在雌性的子宫、输卵管内运行时，在形态和机能上发生一系列变化，进而获得受精能力的生理现象称为精子获能（图 1-6-1）。

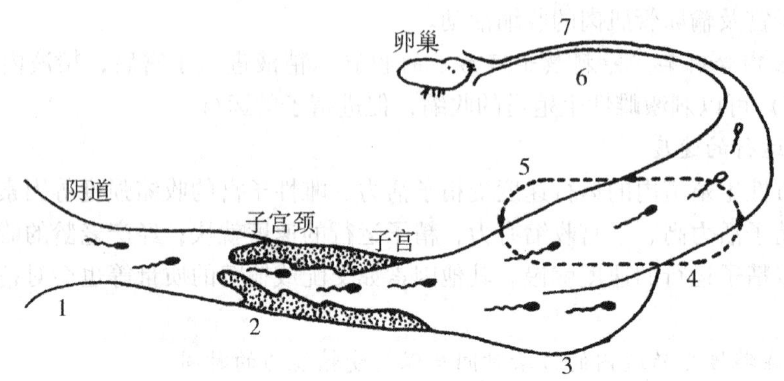

图 1-6-1　精子在雌性生殖道内运行时发生的与精子获能有关的生理现象

1. 射精部位（在此处具有高水平的胆固醇、氨基葡聚糖以及其他精液成分）　2. 子宫颈黏液（精液及不活动的精子均可由此通过）　3. 子宫分泌物（在雌激素作用下，除去了精子表面的某些成分）　4. 获能（从精子表面移去胆固醇、氨基葡聚糖和其他成分）　5. 去能（如将精子重新在精液中孵育，则又恢复其原表面覆盖物）　6. 输卵管（精子在峡部贮存）　7. 在钙离子存在条件下，低水平的胆固醇和氨基葡聚糖为顶体反应提供适宜环境

1. 获能部位

精子获能是在雌性子宫内进行，最后在输卵管内完成。子宫和输卵管对精子的获能起协同作用，除此之外，其他组织液也能使精子获能，但这种获能不像在输卵管内获能那样完全，只能部分获能。

现已发现，精子获能不仅可以在同种动物的雌性生殖道内完成，还可在异种动物的雌性生殖道内完成，也可在体外人工培养液中完成。最有利于精子获能的部位是发情雌性的生殖道。

2. 获能所需的时间

公犬射精后，其精子 15min 基本可以到达输卵管，时间要先于卵子，在此期间精子得以获能。犬的精子获能所需时间在 6h 左右。

（二）卵子的变化

卵子在运行到受精部位的过程中，与精子一样，需要经历一个类似精子获能的受精准备过程，而获得与精子结合的能力。

1. 卵子的成熟

一般认为，刚排出的卵子还没有成熟，在被排出进入输卵管后，卵子才最后成熟。

2. 卵子的受精能力

卵子的质膜内表面整齐排列着一些由高尔基复合体组成的皮质颗粒，在受精时与精子接触并排出小胞内的酶。当皮质颗粒达到最大数量时，卵子的受精能力最高。此外，卵子进入输卵管后，卵黄膜的亚微结构发生变化，暴露出和精子结合的受体。

三、受精过程

一般情况下，受精时精子依次穿过卵子外围的放射冠、透明带和卵黄膜三层结构，进入卵子之后，精子头部形成雄原核，卵子核形成雌原核，然后进行配子配合，完成受精过程（图 1-6-2）。

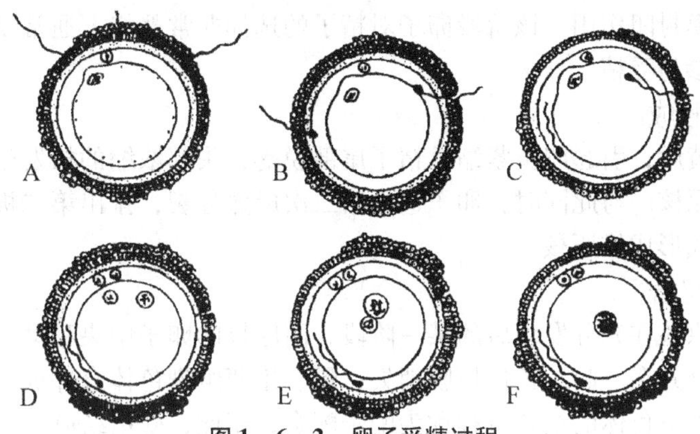

图1-6-2　卵子受精过程

A. 精子接触到透明带，此时卵母细胞处于成熟分裂Ⅱ的中期，第一极体已排到卵黄周隙。　B. 精子穿过透明带与卵黄膜接触，引起透明带反应。　C. 精子进入卵黄内　D. 雄原核和雌原核发育，第二极体释放到卵黄周隙。　E. 原核进一步发育，雄原核比雌原核大，互相靠拢。　F. 受精完成，原核经融合形成具有二倍体的合子。

（一）精子溶解放射冠

受精前大量精子包围在卵子周围，获能精子与卵子的放射冠细胞一接触便发生顶体反应（图1-6-3），顶体内释放出透明质酸酶和顶体酶，以溶解放射冠细胞的胶样基质，使精子接近透明带。此时卵子对精子的选择不够严格，即使不同种属动物的精子也能溶解不同卵子放射冠细胞的胶样基质。虽然参加受精的精子是极少数的，但精子的浓度对溶解放射冠细胞具有重大意义，这是由于精子浓度大时，可以产生更多的透明质酸酶的缘故，但浓度过大时，则会使卵子完全溶解，丧失受精能力。

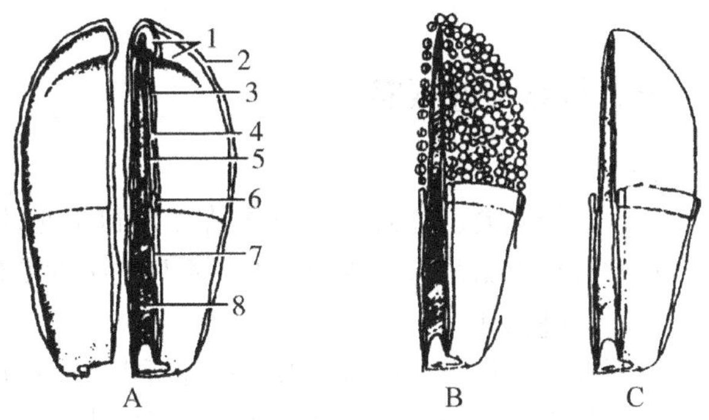

图1-6-3　哺乳动物精子顶体反应过程中相继出现的生理现象

A. 未出现顶体反应的精子完整的质膜和顶体外膜；
B. 顶体反应出现时，精子的质膜与顶体外膜之间出现融合，结果使精子的表面形成许多泡状结构。包括穿透卵和可使卵受精的多种顶体酶被释放出来，并使顶体内膜裸露；
C. 在穿透透明带时，顶体膨胀并常常脱落，只有顶体内膜仍留存在精子头部的前部
1. 顶体嵴　2. 质膜　3. 顶体外膜　4. 顶体质
5. 顶体内膜　6. 赤道板　7. 核后膜　8. 核

（二）精子穿过透明带

穿过放射冠的精子，当头部接触透明带时，头部的顶体具有能使透明带软化的酶，它为精子钻入透明带接触卵黄膜溶解出一条通道，而精子本身充沛的活动力，对推动它继续钻入也起重要作用。在此阶段，透明带对精子的种类具有选择性，并且发生透明带反应而限制进入的精子数量。

（三）精子进入卵黄膜

精子穿过透明带，进入卵周隙后，卵黄膜上的微绒毛先抓住精子头部，然后精子质膜和卵黄膜破裂，并且相互融合成统一的膜将精子包裹起来，精子即被转入卵黄膜之内。某个精子一旦进入卵黄膜，便在精子头部上方的卵黄膜上形成一个突起，从而导致卵黄膜的性质发生改变，进一步阻止了其他精子进入卵黄膜，防止多精子受精，这种多精子入卵阻

滞作用称为卵黄膜封闭作用。该阶段卵子对精子的选择非常严格，通常仅有同种的一个精子进入卵黄膜内参与受精。

（四）原核形成

精子进入卵黄后，引起卵黄紧缩，精子尾部脱落，头部浓缩的核发生膨胀，核仁核膜形成，此即为雄原核。与此同时，卵子进入第二次成熟分裂，排出第二极体，并以与形成雄原核相似的方式形成雌原核。

（五）配子配合

雌原核和雄原核在充分发育后的某一阶段，两原核向卵子中央移动，相遇接触，体积迅速缩小，最后合并在一起，核仁核膜消失，雌、雄两组染色体合并成一组。从两个原核的彼此接触到两组染色体的结合过程称为配子配合，至此，受精结束。

第二节　妊娠

一、妊娠与妊娠期

（一）妊娠

妊娠是指母犬、母猫从卵子受精开始到胎儿及其附属物排出体外为止的复杂生理过程，在此过程中胎儿与母体均发生一系列的生理变化。

（二）妊娠期

妊娠期是指母犬、母猫妊娠全过程所需要的时间。妊娠期有两种划分方法，一种是以卵子受精为起点，另一种是以受精卵在子宫内着床为起点。因卵子受精或受精卵着床的时间难以确定，所以，通常以母犬、母猫最后交配日到分娩日这段时间为妊娠期。

1．犬的妊娠期

犬的妊娠期限不易准确判断，其原因如下：①交配可持续数日，而且排卵前就有可能交配；②排卵时间有一定变化；③刚排出的卵子不能受精，在受精前卵子要经过2～5d的成熟过程；④精子在母犬生殖道内可存活多日。

犬的妊娠期有一定的范围，并受品种、遗传以及环境条件的影响而有所不同。而且，母体的年龄、胎儿性别、季节及营养状况对妊娠期也有一定影响。一般青年犬比老年犬妊娠期长；怀雄性胎儿母犬的妊娠期比怀雌性胎儿母犬的长。

犬的妊娠期一般为58～63d，在母犬卵子成熟后进行交配的妊娠期为58d。因而，若注意观察母犬对公犬爬跨的允许状态，推测排卵时间后进行交配，则可准确确定妊娠时间和分娩时间。

2．猫的妊娠期

猫的妊娠期为51～71d，平均63～66d。妊娠期可因胎儿数目增多而缩短，但不能用于推算预产期。猫的预产期可根据配种日期，X射线透视结果及腹壁形状来推算或估计。猫胎儿的胎龄可由下式计算，误差为±3d。

胎儿日龄＝15.335＋3.9805×胎儿体长（cm）－0.0675×胎儿体重（g）

二、胚胎早期发育

受精卵也称合子。合子形成后即开始进行有丝分裂，因此，早期胚胎的发育在输卵管内就开始了。犬、猫受精卵的发育及其进入子宫的时间有明显的种间差异（表 1－6－1）。

表 1－6－1　犬、猫受精卵发育及进入子宫的时间

动物种类	受精卵发育（h）					进入子宫	
	2 细胞	4 细胞	8 细胞	16 细胞	桑椹胚	天数	发育阶段
犬	96	－	144	196	－	8.5～9	桑椹胚
猫	40～50	76～90	－	90～96	<150	4～8	桑椹胚

受精的结束标志着合子（早期胚胎）开始发育，其特点是：DNA 的复制非常迅速；细胞仅限于分裂而没有生长，其分裂是在透明带内进行的，所以整个体积并未增加。这种分裂称为卵裂，卵裂所形成的细胞又称卵裂球。胚胎的早期发育，以其形态特征大体可分为以下三个阶段（图 1－6－4）。

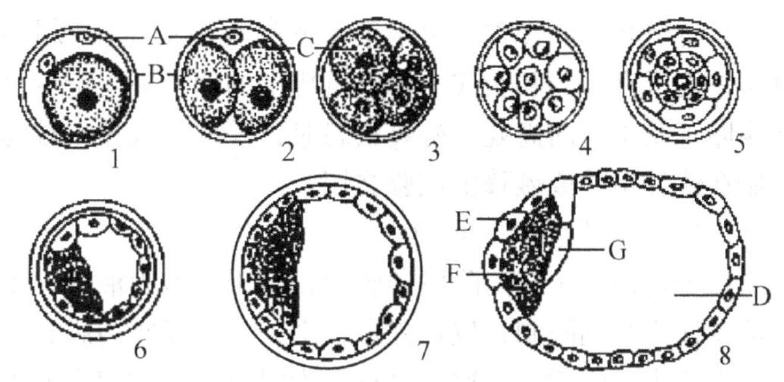

图 1－6－4　胚胎早期发育过程示意图

1. 合子　2. 2 细胞胚　3. 4 细胞胚　4. 8 细胞胚
5. 桑椹胚　6. 初期囊胚　7. 孵化囊胚　8. 晚期囊胚
A. 极体　B. 透明带　C. 卵裂球　D. 囊胚腔　E. 滋养层
F. 内细胞团　G. 内胚层

（一）桑椹期

合子在透明带内进行有丝分裂，卵裂球呈几何级数增加。但是，卵裂球并非均等分裂，往往较大的一个先分裂，较小的后分裂，造成某瞬间会出现卵裂球为奇数的情况。

当胚胎的卵裂球达到 16～32 个时，随着卵裂球数目不断增加，由于受透明带的限制，细胞体积逐渐缩小，并从球形变成楔形，互相扁平，使细胞最大程度地接触，产生各种连接，以至于 32 个细胞在透明带内形成致密的细胞团，其形状像桑椹，所以称为桑椹胚。而胚胎的这一发育阶段，称为桑椹期。

（二）囊胚期

当受精卵分裂到 16～32 个细胞后，细胞团中央开始出现裂隙，裂隙逐渐扩大成囊腔，内部充满液体。此时细胞也开始分化，一部分细胞仍聚集成团，另一部分细胞逐渐变为扁平形围在囊腔的周围，此时的胚胎称为囊胚。

在囊胚发育过程中出现细胞定位现象。在胚胎的一端，细胞个体较大，密集成团称为内细胞团（ICM）；另一端，细胞个体较小，只沿透明带的内壁排列扩展，这一层细胞称为滋养层；在滋养层和内细胞团之间出现囊胚腔。胚胎的这一发育阶段称为囊胚期。

囊胚阶段的内细胞团进一步发育成胚胎本身，滋养层则发育成胎膜和胎盘。囊胚的进一步扩大，逐渐从透明带内伸展出来，变成扩张囊胚，这一过程叫做“孵化”。囊胚一旦脱离透明带，即迅速增大，由于细胞的进一步分工而失去其全能性。

（三）原肠期

由囊胚进一步发育，当出现内、外胚层后，此时的胚胎称为原肠胚。而胚胎的这一发育阶段称为原肠期。原肠胚出现后，在内胚层和外胚层之间出现中胚层，中胚层又可分化为体壁中胚层和脏壁中胚层。

三、胚胎附植

（一）早期胚胎的迁移

处于卵裂期的早期胚胎，沿着输卵管运行，大约在排卵后6～9d进入子宫角内，此时正处于桑椹胚或囊胚的早期。在迁移期间，胚胎的营养物质供应一方面依赖自身贮备，另一方面依赖输卵管及子宫内膜的分泌物。胚胎进入子宫内并不立即着床，而是在子宫内有一个呈游离状态的过程。由于子宫壁的收缩，在迁移中可能使囊胚改变在子宫内的位置，以至一侧子宫角的胚胎或一侧卵巢排出的卵子在受精后可能迁移至另一侧子宫角。当胚胎在输卵管及子宫内尚处于游离状态时，采取冲洗技术较易将这些早期胚胎冲出，以供早期胚胎在体外培养或做移植试验之用。

（二）早期胚胎的附植

在子宫内处于游离阶段的胚胎，由于胚泡内液体的不断增加，体积的变大，在子宫内的活动逐步受到限制，位置固定下来，并与子宫内膜相粘附，随后胚胎外层与子宫内膜发生组织和生理的联系，这一过程称为附植，也称植入或着床。胚胎附植后，使胚胎与母体间建立了胎盘联系，从而可从母体血液中吸收营养，并把代谢废物排入母体血液。

1. 附植部位

胚胎在子宫内附植的部位，通常都是在子宫血管稠密、可获得丰富营养的部位附植，并且各胚胎间附植距离均等。实际上胚胎附植的具体部位是固定的，即胚体位于子宫系膜的对侧，如此可使滋养层靠近血管稠密而营养丰富的子宫系膜侧。犬和猫的多个胚胎在左、右子宫角内的附植情况大致是数量相同、间距相等。

2. 附植过程

胚胎附植是一个渐进的过程，准确的附植时间差异很大。最初是在胚胎和子宫内膜相接触的部位发生反应，随着囊胚的扩展，接触面增大，发生反应的部位也随之扩展。胚胎附植时子宫的变化，是在雌激素和孕激素的协同作用下进行的。首先是在雌激素的作用下，子宫内膜开始增生，接着在孕激素的作用下，子宫内膜更加明显增厚，子宫腺体增殖，分泌增强，子宫肌兴奋性受到抑制，在此期间，胚胎接触子宫内膜发生附植。

3. 附植时间

（1）犬胚胎附植时间　犬排卵后卵子进入输卵管并与精子结合，即受精约在排卵后24～48h。受精卵转移到输卵管中部，在排卵72h后开始分裂，在排卵后96、120、144、168和192h，受精卵分别发育到2、2～5、8、8～16和16细胞胚，并转移到输卵管子宫端，在排卵204～216h后桑椹胚进入子宫。在子宫里，桑椹胚很快发育成囊胚，再经约一周的发育，即在配种后大约17～22d，胚胎附植在子宫里，与母体间建立了胎盘联系。

（2）猫胚胎附植时间　猫卵子受精后不断地进行细胞分裂，同时向子宫方向移动，约在配种后第6d进入子宫，此时胚胎已发育成囊胚，至第12d时囊胚伸长呈椭圆形，至第13d时囊胚定向，胚极朝向子宫内膜，并在子宫上皮和胚胎之间形成连接复合物，至第

14d 子宫上皮出现糜烂，胚胎附着侧显著水肿，然后定位附植，结束早期胚胎在子宫内的游离状态。

四、胎膜与胎盘

在胚胎发育的早期，出现胚外体腔，经过复杂的分化，形成胎膜及与子宫发生联系的胎盘。其功能是通过胚外附属系统为胚胎提供营养，进行代谢，保护胚胎的继续生长发育，是子宫内胎儿发育的临时器官。

（一）胎膜

胎膜是位于胎儿和母体子宫内膜之间的卵黄膜、羊膜、尿膜和绒毛膜的总称（图1－6－5）。胎膜是胎儿和子宫黏膜之间交换气体、养分和代谢产物的临时性器官，对胚胎和胎儿发育极为重要。其作用是通过与母体子宫黏膜交换气体、养分和代谢产物，满足胎儿的生长发育。胎膜是胎儿的暂时性器官，在胎儿出生后即被摒弃。

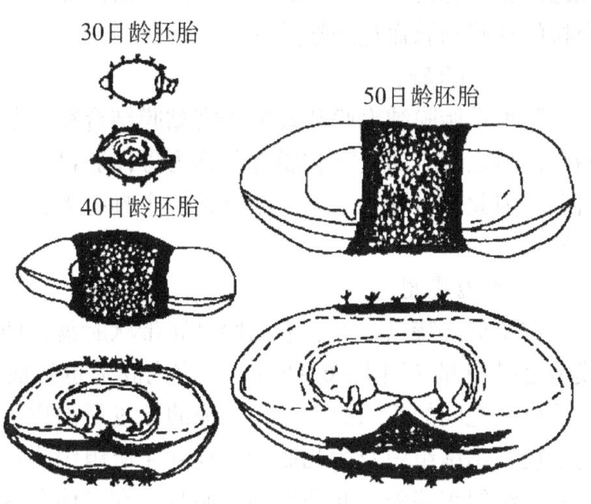

图1－6－5　犬的胎儿胎膜与胎盘模式图

1. 卵黄囊

胚胎发育的初期，卵黄囊就开始发育，它是胚胎重要的营养器官，是胚胎发育初期从子宫内吸取养分和排出废物的原始胎盘。卵黄囊与滋养外胚层相接，当胚胎接触子宫内膜时，滋养外胚层从子宫内膜吸收营养后通过卵黄囊进入胎儿体内，供胎儿生长发育的需要。不久，随着尿膜的发生，形成尿膜脉络膜后，取代卵黄囊发挥作用，卵黄囊才开始萎缩，最后在脐带中留下一点痕迹，称为脐囊。

2. 羊膜

羊膜是最靠近胎儿的一层膜，呈半透明状，在胎儿脐孔处和胎儿皮肤相连。羊膜和胎儿之间的空腔称为羊膜腔，内含有羊水。羊水量在妊娠初期很少，随着胎儿发育而逐渐增加，能保护胚胎免受震荡和压力的损伤。羊膜自形成后到分娩前能自动收缩，使处于羊水中的胎儿呈轻微摇动状态，从而促进胚胎的血液循环。分娩时羊膜破裂，羊水流出，能够润滑产道，有利于胎儿通过产道排出母体外。羊膜外侧被覆尿膜，两膜之间有血管分布。

3. 尿膜

尿膜是处于羊膜和绒毛膜之间的囊膜，分为内外两层，其间是含有尿水的尿囊腔。犬、猫妊娠3周时，尿囊从胚胎后肠突出，于带状绒毛部（胎盘部位）与羊膜绒毛膜相接。随着尿囊扩大，尿囊向胎儿的长轴方向延伸，最终延伸到羊膜囊上方。初期的尿囊仅限于带状胎盘部，此时，胚泡两端无血管，后来尿膜扩展，胚泡两端才分布血管。卵黄囊横置于尿膜底部，两端附着于尿膜内侧面。

4. 绒毛膜

绒毛膜是胎膜的最外层。绒毛膜上分布着绒毛，绒毛与母体子宫内膜相连形成胎盘，进而使胎儿和母体之间建立了联系。

5. 脐带

是连接胎儿腹部和胎膜之间的索状物。脐带内有两条脐动脉、两条脐静脉、一条脐尿管和卵黄囊退化物。脐静脉接近胎儿体时汇合成一条，脐动脉是胎儿下腹动脉的延续。胎儿通过脐动脉把体内循环的无营养静脉血液导入胎盘。脐静脉把在胎盘处与母体进行气体交接的新鲜动脉血运送给胎儿。

（二）胎盘

胎盘是胎膜绒毛膜和妊娠子宫黏膜结合在一起的组织。胎盘中的绒毛膜部分称为胎儿胎盘，与之相应的子宫黏膜部分称为母体胎盘。发育中的胚胎通过胎盘从母体血液中吸收营养。因此，对胎儿来说，胎盘是一个具有多种功能并和母体有联系但又相对独立的暂时性器官。

1. 胎盘类型

按照形态特点，犬、猫的胎盘属带状胎盘，即胎儿胎盘呈腰带状，环绕在卵圆形的尿膜绒毛膜中部（图1-6-5）；子宫内膜上也形成相应的带状母体胎盘。按照母体血液和胎儿血液之间的组织层次，犬、猫的胎盘属内皮绒毛膜胎盘，即只有子宫血管内皮和绒毛的上皮、结缔组织及胎儿血管内皮共4层组织将母体血液和胎儿血液分开，子宫黏膜的上皮和结缔组织消失。此种类型的胎盘，在母体分娩时，子宫内膜发生蜕膜现象。

2. 胎盘的功能

胎盘是连接母体和胎儿的纽带，是母体和胎儿间进行气体、营养、代谢产物交换的接口，是胎儿的防御屏障。胎盘还能分泌某些激素，具有调节和维持妊娠的作用。

(1) 气体交换　胎盘是母体血液和胎儿血液间完成气体交换的场所。由于胎儿血红蛋白对氧的亲和力高，致使脐动脉的未氧合血从胎儿运送到胎盘，脐静脉把氧合后的血运给胎儿。胎儿二氧化碳的排出是由于胎儿血液对二氧化碳的亲和力低，有利于其从胎儿传送到母体，实现二氧化碳的排出。

(2) 营养代谢　胎儿所需要的营养物质均需由母体通过胎盘供给。水可以自由通过胎盘，从母体直接进入胎儿。蛋白质不能经胎盘直接运输给胎儿，只有经绒毛膜的蛋白分解酶分解成分子量低的氨基酸，并在胎盘中再合成后，才能被胎儿吸收利用。母体血脂含量高于胎儿，却不能直接通过胎盘，只有分解为脂肪酸和甘油后才能被胎儿吸收。胎儿血浆中的镁主要来源于子宫分泌物，胎盘绒毛直接摄取母体血红蛋白所含的铁及含铁色素。钙和磷是以逆渗透梯度吸收通过胎盘进入胎儿体内的，并在胎儿血液中保持较高水平，而且随着妊娠期的进展而增加。

(3) 胎盘屏障　胎儿为生长发育的需要，既要同母体进行物质交换，又要保持自身内环境同母体内环境的差异，胎盘的特殊结构是实现这种生理作用的保障，称为胎盘屏障。在这一屏障的作用下，尽管可以使多种物质经各种转运方式通过胎盘进入胎儿体内，但具有严格的选择性。

另外，母体可经胎盘使胎儿对某些疾病有被动免疫力。一般细菌病原体是不能通过胎盘的。但是某些病原可在胎盘上先形成病灶，然后再进入胎体。

胎盘对抗体的运输也具有明显的屏障作用。犬、猫只有少量的抗体可由胎盘进入胎儿，大部分抗体是出生后从初乳中获得。

(4) 内分泌作用　胎盘可产生雌激素和孕激素。母体妊娠早期体内的雌激素、孕激素是由卵巢分泌的，以后则由胎盘代替而成为维持妊娠及胎儿发育的主要激素。

(5) 排泄废物作用　胎儿的代谢产物如尿酸、肌酐等是由胎盘经母体血液排除。

五、妊娠诊断

(一) 犬的妊娠诊断

妊娠诊断的目的是为了掌握犬配种后妊娠与否和妊娠月份以及与妊娠有关的其他情况。妊娠过程中，母犬生殖器官、全身新陈代谢和内分泌都发生变化，而且这些变化在妊娠的各个阶段具有不同的特点。妊娠诊断就是根据母犬妊娠后所表现出的各种变化征状来判断是否妊娠以及妊娠的进展情况。

临床上早期妊娠诊断的意义较大，对确诊已经妊娠的母犬，要加强饲养管理，增强母犬的健康，保证胎儿正常生长发育，防止流产，预测分娩日期，以便做好产仔准备。对未妊娠的母犬，可以及时进行检查，找出未孕的原因，采取相应的治疗或管理措施，从而提高母犬的繁殖效率。

目前，给犬妊娠诊断的方法主要有以下几种：

1. 外部观察法

母犬妊娠20d左右，表现食欲增加，被毛光亮，性情温顺，行动迟缓。随着妊娠时间的推移，以上变化逐渐明显。妊娠35～40d，可以看到腹围明显增大，体重迅速增加，排尿次数增加，乳腺逐渐胀大，甚至可以挤出乳汁。妊娠50d后在腹侧可见“胎动”，在腹壁可用听诊器听到清脆、频率快、第二心音不明显的胎儿心音。

母犬配种后因营养、生理疾患或环境应激造成的乏情也有时被误诊断为妊娠的表现。因而，外部观察法并非一种准确和有效的方法，常作为早期妊娠诊断的辅助方法。

2. 触诊法

触诊法是隔着母体腹壁触诊是否有胎儿和胎动的方法。腹壁触诊到胎儿者即可诊断为妊娠，但触不到胎儿时不能否定妊娠。此法可用于妊娠早期（配种20d后）的诊断，是妊娠诊断中最实用、最可靠的方法。

经腹壁触诊子宫可进行早期妊娠诊断，其准确性因犬的性情、大小、妊娠阶段、胎儿数目及操作者的水平而异。妊娠20～23d时，子宫角增粗，能隐约感觉到子宫内胎儿的存在；妊娠24～30d时，可以清楚地摸到子宫角内胎儿的散在性分布，胎儿之间有明显的距离；妊娠30d后，很难摸到子宫角，胎囊体积增大、拉长、失去紧张度，胎儿位于腹腔底壁；妊娠40d后，子宫体积增大，仅能摸到增粗的子宫角，仔细触摸可感觉胎儿的形状；妊娠50d后，隔着腹壁可感觉胎动，并可听诊到胎儿的心音；妊娠55～60d胎儿增大，很容易触诊到。

3. 超声波诊断法

此法是通过线型或扇型超声波装置探测胚泡或胚胎的存在来诊断妊娠的方法。即将犬仰卧或侧卧保定，剪掉下腹部被毛，探头及探测部位充分涂抹整合剂，使探头与皮肤紧密接触。

(1) 多普勒诊断法　此法是根据母犬子宫动脉、胎儿脐静脉或脐动脉的血流以及胎儿心跳搏动反射的超声信号，将其转变成声音信号，从而判断母犬是否妊娠。此方法的诊断准确率随妊娠的进程而提高，在妊娠36～42d时为85%，从妊娠第43d到分娩前可达100%。

（2）B型超声波诊断法　B型超声波诊断法是通过在荧光屏上显示子宫不同深度的断面图，来判断胎儿的有无、存活或死亡。在配种后的第18～19d就可诊断出来，在第28～35d是最适合的诊断期，在第40d后，可清楚地观察到胎儿的身体情况，甚至鉴别胎儿的性别。

4. X射线诊断法

在妊娠30～50d，可见子宫外移，在49d时，胎儿骨骼钙化，能充分显示出反差。在少数母犬妊娠40d做X射线诊断时，胎儿的椎骨和肋骨明显可见。检查时，必须根据母犬的大小，在腹腔内注射二氧化碳200～800 ml。

（二）猫的妊娠诊断

猫的妊娠诊断与犬的妊娠诊断相似。猫妊娠诊断阳性只说明一时的情况，并不能保证一定会生产活胎儿。因为猫妊娠期可能会发生流产，而且由于流产胎儿常被母体吸收掉，因此，常不易被人们所看到。

1. 外部观察法

是依据猫妊娠后体内新陈代谢和内分泌系统变化，导致行为和外部形态特征发生一系列规律性变化，来判断母猫是否妊娠。

妊娠母猫的主要特征是：妊娠初期，母猫不再发情，表现食欲增加，行动迟缓，睡眠时间长，外阴部肥大、颜色变红，排尿频繁。随着妊娠时间的推移，以上变化逐渐明显。妊娠1个月后，腹部明显增大，轻压其后腹部能触摸到胎儿的活动，乳房明显膨胀，食欲旺盛，体重继续增加。

2. 腹壁触诊法

由于猫腹壁通常比较松弛，因而容易触诊。最适触诊时间为妊娠后第20～30d，因为在这一阶段各胎儿之间分隔最明显。触诊时应特别小心，手法太重容易引起母猫流产。在妊娠30d之后，各胎儿之间间隔变得不明显，因而不易触诊。在妊娠后期，通过腹壁可触及胎儿。

3. 超声波诊断

在妊娠30d后，可用多普勒妊娠诊断仪探测脐动脉血流、胎儿心跳或子宫动脉血流。而B超可在妊娠19d后进行诊断。

4. X射线诊断法

在妊娠17d以后，可借助X射线透视胚胎在子宫上形成的一个个突起。从这种突起的最小直径，还可以近似推断出妊娠的日期。此诊断方法不能作为早期妊娠诊断来使用，因为放射线对早期胎儿影响较大。

复习思考题

1. 解释概念：受精、配子运行、精子获能、妊娠、胚胎附植、胎膜、胎盘、胎盘屏障。

2. 请简要叙述犬、猫的受精过程？

3. 简述犬、猫胎盘的类型以及胎盘的作用有哪些？

4. 叙述犬、猫的常用妊娠诊断方法有哪些？如何进行判定？

第七章　犬、猫的分娩、助产和泌乳

第一节　分娩

一、分娩机理

分娩是指母犬、母猫妊娠期已满，发育成熟的胎儿及其附属物经产道排出母体外的生理活动。引起分娩发动的因素是多方面的，包括母体、胎儿、激素、神经和机械刺激等多种因素，由这些因素的协同、配合来共同参与完成分娩的发动。

（一）机械刺激

在母犬、母猫妊娠后期，由于胎水的增多，胎膜的增长，胎儿的迅速发育和成熟，使子宫体积迅速扩大，重量增加，进而对子宫的压力超出其承受能力时，就会引起子宫反射性收缩而发动分娩。

（二）免疫学因素

当胎儿发育成熟时，会引起胎盘脂肪变性。由于胎盘的变性分离，使孕体遭到免疫排斥而与子宫分离，从而发生分娩。

（三）分娩前后母体激素的变化

1. 孕酮

在母犬、母猫的妊娠期内，体内孕酮一直维持在一个高而稳定的水平上，以维持子宫相对安静而稳定的状态。孕酮还可强化子宫肌受体的作用，抑制子宫对兴奋的传递，导致子宫肌纤维的舒张和平静。母犬、母猫在分娩前，血液中孕酮含量迅速下降，孕酮和雌激素含量的比值迅速降低，从而导致子宫失去稳定性。

2. 雌激素

随着母犬、母猫妊娠时间的增长，胎盘产生的雌激素也逐渐增加。雌激素可刺激子宫肌的生长和肌球蛋白的合成，特别是在分娩时对提高子宫肌的规律性收缩具有重要作用。分娩前，高水平的雌激素还可克服孕激素对子宫肌的抑制作用，提高子宫肌对催产素的敏感性，也有助于 $PGF_{2\alpha}$ 的释放，从而触发分娩活动。

3. 催产素

在妊娠的最后阶段，孕酮分泌的减少、雌激素分泌的增多、子宫的扩张、胎儿及胎膜对产道的压迫可刺激垂体后叶释放催产素而启动分娩。

4. 前列腺素

对分娩发动起主要作用的激素是$PGF_{2\alpha}$，它具有溶解妊娠黄体，减少孕酮的分泌，促进子宫肌收缩的作用。其分泌时间和变化趋势与雌激素相似。$PGF_{2\alpha}$还可刺激垂体后叶释放催产素，这些都有利于子宫肌的收缩和胎儿的产出。

5. 松弛素

母犬、母猫在妊娠后期，卵巢和胎盘分泌松弛素的水平增加，而松弛素可使经雌激素致敏的骨盆韧带松弛、耻骨联合开张、子宫颈变松软，从而为胎儿的产出扩张了产道。

（四）神经因素

当母体子宫颈和阴道受到胎儿前置部位的压迫和刺激时，神经反射的信号经脊髓神经传入大脑，再进入垂体后叶，引起催产素的释放。多数犬、猫在夜间分娩，可能是在黑暗和安静的环境下，易于接受分娩的神经刺激有一定关系。

（五）胎儿因素

胎儿的丘脑下部－垂体－肾上腺系统对分娩的启动有重要的作用，这一系统的缺乏或异常会阻止犬、猫分娩，延长妊娠期。成熟胎儿的下丘脑可调节垂体分泌促肾上腺皮质激素（ACTH），使肾上腺皮质产生糖皮质素，在皮质素的作用下，胎盘雌激素分泌增加、孕酮分泌减少。雌激素的分泌可刺激子宫内膜$PGF_{2\alpha}$的分泌，进而溶解黄体并刺激子宫肌的收缩。孕酮对子宫肌抑制作用的解除，雌激素含量和生理作用的加强，以及胎儿排出时对产道的刺激反射性引起催产素的释放等综合因素，共同促发子宫有节律的阵缩和努责，发动分娩，排出胎儿。

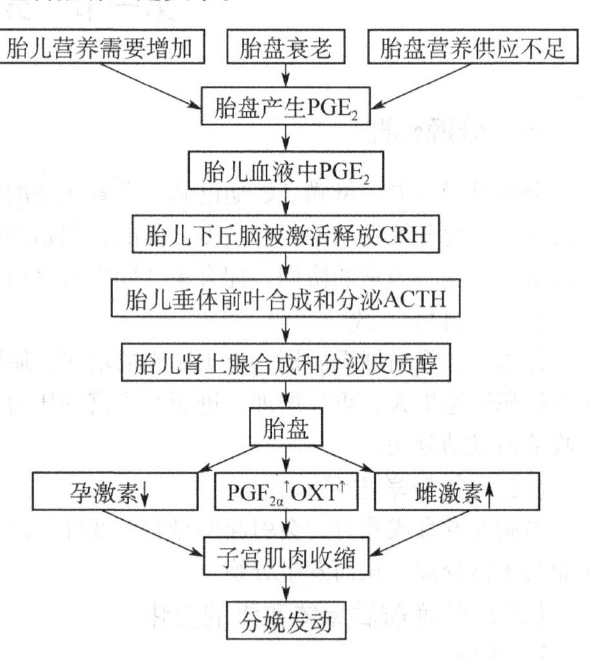

图 1－7－1　犬、猫分娩的发动机理

$PGF_{2\alpha}$对黄体有较强的溶解作用，使孕酮水平急剧下降，孕酮与雌激素的比值变小，从而提高了子宫平滑肌对催产素的敏感性。$PGF_{2\alpha}$还能诱发卵巢和胎盘释放松弛素，而松弛素与雌激素共同促进骨盆韧带和产道松弛。$PGF_{2\alpha}$的另一种作用是诱发催产素释放，它们共同作用于子宫，引起子宫收缩。胎儿及胎膜对子宫颈、阴道等部位的扩张性刺激也引起催产素释放及腹壁收缩，从而促进胎儿排出（图1－7－1）。

二、分娩要素

（一）产道

1. 产道的构成

产道是分娩时胎儿由子宫内排出所经过的通路，它分为软产道和硬产道。

（1）软产道　包括子宫颈、阴道、尿生殖前庭和阴门这些软组织构成的管道。子宫颈是子宫的门户，妊娠时紧闭，分娩之前开始变得松弛、柔软，分娩时能够扩张很大，以适应胎儿的通过。分娩之前及分娩时，阴道、尿生殖前庭、阴门也相应地变得松弛、柔软和扩张。

（2）硬产道　指骨盆腔，主要由荐骨、前3节尾椎、髂骨、耻骨、坐骨及荐坐韧带构成。母犬骨盆的特点是入口大而圆，倾斜度大，耻骨前缘薄，坐骨上棘低，荐坐韧带宽，骨盆的横径大，坐骨弓宽，因而出口也大。

2. 犬、猫分娩姿势对胎儿进入骨盆腔的影响

犬、猫分娩时多采取侧卧姿势，这样胎儿更接近并容易进入骨盆腔，并且腹壁不负担内脏器官及胎儿的重量，使腹壁的收缩更有力，从而增大了对胎儿的压力。

（二）产力

产力是指母犬、母猫将胎儿从子宫中排出的力量，包括子宫肌的阵缩力和腹肌、膈肌收缩产生的努责力。

1. 阵缩力

母体分娩时子宫肌阵发性的、有节律的收缩，称为阵缩。由子宫阵缩产生的排出胎儿的力量称为阵缩力，是分娩的主要动力。

阵缩是子宫肌在分娩时由血液中催产素的节律性释放作用下产生的，是不随意的。子宫肌收缩时血管受到压迫，血液循环和供氧量发生障碍，血液中引起子宫肌收缩的催产素等就减少，子宫肌的收缩也就减弱、停止。子宫肌收缩停止时，解除对血管的压迫，恢复正常血液循环和供氧量，如此循环产生子宫的阵缩。每次阵缩都是由弱到强，持续一定时间后就减弱消失，这对胎儿的安全非常重要，因为长时间的收缩会阻止胎盘血液供应，造成胎儿缺氧死亡。同时，每两次阵缩之间有一定时间的间歇，有利于母犬、母猫恢复体力。分娩时由于子宫肌对催产素的敏感性提高，使得子宫肌的收缩作用也增强。如果产前血液中催产素受到破坏，则不会引起子宫肌收缩。

2. 努责力

母体腹肌和膈肌的收缩称努责，由努责产生的排出胎儿的力量称努责力。努责对胎儿的产出也有重要的作用，当母犬、母猫横卧分娩时更为明显。努责是随意的，能使腹腔的内压增大，从而加强了对子宫的压迫，是排出胎儿的辅助动力。

（三）胎向、胎位和胎势

1. 胎向

指胎儿纵轴与母体纵轴的关系。胎向分三种，即纵向、竖向和横向。纵向是胎儿纵轴和母体纵轴平行，是正常胎向。竖向是胎儿纵轴和母体纵轴呈上下垂直关系。横向是胎儿横卧于子宫内，胎儿纵轴和母体纵轴呈水平交叉关系。竖向和横向都是反常胎向，可导致难产。

2. 胎位

指胎儿的背部与母本背部的关系。胎位有三种，即上位、下位和侧位。上位是胎儿背部朝向母体的背部及荐部。下位是胎儿仰卧在子宫内，其背部朝向母体的下腹部及耻骨。侧位是胎儿侧卧在子宫内，其背部朝向母体的左侧或右侧腹壁及髂骨。在母犬、母猫分娩过程中，上位是正常胎位，下位和侧位是反常胎位。

3. 胎势

指胎儿本身的姿势，即胎儿身体各部分之间的相互关系。母犬、母猫分娩前，胎儿在子宫中的正常胎势为躯干弯曲，头附向胸前，四肢屈曲于胸腹部。

4. 前置

前置又称先露，是指胎儿最先进入产道的部分，以此表示胎儿某一部分和产道的关系。即胎儿的哪一部分先进入产道，就称哪一部分为前置。如正生时称作头前置，倒生时称作后肢前置。如前腿的腕部是屈曲的，没有伸直，腕部先进入产道，就称作腕部前置。

5. 分娩时胎位和胎势的改变

分娩时胎向不发生变化，但胎位和胎势则必须发生改变，使胎儿纵轴变为细长，以适应骨盆腔而有利于胎儿的产出。这种改变主要靠阵缩压迫胎盘血管，胎儿处于缺氧状态，发生反射性挣扎所致。结果胎儿由侧位或下位转为上位，胎势由屈曲状态变为伸展状态。

犬、猫在分娩时，胎向应是纵向、头部前置，胎势应为两前肢、头颈伸直，头颈放在两前肢上面；倒生时，两后肢呈伸直状态。

6. 犬、猫分娩的姿势

犬、猫分娩一般是侧卧努责，后肢挺直的姿势，偶见排便姿势。因为母犬、母猫侧卧时，胎儿容易进入骨盆腔，而且腹壁不必负担内脏器官和胎儿的重量，使腹肌收缩更有力。另外，侧卧可使两后肢向后呈挺直姿势，促使骨盆韧带以及附着的肌肉松弛，从而能使骨盆腔充分扩张，有利于胎儿通过。

三、分娩预兆

随着胎儿发育成熟和分娩期的临近，母犬、母猫的生理机能、行为特征和体温都会发生变化，这些变化就是分娩预兆。根据分娩预兆可大致判断分娩的时间，从而有利于做好对母犬、母猫分娩的接产准备工作。一般犬、猫的分娩多在凌晨或傍晚进行。母犬、母猫的分娩预兆主要表现在以下三个方面。

（一）生理变化

1. 乳房

分娩前乳房迅速膨胀增大，乳腺充实，乳头突出并变为粉红色。有些母犬、母猫在分娩前2d可挤出乳汁，极少数母犬可在分娩前1周就已有乳汁，而大部分母犬、母猫则在临产前1h才有乳汁。

2. 产道

子宫颈在分娩前1～2d开始肿大、松弛；阴道壁松软，阴道黏膜潮红，阴道内黏液变为稀薄、润滑；外阴部和阴唇肿胀明显，呈松弛状态。

3. 骨盆韧带

临近分娩时，骨盆韧带开始变得松弛，臀部坐骨结节处明显塌陷。

（二）行为变化

1. 精神状态

临产前，母犬、母猫表现精神抑郁、徘徊不安、呼吸加快。越临近分娩时其不安情绪表现越明显，并伴以扒垫草、撕咬物品、发出低沉的呻吟或尖叫等行为，特别是初产母犬、母猫表现尤其明显。另外，母犬、母猫临产时出现造窝行为，对陌生人的敌对情绪增强。

2. 食欲状况

多数母犬、母猫在分娩前24h内表现为明显的食欲下降，只吃少量爱吃的食物，甚至拒食。个别母犬、母猫临产前食欲表现正常。

3. 排泄状况

分娩前粪便变稀，排尿次数增加，排泄量减少。

（三）体温变化

分娩前母犬体温有明显的变化。大多数母犬在分娩前9h体温会比正常体温降低1℃以上。当体温开始回升时，就预示着即将分娩。母犬分娩前体温的明显变化，是预测分娩时间的重要指标之一。有些母猫临产前也出现肛门温度降低的现象。

四、分娩过程

分娩是母犬、母猫借子宫和腹肌的收缩，将胎儿及胎膜（胎衣）排出体外的过程。分娩过程大体可分为开口期、胎儿产出期和胎衣排出期三个阶段。实际上开口期和胎儿排出期之间并没有明显的界限。分娩过程的三个阶段有明显的种间差异。整个分娩期是从子宫阵缩开始至胎衣排出为止。

（一）开口期

开口期是从子宫开始阵缩起，到子宫颈口完全开张，与阴道的界限消失为止。犬的开口期一般为3～24h。这一阶段的特点是只有阵缩（子宫间歇性的收缩）。开始时阵缩的频率低，间隔时间长，持续收缩的时间和强度低，随后收缩频率加快，收缩的强度和持续的时间增加，到最后每隔几分钟收缩一次。

在开口期，母犬、母猫的行为表现轻度不安，烦躁，时起时卧，来回走动，常做排尿动作，同时有少量粪尿排出，呼吸、脉搏加快。一般初产犬、猫表现明显，而经产犬、猫表现较安静。

子宫颈的开张，一方面是松弛素和雌激素的作用使子宫颈变得松软，其次是因为子宫颈作为子宫肌的附着点，子宫肌的收缩必然会压迫子宫颈开张。分娩时子宫内压力的升高也是促使子宫颈开张的原因之一。

（二）胎儿产出期

胎儿产出期是指从子宫颈口完全开张到胎儿产出体外为止的阶段。这一阶段持续时间的长短取决于母犬、母猫的状况和仔犬、仔猫的数目，一般在6h以内，在仔犬、仔猫数多时也不应超过12h。此期的特点是阵缩和努责共同发生，而且强烈。

在胎儿产出期，母犬、母猫的行为表现极度不安，烦躁情绪增强，呼吸和脉搏加快，阵缩和努责共同发生作用。努责是指膈肌和腹肌的反射性和随意性收缩，一般在胎膜进入产道后才出现，是排出胎儿的主要动力，它比阵缩出现晚，停止得早。当仔犬、仔猫进入骨盆腔时，阵缩和努责更加强烈，而且持续时间更长、更频繁。此时，母犬、母猫常常会侧卧，四肢伸直，强烈努责数次后，经休息片刻继续努责，随后胎儿即可排出体外。

当母犬、母猫发现包着胎膜的胎儿出现在阴门时，就会用牙齿撕破胎膜，露出胎儿。撕破胎膜流出胎水可润滑产道，有利于胎儿排出。胎儿产出后，母犬、母猫会拽出并吃掉胎膜和胎盘，咬断胎儿的脐带，并不停地舔仔犬、仔猫的全身，特别是舔去仔犬、仔猫鼻和嘴处的黏稠羊水，以确保仔犬、仔猫呼吸畅通。同时还会舔自身外阴部，以清洁阴门。

一般在娩出第 1 只仔犬、仔猫后的 2h 内，第 2 只仔犬、仔猫就会娩出。当第 2 只仔犬、仔猫要娩出而产生阵缩时，母犬、母猫就会暂时撇开照顾第 1 只仔犬、仔猫，来处理第 2 只仔犬、仔猫的出生。如此重复这一行为直到所有仔犬、仔猫产出。在产仔间隔时间里，母犬、母猫有站起来走动和喘气的习惯。当所有仔犬、仔猫娩出后，母犬、母猫就安静下来精心地保护和照顾仔犬、仔猫，不停地用力舔仔犬、仔猫的肛门及其周围，以刺激仔犬、仔猫胎粪排出。在分娩期间母犬、母猫不会专注地哺乳，分娩结束后才会专心为仔犬、仔猫哺乳。

一般情况下，在胎儿产出期的母犬、母猫不需要人为帮助，而且多数母犬、母猫还会厌恶有人（包括主人）在近旁。但对初产母犬在这一阶段要特别加强观察，随时提供必要的帮助。

（三）胎衣排出期

胎衣排出期是指从胎儿排出后到胎衣完全排出为止的阶段。此期的特点是在胎儿排出后，母犬、母猫稍加安静，几分钟后，子宫恢复阵缩，但收缩的频率和强度都比较弱，有时伴有轻微的努责，最终将胎衣全部排出。但有的犬、猫胎衣常随胎儿同时排出。

胎衣的排出主要是由于分娩过程中子宫强有力的收缩，使胎盘中大量血液被排出，导致子宫黏膜腺窝（母体胎盘）张力减小，胎儿绒毛膜上的绒毛（胎儿胎盘）体积缩小，间隙加大，使绒毛容易从腺窝中脱出。

在胎衣排出期，胎膜一般是在每只仔犬、仔猫娩出后 15min 内排出，有的可能与下一只仔犬、仔猫娩出时一起排出。胎膜具有丰富的蛋白质，母犬、母猫通常会吃掉胎膜，用于补充能量，有利于分娩后的体力恢复。胎衣排出后，母犬、母猫舔拭阴部流出的黏液，清洁阴门。这一阶段的母犬、母猫比较安静，处于疲劳状态。

第二节　助产

母犬、母猫一般能自然分娩，无需人为助产。但由于各方面因素的影响，有些母犬、母猫往往不能完全独立地完成分娩，需要人为地帮助其进行分娩，这就是助产。当母犬、母猫发生分娩异常时，应及早进行助产，可避免母犬、母猫和仔犬、仔猫受到危害。

一、助产的准备

在临近分娩前要做好助产准备，以便随时帮助解决母犬、母猫分娩异常情况，确保母犬、母猫分娩顺利进行。助产的准备工作有如下四个方面。

（一）产房的准备

产房应该宽敞明亮、清洁、干燥、通风良好、冬暖夏凉，温度保持在30℃左右，有产床或产箱。产箱可用木板钉制，其长、宽、高以使母犬、母猫产仔、哺乳出入方便为宜。产箱一侧边沿处，要挖一个缺口以方便仔犬、仔猫出入。在产箱内应放松软的垫料。产前两天应将产箱放在母犬、母猫舍内。

（二）助产器材和药品的准备

常用的助产器材有水盆、水桶、擦布、脱脂棉、结扎绳、常用外科器械、产科器械、一次性注射器、体温计、听诊器等。常用的助产药品有75%酒精、2%～5%碘酒、催产素、强心剂等。

（三）接产人员的准备

接产人员应受过接产训练，要熟悉犬、猫分娩规律，严格遵守接产操作规程及必要的值班制度，接产前做好消毒工作，指甲剪短磨光，注意做好自身防护。

（四）分娩母犬、母猫的准备

分娩前用消毒液擦洗母犬、母猫的外阴部、肛门、尾部及后躯，再用温水擦洗干净。如果是长毛品种的犬、猫，应将阴门周围的长毛剪掉。

二、正常分娩的助产

（一）犬、猫的分娩表现

当母犬、母猫侧卧、回顾腹部、出现努责、呻吟、呼吸加快，然后伸长后腿，阴户有稀薄液体流出，紧接着第一个胎儿产出时，母犬、母猫迅速用牙齿将胎儿表面的胎膜撕破，再咬断脐带，舔干胎儿身上的羊水。一般每隔10～30min产出一个胎儿。当母犬、母猫产出几只胎儿后变得安静，不断舔仔犬、仔猫被毛，2～3h后不再出现努责，即表明分娩已经结束。

（二）正常分娩的助产内容

正常分娩的助产应在严格消毒的原则下进行。一般情况下，母犬、母猫分娩正常时不必进行助产，但如果出现下列情况时要及时助产。

1. 母犬、母猫不撕破胎膜

当胎儿露出阴门后，母犬、母猫不主动去撕破胎膜时，要及时人为帮助把胎膜撕破。撕破胎膜要掌握时机，不要过早，避免胎水过早流失造成胎儿产出困难。

2. 母犬、母猫产力不足

有些母犬、母猫，特别是初产犬、猫和年老的犬、猫，由于生理原因出现阵缩、努责微弱，无力产出胎儿。此时可使用催产素催产，同时用手指压迫阴道，刺激母犬、母猫反射性的增强努责。

3. 胎儿过大或产道狭窄

出现这种情况必须采取牵引术进行助产，方法是消毒外阴部，向产道注入充足的润滑剂，先用手指触及胎儿，判断胎儿的情况，再用两手指夹住胎儿随着母犬、母猫的努责慢慢拉出，同时从外部压迫产道帮助挤出胎儿，或使用产钳拉出胎儿。

4. 胎向、胎位、胎势不正

犬、猫正常分娩时的胎向是纵向，胎位是上位，胎势是两前肢平伸将头夹在中间，头前置。胎儿产出的顺序是前肢、头、胸、腹和后躯。一般在胎向、胎位、胎势正常时，分娩不会出现难产。当胎向、胎位、胎势不正引起产出困难时，就要进行整复纠正，方法是用手指伸进产道，将胎儿推回子宫，然后纠正胎向、胎位及胎势。当手指触及不到胎儿时，可使用产钳进行校正。

5. 抢救假死仔犬、仔猫

当产出的胎儿因呼吸道进入羊水而造成窒息、假死时，在1min内要进行抢救。抢救的方法，一是将胎儿倒提起来，轻轻拍打胸腹部；二是将胎儿口鼻中的黏液用擦布擦干净，再用酒精刺激鼻孔。若以上两种方法都不奏效，则应做人工呼吸，具体做法是将仔犬、仔猫仰卧，两手握住仔犬、仔猫的前两肢，有规律地来回摆动，确认仔犬、仔猫有呼吸后，将其放入39℃的温水中，洗净其身上黏液并擦干，然后放回母犬、母猫身边。

此外，在母犬、母猫分娩时，还应注意观察母犬、母猫咬断脐带的动作，发现母犬、母猫有“食仔癖”时，应及时制止。母犬、母猫产后吃胎膜是正常现象，它具有催乳作用，但吃的太多，会引起胃肠的消化障碍，一般吃2～3个即可，剩余的胎膜应将其移走。分娩后，如阴道内仍有较多的鲜红色排泄物流出，可以预测为产后出血不止，应及时进行止血处理。

正常助产如果没有效果，就可能发生难产，应及时做进一步处理，必要时应进行剖腹产。

三、难产的助产

（一）难产的分类

对于已进入产期，产程超过4～6h或阵缩持续30～60min以上，犬、猫出现明显的分娩表现仍未见胎儿产出，即可视为难产。通过阴道内检查了解子宫颈扩张程度和胎位是否正常，胎儿是否存活等状况，还可通过X光检查胎儿的大小、数量以及胎位等，以便更好地进行助产。

犬、猫的难产，多数发生在初产。初产犬、猫，由于子宫颈或阴道发育不充分，或骨盆狭窄，分娩时其产道不能松弛和开张以供胎儿娩出，为产道性难产。产道性难产主要见于配种过早的母犬、母猫和先天性骨盆发育不全的母犬、母猫。有些难产是在已产出数个胎儿后发生的，此时母犬、母猫已极度疲惫，无力再把剩余的胎儿产出，此为产力性难产。小体型犬（如吉娃娃犬、博美犬、小鹿犬和北京犬）易发生产力性难产和产道性难产。胎儿头前置、肩前置、臀位、背位等胎向、胎位、胎势异常或胎儿过大而引起的难产，则属于胎儿性难产。如吉娃娃犬和北京犬头型大而圆，分娩时易出现头盆不符、胎儿过大而发生难产。

（二）难产的助产

1. 药物助产

多在先行使用雌激素松弛子宫颈并使子宫肌层致敏的基础上，肌肉注射或静脉注射催产素使子宫收缩，在母犬、母猫阵缩配合下将胎儿娩出，同时静脉点滴葡萄糖溶液以增强母犬、母猫体力。此法有时可解决产道狭窄和产力不足的问题。然而对犬、猫体内胎儿的个数和胎向、胎位、胎势情况，必须要用X光或超声检查方能弄清。在产道狭窄或胎向、胎位、胎势不正时，随意使用催产素，将有导致子宫破裂的危险。因此，药物助产法常需谨慎使用。

2. 剖腹产

母犬、母猫发生难产时，经药物助产或其他必要的助产无效者，应立即准备进行剖腹产。一般说来，犬妊娠期为60d，个别者提前1～2d分娩，少数则推迟1～2d分娩，也有极个别的推迟3d才分娩。凡是已到临产期不能顺利分娩，推迟后仍不能顺产者，都可确诊为难产。猫难产的发生一般比犬难产少，如果胎膜破裂后母猫做分娩动作，腹肌收缩频繁有力，但0.5～1h内未能产出胎儿，或者产出一个胎儿后虽不断用力收缩但经过了2～3h仍不能排出第二个胎儿时，说明发生了难产。早期判定，早期手术是剖腹产能否成功的保障。反之，采取保守的或者强行助产，致使母犬、母猫体力下降，错过最佳手术时机再去采取剖腹术取胎，常常可造成胎儿发育不良或不能全部存活。只要确诊为难产，剖腹取胎术宜早不宜迟。

（1）保定与麻醉　给犬剖腹产手术时，大多采用仰卧保定、全身麻醉配合局部麻醉来进行。保定可采用先仰卧再侧卧的方法结合来进行，这样有利于快速取胎和排除子宫内的残留物；而麻醉也可依据临床表现取消全身麻醉，因为多数圈养的犬驯养良好，分娩后期挣扎也较轻，而且全麻药物往往对衰弱的母犬和胎儿呼吸有较强的抑制作用。

（2）手术切口位置的选择　犬、猫剖腹产手术的腹壁切口位置，通常有腹中线切口、腹中线左切口或右切口、乳腺左外侧切口或右外侧切口。手术切口位置的选择应依据临床检查结果和手术个体的不同而异。小型动物应以腹中线切口为最佳，因在腹中线切口时，出血少、愈合早、不易为被毛污染、创口不易撕裂。

犬、猫剖腹产手术的子宫切口，通常有子宫体切口、单侧或双侧子宫角切口、单侧或双侧子宫角基部切口。犬的左右侧子宫角和后方的子宫体如同三角体，其子宫切口位置最好在靠术者一侧的子宫角接近子宫体的3～4cm处，做纵向切口，同时要避开大血管，这样最有利于取出同侧子宫角和对侧子宫角内的胎儿，也容易取出子宫体内的胎儿。在子宫角基部切口也将有利于母犬、母猫的下次妊娠，而采取其他部位切口容易引起母犬、母猫以后的不孕。

手术时腹壁切口的大小，因个体差异而定，一般在8～15cm左右为宜，过大则容易导致感染；过小则不易牵拉和暴露子宫。子宫切口大小应依据胎儿大小及把握两后肢能顺利拉出胎儿为准则，通常长为6～10cm。

（三）难产的救助原则和预防

当母犬、母猫发生难产时，应立即采取措施助产。助产时，除注意挽救母犬、母猫和胎儿外，还要尽量保持母犬、母猫以后的繁殖力，防止产道的损伤、破裂和感染。为便于矫正和拉出胎儿，特别是当产道干涩时，应向产道内灌注大量滑润剂。矫正异常胎势时，要力求在母犬、母猫阵缩间歇期将胎儿推回子宫，以利于对胎势的矫正。

难产极易引起仔犬、仔猫的死亡并严重危害母犬、母猫的生命和以后的繁殖能力，因而做好难产的预防工作是十分重要的。

1. 避免过早配种

青年母犬、母猫在妊娠时，生殖器官仍在发育，分娩时常因骨盆狭窄导致难产。加强饲养管理，保证青年母犬、母猫生长发育的营养需要，以免其发育受阻而引起难产。应尽量避免与母犬、母猫交配的公犬、公猫个体偏大，以防孕后胎儿过大而难产。

2. 合理饲养和管理

对妊娠母犬、母猫要注意营养平衡，防止母犬、母猫过肥和胎儿过大。安排妊娠母犬、母猫适当的运动，对胎儿在子宫内位置的调整、减少难产和胎衣不下等都有积极的作用。

3. 做好接产准备工作

在临产前及时对妊娠母犬、母猫进行检查、矫正胎位是减少难产发生的有效措施。在分娩过程中要保持环境的安静，配备专人护理和接产。接产人员不要过多干扰和高声喧哗。

四、产后护理

（一）新生仔犬、仔猫的护理

新生仔犬、仔猫也称初生仔犬、仔猫，是指从出生到脐带断端干燥、脱落这段时间的仔犬、仔猫，大约为3日龄左右。此期内的仔犬、仔猫，活动不灵活，体温调节能力差，对外界环境不适应，因此应加强护理。

1. 吃足初乳

初乳一般是指母犬、母猫产后1周内分泌的乳汁。初乳中不仅含有丰富的营养物质，并具有轻泻作用，更重要的是含有母源抗体。新生仔犬、仔猫体内没有抗体，完全是通过消化初乳获得抗体，从而能有效地增强抗病能力。因此，新生仔犬、仔猫要在产出后24h内尽快吃上初乳，必要时还需帮助挤出初乳哺喂新生仔犬、仔猫。

2. 保持温度

新生仔犬、仔猫的体温较低，一般为36～37℃，最低体温会降到33～34℃。而且初生仔犬、仔猫的体温调节能力差，不能适应外界温度的变化，所以对新生仔犬、仔猫必须要进行保温，尤其是在寒冷的冬季。1周龄内仔犬、仔猫的生活环境温度以28～32℃为宜，对体质较弱的新生仔犬、仔猫，恒定的环境温度尤其重要。随着年龄的增长，新生仔犬、仔猫对环境温度变化的调节能力逐渐增强。

3. 人工哺育

母犬、母猫产仔数过多或母犬、母猫乳汁不足甚至无乳时，应对仔犬、仔猫进行人工哺乳或用保姆犬、猫哺乳。在进行人工哺乳或保姆犬、猫哺乳之前，要尽量让新生仔犬、仔猫吃到初乳。

（1）用保姆犬、猫喂养　用保姆犬、猫哺乳对缺奶的新生仔犬、仔猫的正常发育很有利，若做得好，可与自身母犬、母猫哺乳的效果一样。有条件的可以对产仔数多的母犬、母猫配备好保姆犬、猫。一般选择性情温和的保姆犬、猫，并应具备两个条件：一是与原母犬、母猫分娩时间基本相同；二是要有充足的乳汁。在用保姆犬、猫喂养前，要在新生仔犬、仔猫身上涂擦保姆犬、猫的乳汁或尿液，让新生仔犬、仔猫身上带有保姆犬、猫的气味，这样保姆犬、猫就能很快接受。但开始几天要密切观察，防止保姆犬、猫不接受并伤害新生仔犬、仔猫的情况发生。只有当保姆犬、猫允许新生仔犬、仔猫吃乳，并照顾它时，才能放手让其正常喂养。

（2）人工喂养　代乳品一般使用牛奶，最好是鲜牛奶。在开始人工喂养仔犬时，应将牛奶用1/3的水稀释，再在每500ml稀释乳中加入10g葡萄糖和两滴小儿维生素混合滴剂。3～5d后应逐渐减少水的比例，提高牛奶浓度。白天至少每隔2h喂一次，体质特别弱或食量小的，要每小时喂一次；晚上视情况可3～6h喂一次。每天喂食的奶料最好现喂现配，喂食时将奶料加热到38℃左右。喂食量可根据仔犬的胃容量而定，以五至八成饱为宜。人工喂养的方法是，抱起新生仔犬，托住它的胸廓，将乳嘴放入它的口中即可。喂奶时应让新生仔犬自己吸吮，不要把奶瓶高过头顶，更不要给新生仔犬强行灌奶。同时，注意喂奶时不要捏紧仔犬的腿，应让腿能够自由活动。

新生仔犬不能自己排泄粪尿，必须由母犬舔拭肛门进行清理。有些母犬不舔拭时，必须人为地帮助擦拭。每次喂奶时，要模仿母犬的净化活动，用棉球或柔软的卫生纸擦拭仔犬肛门，并擦干仔犬头部及身上的奶汁、水和其他脏物等。同时对仔犬的腹部进行轻度按摩，以便促进胃肠及膀胱蠕动。

如果是由于新生仔犬数多而进行人工喂养的，在喂养间歇期应把新生仔犬放回母犬身边，这样有利于其生长发育。但在放回时要特别注意观察母犬对新生仔犬的反应，防止有的母犬不接受人工喂养的新生仔犬，甚至伤害新生仔犬。

人工喂养仔猫时，乳汁以牛乳为主，也可用羊乳。在喂养初期可将牛奶或羊奶用水稀释1.5～2倍，1周后稀释1～1.5倍，2周后可喂给全奶。每天在乳中加入50～80μg维生素A。喂奶时奶温应保持在37～38℃，第1周内每3h喂一次，每次2～3ml奶。1周后饲喂次数可适当减少，每次饲喂量增至4～5ml奶。2周龄时每次饲喂5～7ml，2周龄后每次饲喂8～10ml。

4．加强观察

新生仔犬、仔猫活动能力很差，而且眼睛和耳朵都完全闭着，随时有被母犬、母猫压死、踩伤的可能，也有爬不到母犬、母猫身边因受冻、吃不到乳而挨饿等现象，这些都需要有人随时发现并且要随时处理。尤其对母性不好、体质弱的仔犬、仔猫尤其重要。

（二）产后期母犬、母猫的护理

产后期是指母犬、母猫从分娩结束至生殖器官恢复到正常状态的阶段。在产后期，母犬、母猫最重要的变化是子宫内膜的再生、子宫复原和发情周期的恢复。

1．产后期生殖器官的恢复

母犬、母猫分娩后，生理上会发生一些变化，特别是生殖器官的变化较大。如产后子宫黏膜发生再生现象。即子宫黏膜表层发生变性、脱落，原属母体胎盘部分的子宫黏膜被再生的黏膜代替。在黏膜再生的过程中，变性脱落的子宫黏膜、白细胞、部分血液、残留在子宫内的胎水以及子宫腺分泌物等被排出，这种混合液体叫做恶露。恶露最初量多，因含血液而呈红褐色，继而变为黄褐色，最后变为无色透明，直至停止排出。正常恶露有血腥味但不臭，排出时间大约1周左右。如果恶露有腐臭味，或排出时间延长没有停止迹象，或颜色异常，都表明是母犬、母猫子宫某些病理变化的反应，应及时处理。

随着子宫黏膜的恢复和更新，子宫肌纤维也发生相应的变化。母犬、母猫产后子宫迅速缩小，这种收缩使怀孕期间伸长的子宫肌细胞缩短，子宫壁也随之变厚。随着时间推移，子宫壁中增生的血管变性，一部分被吸收，另一部分肌纤维会变细，子宫壁又变薄，恢复正常。但子宫的大小和形状不能完全恢复原状，比空怀母犬、母猫的子宫大而松弛下垂。

分娩后4～5d，阴道、尿生殖前庭和阴门就可恢复，但不能恢复到未产前的状态。骨盆及韧带也恢复正常。

分娩后卵巢恢复的时间，因种间的差别而有较大变化。犬在正常情况下，卵巢是在到下一个发情季节时才恢复正常的卵泡发育和排卵。

2. 产后期的护理

产后期母犬、母猫生殖器官的复原是一个渐进的过程。在产后期，需要加强护理，避免生殖道发生感染。具体护理内容如下。

(1) 加强营养　分娩期间母犬、母猫体能消耗很大，加上需要哺乳，因此应给产后母犬、母猫提供质量好、易消化的饲料，特别是需要高品质的蛋白质。同时要补充维生素和矿物质，必要时还要补充钙。分娩过程中母犬、母猫会失去很多水分，产后要提供足够的温水，同时应供给利于产乳的食物。

(2) 加强卫生管理　产后母犬、母猫由于整个机体，特别是生殖器官发生了剧烈变化，抗病能力降低。并且由于身体虚弱，很容易受到病原微生物的侵袭，因此要特别注意产后母犬、母猫阴部和乳房的清洁卫生。要经常用消毒液清洗母犬、母猫的外阴部、尾巴和后躯，要用消毒液浸泡过的温毛巾擦拭乳房，再用清水清洗干净，防止仔犬、仔猫吸入药水。同时要保持产房的清洁卫生，特别是母犬、母猫躺卧的产床，应经常用消毒的毛巾擦拭，防止母犬、母猫外阴和乳房接触脏物而受到感染。

(3) 适当运动　在气候适宜、天气好时，每天要让母犬、母猫到室外运动两次，每次0.5h 左右，但要尽量避免剧烈运动。

(4) 保持安静　注意保持产房及周围环境的安静，避免噪音、强光等刺激。正常情况下，应减少人员进出产房的次数，以免影响母犬、母猫的哺乳和休息。

(5) 加强疾病预防　产后母犬、母猫抗病能力差，而且分娩过程中生殖器官有某些损伤，容易引起产后感染，因此产后要经常对母犬、母猫进行检查。检查主要注意恶露的排出量、颜色和排出时间的长短，生殖器官有无肿胀，乳房胀满程度、有无炎症、乳量多少等。每天测量体温1～2 次，观察其体温的变化，如果体温升高，要及时查明原因并及时处理。在给哺乳期的母犬、母猫用药时，要充分考虑药物的副作用，禁止使用影响泌乳和仔犬、仔猫生长发育的药物。

第三节　犬、猫的泌乳

一、乳腺的构造及发育

各种动物的乳腺基本结构相似，其数目、形状、大小及位置有明显的种间差异。乳腺主要分为具有分泌、合成和排乳功能的实质和起支持作用的间质两部分。一般情况下，实质所占的比例越大，其泌乳的能力也越强。

(一) 乳腺实质

乳腺实质包括腺泡和导管系统。

1. 腺泡

由单层立方或柱状上皮细胞构成，具有分泌作用，是泌乳的基本单位，可将血液中的营养物质变为乳汁。多个腺泡聚集成腺泡群或小叶，每个腺泡有开口通向终末乳导管。腺泡上皮附着在富含毛细血管网的基质上，使腺泡能不断获得合成乳汁所需的营养物质。腺泡外面被覆有排列不规则的肌上皮细胞（星芒细胞），可在催产素的作用下收缩，使腺泡内的乳汁排入导管系统（图 1－7－2）。

2. 导管系统

乳腺导管系统包括一系列复杂的管道，起始于与腺泡相连的终末乳导管，由 2～3 个终末乳导管再汇合成中等的乳导管、较大的乳导管和更大的乳导管，最后通入乳池。终末乳导管也由单层上皮细胞构成，有泌乳功能，其表面有肌上皮细胞，在催产素的作用下可以收缩。其他乳导管由平滑肌构成，收缩时参与乳汁的排出。在乳头的基部，乳腺乳池与乳头乳池相通，乳头管的括约肌松弛可引起乳池内的乳汁排出。

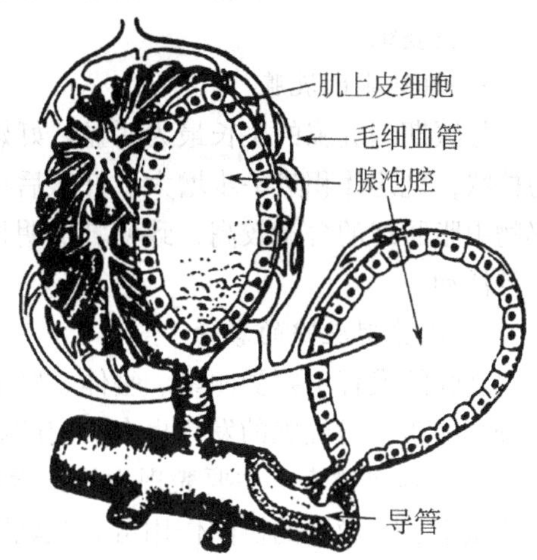

图 1－7－2　泌乳乳腺泡的结构

乳腺导管系统的构成及乳头管的数目种间差异很大。乳用品种动物如奶牛的乳池发达，乳腺所占的比例也大。有些动物的乳导管部分扩大形成乳囊，用以贮备乳汁。犬、猫的乳腺和猪、马的相似，没有乳池的结构，只是在乳头上有几个或多个乳头管（图 1－7－3）。

（二）乳腺间质

间质由腺泡和导管之间的结缔组织、脂肪以及血管、淋巴管、神经和韧带等组织构成。其中的结缔组织和韧带主要起支持和固定腺泡和导管的作用。

乳腺有丰富的血液供应，用以提供合成乳汁的营养物质及排除代谢产物。

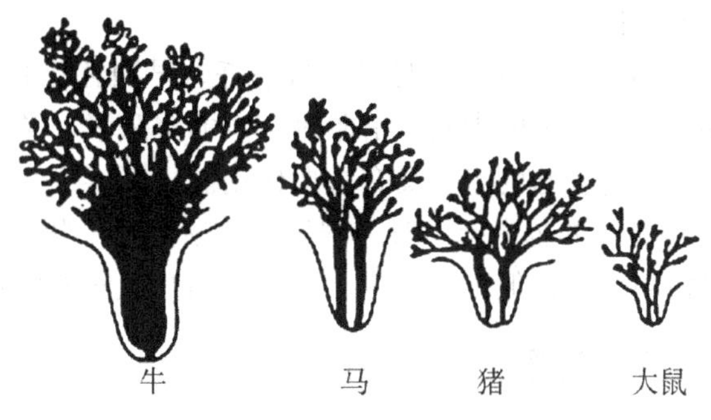

图 1－7－3　乳房导管系统和乳池

乳房腺体区域广泛分布着小淋巴管，在腺小叶间集合为淋巴管，向上进入乳上淋巴结，经腹股沟管至深腹股沟淋巴结，或从乳上淋巴进入直肠和生殖器官。乳房皮肤和乳头也有淋巴网存在。

乳腺的神经主要来自腰荐神经腹侧支，少部分来自荐神经腹侧支。乳腺的传入神经为感觉神经纤维，包含在第一和第二腰神经的腹股沟神经和会阴神经中。传出神经属交感神经，包括支配血管和平滑肌的运动神经。乳房和乳头皮肤中含有机械和温度等外感受器，腺泡、乳导管、血管等还具有丰富的化学、压力等内感受器。上述神经纤维和感受器对泌乳的反射性调节具有重要的作用。

（三）乳腺的发育

1. 生后至初情期前的乳腺

母犬、母猫出生时，乳腺已具有通向乳头的原始管状系统。生后一段时间内，乳房生长很慢，乳腺的腺泡和腺管几乎不发育。造成这段时间乳房低速生长的原因主要是雌激素的缺乏。

2. 初情期的乳腺

间质生长迅速，导管系统开始发育，形成分支复杂的细小导管系统，但腺泡尚未形成。随着发情周期的出现，在雌激素、促乳素和生长素的协同作用下，使乳腺导管逐渐加长、变厚、分支增多。乳腺导管上皮细胞在发情期一般呈方形，有分泌物；黄体期呈圆柱形，管腔萎缩。

3. 妊娠期的乳腺

妊娠期内乳腺的生长最为明显。妊娠中期腺泡的分泌腔形成，腺上皮细胞由立方形变为柱状，乳房体积进一步增大。妊娠后期，腺泡的分泌上皮细胞开始具有分泌功能，其分泌物中脂肪球的含量较高，致使乳房明显增大。临产时，乳腺分泌初乳；分娩后开始正常泌乳活动。

4. 激素对乳腺的影响

乳腺的发育主要受卵巢、垂体、肾上腺皮质所分泌激素的调节和控制。妊娠期间，胎盘分泌的激素对乳腺的发育也有一定的影响。

（1）卵巢激素　主要表现为雌激素和孕激素的作用。雌激素可促进乳腺导管的生长，而雌激素、孕激素的协同作用可刺激乳腺小叶－腺泡的发育。

（2）垂体激素　主要指促乳素和生长素，它们与卵巢分泌的雌激素、孕激素共同促进乳腺的生长和发育。一些试验结果表明，雌激素、生长素、肾上腺皮质类固醇激素可促进山羊和大鼠乳腺导管的生长，在此基础上再用孕激素和促乳素处理，可促进乳腺小叶－腺泡的生长。

（3）胎盘激素　母犬、母猫妊娠早期乳腺的发育主要靠垂体和卵巢分泌的激素控制和调节。在妊娠的中期，由胎盘产生的雌激素、孕激素促进乳腺生长。妊娠后期，胎盘促乳素对加速乳腺的生长具有重要作用。

（4）其他激素　肾上腺类固醇激素和甲状腺激素在乳腺发育的某些阶段有一定的调节或协同作用，但不及卵巢、垂体和胎盘激素的影响大。

二、泌乳

（一）泌乳和排乳

乳汁生成后，由腺泡上皮细胞分泌到腺泡腔，充满腺泡腔和细小乳导管，再通过肌上皮细胞和输乳管平滑肌反射性收缩，将乳汁转移至大乳导管和乳池，最后经哺乳或挤奶使乳汁排出体外，这称为泌乳。

排乳是一种复杂的反射过程。即幼仔的吸吮或挤奶的刺激可通过乳头和皮肤的神经感受器将该刺激传入脊髓，进而经丘脑传达至下丘脑，最后到达室旁核和视上核，再通过下丘脑－垂体神经束控制垂体后叶催产素的释放。催产素经血液到达乳腺，引起腺泡和终末乳导管周围肌上皮细胞收缩而将乳汁排出。因此，排乳反射是通过神经－体液途径实现的，也称神经－内分泌反射（图1－7－4）。

除吮吸乳头和挤奶外，某些物理刺激对排乳也有重要的作用，如用温热水洗擦乳房和乳头，在哺乳过程中，幼犬、幼猫口腔和牙齿的运动、头顶、腿爪触撞乳房等，都可增加物理刺激的效果，促进排乳和提高泌乳量。

哺乳过程各环节和环境条件都能影响排乳的反射。如能正常运作可形成良性的条件反射，促进乳的排出。而某些不正常的操作和环境应激也可抑制排乳，导致泌乳量的下降。在应激的条件下，可能引起肾上腺素和去甲肾上腺素分泌的增加，导致乳导管和血管平滑

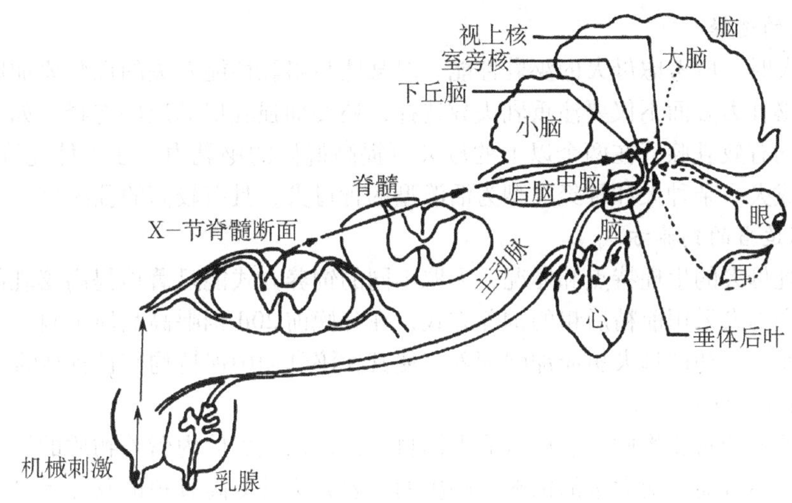

图 1-7-4 排乳反射的神经通路

肌的紧张度增强，使达到肌上皮细胞的催产素减少、乳导管出现部分闭塞。肾上腺素也可直接阻止催产素与肌上皮细胞上的受体结合，造成外周性排乳抑制。这种排乳抑制即使用外源的催产素处理也难以解除。

（二）泌乳的发动和维持

1. *泌乳的发动*

母犬、母猫分娩时及分娩后，发育成熟的乳腺开始分泌乳汁的现象称泌乳的发动。引起泌乳发动的因素很多，目前认为，分娩前后血中激素浓度的变化是导致泌乳发动的主要诱因。一些基础研究的结果表明，分娩前后，血中促乳素的峰值对泌乳的发动有直接作用。

妊娠期间，由于母体卵巢黄体孕激素的大量分泌，反馈抑制了垂体促乳素的分泌，并使乳腺对促乳素的敏感性有所降低；孕激素分泌量的增加会抑制雌激素对促乳素分泌的刺激作用，也引起促乳素分泌的减弱。而在妊娠后期，特别是临近分娩时，由于黄体的退化以及胎盘分泌能力的降低，使孕激素的水平迅速下降，减弱或解除了孕酮对促乳素分泌和释放的抑制，相应提高了乳腺对促乳素的敏感性。同时，雌激素水平在分娩前的明显升高，加速了促乳素的释放并形成峰值，引起泌乳的发动。泌乳开始后，雌激素的作用随之降低。

2. *泌乳的维持*

泌乳开始后，一般都能维持一个较长的时期，称为泌乳期。其长短有明显的种间差异。在自然哺乳的条件下，一般泌乳期相当于哺乳期。泌乳开始时，乳腺上皮细胞的数目增加，直至泌乳的高峰期。以后，乳腺细胞退化的速度逐渐超过增加的速度，致使泌乳量下降。泌乳的维持除促乳素外，还需要生长素、肾上腺皮质素以及胰岛素、胰高血糖素等的参与。

（三）母犬产后缺乳的主要解决措施

母犬产后缺乳是指仔犬开食前，母犬的泌乳量不能满足仔犬生长发育的需要，这与母犬的泌乳机能密切相关。很多母犬产后都存在不同程度的缺乳现象，因此应采取以下的一些措施加以解决。

1. 种犬的选择

选择种犬时，应考虑母犬的泌乳性能。对某些与泌乳性能有关的性状要加以测定和选择。在考虑泌乳力方面不仅要注重乳头数选择，还要加强乳房品质的选择。如在犬 4 月龄时，选择平均有效乳腺管在两个以上的母犬可提高群体的泌乳力。在条件允许的情况下，选择杂交育成犬、杂种犬和神经类型为活泼型的种母犬，具有较高的乳泌力。

2. 采用适当的饲养方式

根据哺乳母犬的生理特点和体况，采取不同的饲养方式能显著地提高泌乳能力。对体况较差的经产母犬采用前精后粗的饲养方式，在分娩前 20d 饲喂高品质饲料，充分保证泌乳的营养需要；对初产母犬更应加强饲养，使其在泌乳期中保持均衡且较高的营养水平。

3. 提高日粮营养浓度

泌乳所消耗的营养物质，应尽可能由饲料提供，以减少体内营养物质的消耗。母犬的胃容量有限，不可能承受大量的饲料。解决的主要方法是提高日粮的营养水平，增加干物质的采食量。饲喂颗粒饲料时，选料必须营养全价而且均衡，并保证充足的饮水，做到少吃多餐，防止母犬因采食过量而引起消化不良。

4. 强化日常管理

给哺乳母犬创造一个安静的环境，禁止无关人员进入犬舍。保持犬舍的干燥通风和适宜的温度、湿度。保证犬舍和犬体的卫生清洁。经常性地进行健康检查，发现问题及时处理。母犬产前产后，要经常性地按摩乳房，可用温热毛巾擦拭，让仔犬吸吮母犬乳头。哺乳母犬每天必须适量运动，方式以户外自由活动为主，严禁大声喊叫、鞭打、攀越障碍。

5. 人工催乳

母犬产后缺乳时，或哺乳母犬体况良好，仍有提高泌乳量的潜力时，可实施人工催乳，常用的人工催乳方法有以下三种。

(1) 食物催乳　添喂猪脚、黄花、小鱼、小虾、牛奶、鸡蛋等，并保证母犬的高营养水平，可提高母犬的泌乳量。喂给煮熟的胎衣，也有良好的效果。

(2) 激素催乳　对一些哺乳母犬，特别是内分泌机能障碍的哺乳母犬，可注射具有催乳作用的催产素。但其催乳作用是短暂的，在实践中不宜推广。

(3) 中草药饲料添加剂催乳　有些中草药可增强机体对泌乳的调节和机体细胞免疫水平。如黄芪有刺激类肾上腺皮质激素分泌的作用，它作用于靶细胞及 β 受体，能提高 cAMP 水平。cAMP 是催乳素、生长素、肾上腺皮质激素的信使，能调节乳腺细胞的代谢活动。中草药中的铜能增强生长激素、肾上腺皮质激素的合成。有报道用中草药组成饲料添加剂，以 1% 添入饲料中饲喂，提高了母犬泌乳量并能改善乳的品质。

复习思考题

1. 犬、猫分娩前有哪些预兆？分娩过程分为哪几个阶段？
2. 难产的类型有哪几种？应如何救助？
3. 如何预防犬、猫难产？
4. 新生犬、猫应如何护理？
5. 如何防治母犬产后缺乳？

第八章　犬、猫的配子与胚胎生物工程

第一节　胚胎移植

一、概念

胚胎移植是将良种母犬、母猫的早期胚胎取出，或者是由体外受精及其他方式获得的胚胎，移植到同种的生理状态相同的母犬、母猫体内，使之继续发育成为新个体。提供胚胎的母犬、母猫称为供体，接受胚胎的母犬、母猫称为受体。胚胎移植实际上是生产胚胎的供体母犬、母猫和养育后代的受体母犬、母猫分工合作，共同繁殖后代，又名借腹怀胎或受精卵移植。胚胎移植所生后代的遗传特性取决于胚胎的双亲，受体母犬、母猫对后代的生产性能影响很小。

二、意义

胚胎移植技术是继人工授精技术之后繁殖领域中三大具有里程碑意义的繁殖生物技术（人工授精、胚胎移植、体外受精技术）之一，胚胎移植技术不仅是培育试管动物、转基因动物、嵌合体动物和克隆动物等的一项重要技术基础，特别是为遗传工程和胚胎学等提供了重要的研究手段。

1. 能充分利用母犬、母猫的繁殖潜力

应用胚胎移植技术不仅能充分挖掘具有正常繁殖能力的优良母犬、母猫的繁殖潜力，对于那些繁殖力低、因年老或有生殖障碍而不能正常繁殖后代的优良母犬、母猫，胚胎移植技术的实用性则表现的更为明显。

2. 能加速引进优良品种的繁殖、改良进程和新品种的培育

利用胚胎移植技术能在尽可能短的时期内较快地扩大种群。还可使优良母犬、母猫免去自身妊娠过程，胚胎取出后还可再次进行超数排卵、配种和受精，从而能在一定时间内产生较多的后代，可加速良种的繁殖速度。通过胚胎移植技术，将国外引入的优良种犬、种猫的胚胎移给受体，受体所产的仔犬、仔猫比直接引进该成年动物更易适应当地环境。

3. 能减少疾病传播

从疾病控制的角度来分析，在进行胚胎移植前，供体母犬、母猫及与之相交配的公

犬、公猫都必须经过严格的挑选，这样在一定程度上可以控制某些疾病的传播，从而为品种资源的安全引进、交换和基因库的建立提供更好的条件。以胚胎的进出口取代活犬、活猫的进出口，不仅携带方便，简化了国际间优良品种的交流，而且能降低进口活犬、活猫的费用。

4. 能克服母犬、母猫的不孕症

对于一些由解剖或内分泌缺陷而导致不能妊娠的母犬、母猫或者由于受到损伤、疾病及年龄太大而变得无生育能力的极有遗传价值的母犬、母猫，应用胚胎移植技术可使其继续发挥繁殖作用。

5. 能促进基础理论学科的研究

胚胎移植技术为繁殖生理学、生物化学、遗传学、胚胎学、受精学等学科开辟了新的试验研究途径，是受精机制研究的重要手段。

三、发展概况

人们研究胚胎移植已有一百多年的历史，家兔是首例胚胎移植获得成功的动物。它由英国的 Walter Heape（1890）首先试验成功。即从一只与纯种安哥拉公兔交配后 32h 的安哥拉母兔生殖器官中取出 2 枚 4 细胞胚胎，移植到一只用比利时公兔交配后的比利时母兔的输卵管内，结果生出 4 只比利时仔兔和 2 只纯种安哥拉仔兔。目前，已在大鼠、小鼠、牛、羊、马、猪等多种动物取得了胚胎移植的成功。Kinney 等（1979）最先报道了犬受精卵的移植成功。Goodrowe（1988）第一个成功地进行了家猫胚胎移植。家猫早期囊胚前任何阶段的胚胎都可以进行移植。由于家猫的胚胎能在子宫中进行迁移，使在两侧子宫中均匀分配，因而家猫的胚胎移植只需进行单侧移植。

四、胚胎移植的生理学基础与原则

（一）胚胎移植的生理学基础

1. 母犬、母猫发情后生殖器官的孕向发育

发情后排卵的犬、猫，不论是否配种，配种后是否受精，其生殖器官都会发生一系列变化。即卵巢上黄体的形成引起孕酮的分泌并维持在较高水平，使子宫内膜组织增生和分泌机能增强。这些变化都会为可能存在的胚胎创造适宜的发育条件，为妊娠做好准备。母犬、母猫在发情后的最初数日，生殖系统的变化是相同的。只是到了一定的期限（相当于周期黄体存在的时间）后，受精的母犬、母猫与未受精的母犬、母猫在生理变化上向不同方向发展，产生很大的差别。进行胚胎移植时，不配种的受体母犬、母猫由于周期黄体的存在，为胚胎发育提供了所需的环境。这种发情后一定时期内，母犬、母猫生殖器官相同的变化使供体胚胎向受体移植并被接受成为可能。

2. 早期胚胎的游离状态

早期胚胎没有和子宫建立实质性的联系，能独立存在，靠自身贮存的养分维持其发育进程。由于胚胎在发育的早期呈游离状态，可以脱离母体而被取出。早期胚胎的游离状态一直维持到胚胎附植到母体子宫内膜为止。因此，早期胚胎在短时间内离开活体还可以继续存活，当回到与供体相同的生理环境中时，仍然能继续发育。

3. 胚胎移植与免疫排斥的影响

受体母犬、母猫的生殖道无论对于自身胚胎，还是外源同种胚胎，一般不会产生免疫排斥现象。一般情况下，在同一种动物，受体的子宫和输卵管对于来自供体的胚胎和胎膜组织没有排斥作用或排斥作用很弱，故同种动物的胚胎由供体移植到受体时，可以存活下来，这对胚胎移植的实用性极为有利。然而不同种动物之间的胚胎移植会存在免疫学上的原因而仍有待研究。

4. 胚胎与受体的关系

移植的胚胎如果能够存活下来，在一定时期，它会和受体的子宫内膜建立起生理上和组织上的联系，从而保证以后的正常发育。但受体只会影响胚胎的生长发育，而对胚胎遗传特性并不产生任何的影响，不会改变新生个体的遗传特性或减弱其固有的优良性状，因为胚胎的遗传信息是来自其供体及与之交配的公犬、公猫。

（二）胚胎移植的基本原则

1. 胚胎移植前后所处环境的同一性

这种同一性的含义是指生活环境和胚胎发育阶段相适应，它包括下述几个方面。

（1）供体和受体应属同一物种　即供体和受体在分类学上应有相同的属性，但这并不排除在动物进化史上血缘关系较近、生理和解剖特点相似的不同种动物之间胚胎移植有成功的可能性。一般来说，在分类上关系较远的不同物种，由于胚胎组织结构，发育需要的条件（营养、环境）和发育速度（附植的时间和妊娠期）差异太大，它们之间的胚胎移植不能存活或只能存活很短时间。例如将绵羊、猪和牛的早期胚胎移植到兔输卵管内，可以存活数日，但日龄较大的胚胎则不易存活。

（2）生理上的一致性　即受体和供体在生理状态上的同期性。这是因为发育过程中的胚胎和母体子宫环境间的相互作用非常敏感，供体与受体生理状态的同步性非常必要。若胚胎的发育与生殖道的环境不能协调一致，势必会对胚胎产生不利的影响，甚至会导致胚胎的死亡。

（3）解剖部位的一致性　即移植后的胚胎与移植前的胚胎所处空间环境的相似性。胚胎的发育阶段伴随着它与输卵管、子宫相对位置的变化，胚胎的发育阶段与受体生殖道位置应保持一致性，才能使移植后的胚胎继续发育。如果胚胎移植空间位置上发生变化，就意味着两者之间相互关系的破坏，往往导致胚胎的死亡。

2. 胚胎收集的期限

胚胎收集和移植的期限不能超过周期黄体退化的时间，通常是在供体母犬、母猫发情配种后3～6d内收集胚胎，受体母犬、母猫也在相同时间接受胚胎移植。

3. 胚胎的质量保证

在胚胎移植全部过程中，需对胚胎进行鉴定、评定等级、估计发育能力，只有确认为发育正常者方可进行移植。

胚胎移植的技术性很强，对于不同种的动物和同一种动物的不同个体都有其规律性，只有正确而熟练的操作才会提高成功率和生产效率。

五、胚胎移植技术程序

（一）犬、猫胚胎移植技术程序

犬、猫胚胎移植技术的操作程序和其他动物胚胎移植技术程序基本相同，主要由供体、受体的选择，供体动物的超数排卵处理及配种或人工授精，受体动物的同期发情处理，胚胎的采集、鉴定、体外保存及体外遗传操作，将胚胎移植给受体等环节所构成（图1-8-1）。

1. 供体与受体的选择

供体犬、猫要求符合本品种的标准，具有优良的遗传育种价值，没有遗传疾病，繁殖机能旺盛，体质健壮、无任何传染性疾病，发情周期正常，发情征状明显，对超排反应良好。

受体犬、猫可以是一般的非优良品种，但必须是无生殖器官疾病的适繁个体，抗病性好，哺乳能力强，体形符合该品种的要求。对受体要进行检疫、防疫和驱虫，并进行生殖器官检查和发情观察。受体生殖器官的机能状态和发情时间对移植的胚胎有直接影响，其生化和组织学特性因发情周期的阶段不同而有很大差异。因此，受体与供体发情不同步或发情周期与正常平均值相差过大的个体不能做受体。

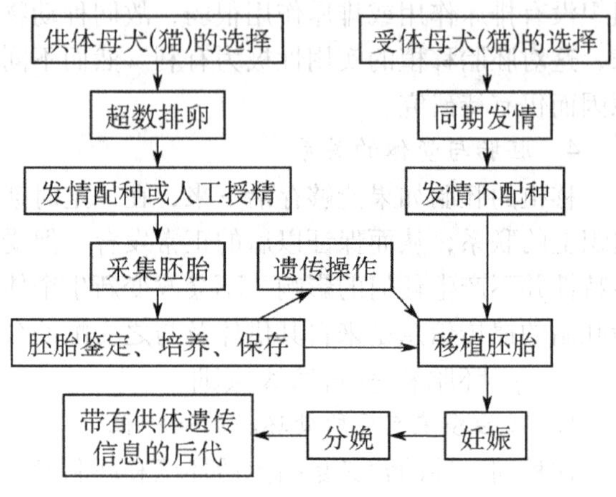

图1-8-1 犬、猫胚胎移植技术程序

供体、受体选择后，应有专人负责，加强饲养管理，使其达到理想的生理状态，以提高胚胎移植的效果。

2. 供体母犬、母猫的超数排卵处理

超数排卵是在母犬、母猫发情周期的适当时期，注射外源性促性腺激素，如FSH或PMSG，诱发其卵巢上比在自然情况下有较多的卵泡发育并排卵的技术，简称超排。

超数排卵的效果受许多因素的影响，如遗传特性、体况、营养水平、年龄、发情周期的阶段和季节、激素的质量和用量及用药时间等。这些内容迄今仍是胚胎移植中有待研究改进的一个重要问题。

3. 供体母犬、母猫的配种或人工授精

经超数排卵后的供体母犬、母猫，应采用自然交配或人工授精的手段，使其排出的卵子受精并发育成早期胚胎，以供移植所用。

4. 受体母犬、母猫的同期发情

同期发情是使用某些外源激素或某些管理措施，人为控制并调整受体母犬、母猫与供体母犬、母猫的发情周期，使之在预定的时间内集中发情并排卵，也称同步发情。

同期发情常用的激素有GnRH及其合成类似物、PMSG、HCG、FSH、LH、$PGF_{2\alpha}$和孕激素等。孕激素的用药方法有皮下埋植法、阴道海绵栓法、注射法和口服法。

5. 早期胚胎的采集

在供体母犬、母猫配种或人工授精后的适当时间，利用冲洗液把早期胚胎从供体生殖道内冲洗出来，并收集在一定的器皿中，以便移植给受体的过程即为胚胎的采集，简称采胚。早期胚胎收集一般在配种后3～6d，胚胎发育至4～8细胞以上为宜。当所回收的胚胎用于胚胎冷冻或胚胎切割时，回收时间可适当延长，但不应超过配种后7d。采集出胚胎的数量与采集时间、方法和采胚技术有关。

采胚所用的冲洗液有多种，一般多为组织培养液，如 PBS 液、TCM－199 液等，在使用时加入牛血清白蛋白（BSA）或犊牛血清（FCS），使用时温度应在 35℃左右，也可加入抗生素，以防生殖道感染。

目前对犬、猫胚胎的采集方法主要用手术法采胚。此法具有胚胎回收率高的特点。因动物种类不同，手术部位稍有差异，但回收胚胎的方法基本相同。

胚胎的冲洗方式有三种。①由宫管结合部冲向输卵管伞，此法冲胚率高，很少损害生殖道。②由输卵管伞冲向宫管结合部。上述两种采胚方式为输卵管采胚法，具有冲卵液用量少、胚胎回收效率高且省时等优点，缺点是容易造成输卵管粘连。③由子宫角尖端冲向子宫角基部，即子宫采胚法。此法用于收集发情配种 5d 以后进入子宫内的胚胎，其胚胎回收率比输卵管采胚法低，冲卵液用量多，但对输卵管的损伤甚微。

6. 胚胎的检查与鉴定

冲出的胚胎在净化结束后，将盛有胚胎及冲洗液的器皿置于倒置显微镜下，观察所收集胚胎的数目、形态和发育状况（图 1－8－2 和图 1－8－3）。

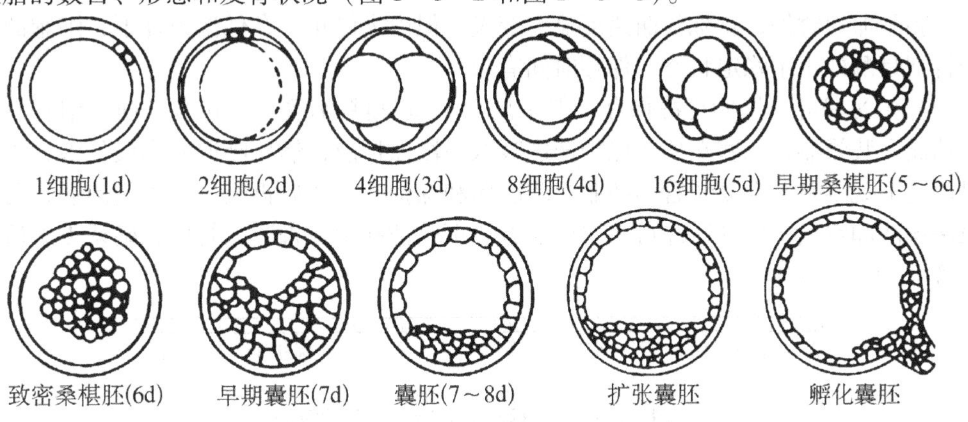

图 1－8－2 不同发育阶段正常胚胎示意图

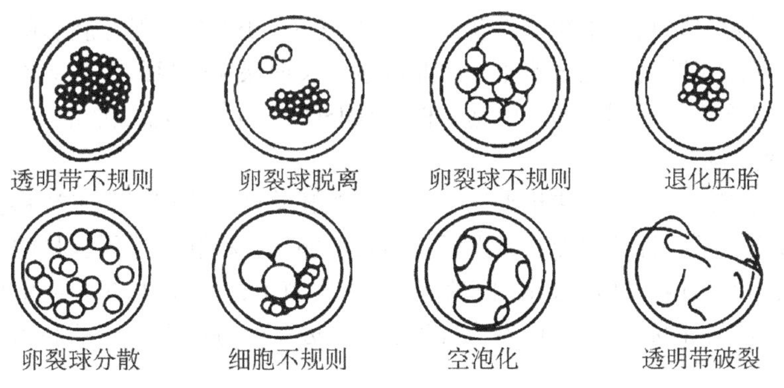

图 1－8－3 异常胚胎示意图

一般将胚胎分为三个等级，即 A、B、C 三级，其标准是根据胚胎的发育状态及其中的变性细胞所占的比例进行划分的。A 级胚胎的特点是：胚胎形态完整、呈球形、轮廓清晰，卵裂球大小均匀，胚内细胞结构紧凑，色调和透明度适中，无游离细胞和液泡存在。B 级胚胎的特点是：胚胎轮廓清晰、色调和细胞密度良好，有少量游离的细胞和液泡，变性细胞占 10%～30%。C 级胚胎的特点是：胚胎轮廓不清晰，色调较暗，结构较松散，游离的细胞和液泡较多，变性细胞占 30%～50%。对胚胎的发育阶段滞后于其正常的发育阶段，且变性细胞达50%以上者均属级外胚胎。

7. 胚胎的保存

目前保存胚胎的方法有如下四种。

（1）异种活体保存　一般将暂不使用的胚胎放在活体同种或异种动物的输卵管内保存。早在1961年，英国农业研究委员会生殖生理和生物化学研究室将母羊胚胎移植到母兔体内，以母兔作为一个活体卵孵育箱，空运到非洲，再将胚胎从兔体内取出，移植到当地羊体内并成功产羔。然而，异种胚胎在兔输卵管内保存的时间有限。此外，为避免胚胎在异种动物输卵管内的丢失或被吸收，可用琼脂柱先将胚胎进行封存。

（2）常温保存　经胚胎检查和鉴定，认为可用的胚胎，可短期保存在新鲜的PBS液中以备移植。一般在25～26℃条件下，胚胎在PBS液中可保存4～5h，而不影响移植效果，若要保存更长时间，则需对胚胎进行降温处理。

（3）低温保存　低温保存是指在0～5℃条件下保存胚胎的一种方法。采用此法保存胚胎，胚胎卵裂暂停，新陈代谢速度显著变慢，但尚未停止。在低温条件下，细胞的某些成分特别是酶处于不稳定状态，保存时间有限。

（4）冷冻保存　胚胎冷冻保存一般采用0.25ml塑料细管进行包装。即将细管有棉塞的一端插入装管器，无塞端插入保护液内吸取一段保护液，然后吸取一小段气泡，再在实体显微镜下观察并对准欲装管的胚胎吸取胚胎和保护液，然后再吸一个小气泡后，再吸取一段保护液和空气，装管后即可在实体显微镜下验证胚胎是否装入管内，确认无误后可进行封管（图1-8-4）。

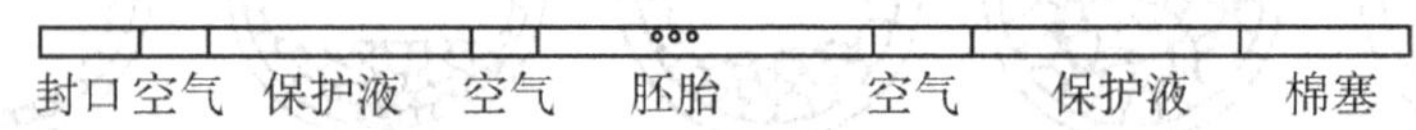

图1-8-4　细管冷冻胚胎的装管示意图

胚胎冷冻保存是指利用干冰（-79℃）或液氮（-196℃）保存胚胎的方法。由于处于超低温下的胚胎新陈代谢完全停止，因此可达到长期保存的目的。胚胎冷冻保存时应在培养液中添加抗冷冻保护剂，如二甲基亚枫（DMSO）、甘油、乙二醇等。

8. 胚胎的移植

胚胎移植的方法同采胚方法相类似。犬、猫的胚胎移植适用于手术法移植。即按照外科手术操作规程要求，打开腹腔，暴露子宫角及输卵管，将胚胎连同少量的培养液一同注入子宫角内或输卵管内。胚胎移植时将胚胎注入生殖道的部位要与其采胚时的位置相一致，一般经子宫回收的胚胎，应移入子宫角前1/3处；经输卵管回收的胚胎，仍要移入输卵管内。

9. 供体、受体的术后观察

胚胎移植后，应密切观察供体、受体术后的健康情况，并经一定时期对受体进行妊娠诊断。供体在下次发情时可照常配种或重复做供体。对确认为妊娠的受体母犬、母猫，要做到营养全面，同时加强饲养管理，以确保其顺利妊娠和产仔。

（二）影响犬、猫胚胎移植效果的因素

1. 胚胎质量

胚胎质量的好坏直接影响移植后胚胎的发育和着床效果。一般桑椹胚移植效果较好。

判断胚胎质量常用的方法是形态观察法。桑椹胚阶段能较好辨别出细胞形态，评判胚胎质量，对结构不正常、退化或破碎的胚胎均应剔除。

2. 供体胚胎日龄

胚胎采集和移植的期限不能超过周期黄体的寿命。不同品种犬、猫卵巢黄体的变化略有差别。最迟要在周期黄体退化之前 2～3d 内完成胚胎的移植。胚胎冲出后应尽快检出，冲洗液应保持在 37℃恒温条件下，回收的液体不能低于 30℃。

3. 移植技术的熟练程度

移植过程中不能刺激和损伤卵巢和生殖管道。移植时要采取三段法（即移植管两头为空气，中间是胚胎），带入的液体越少越好，最好不要带入气泡，并根据对供体的采胚部位，决定受体的移植部位。犬的输卵管与脂肪等结缔组织共同形成卵巢囊，因而给手术法冲取胚胎和移植胚胎带来一定难度。

4. 供体状况

供体的年龄不同，胚胎的质量也有差别。从成年母犬获得的胚胎产仔率高于从处女犬获得胚胎的产仔率。犬的胚胎子宫内移植比输卵管内移植简单，成功率也高。犬的输卵管伞包埋于卵巢囊中，发育至桑椹胚阶段的胚胎处在输卵管下部、子宫角上部，因此，适宜采用下行性灌流法采胚。

5. 发情同期性

目前犬、猫诱导发情、同期发情和超数排卵方案还有待于进一步研究。无论人工诱情还是自然发情的犬，供体和受体的选择都应该是处于第二次发情周期的犬，这样的犬子宫内环境稳定，适宜移植胚胎的生长发育。

六、犬、猫胚胎移植存在的问题

理论上讲，胚胎移植可以使动物的繁殖力提高很多倍，但在实际生产中还存在许多问题。目前胚胎移植的效果主要决定于以下三个方面。

1. 胚胎来源

可靠的胚胎来源是进行胚胎移植的先决条件，从良种母犬、母猫得到多量的胚胎是进行胚胎移植的重要保证。目前得到多量胚胎的方法主要是通过超数排卵处理，由于犬、猫个体间对药物的反应差异大，超排处理效果不稳定。

2. 技术条件

在进行胚胎移植操作时，要求技术人员应当具有一定的理论知识和技术水平。此外，还必须具备必要的仪器设备、药品及胚胎体外保存和体外培养的条件。近年来，利用超声波技术通过子宫壁从活体卵巢采集卵母细胞，然后将卵母细胞在体外进行成熟培养、体外受精及受精后胚胎的体外培养，虽然能使体外工厂化生产胚胎成为可能，但目前这项技术所取得的结果还不尽如意，如囊胚率还比较低。

3. 受体动物

在进行胚胎移植时，需要按照供体、受体的比例，提供一定数量的受体犬、猫，这样才能保证从供体所取出的胚胎能适时地移入受体体内。

第二节 其他胚胎生物工程简介

一、体外受精

（一）概念

体外受精是指将哺乳动物的精子和卵子在体外人工控制的环境中完成受精过程的技术。在生物学中，把体外受精所获胚胎移植到母体后产出的动物称试管动物。目前，体外受精已日趋成熟而成为一项重要的动物繁殖生物技术。

（二）意义

体外受精技术对动物生殖机理研究、动物生产、动物医学和濒危动物保护等具有重要意义。体外受精技术为胚胎生产提供了廉价而高效的手段，为充分利用优良品种资源，缩短动物繁殖周期，加快品种改良速度等具有重要价值。在人类，体外受精－胚胎移植技术是治疗某些不孕症和克服性连锁病的重要措施之一。体外受精技术还是哺乳动物胚胎移植、克隆、转基因和性别控制等现代生物技术不可缺少的组成部分。

（三）发展概况

早在1878年，德国人Scnenk就以家兔和豚鼠为材料，开始探索哺乳动物的体外受精技术，但一直没有获得成功。直到1951年，美籍华人张明觉和澳大利亚人Austin同时发现了哺乳动物的精子获能现象，体外受精技术的研究才获得突破性进展。1959年，张明觉以家兔为实验材料，从一只交配后12h的母兔子宫中冲取体内获能的精子，从另外两只超数排卵处理母兔的输卵管中收集卵子，然后将精子和卵子在体外人工配制的溶液中完成受精过程并发育成胚胎，经移植后，6只受体母兔有4只妊娠，并产下15只健康仔兔，这是世界上首批试管动物，它们的正常发育标志着体外受精技术的建立。

精子获能理论和方法上的成就，推动了体外受精技术的发展，试管小鼠、大鼠，试管婴儿，试管牛、羊、猪等相继获得成功。随着体外受精技术研究的深入发展，人们渐渐认识到其潜在的科学研究价值和广阔的应用前景。

体外受精技术也成为研究其他胚胎生物技术，如克隆、转基因、胚胎干细胞分离培养和性别控制等的重要辅助手段。由于盗猎和栖息地的丧失，除家猫外，数十种野生猫科动物都成为受威胁或濒危物种。自从1988年第一个体外受精的家猫诞生以来，家猫的人工繁殖技术研究得到进一步发展。这些进展使得研究人员将类似技术运用于野生猫科动物的繁殖中，以期利用辅助生殖手段来提高野生猫科动物的繁殖率，保护其遗传多样性，不断扩大野生动物种群。与家畜相比，犬的繁殖生物技术的发展比较缓慢，至今尚未获得体外受精仔犬。

（四）体外受精技术的基本操作程序

哺乳动物体外受精的基本操作程序如图1－8－5所示，主要环节包括以下几个方面。

1. 卵母细胞的采集和成熟培养

卵母细胞的采集方法通常有三种。

（1）超数排卵取卵　雌性动物用FSH和LH处理后，从输卵管中冲取成熟卵子，直接与获能精子受精。这种采卵方式多用于小鼠、大鼠和家兔等实验动物，也可用于犬、猫、

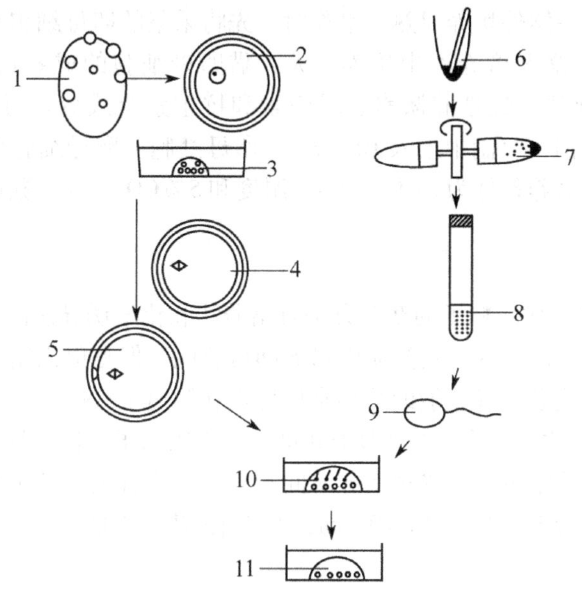

图 1-8-5　体外受精操作程序

1. 卵巢　2. GV 期卵母细胞　3. 卵母细胞成熟培养　4. MI 期卵母细胞
5. MII 期卵母细胞　6. 精液解冻　7. 精子离心洗涤　8. 精子获能处理
9. 获能精子　10. 体外受精　11. 胚胎培养

羊和猪等小型多胎家畜。这种方法的关键是掌握卵子进入输卵管和卵子在输卵管中维持受精能力的时间，一般要求在卵子具有旺盛受精力之前冲取。

（2）*从活体卵巢中采集卵母细胞*　这种方法是借助超声波探测仪、内窥镜或腹腔镜直接从活体动物的卵巢中吸取卵母细胞。绵羊、猪、犬等小动物常用腹腔镜取卵。牛和马等大家畜常用超声波探测仪辅助取卵，这种方法对扩繁优良母畜具有重大意义，在有些国家已用于商业化生产。

（3）*从屠宰后雌性动物卵巢上采集卵母细胞*　这种方法是从刚屠宰雌性动物体内摘出卵巢，经洗涤、保温运输后，在无菌条件下用注射器抽吸卵巢表面一定直径卵泡中的卵母细胞。也可对卵巢进行切割来收集卵母细胞。用此方法获得的卵母细胞多数处于生发泡期，需要在体外培养成熟后才能与精子受精。这种方法的最大优点是材料来源丰富，成本低廉，但确定系谱困难。

2. *卵母细胞的选择*

采集的卵母细胞绝大部分与卵丘细胞形成卵丘卵母细胞复合体。在家畜体外受精研究中，常把采集到的卵母细胞分成 A、B、C、D 四个等级。A 级卵母细胞要求有三层以上卵丘细胞紧密包围，细胞质均匀；B 级卵母细胞要求细胞质均匀，卵丘细胞层低于三层或部分包围卵母细胞；C 级卵母细胞为没有卵丘细胞包围的裸露卵母细胞；D 级卵母细胞是死亡或退化的卵母细胞。无论用何种方法采集的卵丘卵母细胞复合体都要求卵母细胞形态规则，细胞质均匀，外围有多层卵丘细胞紧密包围。在体外受精实践中，一般只培养 A 级和 B 级卵母细胞。

3. *卵母细胞的成熟培养*

由超数排卵采集的卵母细胞已在体内发育成熟，不需培养，可直接与精子受精，而对未成熟卵母细胞需要在体外培养成熟。培养时，先将采集的卵母细胞在实体显微镜下经过挑选和洗涤后，然后放入培养液中培养。犬、猫卵母细胞的成熟培养液目前普遍采用TCM－199添加胎牛血清、促性腺激素、雌激素和抗生素等成分。通常采用微滴培养法，微滴体积为50～100 μl，每滴中放入10～20个卵母细胞。卵母细胞移入小滴后放入二氧化碳培养箱中培养，培养条件为38℃、100%湿度和5% CO_2，犬、猫卵子的培养时间一般为24h。

4. 体外受精

（1）精子的获能处理　精子的获能方法有培养法和化学诱导法两种。培养获能法是从附睾中采集的精子，只需放入一定介质中培养即可获能，但是射出精子则需要用溶液洗涤后，再经培养获能。化学诱导获能的药物常用肝素和钙离子载体。

（2）受精　即将获能精子与成熟卵子共培养。除钙离子载体诱导获能外，精子和卵子一般在获能液中完成受精过程。受精培养时间与获能方法有关。精子和卵子在小滴中共培养受精时，精子密度为1×10^6～9×10^6/ml，每10μl精液中放入1～2枚卵子，小滴体积一般为50～100μl。

5. 胚胎培养

精子和卵子受精后，受精卵需移入发育培养液中继续培养以检查受精状况和受精卵的发育潜力，质量较好的胚胎可移入受体母犬、母猫的生殖道内继续发育成熟或进行冷冻保存。提高受精卵发育率的关键因素是选择理想的培养体系，犬、猫胚胎培养液最常用的是TCM－199。

受精卵的培养广泛采用微滴法，胚胎与培养液的比例为一枚胚胎用3～10μl培养液；一般5～10枚胚胎放在一个小滴中培养，以利用胚胎在生长过程中分泌的活性因子相互促进发育。胚胎培养条件与卵母细胞成熟培养条件相同。

（五）存在问题和发展方向

体外受精卵在培养过程中普遍存在体外发育阻滞，即胚胎发育到一定阶段后停止发育并发生退化的现象。与体内受精所获囊胚相比，体外受精所获囊胚的细胞总数和内细胞团细胞数明显减少。

体外受精效率低的主要原因是人们对卵子发生和胚胎发育的分子机理了解不够。大幅度提高体外受精效率的前提是探明卵母细胞和早期胚胎发育的分子调控机理，然后以此理论为指导，研究理想的培养体系，促使胚胎基因组得到稳定、有序表达。目前体外受精技术利用的卵母细胞不足动物卵巢上卵母细胞总数的千分之一。为此，一方面提高活体取卵技术，另一方面需研究腔前卵泡和小卵泡的体外成熟技术。为保证卵母细胞的稳定来源及良种或濒危动物的保种，卵泡和卵母细胞的超低温冷冻保存技术的研究也必须加强。

二、性别控制

（一）概念

动物的性别控制技术是通过对动物的正常生殖过程进行人为干预，使成年雌性动物产出人们期望性别后代的一门生物技术。

（二）意义

通过控制后代的性别比例，可充分发挥受性别限制的生产性状（如泌乳）和受性别影响的生产性状（如生长速度、肉质等）的最大经济效益。其次，控制后代的性别比例可增加选种强度，加快育种进程。通过控制胚胎性别还可排除伴性有害基因的危害。在犬、猫饲养业，通过性别控制，可获得人们所喜爱性别的宠物。

（三）发展概况

性别控制技术与性别决定理论的发展密不可分。1923 年，Painter 证实了人类 X 和 Y 染色体的存在，指出当卵子与 X 精子受精，后代为雌性，与 Y 精子受精，后代为雄性。1959 年 Welshons 和 Jacobs 等提出 Y 染色体决定雄性的理论。1989 年，Palmer 等找到了 Y 染色体上的性别决定区（SRY），SRY 序列的发现是哺乳动物性别决定理论的重大突破。尽管 SRY 序列诱导性别分化的具体机理有待深入探讨，但是它对性别控制技术的发展有重要意义。目前哺乳动物性别控制的方法有多种，但最有效的方法是通过分离 X、Y 精子和鉴定早期胚胎的性别来控制后代的性别比例。

（四）性别控制技术的基本方法

1. 分离 X、Y 精子

当前分离 X、Y 精子较准确的方法是流式细胞仪分类法，它的理论根据是 X、Y 精子头部 DNA 含量存在着差异。在哺乳动物中，X 精子的 DNA 含量比 Y 精子高出 3%～4%。根据这一差异，可利用准确的流式细胞分类仪对 X、Y 精子进行分离。具体方法是：先用 DNA 特异性染料对精子进行活体染色，然后使精子连同少量稀释液逐个通过激光束，探测器可探测精子的发光强度并把不同强弱的光信号传递给计算机，计算机指令液滴充电器使发光强度高的液滴带正电，弱的带负电，然后带电液滴通过高压电场，不同电荷的液滴在电场中被分离，进入两个不同的收集管，正电荷收集管为 X 精子，负电荷收集管为 Y 精子（图 1－8－6）。用分离后的精子进行人工授精或体外受精即可对受精卵和后代的性别进行控制。

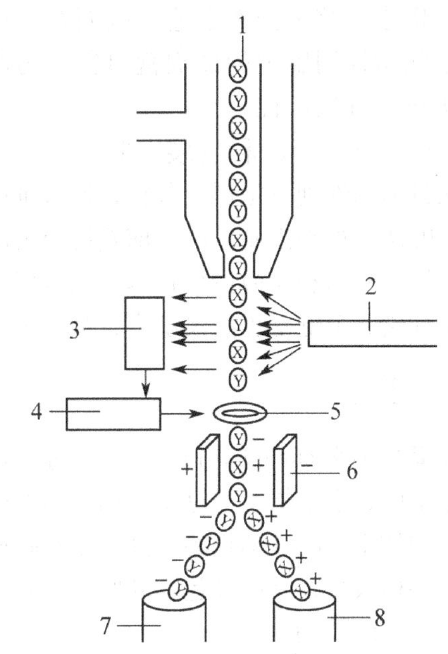

图 1－8－6 流式细胞仪分离 X、Y 精子示意图

1. 精子悬浮液 2. 激光束 3. 探测仪 4. 计算机 5. 液滴充电圈 6. 高压电场 7. Y 精子收集管 8. X 精子收集管

这种方法已用于商品化分离 X 和 Y 精子，分离的准确率达 90% 以上。美国已有专门公司分离和出售牛和猪的 X 和 Y 精子。这一技术目前存在的主要问题是分离速度太慢。

2. 早期胚胎的性别鉴定

运用细胞学、分子生物学或免疫学方法可对哺乳动物附植前的胚胎进行性别鉴定，再通过移植已知性别的胚胎即可控制后代性别比例。目前胚胎性别鉴定最有效的方法是胚胎细胞核型分析法和 SRY－PCR 法。

（1）核型分析法 它是通过分析部分胚胎细胞的染色体组成来判断胚胎的性别，有 XX 染色体的胚胎通常发育为雌性，而具有 XY 染色体的发育为雄性。其主要操作方法是：先从胚胎中取出部分细胞，用秋水仙素处理使细胞处于有丝分裂中期，再制备染色体标本，通过显微摄影分析染色体组成，确定胚胎性别，此种方法的准确率可达100%。但是取样时对胚胎损伤大，操作时间长，并且获得高质量的染色体中期分裂相很困难，难以在生产中推广应用。目前，核型分析法主要用于验证其他方法的准确性。

（2）SRY 片段的 PCR 扩增法（SRY - PCR 法） 它是近年发展起来的用雄性特异性 DNA 探针和 PCR 扩增技术对哺乳动物早期胚胎进行性别鉴定的一种新方法。其原理和主要操作程序是：先从胚胎中取出部分卵裂球，提取 DNA，然后用 SRY 基因的一段碱基作引物，以胚胎细胞 DNA 为模板进行 PCR 扩增，再用 SRY 特异性探针对扩增产物进行检测。如果胚胎是雄性，那么 PCR 产物与探针结合出现阳性，而雌性胚胎则为阴性。也可以对扩增产物进行电泳，通过检测 SRY 基因条带的有无判定是雄性或雌性。随着 PCR 技术的发展，现在只需取出几个甚至单个卵裂球就可进行 PCR 扩增，鉴定出胚胎的性别，并且准确率高达 90% 以上。这种方法取样少，对胚胎的损伤小，整个操作迅速，因而在生产中应用方便，有很高的商业价值，市场上已有家畜胚胎性别鉴定的试剂盒出售。运用这种方法进行胚胎性别鉴定的关键是杜绝污染，防止出现假阳性。

（五）存在问题和发展方向

从目前的性别决定理论分析，流式细胞仪分类法和 SRY - PCR 扩增法是准确而发展前景广阔的两种性别控制方法。前者需要解决的关键问题是提高分离准确率和分离速度，并加强与体外受精和显微授精技术的结合以提高分离精子的利用率。运用 SRY - PCR 技术鉴定胚胎性别，关键是提高灵敏度，减少细胞取样对胚胎的损伤。

三、克隆

克隆是英文 clone 的音译，这一词来源于希腊文，原意是树木枝条（插枝）的意思。在繁殖学中，它是指不通过精子和卵子的受精过程而产生遗传物质完全相同新个体的一门胚胎生物技术。哺乳动物的克隆技术包括胚胎分割和细胞核移植两种，一般情况下，仅指细胞核移植技术，其中又包括胚胎细胞核移植技术和体细胞核移植技术。

（一）胚胎分割

1. 概念

胚胎分割是运用显微操作系统将哺乳动物附植前胚胎分成若干个具有继续发育潜力部分的生物技术，运用胚胎分割可获得同卵孪生后代。

2. 意义

胚胎分割可用来扩大优良动物的数量；在实验生物学或医学中，运用同卵孪生后代作实验材料，可消除遗传差异，提高实验结果的准确性。

3. 发展概况

Spemann 在 1904 年最先进行蛙类 2 细胞胚胎的分割试验，并获得同卵双生后代。但直到 1970 年，Mullen 等才通过分离小鼠 2 细胞胚胎卵裂球，获得哺乳动物同卵双生后代。20 世纪 80 年代以后，哺乳动物胚胎分割技术发展迅速，Willadsen 等在总结前人经验的基础上，建立了系统的胚胎分割方法，并运用这种方法获得绵羊的四分之一和八分之一胚胎后代和牛的四分之一胚胎后代。目前，胚胎分割技术已用于提高家畜胚胎移植成功率和早期胚胎的性别鉴定。

4. 胚胎分割的基本程序

(1) 切割器具的准备 胚胎分割需要的器械有体视显微镜，倒置显微镜和显微操作仪。在进行胚胎分割之前需要制作胚胎固定管和分割针，固定管要求末端钝圆，内径一般为20～30μm，外径与所固定胚胎直径相近。切割针目前有玻璃针和微刀两种，玻璃针一般用实心玻璃捧拉制而成，微刀是用锋利的金属刀片与微细玻璃棒粘在一起制成。

(2) 胚胎预处理 为了减少切割损伤，胚胎在切割前一般用链霉蛋白酶进行短时间处理，使透明带软化变薄或去除透明带。

(3) 胚胎分割 在进行胚胎切割时，先将发育良好的胚胎移入含有操作液滴（常用杜氏磷酸缓冲液）的培养皿中，然后在显微镜下用切割针或切割刀把胚胎一分为二。不同阶段的胚胎，切割方法略有差异。桑椹胚之前的胚胎因为卵裂球较大，直接切割对卵裂球的损伤较大，可用微针切开透明带，用微管吸取单个或部分卵裂球，放入另一空透明带中(空透明带通常来自未受精卵或退化的胚胎)；对于桑椹胚和囊胚阶段的胚胎，通常采用直接切割法，即用微针或微刀由胚胎正上方缓慢下降，轻压透明带以固定胚胎，然后继续下切，直至胚胎一分为二，再把裸露半胚移入预先准备好的空透明带中，或直接移植给受体。在进行囊胚切割时，要注意将内细胞团均等分开。

(4) 分割胚胎的培养 为提高半胚移植的妊娠率和胚胎利用率，分割后的半胚需放入空透明带中或者用琼脂包埋后移入中间受体中进行体内培养或直接在体外培养。发育良好的胚胎可移植到受体内继续发育或进行再分割。

(5) 分割胚胎的保存和移植 胚胎分割后可以直接移植给受体，也可以进行超低温冷冻保存。为了提高冷冻胚胎移植后的妊娠率，分割的胚胎需要在体内或体外培养到桑椹胚或囊胚阶段，再进行冷冻。由于分割胚的细胞数少，耐冻性较全胚差，解冻后移植的妊娠率低于全胚。

5. 存在问题

(1) 遗传一致性有差异 同一胚胎切割后获得的后代，在理论上，遗传性状应该完全一致，但事实并不这样。人们发现6～7日龄牛胚胎分割后，同卵双生犊牛的毛色和斑纹并不完全相同。而在2细胞阶段分割，却表现出遗传一致性。这种现象与胚胎细胞的分化有密切关系，但目前对不同阶段胚胎细胞的分化时间和发育潜力了解很少。

(2) 同卵多胎的局限性 从目前的研究来看，由一枚胚胎通过胚胎分割方式获得的后代数量有限。因此，目前通过胚胎分割技术生产大量克隆动物的进展缓慢。

(3) 后代出现异常与畸形 如法国的一个研究小组在进行牛胚胎分割后移植所产生的后代中，出现了畸形现象，因此还有待进一步研究。

(二) 胚胎克隆

1. 概念

胚胎克隆又称胚胎细胞核移植，它是通过显微操作将早期胚胎细胞核移植到去核卵母细胞中构建新合子的生物技术。通常把提供细胞核的胚胎称核供体，接受细胞核的卵母细胞称核受体。由于哺乳动物的遗传性状主要由细胞核的遗传物质决定，因此由同一枚胚胎作核供体通过核移植获得的后代，基因型几乎一致，称之为克隆动物。

2. 意义

胚胎克隆技术在畜牧生产和生物学基础研究中具有重要价值。在畜牧生产上，通过胚胎克隆可大量扩增遗传性状优良的个体，加速家畜品种改良和育种进程。在濒危动物保护中，运用胚胎克隆技术可扩大濒危物种群。在科学实验中，通过胚胎克隆可获得遗传同质动物，它们是进行动物营养学、药理学和基础医学等研究最好的实验材料。胚胎克隆技术能大大提高转基因和性别控制技术的效率。在发育生物学研究中，胚胎克隆技术为探明细胞核与细胞质的相互作用关系、非细胞核遗传规律和早期胚胎的发育调控机理等提供了非常有效的手段。

3. 发展概况

1938 年，Spemann 最早提出将胚胎细胞核移植到去核卵母细胞中构建新胚胎的设想，但由于实验条件的限制，直到 1952 年 Briggs 和 Kings 才获得两栖动物——非洲豹蛙的胚胎克隆后代。1975 年 Bromhall 最早在家兔上证实哺乳动物的胚胎细胞核移植是可行的。哺乳动物的胚胎克隆技术在 20 世纪 80 年代得到迅速发展，相继获得了小鼠、绵羊、牛、家兔、山羊和猪的克隆后代。目前，在家畜中，绵羊和牛的胚胎克隆技术水平最高。2002 年 2 月，Shin T 等在《Nature》杂志上报道，他们获得了一只来源于卵丘细胞的克隆猫。

4. 胚胎克隆的操作程序

哺乳动物胚胎克隆的基本操作程序如图 1－8－7，主要包括以下几个步骤：

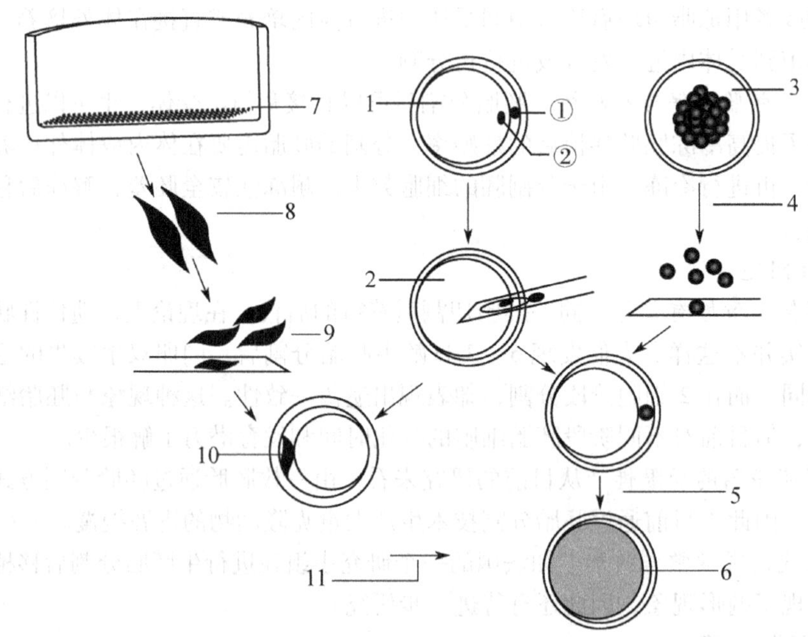

图 1－8－7　细胞核移植示意图

1. 受体卵母细胞　①第一极体　②MII 期纺锤体　2. 去核（去除第一极体和纺锤体）
3. 供体胚胎卵裂球的分离　4. 向去核卵母细胞移入单个卵裂球　5. 融合和激活　6. 新合子
7. 体细胞的传代培养　8. G0 或 G1 期体细胞　9. 用于核移植的体细胞　10. 移核　11. 融合和激活

（1）卵母细胞的去核　目前去除卵子染色体的方法有细管吸除法和紫外线照射法两种。前者是用微细玻璃管穿过透明带吸出第一极体和其下方的 MII 期染色体，后者是用紫外线破坏染色体 DNA 达到去核目的。目前最常用的是吸除法。

(2) 供体核的准备和移植　胚胎克隆过程中，供体核来自早期胚胎。供体核的准备实质上是把供体胚胎分散成单个卵裂球，每个卵裂球就是一个供体核。取得卵裂球的方法有两种，一种是用蛋白酶消化透明带，然后用微管把胚胎分散成单个卵裂球；另一种方法是用尖锐的吸管穿过透明带吸出胚胎中的卵裂球。准备好卵裂球后，用移植微管吸取一个卵裂球，借助显微操作仪把卵裂球放入一个去核卵子的卵黄周隙中，即完成移植过程。

(3) 卵裂球与卵子的融合　融合是运用一定方法将卵裂球与去核卵子融为一体，形成单细胞结构。融合方法目前多用电融合法。电融合是将操作后的卵母细胞和卵裂球复合体放入电解质溶液中，在一定强度的电脉冲作用下，使卵裂球与卵子相互融合。融合效率与脉冲电压、脉冲持续时间、脉冲次数、融合液、卵裂球的大小和卵子的日龄有密切关系，不同种动物采用的参数都略有不同。

(4) 卵子的激活　在正常受精过程中，精子穿过透明带触及卵黄膜时，引起卵子钙离子浓度升高，卵子细胞周期恢复，启动胚胎发育，这一现象称为激活。在融合过程中，卵母细胞也可被激活。

(5) 克隆胚胎的培养　克隆胚胎可在体外作短时间培养后再移植到受体内，也可以在中间受体内培养或体外培养到高级阶段时进行冷冻保存或胚胎移植。

5. 胚胎克隆技术目前存在的问题

目前胚胎克隆技术虽然取得了很大进展，但还存在一些有待解决的问题，如胚胎克隆的效率仍然很低，可供分割的胚胎发育程度有限，受体卵子的来源和质量还有待进一步研究，细胞核和细胞质的相互关系不协调，胚胎克隆技术的操作方法还存在不足等问题。

四、哺乳动物转基因技术

(一) 概念

转基因技术是通过一定方法把人工重组的外源 DNA 导入受体动物的基因组中，或把受体基因组中的一段 DNA 切除，从而使受体动物的遗传信息发生人为改变，并且这种改变能遗传给后代的一门生物技术。通常把用这种方式诱导遗传改变的动物称作转基因动物。

(二) 意义

转基因技术可把生长激素或促生长因子基因导入家畜基因组中，加快生长速度，提高饲料报酬。如表达牛生长激素的转基因猪，其生长速度比对照组快 10%～15%，饲料报酬提高 16%～18%。病毒衣壳蛋白基因被导入家畜基因组后，当这些基因表达时，机体可产生抗病毒抗体，提高家畜对这些疾病的抵抗力。转基因技术在家畜中的另一重要用途是把药用蛋白或营养蛋白基因与组织特异性表达调控元件偶联，运用家畜的造血系统或泌乳系统生产药用或营养蛋白质。此外，人们还正在探索用转基因猪的器官作人类器官移植的供体，以解决器官移植过程中供体相对不足的问题。

(三) 发展概况

美国科学家 Jaenisch 等人在 1976 年建立了世界上第一个转基因小鼠系，这些小鼠基因组中插入了莫氏白血病病毒基因。1982 年，Palmiter 和 Brinster 用显微注射转基因方法把大鼠的生长激素基因导入小鼠受精卵，获得了成年体重是对照组小鼠 2 倍的“超级鼠”，首先证明外源基因可在受体中表达，并且表达产物具有生物活性。这一结果发表后，哺乳动物的转基因技术引起生物学界的广泛重视并得到迅速发展。转基因家兔、绵羊、猪、牛和山羊等相继出世。

在转基因研究初期，人们试图通过导入生长激素基因或与生长相关的基因获得“超级家畜”。但是，大多数转基因家畜在生长速度和饲料报酬得到提高的同时，却出现多种病态，如关节炎、胃溃疡和心肌炎等，导致转基因动物寿命短，死亡率高。出现这种现象的根源是这些转基因动物长期处于高生长激素状态，代谢平衡遭到破坏。因此，用转基因技术提高家畜的生产性能还需要做深入研究，目前还难以在生产中运用。

近年来，转基因动物被用来生产非活性蛋白或用外分泌器官生产活性蛋白。目前大约有 30 多种外源蛋白质基因在转基因动物乳腺中得以表达，如绵羊的 β 球蛋白、α－抗胰蛋白酶、抗凝血因子Ⅸ、组织纤维蛋白溶酶原激活因子、凝血因子Ⅷ、白细胞介素 2 等相继在转基因动物的乳腺中得到表达。

（四）转基因技术的基本操作程序

哺乳动物转基因技术是一个系统工程，主要包括以下技术环节（图 1－8－8）。

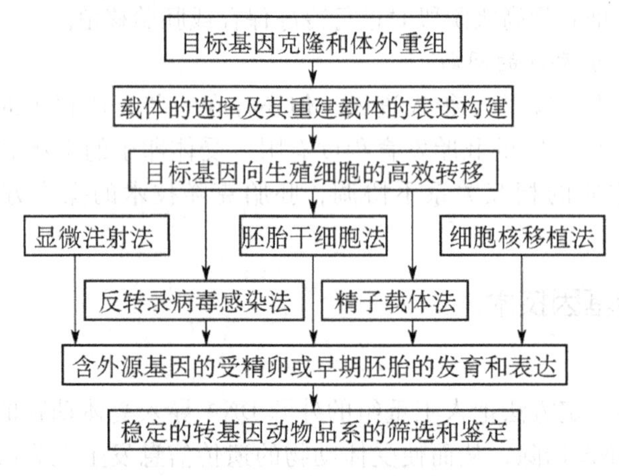

图 1－8－8　转基因动物生产流程

1. 目标基因克隆和体外重组

目标基因是准备导入受体的 DNA 序列，目前获得目标基因的途径有三种。

（1）人工合成　它是用 DNA 合成仪人工合成小片段碱基序列，一般不超过 100 个碱基。

（2）互补 DNA（cDNA）的克隆　通过提取组织中的 mRNA，用反转录酶合成 cDNA，建立 cDNA 文库，再克隆目标蛋白的 cDNA。

（3）DNA 克隆　首先建立动物的 DNA 文库，再通过基因克隆技术获得编码目标蛋白的基因，这是获得目标基因最常用的方法。

2. 载体的选择及其重组载体的表达构建

目标基因被克隆以后需与表达载体相联结，形成一个独立表达的调控单元，再通过扩增和纯化，使 DNA 达到一定浓度就可用于基因导入。

3. 外源基因的导入

外源基因的导入方法主要有五种。

(1) 显微注射法 借助显微操作仪，把 DNA 分子直接注入到受精卵的原核中，通过胚胎 DNA 在复制或修复过程中造成的缺口，把外源 DNA 融合到胚胎基因组中，它是哺乳动物最常见的转基因方法，效果稳定，导入时不受 DNA 分子量的限制。但是，这种方法操作复杂，转基因效率低。

(2) 反转录病毒感染法 反转录病毒是双链 RNA 病毒，它侵染细胞后可通过自身的反转录酶以 RNA 为模板在寄主细胞染色体中反转录成 DNA。在利用病毒载体转基因时，首先要对病毒基因组进行改造，将外源基因插入到病毒基因组致病区，然后用此病毒感染胚胎细胞，即可对胚胎细胞进行遗传转化。如果在第一次卵裂之前外源 DNA 整合到胚胎基因组中，可获得转基因动物，如在第一次卵裂之后整合，会产生嵌合体，其第二代可能出现转基因动物。

此法的最大优点是方法简单，效率高，外源 DNA 在整合时不发生重排，单位点、单拷贝整合，并且不受胚胎发育阶段的限制。缺点是携带外源基因的长度不能超过 15 kb，载体病毒基因有潜在致病性，威胁受体动物的健康安全。

(3) 胚胎干细胞法 这种方法首先是用外源基因转化胚胎干细胞，通过筛选，把阳性细胞注入受体动物的囊胚腔中，生产嵌合体动物，当胚胎干细胞分化为生殖干细胞时，外源基因可通过生殖细胞遗传给后代，在第二代获得转基因动物。这种方法可对阳性细胞进行选择，实现外源 DNA 的定点整合，缺点是第一代是嵌合体，获得转基因动物的周期较长。

(4) 精子载体法 即利用哺乳动物的获能精子能结合外源 DNA 的特性，通过受精过程把外源 DNA 导入受精卵，获得转基因动物。它的优点是方法简单，转基因效率高，缺点是效果不稳定，外源 DNA 分子可能会受到精液中内切酶的作用而影响整合后的功能。

(5) 细胞核移植法 首先用外源 DNA 对培养的体细胞或胚胎干细胞进行转染，然后选择阳性细胞作核供体，通过细胞核移植，获得转基因动物。这种方法的转基因效率可达 100%，大大降低转基因动物的生产成本。但此法的广泛应用还依赖于体细胞克隆技术的发展，目前还难以实现。

4. 外源 DNA 整合、转录及表达的分子检测

(1) 外源基因的整合检测 即检测动物基因组中是否携带外源 DNA。常用的方法是用目标基因的一段碱基序列作引物，用聚合酶链式反应仪（PCR 仪），扩增目标 DNA，再通过电泳初步检测是否含有目标基因。然后，用 Southern 杂交检测 PCR 阳性个体是否含有目标基因，如果出现阳性，就可断定为转基因阳性动物。

(2) 外源基因的转录检测 它是用 Northern 杂交法对转基因动物某一组织的 mRNA 进行分析检测，如出现阳性，表明外源基因具有转录活性。

(3) 外源基因的表达检测 它是检测转基因动物组织中是否含有目标基因编码的外源蛋白质，常用的方法有酶联免疫法、免疫荧光法和 Western 杂交法。

5. 转基因动物品系或品种的建立

第一代转基因动物是半合子转基因动物，因为外源基因仅在一条染色体上稳定整合。只有通过选种选配，将两个半合子转基因动物成功交配，才能得到纯合子转基因动物，建

立转基因动物家系，外源 DNA 才能在后代中稳定遗传。

（五）转基因技术存在问题和发展方向

1. 效率低

在家畜转基因研究中，显微注射后的胚胎不足 1% 能发育为转基因后代，小鼠和大鼠等实验动物的转基因阳性率也只有 3% 左右，而且转基因阳性动物中仅 50% 左右能表达外源基因。

2. 外源基因的随机整合和异常表达

人们在对外源 DNA 整合机理的研究中发现，外源 DNA 是被随机整合到胚胎基因组中。由于外源 DNA 自身的重排、突变或受到整合位点附近基因的影响，常出现异位和异时表达，或者表达水平低，有的甚至不表达。有的外源 DNA 整合到胚胎的功能基因中，影响胚胎发育或导致遗传缺陷。此外，外源 DNA 能否稳定遗传也是转基因技术面临的严重问题。

3. 基因定点整合技术研究

随着动物基因组计划的完成，人类将会在染色体上发现一段对动物生长发育影响较小的 DNA 片段，然后把外源 DNA 插入其中，以发挥其生理功能，克服随机整合和异常表达给动物健康带来的问题。这就需要加强基因打靶技术研究，实现外源 DNA 定点整合到受精卵基因组中。

从长远的趋势来看，人类的遗传疾病用转基因技术可以得到治愈，异种器官移植可能变为现实。运用转基因技术，人类能培育出抗病力强，饲料报酬和经济价值很高的动物新品种。

五、胚胎嵌合体

（一）概念

嵌合体在希腊神话中是指具有狮头、羊身和蛇尾的一种怪物。在现代生物学中，胚胎嵌合体是指由基因型不同的细胞所构成的复合胚胎，它包括种内和种间嵌合体。

（二）意义

嵌合体生产技术对研究哺乳动物早期胚胎的发育潜能，探索细胞分化规律，掌握基因的表达调控规律具有重要意义。在畜牧业中，嵌合体技术为培育种间杂种动物，探索哺乳动物的遗传和繁殖特点提供了很好的方法。同时，嵌合体技术也是生产转基因动物的一种方法。

（三）嵌合体技术发展概况

早在 1901 年 Spemann 就在两栖动物中开始培育嵌合体的研究，以探索两栖动物胚胎发育规律。直到 1965 年，Mintz 等才得到小鼠嵌合体后代。20 世纪 70 年代以后，哺乳动物嵌合体技术发展迅速，先后获得了嵌合体绵羊、大鼠、家兔、牛和猪。同时，种间嵌合体技术也取得突破，小鼠 – 大鼠嵌合体、家养小鼠 – 野生小鼠嵌合体、牛 – 水牛嵌合体、绵羊 – 山羊嵌合体等相继获得成功。

（四）哺乳动物嵌合体的生产方法

目前哺乳动物嵌合体的生产方法有卵裂球聚合法和囊胚细胞注射法两种，如图 1 – 8 – 9。

1. 卵裂球聚合法

它是把不同遗传性能而发育阶段相同或相近的胚胎卵裂球聚合在一起获得嵌合体的方法。胚胎发育阶段在 8 细胞至桑椹胚阶段操作较为理想。操作时先用链霉蛋白酶去除透明带，将两

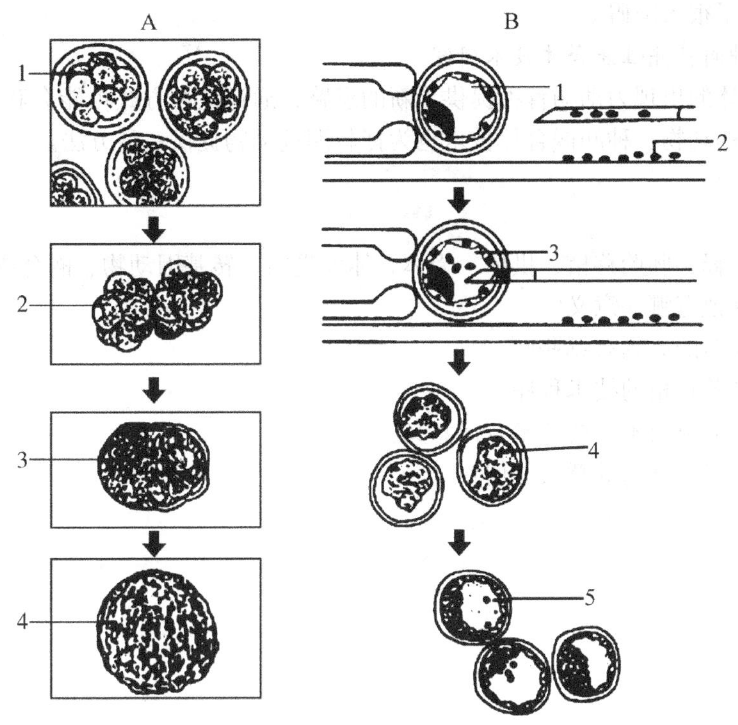

图 1-8-9　哺乳动物嵌合体生产基本方法示意图

A. 卵裂球聚合法　1. 早期胚胎　2. 去透明带聚合　3、4. 聚合后的培养发育

B. 囊胚细胞注射法　1. 受体囊胚　2. 供体细胞　3. 供体细胞注入囊胚腔

4. 注后囊胚　5. 重新发育

枚或两枚以上胚胎的卵裂球聚合在一起形成复合体，再经过一段时间培养后形成嵌合体胚胎，然后移植到受体内继续发育为嵌合体。聚合法操作简单，但是嵌合体生产效率低。

2. 囊胚注射法

它是把一种或多种胚胎的卵裂球、内细胞团细胞或胚胎干细胞直接注射到另一枚囊胚的囊腔中获得嵌合体的方法。操作时，首先要准备好供体细胞，再用显微操作仪把供体细胞注入囊胚腔，然后把胚胎移入受体内继续发育成为嵌合体。这种方法虽然操作复杂，但生产嵌合体的效率很高，已成为生产嵌合体的主要方法。

3. 嵌合体的鉴定

可通过外观观察、生化分析或分子检测确定后代是否为嵌合体。外观法是通过观察后代的肤色或毛色变化确定是否为嵌合体，这种方法直观，但在选择动物品种时，要求观察指标对比明显。生化分析法主要通过测定嵌合体血液或组织中同工酶的变化确定后代的嵌合情况，目前常用的是分析磷酸葡萄糖异构酶的表达情况。随着分子生物学的发展，可通过 DNA 指纹分析后代体细胞的遗传组成，这种方法快速准确。

（五）动物嵌合体生产存在的问题及前景

嵌合体技术的发展对加快生物学、医学、畜牧学和濒危动物的保护具有十分重要的意义。目前需要解决的问题有以下两点。

1. 提高嵌合体的生产效率

目前嵌合体的生产效率很低，特别是种间嵌合体仅在少数动物上取得成功，给远缘动物的嵌合带来了很大障碍。

2. 加强种间特异性嵌合体技术研究

种间嵌合体的出现为动物育种提供了新的思路，通过这种方式可能会获得经济价值或观赏价值更高的动物，种间嵌合体技术也为拯救濒危动物提供一种方法。

复习思考题

1. 名词解释：胚胎移植、供体、受体、体外受精、转基因动物、嵌合体。
2. 胚胎移植有哪些意义？
3. 胚胎移植的原则有哪些？
4. 简述胚胎移植的技术程序。
5. 什么是克隆技术？此技术有何意义？
6. 生产转基因动物的意义如何？

第二篇

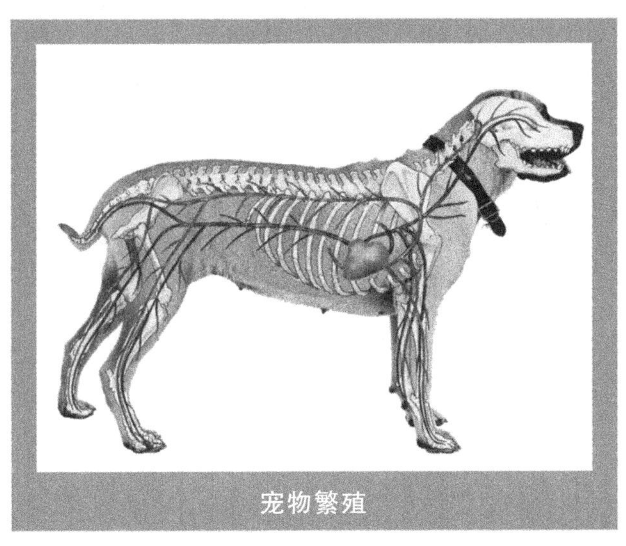

宠物繁殖

观赏鸟、鱼、龟的繁殖

第一章　观赏鸟的繁殖

第一节　鸟类的生殖器官

一、雄性鸟的生殖器官

雄性鸟的生殖器官包括睾丸、附睾、输精管和交配器（图 2－1－1）。

（一）睾丸与附睾

睾丸位于肾脏前叶腹面，左右各一个，呈白色卵圆形，非生殖季节萎缩，不易找到，而生殖季节则增大几百倍，甚至 1 000 多倍，极为明显。紧贴在睾丸的背内侧缘，被睾丸膜覆盖着的是个体较小的附睾，它主要由睾丸输出管构成，附睾管很短。

（二）输精管

输精管是多弯曲的输精管道，左右各一条，在输尿管外侧平行后伸，其前端与附睾连接，末端膨大成贮精囊，直接开口于泄殖腔。

（三）交配器

鸟的交配器是由泄殖腔壁突起形成的，只有少数鸟类才有交配器，用以输出精液，而大多数鸟都是靠泄殖腔口相互吻合完成输精作用的。另外，某些鹤形目和鸡形目的鸟类也有残余的交配器痕迹，可作为鉴别雌、雄的标志。

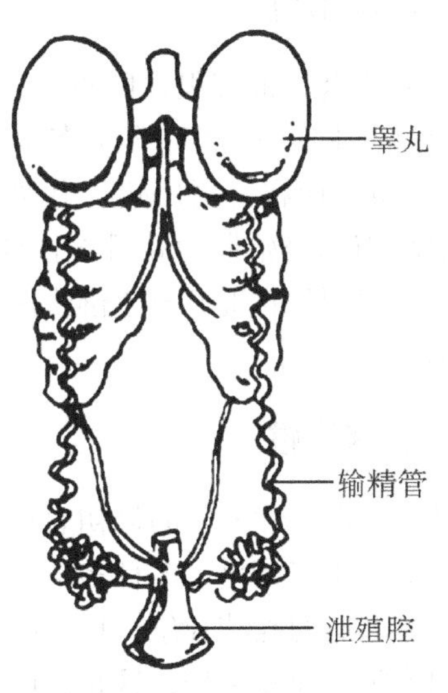

图 2－1－1　雄性鸟的生殖器官

二、雌性鸟的生殖器官

雌性鸟的生殖器官包括卵巢和输卵管两部分（图 2－1－2）。

（一）卵巢

雌性鸟在胚胎期有两个卵巢，其中右侧的卵巢在孵化出壳时已经退化，只有左侧卵巢正常发育。卵巢在繁殖季节明显增大，呈结节状，卵泡逐个成熟排出卵黄。非繁殖季节中的卵巢呈扁平状，贴于左肾前叶上，较难找到。

（二）输卵管

输卵管是一条长而弯曲的管道，从卵巢向后一直延伸到泄殖腔。输卵管按其形态结构和功能的不同，可分为喇叭部、蛋白分泌部、峡部、子宫部和阴道部。卵巢上排出的卵黄通过输卵管的喇叭口进入输卵管，在输卵管喇叭部完成受精过程，下行至输卵管蛋白分泌部时，被所分泌的蛋白质包裹，当卵黄受输卵管的蠕动而旋转下行时，卵黄两端的浓蛋白层便形成系带，可将卵黄悬挂在中央部分。卵继续下行至输卵管峡部时，形成内、外壳膜，进入子宫部形成蛋壳，最后经阴道部通过泄殖腔口产出体外。

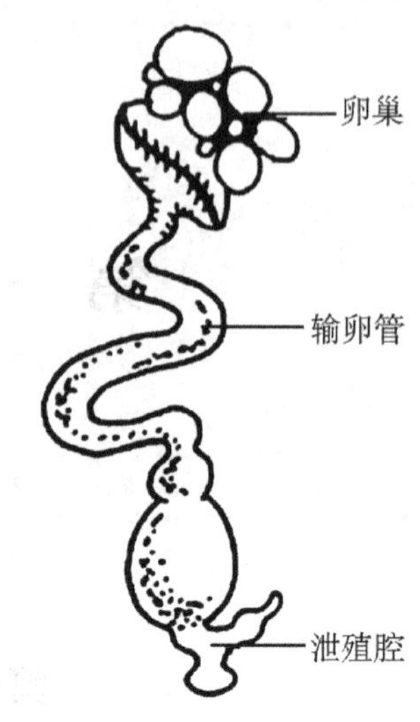

图 2－1－2　雌性鸟的生殖器官

第二节　鸟的繁殖特性

一、季节性

鸟类的繁殖带有很强的季节性，大多数鸟是春末、夏初进行繁殖。但也有些鸟类，由于地域不同，其繁殖季节各异。如生活在南半球澳大利亚的鸟，繁殖期在每年的3～10月份，而在我国广州，其繁殖期在每年的10月中旬至次年3月中旬；葵花风头鹦鹉在澳洲南部繁殖期为8月至次年1月，而在北部繁殖期为5～9月份。造成鸟繁殖季节差异的主要原因是由于光照周期的长短调控着鸟类生殖器官的发育，从而导致其繁殖季节不同。

二、择偶性

鸟类求偶是性成熟的最初表现。求偶活动是鸟类生活中最优美的生态表现，各类鸟的求偶活动，千变万化，多种多样。求偶期间鸟类的羽色鲜艳，体态丰富，鸣声多变，有的婉转轻扬，有的呢喃轻悠，也有的高亢豪放。优美悦耳的鸣声大多发自雄鸟，雌鸟一般很少鸣唱或鸣声简短不畅，这是我国玩赏笼鸟以雄性为主的重要原因。有些雄、雌鸟羽色有差异的种类，雄鸟常以艳丽的羽衣和求偶的美态来取悦于雌鸟，以达到招引对方和交配的目的。进入发情求偶期的鸟类，雄鸟间常有搏斗，故在此期间的笼养鸟类，需注意防范，以免造成伤亡。

鸟类的发情求偶，除与年龄有关外，光照时间的延长及营养丰富的饲料，也是促使鸟类发情求偶不可缺少的条件。据试验表明，增加笼养鸟的光照可促进其运动和进食，并可增进其生殖机能，有利于笼养鸟的繁殖。

三、占区性

每到繁殖季节，留鸟和候鸟中的雄鸟就会为自己找一块繁殖地点，作为占区。它们在占区内觅食、鸣叫，并伴随有不同的求偶表现，以招引雌鸟前来配对。如丹顶鹤在交配前的舞姿十分优美，颈向空中伸直，拍打双翅，身体上下起伏跳跃，并伴随着高亢的鸣叫；而原鸡常常展翅垂尾，耸立颈部华丽的镰状羽，在雌鸟一侧徘徊；孔雀求偶时呈“开屏”姿势。在雄鸟所占据的区域内，不准其他同种雄鸟侵入，如有其他雄鸟侵入，就进行顽强的争斗，直至把弱者驱出为止。鸟在繁殖季节内的觅食、孵卵、育雏等活动均在巢区进行，这样可以使营巢鸟类有均匀的分布，以保证繁殖期间有足够的食物。

鸟类所占区域的大小，因种类不同而不一样，个体大的猛禽类，占区有几平方公里，而小型鸟类只有几百平方米，山雀的巢区为 20～40m^2，雉鸡为 2 万～10 万 m^2。巢区的大小是可变的，在营巢地区有限、种群密度较高时，巢区可以被其他鸟类分隔而变小，因此，人工高密度养殖时，应注意雌、雄比例，以减少争斗。

四、筑巢性

养鸟爱好者，要认真考察野生鸟类的营巢习性，研究各种鸟巢的结构特点，可以为人工饲养和繁殖笼鸟以及在野外设置巢箱提供重要依据。

鸟巢是鸟类产卵、孵化和育雏的重要场所。笼养鸟的鸟巢或巢基的提供，以及营巢材料的供给适宜与否，都直接影响笼鸟繁殖的成败。不同种类的笼鸟，其巢的形态、大小、结构、营巢材料等均不相同，必须依据不同鸟类的需求供给，以达到繁殖的目的。

繁殖期中已经配成对的雌、雄亲鸟，在营巢生活中都有比较明确的分工。如织布鸟和几种常见的文鸟，多为雌鸟取运巢料，雌、雄亲鸟共同营巢；白玉鸟则是雌鸟首先衔取巢材、徘徊于理想的营巢处，然后雌、雄亲鸟共同筑巢繁殖。在一般情况下，营巢期间的笼鸟，除营巢活动繁忙外，雌、雄亲鸟精神极度兴奋，活跃于巢区周围。雄鸟多以鸣叫、跳跃或飞舞向雌鸟求爱，并出现较频繁的交配。很多鸟类自营巢开始，经常是雌飞雄从，形影不离，即使夜晚也是雌雄双双同栖一处过夜。

第三节　种鸟的选择与配种

一、鸟的雌雄鉴别

一般情况下，只有一些成年的观赏鸟类可以通过差别很大的羽色外观来区分雌、雄个体，但那些刚出壳的雏鸟和羽色相差不多的鸟类却很难区分雌、雄个体。为保持适当的雌、雄比例，种鸟繁殖场根据不同的需要选择雌鸟或雄鸟养殖，需要准确、及时地对观赏鸟进行雌、雄鉴别，以获得最佳的养殖效果。

观赏鸟的性别鉴别技术主要有以下几种：

1. 羽毛鉴别

一般雄鸟羽毛鲜艳光亮，而雌鸟羽毛暗淡。此种方法适宜于羽色差异较大的成年观赏鸟类，如孔雀、雉鸡、黄雀、燕雀等。

2. 鸣声鉴别

雄鸟鸣声好听，声调丰富，而雌鸟鸣声单调、平凡。此种方法适宜于成鸟期毛色不易区分的观赏鸟类，如画眉、八哥等的雌、雄鉴别。

3. 触摸鉴别

雄鸟有交配器（阴茎），用手指可以明显感觉出来。应注意，操作时要戴上薄的橡胶手套，动作要轻、快。此种方法适宜于鸵鸟类、鸭、鹅等。

4. 翻肛鉴别

此种方法可用于鉴别刚孵出来的雏鸟。操作时，可用左手捏住鸟体，用右手拇指和食指轻轻地将泄殖腔（肛门）翻开即可看到生殖突起。鸵鸟类、鸭、鹅等雄鸟的交配器突起明显，而雌鸟很小；某些鹳形目与鸡形目雄鸟有残余的交配器痕迹，雌鸟没有。一般雄鸟泄殖腔顶端具有较尖细、呈锥形的突起，而雌鸟泄殖腔突起则较平，呈圆形。

另外，经验丰富的养鸟者，也可通过鸟的嘴形、眉形、体形、细微的羽色差别辨别出雄、雌，但这需要细心的观察才能做到。

二、鸟的选择方法

（一）单性状选择

在育种的某一阶段，可能需要对单性状进行选择。能够利用的信息，除个体本身的表型值以外，最重要的信息来源就是个体所在家系平均数。单性状选择方法，就是基于个体表型值和家系均值。传统的选择方法分为个体选择、家系选择、家系内选择和合并选择。

1. 个体选择

只是根据个体本身性状的表型值进行选择的方法。此法不仅简单易行，而且在性状遗传力较高，表型标准差较大时，采用个体选择是有效的，可望获得好的遗传进展。在观赏鸟的育种中选择体重时常采用此法。

2. 家系选择

以整个家系为选择单位，只根据家系均值的大小决定家系的选留。选中的家系全部个体都可以留种，反之，未中选家系中的所有个体都不作种用。

在家系选择中又有两种情况，第一种是被选个体参与家系均值的计算，这是正规的家系选择；第二种是被选个体不参与家系均值的计算，实际上是同胞选择。但二者的选择效果仅在家系含量小时有差别，当家系含量大时，两种选择方法对选择反应的影响几乎相同。

家系选择适用于遗传力低的性状，在相同留种率的情况下，此种选择方法所需选留群体的规模，要比个体选择大。

3. 家系内选择

根据个体表型值与家系均值之差进行选择，不考虑家系均值的大小，每个家系都选留部分个体。这种方法适用于遗传力低的性状，实际意义不大，但可减少近交的机会。因此，主要用于小群体内选配、扩繁和小群保种方案中。

4. 合并选择

前三种选择方法各有其优缺点，为了将不同选择方法的优点相结合，可以采取同时使用家系均数和家系内偏差两种信息来进行选择，即合并选择。根据性状遗传力和家系内表型相关，分别给予这两种信息以不同的加权，合并为一个指数，然后依据这个指数进行选择，其选择的准确性高于以上各选择方法，因此可获得理想的遗传进展。

（二）多性状选择

多种经济性状是会影响生产效率的，而且各性状间往往存在着不同程度的遗传相关。因此，如果在对观赏鸟进行选择时，只考虑单性状，可能造成负面结果。

传统的多性状选择方法有三种，即顺序选择法、独立淘汰法和指数选择法。

1. 顺序选择法

顺序选择法又称单项选择法，是指对计划选择的多个性状逐一选择和改进，每个性状选择一个或数个世代，待所选的单个性状得到理想的选择效果后，就停止对该性状的选择，再开始选择第二个性状，达到目标后，接着选择第三个性状，如此顺序选择。

2. 独立淘汰法

将所要选择的观赏鸟每个生产性状各确定一个选择标准，凡是要留种的个体，必须同时达到或超过各性状的选择标准。如果某些个体，仅有一项低于标准，不管其他性状多么优秀，将被淘汰。因此，应注意掌握好淘汰标准的尺度，太严将会影响到重点性状的改进，而太宽则起不到积极的推进效果。

由于独立淘汰法同时考虑了多个性状的选择，优于顺序选择法，在观赏鸟的育种中，有较强的实用价值。但这种方法不可避免地易将那些在大多数性状上表现十分突出，而仅在个别性状上有所不足的个体淘汰掉。在各性状上表现都不太突出的“中庸”个体，反倒有可能保留下来。

3. 综合指数法

综合指数法是将多个性状值综合在一起进行选择。在选择过程中，根据它们的遗传基础和经济重要性，分别给予适当的加权，然后综合到一个指数中，根据指数的高低选留。因此综合指数法具有最好的选择效果，是在观赏鸟育种中应用最广泛的选择方法。

在实际应用时，综合指数选择很难达到理论上的预期效果，其主要原因有：①综合选择指数中的各种遗传参数存在估计误差；②候选群体过小，导致选择反应估计偏高；③各目标性状的经济加权值确定的依据不充分；④信息性状与目标性状的遗传关系不确切等。

三、鸟的配种方法

（一）自然交配

自然交配又称本交，是指让雌鸟与雄鸟自然配种繁殖后代的方法。根据家庭鸟类的自然交配方式，又可分自由交配和人工控制交配。

1. 自由交配

是一种原始的配种方法，主要用于家养庭院鸟，如野生鸡类、各种野鸭等。即将雌、雄鸟长年混养在一起，任其随意交配，完全不受人工控制。

自由交配的优点是易管理、节省人工，可以常年配种。缺点是易造成雌、雄鸟交配过早，影响身体正常发育和后代健康，雏鸟的父母无法确定，不能进行选种工作，另外，雄鸟间争配现象严重，影响体力和降低种蛋受精率。因此，这种方法一般较少采用。

2. 人工控制交配

这是目前使用较多的一类交配方法。具体有大群配种、小间配种、个体控制配种、人工辅助交配等几种方式。

(1) 个体控制配种　此方法是将一只优秀的雄鸟单独置于一个配种笼内，再将一只雌鸟放入，待交配后，即将雌鸟取出，再放入另一只雌鸟，如此轮流放入雌鸟与该雄鸟交配。缺点是靠人工监视交配，既费时又费力。采用个体控制配种时，为使种蛋有良好的受精率，就要控制雄鸟的交配次数，一般每天3～10次为宜。这种方法常用于家庭饲养的笼养观赏鸟，如金丝鸟、虎皮鹦鹉、十姐妹、灰文鸟等。

鸟类的交配往往有选择性，在交配前常会出现追逐、格斗等现象，尤其是雌鸟表现更为强烈。为了使配种容易成功，可预先将雄鸟放入繁殖笼内饲养一段时间，待雌鸟进入发情盛期，再放入雄鸟笼内进行交配，这样在追逐或格斗时，雄鸟就能利用熟悉的环境来征服雌鸟，提高交配的成功率。

(2) 人工辅助交配　是指将雌鸟捉到雄鸟笼内，在人的监视下或进行必要的辅助以完成交配过程的一种配种方法。此法适用于自然交配困难（如雌、雄体型差异大等），特别是进行种间杂交时。在一些雌鸟十分凶猛，雄鸟一时不能取胜的情况下，这时可将雌鸟的侧翼用软绳缚住，使它失去格斗能力，待交配成功后，再解除软绳。

与自然交配相比，人工控制交配的优点是能提高种鸟的利用率，可有目的地进行选种选配，能提高后代的质量及避免疾病传播等。因此，人工控制交配是养鸟业中普遍采用的配种方法。

(二) 人工授精

人工授精是指用人工的方法，采集雄鸟的精液，再用器械等将精液输入到雌鸟生殖道内，以代替雌、雄鸟自然交配的一种配种方法。人工授精能充分发挥优秀种用雄鸟的利用率，提高种蛋受精率和孵化率；可以克服雌雄鸟个体体重差异悬殊、不同品种间不易进行自然交配的困难；有利于育种工作的开展，可促进育种工作的进程，在进行大量的或小范围的育种试验中，可提供准确的试验资料；减少种鸟配种时疫病的传播；由于冷冻精液技术的开展，扩大了“基因库”，可不受时间、地域或国界的限制而达到交换精液进行引种的目的。

1. 人工授精器材

常见的人工授精器材有集精杯、尼龙注射器、贮精器、保温杯等。

(1) 集精杯　用无毒塑料制成，开口端较硬，底端软而有弹性。收集精液时可用手挤压杯底端，当集精杯口移到雄鸟阴茎头上时，可放松对集精杯底端的挤压，以使精液被吸入集精杯内。

(2) 尼龙注射器　可采用医用毫升注射器，并将塑料导管与注射器配合使用，作为输精导管，要求可以更换，管口能与注射器头吻合。

(3) 贮精器　常用玻璃试管或小离心管代替。

(4) 保温杯　常用小型保温杯。杯口要配用相应的橡皮塞，并打上可放入小试管的4个小孔，以便插入小试管。杯内盛入35～40℃温水，作临时性短期保存精液之用。

另外，还要配备恒温干燥箱、显微镜、剪毛剪以及75%的酒精、蒸馏水、生理盐水、稀释液、脱脂棉球等。

2. 采精前的准备工作

（1）训练种雄鸟　种雄鸟在采精前要经过必要的训练，使之能适应人工刺激而顺利地排出精液。在做训练时，最好固定专人进行，以使雄鸟熟悉和习惯采精手势，有利于排精反射的形成。

（2）创造优越条件　在采精季节，要注意种雄鸟的营养水平，喂给营养成分平衡的饲料，保证充足的光照时间，以获得优质、多量的精液。

（3）器械准备　对集精杯、贮精器等器材，要用清水、蒸馏水、生理盐水清洗干净，置于恒温干燥箱中烘干备用。

（4）分开饲养　采精前一周左右，要将雄鸟与雌鸟分开饲养，并在采精前3～4h停止雄鸟的采食和饮水，以减少采精时粪便污染精液。

（5）剪去羽毛　采精前应将雄鸟泄殖腔周围的羽毛剪去，并用生理盐水棉球擦拭干净，或用酒精棉球擦拭，待酒精挥发完后才可采精。

3. 采精方法

正式采精一般每隔2～3d一次，时间宜在下午进行。采出的精液要在30min内输入雌鸟的泄殖腔内，以确保种蛋的受精率。

采精需要两个人配合操作，一人是操作者，负责把雄鸟的精液采出来，另一人是助手，负责雄鸟的固定和收集精液工作。采精时，操作者应坐在椅子上，左手握住雄鸟的双翅，右手握住其双腿放在自己的大腿上；助手用右手持集精杯准备收集精液，左手替换下操作者固定着雄鸟双腿的右手；这时操作者就可用右手的整个掌面自雄鸟背部顺尾羽方向抚摩数次，以减轻其惊恐并引起性欲。当雄鸟出现性反射，尾羽上翘，生殖器突起有节奏地用力外翻时，操作者要松开雄鸟的双翅，左手替换右手，用左手掌抚摩雄鸟的尾部，拇指和其余四指分开放在泄殖腔两上侧，用右手以迅速敏捷的手法频频按摩泄殖腔周围5～7s，使雄鸟性欲增强，操作者随即用左手拇指和食指挤压泄殖腔两侧，在左、右手共同的挤压、按摩作用下，生殖突起翻出并达到充分勃起时即开始排出乳白色精液。与此同时，助手要用集精杯承接精液。因鸟的排精量少，助手与操作者的密切配合至关重要。

采精时的动作要轻柔、迅速而准确，使雄鸟感到舒适，这对雄鸟排精是十分有利的。若按摩过重，则容易引起粪便排泄，甚至使生殖器突起内部毛细血管破裂，造成出血，污染精液。动作生硬，不但不能很好地建立雄鸟的条件反射，而且还会破坏已建立的条件反射，不利于人工采精。由于采精人的手法不太一样，所以应选择经验丰富、工作细腻的固定人员进行采精。

4. 稀释精液

采出的精液应立即用30～40℃的稀释液稀释10倍左右。稀释液可用0.9%生理盐水，但最好是用以下配方配制稀释液，即蔗糖4g、葡萄糖1g、醋酸钠1g、重碳酸钠0.15g、磷酸醋酸钾0.2ml，加蒸馏水定量至100ml，最后将pH值调整为7.1。

5. 输精

采出的精液要在30min内输入雌鸟体内，否则会严重影响受精率。每只雌鸟每次输入经稀释的精液0.1～0.2ml，每个输入剂量应含7 500～10 000个精子，每周连续输2次，即连续输2d，每天各输1次。

输精工作也要由两人配合完成，一人负责固定雌鸟，另一人负责输精。操作时，负责固定雌鸟的人应用右手抓住雌鸟的双腿倒提，用右腋夹住雌鸟的双翅，左手握住其头部；负责输精的人用塑料注射器吸取精液后，在注射器头部插上输精导管，用右手的食指插入雌鸟的肛门内，将输精导管插入其泄殖腔内3～5cm深的位置，并用手指不停地按摩其泄殖腔外侧，将精液徐徐注入。

为增加输精效果，输精者也可用右手掌使劲压迫雌鸟的尾部，并用拇指和食指把雌鸟的肛门翻开，使输卵管口翻出，再将输精导管斜向插入输卵管内约1cm，将精液输入，然后使肛门复原，即完成输精操作。

输精时应注意不要将空气或气泡输入雌鸟的泄殖腔内，以免影响受精率。另外，为防止相互感染，最好每输1只雌鸟换1根输精导管。由于水、酒精和消毒剂对精子都是有害的，因此输精过程中所有与精液接触的器械都不得接触这些物质，如果需要清洗，应该用稀释液清洗。

第四节　鸟蛋孵化和育雏

一、鸟蛋的构造与形成

（一）鸟蛋的构造

鸟蛋由蛋壳、蛋壳膜、蛋白、蛋黄、胚盘或胚珠五部分组成（图2－1－3）。

1．蛋壳

蛋壳为蛋最外层的硬壳，厚度一般为0.26～0.38mm，锐端比钝端略厚。蛋壳上有许多小气孔，胚胎发育过程中，通过这些小气孔进行气体和水分的代谢。新产出的蛋壳表面有一层胶护膜，可防止微生物的侵入和蛋内水分的过分蒸发。但是，种蛋经过洗涤，或随着存放时间的延长，会使胶护膜逐渐脱落。

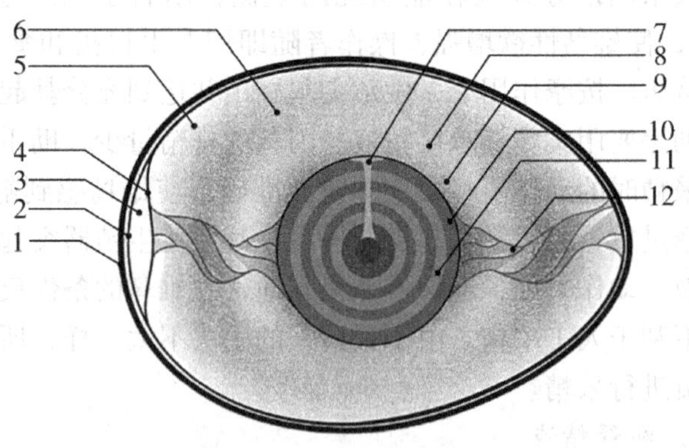

图2－1－3　鸟蛋的结构示意图

1. 蛋壳　2. 外壳膜　3. 气室　4. 内壳膜　5. 外稀蛋白　6. 外浓蛋白　7. 胚盘（胚珠）　8. 内稀蛋白　9. 内浓蛋白　10. 深色蛋黄　11. 浅色蛋黄　12. 系带

2．蛋壳膜

蛋壳膜分内外两层，靠近壳的一层为外壳膜，厚约0.05mm；包围蛋白的一层为内壳膜，厚约0.02mm。两层壳膜紧贴在一起，只有在蛋的钝端形成一个空间称为气室。随着蛋存放和孵化时间的增加，蛋内水分不断蒸发，气室将逐渐增大。

3. 蛋白

蛋白是带黏性的半透明胶体。外部较稀的为稀蛋白，内部较浓的为浓蛋白。在蛋黄两端有螺旋状的系带，系带由浓蛋白构成，固定在内壳膜上，它的作用是使蛋黄悬浮于蛋的中央并保持一定的位置，使蛋黄上的胚盘不致粘壳而影响胚胎发育。

蛋在运输过程中受到剧烈震动，会引起系带断裂。蛋存放时间过长，浓蛋白变稀，系带与蛋黄脱离。在种蛋的运输和存放中应尽量避免上述情况出现，否则种蛋难于孵化成雏。

4. 蛋黄

位于蛋的中央，呈黄色球形，其内部分为同心圆状的深色蛋黄和浅色蛋黄。蛋黄外面有一层极薄且有弹性的膜称蛋黄膜。

5. 胚珠与胚盘

蛋黄表面有一白色小圆点，未受精时称胚珠，受精以后称胚盘。胚盘在孵化过程中可发育成胚胎。外观胚盘中央呈透明状的称为明区，周围不透明的称暗区。胚珠没有明暗之分，且比胚盘小，据此可估测蛋的受精率。由于胚盘比重较蛋黄小并有系带固定，不管蛋的放置位置如何变化，胚盘始终在蛋黄的上方。

（二）鸟蛋的形成

雌鸟达到性成熟时，卵巢上生成大小不一的卵泡。成熟卵泡排出的卵黄被输卵管的喇叭部接纳，并在此完成受精过程。当卵黄下行至输卵管蛋白分泌部时，被所分泌的浓蛋白包裹，当卵黄受输卵管的蠕动而旋转下行时，卵黄两端的浓蛋白层便形成系带，然后分别形成稀蛋白、外浓蛋白和外稀蛋白。卵继续下行至输卵管的峡部，形成内、外壳膜，进入子宫部后，形成蛋壳、蛋壳色素和胶护膜，完成蛋的形成过程，最后经阴道部通过泄殖腔口产出体外。

二、鸟蛋的孵化

1. 孵化

自然条件下，鸟在产蛋达一定数量后，就要进行孵化。孵化一般由雌鸟完成，雄鸟在鸟巢附近“守卫”（如雉鸡等）；也有的雌、雄鸟轮流进行孵化，如丹顶鹤等两性区别不太明显的鸟类；少数种类是由雄鸟进行孵化，如三趾鸦、彩鹏等。

一般情况下，鸟蛋胚盘由于重力关系，总是浮于卵黄上方，而亲鸟的腹部羽毛脱落，称“孵卵斑”，此处毛细血管十分丰富，也是体温的最高处，有利于蛋的孵化。

孵化期间亲鸟经常凉蛋和翻蛋。孵化期的长短因鸟的种类不同而有差别，雉鸡为22～23d、鸭类为28d、丹顶鹤为31～33d、白腰文鸟为14d、鸡尾鹦鹉为22～23d。每一类鸟的孵化期较为固定，这也是研究鸟类分类的依据之一。

如果采用人工孵化，就要在种鸟产蛋后将蛋收集起来，并在48h内送至孵化室进行孵化。鸟蛋孵化程序与鸡蛋孵化基本一致，先采用高锰酸钾－甲醛熏蒸法消毒，孵化温度及要求应根据不同鸟蛋的孵化特点科学制定，前期一般在37.1～37.2℃，出雏前3～4d，温度在36.7～37℃。在孵化前期每2h需要人工翻蛋1次，每天凉蛋1次，每次15min，相对湿度应达到55%～60%；后期停止翻蛋，每天凉蛋2～3次，每次20～25min。

2. 照蛋

照蛋是指利用灯光或自然光透视蛋内胚胎的发育情况。

照蛋的目的，是为了及时了解和掌握胚胎发育情况，判断孵化条件是否适宜，以便及时纠正和调整，从而提高孵化率和健雏率；通过照蛋，还可以辨别受精蛋、无精蛋和死胎蛋（图2－1－4），以便及时剔除无精蛋、死胎蛋、破壳蛋及臭蛋等。

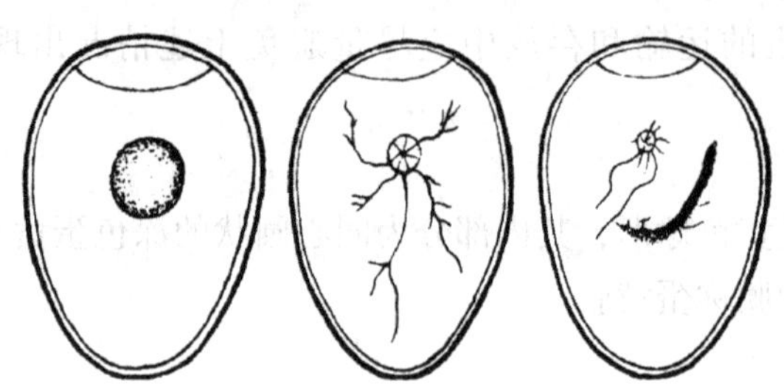

图2－1－4 无精蛋、受精蛋、死精蛋示意图

左：无精蛋 中：受精蛋 右：死精蛋

照蛋的方法一般是用木板或铁皮制成方形小箱，箱内装置60～100W灯泡（或煤油灯），在箱的侧面打开一个与蛋相同大小的圆孔，做成照蛋器。在没有照蛋器的情况下，可将孵化室门窗遮盖使孵化室内黑暗，在门窗上开一个圆形小孔，利用自然光照蛋。

整个孵化期应照蛋2～3次。第一次照蛋是检查种蛋的受精情况和有无死精蛋，可及早取出未受精蛋供食用，同时将未受精蛋及死精蛋取出也可增加孵化器的孵化量。

第一次照蛋应在孵化期的1/4时进行。这时正常发育的受精蛋，胚胎已发育成蜘蛛形状，其周围血管明显并可看到胚上的黑色眼点；蛋内颜色发红，将蛋微微摇动，胚胎也随之而动；蛋黄扩大偏于一侧。未受精蛋则没有任何变化，蛋内颜色为淡黄透明，蛋黄完整。死精蛋呈不规则的血环或呈一条血线贴在蛋壳上，蛋的颜色浅，有些蛋黄已散。

第二次照蛋的目的，主要是为了检查胚蛋发育情况，以便及时取出死胚蛋。否则死胚蛋腐败会使孵化器内空气污浊，直接影响其他胚胎的气体交换和孵化湿度，从而降低孵化效果。

在出雏的前两天要进行第三次照蛋，这时种蛋之间的空隙不得过密，发育正常的胚胎发黑，种蛋不透明，气室大而清亮，逐渐向一边倾斜，胚胎与气室交界处有明显的血管，有时能见到胚胎活动，摸之发热。死胚则暗淡而浑浊不清，边缘看不见血管，气室边缘颜色较淡，形成环状淡红色带，摸之发凉。

3. 落盘

落盘是指在出雏的前两天，将种蛋从孵化器的孵化盘上移至出雏器的出雏盘里，以便让雏鸟破壳而出的过程。落盘时动作要快，要轻拿轻放，以免碰破种蛋。种蛋应均匀地摆放在出雏盘内，稀密适当，防止挤压。种蛋之间的空隙不得过小，否则会因热量散发不良或新鲜空气不足而把胚胎烧死或闷死；也不可空隙过大，否则会造成温度不够，延长雏鸟出壳期，而且易使种蛋破损。

在同一批孵化的种蛋中，如果有两种以上的鸟蛋，落盘时要防止混杂。

落盘后出雏器内的温度要比前一阶段在孵化器内的温度低0.5～1℃，温度过高会影响雏鸟出壳，甚至造成大批死亡。落盘后不要再行翻蛋，但要注意加大通风量，适当增加湿度，以利于雏鸟出壳。

4. 淋蛋

落盘12h后，要每隔6h用40℃左右的温水淋蛋1次，刺激胚胎运动，以利于雏鸟出壳。

5. 捡雏

开始出雏后，每天应定时捡雏2～4次，每次只捡出羽毛已干的幼雏。在捡雏的同时，应取出空蛋壳，以免空蛋壳套住幼雏的头而闷死幼雏。

三、鸟的育雏

（一）本亲哺育

雌鸟产出种蛋并孵化15～17d后，雏鸟即可出壳。文鸟、珍珠鸟、芙蓉鸟等绝大多数笼养观赏鸟，其雏鸟属于“晚成鸟”，即刚出壳的雏鸟发育还不完善，身体十分虚弱。雏鸟出壳后，伏在巢内，不能站立，不能独立生活，身体光秃秃的，以后才慢慢长出稀疏的绒羽毛。雏鸟的存活及生长发育必须依靠亲鸟的哺育，而且需要时间和营养，以完成雏鸟后期的发育。育雏期间对于母鸟必须增加营养，应多喂些蛋黄、面包虫、昆虫及青菜等营养丰富的饲料。母鸟吃食后经过唾液和消化液的作用，再将食糜吐出来喂养雏鸟。只有母鸟营养好，雏鸟才能营养丰富，发育良好。在正常情况下，母鸟会把雏鸟很好地哺育生长的，在此期间，只要注意加强营养和不要惊吓、干扰母鸟即可。否则，母鸟受惊吓后会不再饲喂雏鸟，或将雏鸟踩死。

（二）人工育雏

人工育雏有助于培养鸟对人的亲和性，这种方法大多用于救助失去双亲或被抛弃的雏鸟，是饲养繁育鸟类工作中的一项基本技术。

人工养育未长出羽毛的雏鸟是非常困难的，最大的难题是无法解决雏鸟的保温问题，尤其是体型微小的种类。因为鸟是靠羽毛来保温的，没有羽毛的雏鸟体温很容易散失，它必须依赖亲鸟的体温来维持自身的体温。另外，鸟是恒温动物，当体温下降到低于恒温值几摄氏度时就会被冻死。对于一只正常体温在39～42℃的小鸟而言，即使在气温高达35℃的炎热夏季，它仍可能“着凉”。但对于体型略大些的种类，如八哥和鸽子，如果育雏时的天气温暖，在确保环境温度恒定在32～35℃时，将雏鸟放在保暖性好的人工巢中，再在雏鸟身上盖一团棉绒保温物，喂雏的饲料和喂雏方式又合适的话，刚出壳的幼雏被育活的比率也很大。

人工育雏成活率最高的是已经长齐羽毛、睁开眼睛，遇有动静就伸颈张嘴要食的雏鸟，它们对食物不挑剔，几乎能够吃下它们能吞下的任何食物。为了雏鸟能健康地成长，在准备育雏饲料时，要综合考虑营养、适口性和是否容易消化等因素。

喂雏的工具有滴管、竹签、小药匙和镊子等。滴管用于给早期雏鸟滴喂半流质的饲料。较大型的长颈种类的雏鸟也可以用注射器向喉咙深处推注流质食物。竹签和小药匙用来挑喂糊状的半干饲料；镊子则用来夹持颗粒饲料和虫子。

哺喂雏鸟时，应先发出一点声音或稍稍动一下鸟巢，只要其中一只雏鸟有所反应，其他雏鸟也会跟着伸颈张嘴，此时用喂食器具将食物准确地送入雏鸟喉咙深处，它会自然地将食物吞下去。哺喂较大型的雏鸟时，也可以将食物捏成长条状直接用手送入雏鸟口中。

应注意的是，只有将食物送到雏鸟的咽喉处，才能引起它的吞咽反应，叼在雏鸟嘴尖上的食物常常不能被吞下。

同时哺喂多只雏鸟时，要注意以下两种情况：

一是不要漏喂。大多数雏鸟在听到或看到鸟巢附近有活动信息时会本能地伸颈张嘴，即使它已经吃饱也会做出相同动作，所以在喂雏时要记住哪只已喂过，哪只没喂过，要依次喂给，防止漏喂。一般情况下，饥饿的雏鸟的头颈会伸得更长，嘴张得更大，叫声更急促响亮，头部的摆动也更频繁，会随着食物的移动而移动；而吃饱的雏鸟则只仰头张开嘴，叫声不响亮，嘴也是时开时合；还有一种情况，就是有的雏鸟因嗜睡卷缩在角落里，而忘了求食，对这样的雏鸟要用竹签轻轻地碰一下它的嘴，让它醒来，然后从它的求食动作中看它是否饥饿或是否有病。

二是要将同一窝中发育程度不同的雏鸟分开饲喂，否则较弱的雏鸟不仅会因争抢能力弱而越来越衰弱，甚至可能因被踩或被挤而受到伤害。

早期的雏鸟每日饲喂的次数要多一些，一般出壳未满1周的雏鸟要每隔2h喂1次，晚上虽然不必饲喂，但是如果雏鸟受到惊吓，就要补喂1次。随着日龄的增加，每天饲喂的次数逐渐递减。

将要离巢的雏鸟也存在着喂养难的问题，因为此时的小鸟对外界的异常声响已十分警觉，当遇到它认为是危险的情况时常静伏不动。将这一时期的小鸟取出饲喂，往往会出现拒食现象，小心地掰开它的嘴填喂固然是一种方法，但因为易导致雏鸟娇嫩的颌骨骨折，现在已很少被采用。但雏鸟毕竟没有独立捕食的能力，当它们感到饥饿时，依然会克服陌生的恐惧感而向人们试着索食。

人工育雏的优点是可以增强鸟对人的亲和性，即使是一些野性很强的野鸟，在幼稚时期也容易养活，所以人工哺育是一种很有效的驯化手段。在人工培养繁育鸟种时，从小生活在人工环境下的鸟会产生对驯化十分有利的印记现象，如果能够坚持用手喂雏鸟，这样的鸟即使长大后也不会飞掉，因为它已将人作为伴侣，有的鸟甚至会向人的手求爱。正是这种行为特性使得鸟类有可能被人类驯化，是人工培育、繁育鸟的前提条件。

第五节　鸽子的繁殖

一、鸽子的雌雄鉴别和年龄鉴定

（一）鸽子的雌雄鉴别

1．鸽蛋胚胎的雌雄鉴别

鸽蛋产下后经过4～5d的孵化，用照蛋器进行观察，若是受精蛋，胚胎已开始发育，这时也可以看出胚胎周围有血管分布。胚胎两侧的血管是对称蜘蛛网状时，多为雄性胎儿；反之，胚胎两侧的血管是不对称的网状，一边长而多，另一边短而稀少的多为雌性胎儿。用此法鉴别鸽的性别，准确性可达80%左右。

2．乳鸽的雌雄鉴别

（1）肛门鉴别法　在乳鸽孵出4～5d后，将其肛门稍为翻开，就可见到如图2－1－5

的状况，由侧面看去，雄鸽肛门上缘覆盖下缘，稍微突出；雌鸽正好相反，下缘突出来并稍微覆盖上缘。但十多天后，肛门周围的羽毛长出就不容易鉴别了。

（2）哺喂鉴别法　在同窝乳鸽中，常常争先受到亲鸽哺喂的乳鸽多为雄鸽，反之则为雌鸽。

（3）观察鉴别法　在同窝乳鸽中，雄鸽长得较快，体重较大，雌鸽生长稍慢。将手伸近乳鸽头部前面时，如反应敏感，羽毛竖起，姿势较凶且用嘴啄手或翅膀拍打者多为雄鸽。乳鸽走动时，先离开巢盆，且较活泼好斗的多为雄鸽，反之则为雌鸽。

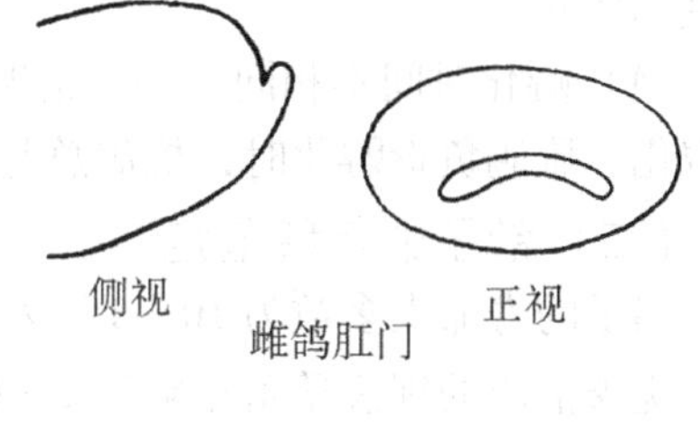

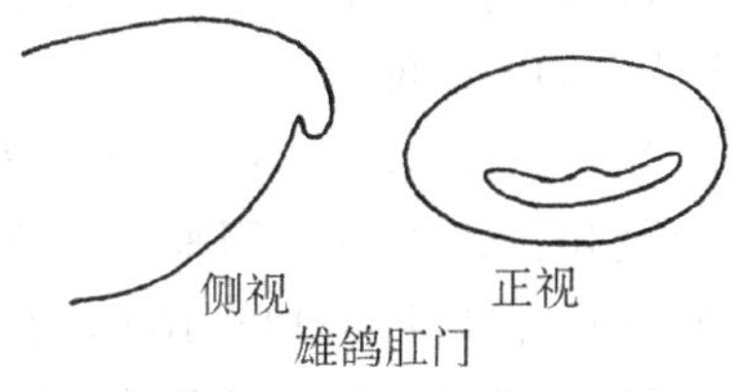

图 2－1－5　乳鸽肛门外观

3. 童鸽的雌雄鉴别法

童鸽 1～2 月龄的性别最难鉴别，通常只能由外形及肛门等部位来鉴别。4～6 月龄鸽子的雌雄鉴别比较容易。童鸽的雌雄可以从以下几点进行鉴别。

（1）看外表　外观上，雄鸽头较粗大，嘴较大而稍短，鼻瘤大而突出，头部大而顶部呈拱形，颈骨粗而硬，脚骨较粗大，羽毛较有光泽，主翼羽尾端较尖；雌鸽体形结构较紧凑，头部圆小，上部扁平，鼻瘤较小，嘴长而窄，颈细而软，脚骨短而细，羽毛光泽度较差，主翼羽尾端较钝。

（2）抓　用手捉鸽时，雄鸽抵抗较强，且发出“咕咕”叫声；雌鸽较温顺，有时发出低沉的“呜呜”声。抓住鸽子使其颈部朝向光线的方向，观察眼睛，可见雄鸽的双目凝视，炯炯有神，瞬膜迅速闪动；雌鸽双眼显得较温和，瞬膜闪动较缓慢。

（3）摸　用手摸颈部，雄鸽颈骨较粗而硬，雌鸽则较细而软；用手摸腹部骨盆，雄鸽龙骨突较粗长且硬，后部与耻骨间的距离较小，两耻骨间的距离也较窄而紧，脚骨粗而圆；雌鸽腹部两耻骨间的距离较宽，约 4～5cm，且有弹性，耻骨与龙骨突下部的距离也较大，龙骨突稍短，脚胫骨细而稍扁。

（4）看肛门　3～4 月龄以上的鸽子，雄鸽的肛门闭合时，向外凸出，张开时呈六角形；雌鸽的肛门闭合时向内凹入，张开时则呈花形（图 2－1－6）。

4. 成鸽的雌雄鉴别

上述童鸽的雌雄鉴别法也适用于成鸽，且在成鸽表现得更加突出。但是，也有以下几方面不同之处。

（1）成鸽具有明显的发情表现，雄鸽常常追逐雌鸽，绕着雌鸽打转，此时雄鸽颈部气囊膨胀，颈羽和背羽膨起，尾羽放开如扇形，且不时拖于地面，头部频频上下点动，发出“咕咕”叫声；雌鸽则表现得较温存，慢慢走动或低头半蹲着，接受雄鸽的求爱。

（2）由于雄鸽与雌鸽的求爱及交配活动，造成雄鸽的尾羽较脏，雌鸽的背羽较脏。

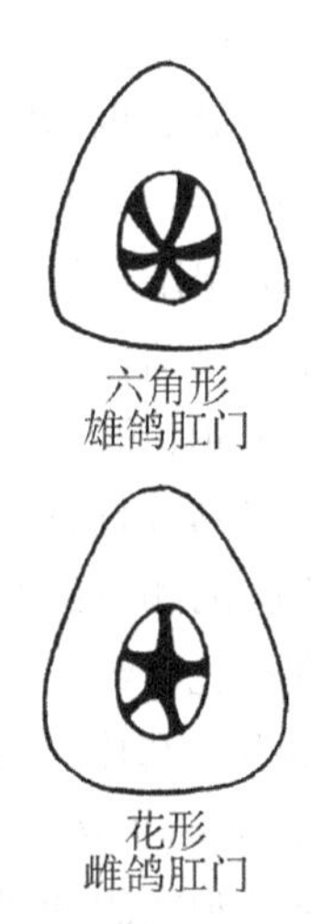

图 2－1－6　童鸽肛门外观

(3) 雌鸽与雄鸽之间的接吻表现有差异。即接吻时，雄鸽张开嘴，雌鸽将喙伸进雄鸽的嘴里，雄鸽会像哺喂乳鸽一样做出哺喂母鸽的动作，亲吻过后，雌鸽总是自然蹲下，接受雄鸽交配。

(4) 孵化时间不相同。一般情况下，雄鸽孵蛋的时间为每天10～16h，其他时间由雌鸽孵化。雌鸽负责孵化时，雄鸽总是呆在巢盆附近，保护雌鸽安全和监督雌鸽孵蛋。

(二) 鸽子的年龄鉴定

鸽子的寿命大多数为10～15岁，最佳繁殖年龄为2～4岁，肉鸽一般可利用生产期5年，优秀信鸽的理想繁殖年龄为2～6岁。

懂得识别鸽子年龄的方法，对适时配对繁殖和选育良种具有重要的意义。鸽子年龄的鉴定方法有如下几种。

1. 依鸽子羽毛的更换情况来鉴别

主翼羽的脱换规律可用来识别童鸽月龄。鸽子的主翼羽共10根，在2月龄时，开始更换第一根，以后每隔13～16d左右顺序更换1根主翼羽，换至最后1根时，鸽子约6月龄，已是性成熟的时期，可开始配对生产。鸽子副主翼羽12根，其脱换规律主要用来识别成鸽的年龄。副主翼羽每年从里向外顺序更换1根，更换后的羽毛显得颜色稍深且干净整齐。

2. 依鸽子腔上囊的大小、有无来鉴别

鸽的腔上囊位于泄殖腔的上方。童鸽的腔上囊比较大，成鸽时变得较小，几年后腔上囊变得很小，或者只剩下一点痕迹。

3. 依鸽喙的形状及嘴角结痂来识别

鸽子年龄越大，喙的末端越钝、越光滑。乳鸽喙的末端较尖，软而细长；童鸽的喙较厚而硬；成年鸽喙较粗短，末端较硬而光滑。成年鸽由于哺育乳鸽，嘴角出现茧子，成结痂状。年龄越大，哺仔越多，嘴角的茧子就长得越大，5年以上的成年鸽嘴角两边的结痂粗如锯齿状。

4. 依鸽子鼻瘤的大小及颜色来鉴别

乳鸽的鼻瘤红润，而童鸽浅红且有光泽，2年以上鸽的鼻瘤已有薄薄的粉白色，4～5年以上鸽的鼻瘤也随年龄的增大而稍有变大。

5. 依鸽的眼睛灵活性及眼圈裸皮皱纹的多少来鉴别

幼鸽的眼睛较机灵，童鸽及年轻的成鸽眼里炯炯有神，眼睛瞬膜闪动较快，年老的鸽眼神迟滞，灵活性较差。另外，青年鸽的眼圈裸皮皱纹很细，随着鸽子年龄的增大，裸皮的皱纹越来越粗厚。

6. 依鸽脚的颜色和磷纹的粗细来鉴别

童鸽脚的颜色鲜红，磷纹不明显，鳞片软而平，趾甲软而尖，脚垫软而滑。两年以上时，鸽脚颜色暗红，磷纹细而明显，鳞片及趾甲稍硬而弯。5年以上的鸽脚变紫红色，磷纹明显而粗，鳞片突出且粗糙，上面附着白色小鳞片，趾甲粗硬而弯曲，脚垫厚而粗硬。

7. 依鸽的脚环来鉴别

肉鸽及观赏鸽的脚环往往只标明号码，可根据戴脚环时登记的时间来确定；信鸽的脚环上往往注明出生日期，由此可确知其年龄。

二、种鸽的选择

选种是鸽子育种工作的重要手段。现有的优良鸽子品种，都是人类长期选择和培育的结果。从根本上说，选种对鸽子的发展起着向导作用。选种就是根据需要，分别按照信鸽、观赏鸽、肉用鸽三大类中的标准，在各类的群体中进行衡量、比较，有目的地留下好的，淘汰不好的，以打破繁殖的随机性，打破群体基因频率的平衡状态。于是，好的个体增加了繁殖后代的机会，群体中表现好的基因型频率就增加了；差的个体数目减少甚至被完全剥夺了繁殖的机会，这些个体所具有的基因型频率也就减少了。虽然选种不能创造新的基因，但通过选种，在后代中使基因重组、纯合和改变基因频率，结果使优良性状得到巩固和提高。所以，通过不断选种，就能使鸽子进一步得以改良和提高生产性能。

选种就是根据鸽子的育种目的，把生物特性、生产性能、使用价值、观赏价值、经济价值、育种价值等方面表现良好的雄鸽、雌鸽选留出来作种繁殖，把品质差的给以淘汰。

（一）选种的目的

选种要有明确的目的。例如，要选育肉用型、通信型、还是观赏型的；适合于哪种饲养方式；笼养、棚养、还是群养；在体型外貌、生理解剖、生活习性和经济性能等方面要具有什么特征；达到什么要求等等。同时还要结合当地自然环境、经济条件、饲养水平和生产要求等情况订出育种方案，使选种工作有目标、有计划地进行。

确定选种目标时，应根据需要对鸽子性状提出一定的选种要求。鸽子所有性状都受遗传和环境两方面的影响。鸽子表型性状是基因型和环境相互作用的结果。人类在鸽子育种实践中，最初只是根据鸽子的表型性状来进行选择，在认识遗传的本质和规律之后，就进行了基因型的选择，使育种效率得以较大的提高。

所谓表型选择，就是对可以观察或测量到的性状进行选择，包括依据外貌、生理特征和个体本身的生产成绩来进行选种。在大规模进行商品生产繁殖的种鸽场，一般都不做个体生产性能记录，因而要鉴定种鸽的优劣、决定去留时，就只能依靠外貌和生理特征来进行选择。例如，信鸽要求体格坚实强健，举止敏捷，身体各部分发育匀称，头额宽圆，颈粗细适中，头能高举；两眼光亮有神，眼皮薄，瞳孔收缩得小而快；鼻瘤小，喙上下接合良好，眼砂细而清晰、分布均匀，线口圆宽；肌肉发达，特别是翼膊肌肉强壮丰满，胸肌饱满并向后收缩呈流线型，腹肌坚实；龙骨正直，耻骨坚硬，耻骨间距离小；全身羽毛光洁润滑，薄而紧贴；主翼羽和副主翼羽整齐繁密、条梗粗大坚硬，展开时翼羽端钝阔、排列整齐致密，收起时双翼能基本上达到尾羽尖；尾羽薄，收合时尾羽相叠呈一羽的状态；体重大小适中，雄鸽450g左右，雌鸽400g左右。肉鸽要求体质健壮，结构匀称，发育良好，性情温驯，采食性强，额宽喙短，眼大有神，胸宽深而向前突出，背平宽而长，龙骨直，腹大柔软，两脚间距离宽等。

在育种鸽场，为了能准确地选优去劣，选出真正具有优秀生产性能并能遗传给后代的种鸽，就不能光靠外貌和生理特征的选择，还要根据生产成绩等方面的记录资料进行选择，这才是可靠的办法。这些资料包括系谱资料、本身成绩资料、同胞成绩资料和后裔成绩资料等。

所谓基因型选择，就是运用遗传学的原理和方法，估计种鸽性状的基因型而进行的选择。羽色、眼砂等质量性状的基因型可以通过表型进行判断，或通过测验性交配或系谱分析等方法进行判断；对于生长速度、体重、哺乳力、受精率等数量性状的基因型，可根据本身或亲属的表型值，利用数学统计方法来估算种鸽的育种值。

实践中，单纯依靠表型选择有时效果会差一些，但由于表型选择的方法简单易行，且能缩短世代间隔，在单位时间内获得的遗传进展有时还可能会大一些，所以在表型选择的效果与基因型选择的效果相似的场合，很多人就采用比较简便的表型选择。从根本上说，只有基因型选择才能收到最大的选择效果。但是，基因型不能直接感觉和度量到，需要通过表型性状来估测。尽管估测工作困难些，但通过基因型选择却能保证遗传性能的改进。因此，育种工作者在进行种鸽选择时，一般都是从表型选择入手，随后转入基因型选择。

（二）选种的方法

根据个体成员间的亲属关系来分类，选种方法分为系谱选择、后裔选择、同胞选择和综合选择。

1. 系谱选择

就是通过审查系谱，将不同个体的双亲或其他较近的祖先的表型值进行比较，确定该个体是否留种的一种方法。系谱选择的缺点是要求每个被选择个体都有完整的系谱记录，而且选择的准确性较差。原因是个体与祖先所处的时间、环境不同，其表型值受各种因素影响较大。对于任何性状，如果单凭系谱进行选择，其准确性均不如个体选择，所以在选种实践中系谱选择的应用还不够广泛。只是在选择尚未表现出生产性状的幼鸽、或选择雄鸽的限性性状（如产蛋量、蛋重等），或发现和淘汰有遗传缺陷的个体时才采用这种方法。

2. 后裔选择法

就是通过后裔测定，将不同个体的后代平均表型值进行高低比较，从而确定该个体是否留种的一种方法。后裔品质的好坏是判断种鸽种用价值好坏的最好证据。特别是对遗传力低的性状，只有通过后裔测定才能正确估计其遗传性能，故此有人认为后裔选择是最可靠的选种方法。而且，对于活鸽无法提供测量的屠体性状或雄鸽不能表现出来的限性性状，通过后裔测定也可以提供判断的依据。后裔选择的缺点是需要较长时间才能完成，且付出的人力物力多，有时还因为具备条件能参加后裔选择的个体数量不多而难以做到强度选择。同时，在取得后裔测定结果时，被测个体往往年龄已较大，结果延长了世代间隔，减慢了改良速度。

3. 同胞选择法

就是通过同胞测定，将不同个体的同胞的表型值进行大小比较，从而确定该个体是否留种的一种方法。此法的准确性较差，主要应用于判断活鸽无法测量的屠体性状或雄鸽无法表现的限性性状，对遗传力低的性状也可以通过同胞测定来估计。

4. 综合选择法

上述选择方法中，个体选择法比较简便易行，但对遗传力低的性状，选择效果不可靠，对屠体性状和限性性状无法考察。同胞选择法虽然能为所选个体的屠体性状和限性性状提供旁证，费时也不算长，但选种准确性较差。后裔选择法的效果可靠，但费时费力。系谱选择法虽然可对幼鸽进行选种，但缺乏准确性。因此，有必要以个体表型值为基本依据，再结合其祖先、同胞和后裔的资料进行综合评定，从而确定该个体是否选作种用，这就是综合选择法。综合选择法能综合各种选择法的优点，所以选种的准确性最高。但是从幼年选到成年太费时间，因此，在具体选种实践中，应根据具体情况灵活采用不同的选种方法。

三、鸽子的选配

为繁殖所需要的后代，有意识、有计划地选取雌、雄种鸽使之配对，就称为选配。鸽子经过选择和淘汰，选出优秀的个体或家系作为种鸽，而后通过雌、雄种鸽配对把它们的优秀性状传给下一代。因此，选配是选种的继续。

（一）品质选配

品质选配是考虑雌、雄种鸽生产性能特点和其他经济性状等品质而进行的选配，又可分为同质选配和异质选配。

1. 同质选配

就是选择在生产性能特点或其他经济性状相同的优良雌、雄种鸽交配。同质选配可以增加亲代与后代的相似性和后代全同胞间的相似性，在遗传上可以增加后代综合基因型的频率，巩固和加强优良性状。但是在亲代中相似的杂合基因型，也常在后代向两个极端分离，因而也可在后代中增加群体的变异程度，分化为具有一定特点的小群。

同质选配可分为表现型同质选配和基因型同质选配两种。只根据个体表现，具有相似的生产性能和性状，并不了解双方谱系的配种称为表现型同质选配；根据系谱、家系等资料，选具有相同基因型的个体间进行交配，称为基因型同质选配。近亲交配就是极端的基因型同质交配。

2. 异质选配

就是选择具有不同生产性能特点或性状的优良雌、雄种鸽交配。这种选配可以增加后代杂合基因型的比例，减少后代与亲代的相似性，能使后代群体中出现比较一致的生产性能和与亲代相比介于中间状态的后代，很少出现向性状两极发展的倾向。异质选配也可分为表现型异质选配和基因型异质选配两种。

（二）亲缘选配

考虑交配双方亲缘关系的选配，称为亲缘选配。根据双亲的亲缘关系的远近程度，又可将亲缘选配分为亲交、非亲交、杂交和远缘杂交等。实行亲缘关系较近的亲交，其目的是使鸽的遗传性稳定，使后裔有高度的同质性并与祖代相似。因此，为了保留或巩固鸽群中某些优良个体的性状或特征，常常采用亲交，即选择与这个优良个体亲缘关系较近的异性个体与之交配、繁殖后代。但长期的亲交会使后代的生活力、体质和繁殖力严重下降。因此，在鸽子的育种工作中，通常是采用亲交使一些优良性状迅速稳定后，就要立即改用非亲交甚至杂交。

（三）年龄选配

考虑雄、雌鸽年龄而进行的选配称为年龄选配。如使用童雄鸽配成年雌鸽，或成年雄鸽配童雌鸽，以期获得受精率较高和遗传性较稳定的后代。鸽的寿命通常为7～8年，有的可达20年。鸽最理想的繁殖年龄是1～4岁，以2～3岁为最好，5岁以后，种鸽的繁殖力下降。

选配前要做好种鸽的分群、分组工作。选择出来的种鸽，应根据已记载鉴定资料的不同，将种鸽分为初鉴定群、已鉴定群和续鉴定群。分群后，再根据生产性能优良程度、特点、亲缘关系（注意有无近交）进行细分，以供编制配种方案应用。

制定选配方案必须经过周密调查，掌握种鸽的遗传背景、主要经济性状平均值及有关品种或品系的特点，该品系或品种的生物学和经济学适应性、亲缘关系等资料；了解育种工作的具体条件，明确育种目标，确定选择和鉴定步骤，注意选配双方的品质、等级、年龄及其优缺点，慎重考虑、估计和权衡利弊得失来制订选配方案。在选配方案拟好之后，应努力保证其实施，做好有关记录，及时分析选配效果。

四、鸽子的繁育

（一）本品种繁育

1. 亲缘繁殖

一般认为在七代以内有亲缘关系个体间的交配，皆为亲缘交配。按亲交程度，可分为嫡亲、近亲、中亲和远亲交配四种，它们的近交系数分别为12.5%以上、3.125%～6.25%之间，1.562%左右和0.781%以下。

亲交的目的是使子代基因纯合，即增加纯合等位基因对的频率。由于隐性基因在纯合状态多半是有害的，须予以淘汰。因此，在亲交过程中，显性基因的频率也会逐渐增加，最终导致优良性状不断得到固定和提高，有害性状则不断减少和消失，并使各性状趋于一致性。但是，由于亲交也导致隐性基因的纯合，在许多情况下，亲交个体多表现其生活力、繁殖率以及抗病能力弱等弊病，在商品场内多不被使用，但在育种场内常被认为是重要的育种手段之一。

近亲繁育可以建立家系，进一步建立近交品系，然后再与别的品种或品系杂交用于商品生产。

2. 近交系选育法

为杂种优势繁育的形式之一。是在培育出大量近交系的基础上，经过一系列配合力测定选出的最佳配套系之间杂交，产生具有较强杂种优势的商用杂交鸽的选育方法。近交系选育法的程序主要是：先搜集互相无血缘关系的原始品系或场系进行3～4代强度近亲交配，按表型选留其中配合力强的系进一步进行近交和选择，以增加基因型的纯合度。被选留的近交系再与本品种其他近交系或其他品种的近交系杂交，选出最佳组合，为配套系的纯系（或原种）。在应用于生产商用杂交鸽的制种时，则用这些纯系确定的祖代，即父本父系和母系、母本父系和母系杂交，这种选育方式能够获得较强的杂种优势，因而杂交鸽的生产性能很高，但是要求大量原始品系、设备和资金。

3. 正反反复选育法

为杂种优势繁育形式之一。即以两个优良品系为基础材料，通过互相正反反复交配来获得杂种优势，又能使两个纯系不断得到提高的选育方法。基本步骤是：将两个优良品系各分为若干家系，进行两系小家系之间互为父母本的正反交配，根据杂种后代的生产性能水平，各选出一个最好的家系，并扩大繁殖，将新的繁殖群再分为若干家系，进行互交，如此反复进行。每次交配产生的后代，除选留的家系之外，全部淘汰作商用鸽。

4. 闭锁群选育法

是纯系或品系内选育的一种方法。通过杂交育种选择出的优良群体，当其各遗传性状已达到预期水平即开始进行品系内的选育，不再导入其他血液。其方法可根据所选择的性状类型分为三种：①童鸽日龄、活重、增重、成体重、腿长、胸角、蛋重等遗传力高的性状，采用个体选择；②孵化率、童鸽育成率、成鸽存活率、饲料转化率等遗传力低的性状，以采用同胞鉴定的家系选择更适宜；③产蛋量、开产日龄、速羽性和胸骨长等遗传力中等的性状，可进行个体与家系结合的综合选择法。

5. 指数选择法

是综合选择的一种。即在同一时期内同时选择两个或两个以上的性状，先确定主要选择性状，接着确定与之有关的性状，按这几个性状的重要程度分别加以评分，之后相加这些性状的评分，求得总值作为选择指数。一般多把指数调整到100，被选择个体的性状指数高于100者被选留，而低者则淘汰。

6. 独立淘汰选择

是综合选择法的一种。即为每一个被选择的性状订出一个最低标准，被鉴定的鸽必须符合规定的最低标准才能留种。如果其中任何一个性状达不到最低标准，不论总的水平如何，都将被淘汰。此法的缺点是容易失掉因为某一个性状不佳而其他性状好的优良个体。

7. 家系选择

根据整个家系的表型平均值大小的选择方法。家系可以是全同胞的，也可以是半同胞的。繁殖率高的鸽种可用全同胞家系，否则用半同胞家系。这种家系所表现的平均值的差异，由于共同环境变异引起的差异可能性较小，因而属于遗传变异的差异性可能性较大。所以用全同胞和半同胞群作为家系选择是有效的，特别是对遗传力低的性状的选择最合适。

8. 顺序选择

又称“衔接选择”。对被选择的性状，根据重要程度和各性状间的相关，依次逐个选择的方法。即一次仅选择一个性状，一旦此性状达到预期目标，就开始全力对第二个性状的选择，之后再选第三个性状，依次顺序递选。此法的效率在很大程度上取决于被选择性状之间的遗传相关，如性状间呈正相关，则可能由于选择一个性状而导致另一相关性状的改良；反之，如被选择性状间为负相关，选择的结果可能是顾此失彼，效果不佳。

9. 提纯复壮

一般在规模小，又缺乏系统选育工作时，可采用种鸽的提纯复壮，以避免常引种、难引种等问题，又可减少育种与制种的经济负担。实践证明，鸽子的提纯复壮主要是做好选种、选配和定向培育计划与实施细则。即首先在鸽群中筛选出理想指标的种鸽个体，然后进行同质选配，或引入异地同一品种（品系）部分种鸽进行异质选配，再逐步按选育指标选留优良后代，淘汰品质低劣的后代，同时加强饲养管理，认真培养选留的后代。这样经过数代严格选育后，其预期的优良性状就能得到恢复和发展，从而达到提纯复壮目的。为此，实施提纯复壮的关键在于建立核心群和对其后代的精心选育，否则徒劳无功。

（二）杂交繁育

不同品种（品系）间的交配称为杂交，经杂交获得的后代称为杂种。杂交方式可使亲代的遗传性状发生变异，从而育成新品种或新品系。特别是在商品鸽业制种中，经配合力测定的杂交优势能提高其产品的产量与质量。在实际生产中，应根据不同情况，采用不同的杂交方式。

1. 经济杂交

是指不同品种或品系之间杂交，使杂种一代具有明显的杂种优势和经济利用价值，被直接应用于生产商用产品的繁育方法。如杂交一代自群繁殖，会使杂合的等位基因对在下一代表现部分纯合，使杂种优势减低，故杂种不能连续使用，需培育专门的父本和母本，专供杂交使用。

经济杂交方式常见的有两系杂交、三系杂交和四系杂交（双交）。杂交亲本需选自经过复杂配合力测定的高产品系，根据杂交繁育程序分别建立专门祖代场、父母代场和商品代场。由于每个杂交组合所包含的品系都具有固定的位置，故称为专门化品系。由这种专门化品系组成的杂交组合，称为配套杂交组合。

2. 育成杂交

利用两个或两个以上品种之间的杂交，综合它们的优良特性于杂交后代，再通过自群繁育而获得新品种的繁育方法。育成杂交的形式不定，以杂种的主要性状水平达到预期目的为准。有两个品种参加的，称为“简单育成杂交”；三个以上品种参加的杂交，称为“复杂育成杂交”。

3. 导入杂交

在某一个品种的大部分性状符合人们的要求，但存在用纯种选育不能消除个别缺点时，用另一个具有相应优良性状品种的雄鸽进行一次单向杂交，以期纠正原品种的缺点或增加新的优点，并且保留其大部分特点。

4. 种内杂交

是指同种内不同品种、品变种和生态群之间的杂交。由于种内个体间遗传型差别比种间的差别小，杂交引起的遗传变异也较小，杂交的外部形态和代谢类型都与亲本更为近似，所以杂交的成功率很高；又因杂交后代多表现杂交优势，因而被广泛应用。

5. 顶交

是用近交雄鸽与各品种雌鸽交配的杂交方法。因为近交雄鸽仅在遗传上影响其后代，即应用其优良性状的稳定遗传能力，而且需要数量不大，故能够在代价较低的情况下产生活力强、生产性能高的“顶交种”。

6. 杂种横交固定

育成杂交培育出的新品种，往往是不稳定基因的异质结合型。横交能不断地引导和改变杂种群基因频率，增加纯合体的数量，使理想性状达到同质化。参加横交的杂种个体可以是隔代的。不过在整个横交过程中必须结合严格的选择，并注意加大选择的强度，坚决淘汰劣质个体。因此，在横交开始时，杂种的数量要尽量多一些，以便留有充足的选择余地。

通过横交达到相对固定的种群时，应适时转入纯种繁殖，以扩大新种鸽群，并在加大分布区的工作中，建立起多个特色品系，使品种结构多样化。

7. 级进杂交

是按照育种目标，选择培育的优良种雄鸽与品质较差的地方品种的雌鸽交配，获得杂交一代后，再选择同一改良品种的另一雄鸽交配，如此连续几代杂交，直到杂种鸽基本上接近改良品种生产水平和出现理想中的鸽群后，再行横交固定，自群繁殖。

五、鸽子的繁殖特点和繁殖过程

（一）性成熟

鸽子的性成熟，最早3月龄，最迟8月龄，并随鸽种和环境条件影响不同而异。家鸽比信鸽性成熟早，信鸽比肉鸽性成熟早，观赏鸽的性成熟一般与家鸽和信鸽的性成熟期相似。

（二）繁殖季节

鸽子一年四季均能繁殖，可根据不同用途制订繁殖计划。观赏鸽需要根据其对环境的要求，确定繁殖季节。信鸽应根据年度训练计划决定繁殖季节，每个季节的繁殖均有其本身的特点，这对信鸽具有十分重要的意义。

1. 春繁

春繁的幼鸽能适应风季锻炼，对提高信鸽的持久飞翔力具有明显作用。

2. 夏繁

夏季是高温季节，又是雨季，夏繁的幼鸽耐热性强，能在炎热天气比赛，也适应于雨季训练。有人曾在最热的三伏天进行繁殖幼鸽的试验，1 对亲鸽只孵 1 只幼鸽。经过精心的照料，育出的幼鸽，体质十分健壮，不到 40d 就能飞上房屋学飞，幼鸽显得异常矫健活泼。当时，天气虽然十分炎热，可是，这些幼鸽并不怕热，照样展翅翱翔于蓝天，它们飞行两个多小时后落到房屋上时，仍然精神抖擞，毫无疲劳和呼吸急促的现象。可是在其他季节育出的同日龄幼鸽，不仅飞翔时间短，而且落到房屋上后张口喘气不已。

（三）配对方法

饲养信鸽、肉鸽或观赏鸽，要在鸽子配对前做好各项准备工作，以便充分发挥鸽子的生产性能，达到培养优良后代的目的。

1. 鸽子的发情期

鸽子达到 3～4 月龄后，开始有第二性征出现，称为鸽子的发情期。这时鸽子变得非常活泼，情绪不稳，早晨“咕噜咕噜”的啼叫声比平常响亮。

鸽子到了发情期会自行交配、繁殖后代，这就是鸽子的自然繁殖。但是，家养鸽很少采用这种繁殖方法，因为自然繁殖往往会导致近亲交配、早配及配对不当等现象。为了防止鸽子退化，繁殖优良后代，必须采用人工配对繁殖的方法，这对信鸽的培育更为重要，而且在配对后还要适当过分居生活，控制蛋数，才能够培育出优良的赛鸽。

2. 雌雄鸽分栏饲养

为了防止鸽子早配和及早做好鸽的选留工作，在鸽子发情前，应将雌鸽与雄鸽分开饲养。

雌、雄鸽分栏饲育的做法，是将鸽子养至 4 月龄时，将雌、雄鸽分成两群，分别养在不同的栏里。同一性别的鸽子，也应分小栏饲养，每栏 50～100 只，雌鸽每小栏饲养的数量可多些，雄鸽应少些。因为雄鸽在发情后会互相追逐、殴斗，密度太大会使鸽被啄伤或啄死。

饲养在同一栏里的同性别鸽子，其品种和年龄也应相同或相近，这有利于管理，防止大鸽欺负小鸽，使弱小鸽伤残。另外，在区分鸽的雌、雄时，也很难百分之百的准确，这样，会在分栏后的鸽群中发现有些不同性别的鸽。一般表现是，在雌鸽栏中，少量的雄鸽会显得非常活跃，不断追逐母鸽；而在雄鸽栏里，若有母鸽存在，则常受到几只雄鸽追逐、争夺，在鸽群中逃来窜去，头部及颈部常被啄去羽毛或啄伤。遇到这些现象，应及时将它们捉离异性鸽，放入同性鸽中。另外，将陌生鸽放入鸽群时，有的会受到原来鸽的围攻，出现这一情况最好及时将陌生鸽捉开，或者在开始时看护好该鸽，及时赶开围攻的鸽，这样，慢慢就会使它们互相熟悉起来。

雌、雄鸽分栏后，开始进行选留工作，分别制订留种标准。然后，按标准逐只选择，对伤残、弱小的鸽及时淘汰。

3. 鸽子配对前的准备工作

雌、雄鸽分栏后，应加强饲养管理工作，一般要注意以下几点。

(1) 防止留种鸽太肥和太瘦　种鸽太肥，会影响配对后的生产性能，出现雄鸽精液不良，精子少或畸形多，雌鸽产蛋少甚至不产蛋等情况；种鸽太瘦则造成营养不良，产生营养性疾病，对精子、卵子的形成也有一定的影响。日常饲料的供给一般每天 2 次为宜，每次可让鸽吃九成饱，但饮水不限制。

(2) 增强鸽的抗病力　在配对前 15d 应给予红霉素、氯霉素或四环素等，以预防鸽的传染病发生；用左旋咪唑或驱蛔灵驱虫；群鸽每周洗浴 1 次，最后 1 次洗浴时，在水中加入适量的敌百虫，以杀灭鸽虱、鸽蝇等寄生虫。

(3) 鸽舍、鸽笼及用具的准备　家庭饲养的小型鸽舍可利用阳台或门前地面，用竹条或铁丝网围起来。新建的鸽舍应对内部进行整理。鸽笼可以根据鸽舍的大小设计，小群饲养一般为 2 层笼结构，大群饲养一般为 3 层笼结构。鸽笼可以做成长方形，配齐水槽、饲槽、保健砂杯及产蛋巢。进鸽前 1 周对舍内外环境全面消毒，可用福尔马林加高锰酸钾熏蒸消毒或用烧碱溶液喷雾消毒。

4. 种鸽配对方法

童鸽达到 6 月龄，性器官及身体的各种机能已经健全，这时就可以配对繁殖。雌鸽与雄鸽交配后，10d 左右就会产蛋。

使鸽子配对的方法通常有两种，一是自然配对，二是人工配对。

(1) 自然配对　就是让成群的鸽子自己找对象，两两配合成对。其优点是方便，不花人工。但缺点有三方面：一是易造成近亲交配。因为鸽子每次产蛋 2 枚，大多是雌雄各一，长大成熟后，兄妹两有可能配成一对，造成近亲繁殖；二是易发生早配。尤其是小型鸽场，仔鸽数量不多，往往将离开亲本后的留种鸽养在一起，鸽的月龄参差不齐，自行配对的鸽有的已成熟，有的还未完全成熟，从而发生早配现象；三是常导致鸽的品种、毛色、体型、体重等的差异，不利于获得优良的后代。

(2) 人工配对　就是用人为的方法，将鸽子配合成对。这一方法适合各种形式的鸽场、家养鸽舍及各种鸽的配对，特别适应于笼养肉鸽的配对。人工配对可以克服自然配对存在的不足。

肉鸽配对上笼前，应检查体重、年龄及健康情况，符合肉用标准的才选择上笼。上笼方法是，先将雄鸽按品种、毛色等有规律地上笼，把同品种、同羽色的鸽放在同一排或同一鸽舍里。雄鸽上笼 2～3d，熟悉环境后，用同样的方法，选择雌鸽上笼于雄鸽配对。计划小群散养的鸽场及家庭鸽舍，也可采用这种方法配对，配对后再打开笼门，让生产鸽出来活动，使鸽子认识自己的巢窝，才不致出现争窝、打架现象。

(四) 筑巢与产蛋

1. 配对鸽的相恋行为

鸽子配对上笼后，可以观察到雄鸽追逐新进笼的雌鸽，对雌鸽产生很大的兴趣。1～2d 后，它们已产生很好的感情，一般 10d 左右便开始产蛋。产蛋前雌鸽常蹲伏在巢盆内，雄鸽衔草，雌鸽做巢。当雌鸽出巢时，雄鸽常追逐雌鸽回巢，雄、雌鸽经常形影不离，两者时常相吻，雌鸽将喙伸入雄鸽嘴里，雄鸽有时还吐些食物给雌鸽吃，雄鸽还常用喙轻轻地梳理雌鸽的头部、颈部及背部的羽毛，雌鸽总是喜欢接受雄鸽的这些爱抚动作。此外，雄、雌鸽交配的次数也有明显的增加，这说明雌鸽很快便会产蛋了。

2. 共筑产蛋巢

鸽子自身具有筑巢的本能，野生鸽会在岩石或屋檐下筑巢，放养的鸽子会从外面衔回草叶、树枝等杂物作筑巢材料，而家庭笼养的鸽子，鸽主人常常为鸽准备筑巢的材料，以免鸽子延误产蛋时间。在雌鸽开始产蛋之前，即在配对1周后，必须在蛋巢内加垫1层麻布（可用麻袋裁制），下面用2～3cm长的碎稻草或谷壳等作垫料，也可用能预防体外寄生虫的烟草、秸秆做垫料。蛋巢准备好后，鸽主人还要经常检查垫料是否充足，以防止鸽将蛋踩破。

（五）鸽蛋的自然孵化

鸽子具有孵蛋和哺育仔鸽的技能，这是鸽子的天性。但是，培育优良信鸽及观赏鸽，单靠鸽子本身的生产性能是不够的，还要采用人工孵化和人工哺育乳鸽的科学技术，以培育优良种鸽，提高饲养鸽的经济效益。

鸽子每窝产两枚蛋，即鸽子配对交配后2～3d开始产第一枚蛋，产蛋时间通常在16～18时，过1～2d后再产第二枚蛋。雌鸽产蛋之后，经常蹲在巢盆内孵蛋。雄鸽也会孵蛋，本事比雌鸽还稍强。雄、雌鸽配合默契，轮流换班，雄鸽在9时至16时左右孵蛋，接着雌鸽继续孵蛋，至第二天9时左右。轮换孵蛋时间随品种及地区不同而异，不是一成不变的。因为亲鸽对所孵的蛋十分爱护，雄鸽在孵蛋期间偶尔离巢吃料、饮水，雌鸽会主动接替；雌鸽离巢时间较长，雄鸽会赶雌鸽上巢。此外，在孵化时，亲鸽对外来动静极为敏感，有陌生人走近或其他动物骚扰时，它们会用喙及翅膀抗击，保护所孵的蛋。尤其在雌鸽孵化期间，雄鸽总是守在蛋巢的附近警卫，随时对付突然的袭击，这是鸽子特有的习性。

在鸽蛋自然孵化期间应注意以下几个方面：

第一，孵化时，鸽子精神非常集中，此时，由于鸽子对外面的警戒心特别高，所以一般不要去摸蛋，或偷看鸽子孵蛋，不让外人进鸽舍参观。此外，还要避免汽车喇叭声及机械声等干扰，尽量保持鸽舍环境安静，让鸽子安心孵蛋。

第二，遇有鸽子在孵蛋期间停下来到外面活动的情况时，不用担心，更不必去惊动它，因为鸽子知道如何孵蛋，如何调节温度。

第三，将沐浴器放在蛋巢附近时，鸽子不会像平常一样去沐浴，亦不必为此担心而将沐浴器移动，以防惊扰鸽子孵蛋。

第四，要提高饲料的营养水平，粗蛋白质的含量应在18%～20%之间，才能使鸽子获得足够的营养，为乳鸽的出生准备丰富的鸽乳。

第五，孵化后的第4～5天，要进行第一次照蛋，若见到蛋内有均匀血管分布，呈蜘蛛网状，即为受精蛋；若蛋内有血管分布，但呈一条“—”状或“u”状粗线，则为死精蛋；若蛋内透明，则为无精蛋。孵化到第10天，进行第二次照蛋，若蛋内一端乌黑，固定不动，另一端气室增大空白，则该蛋胚胎发育正常；若蛋内容物如水状流动，壳呈灰色，则该蛋为死胚蛋。对无精蛋、死精蛋、死胚蛋，都应捡出。

检查鸽蛋的受精情况，应具有一定的经验。取蛋时，最好是右手戴上线手套，以防被鸽啄伤手背。手的姿势也应正确，先用手背将正在孵化的鸽从腹部轻轻托起，张开手指将两枚蛋抓在手里，手背朝上将蛋取出，防止鸽啄手时将蛋啄破。经照蛋检查，对发育正常的蛋应轻轻地放回蛋巢中，手势要与取蛋时相同。注意不要将发育现象不明显的受精蛋当作无精蛋或死精蛋处理。如果有相同日龄的单个鸽蛋，可以两两合并，使无孵化任务的鸽早日产下一窝蛋。

第二次照蛋后7～8d，若孵化正常，胚胎发育良好的幼雏便开始出壳。即将出壳的乳鸽会在蛋壳的1/3处将蛋啄成一线小孔，这表明鸽很快会脱壳而出。鸽自己能够脱壳，不要用手协助把蛋壳弄破。但孵化已到18d，壳的表面仅啄破一个小孔，这就需要人工辅助脱壳。剥壳时发现有血水时应立即停止剥壳，放入蛋巢内继续孵化，以免乳鸽过早出壳、发育未完全而难于成活。但孵化已经超过18d，还未见啄壳，这可能是后期孵化条件不当或胚胎死亡。

（六）鸽雏的哺育

1. 精心护理乳鸽

乳鸽系出壳后至离巢出售或留种前的雏鸽。乳鸽出壳后，亲鸽自然会精心地抚养其后代。但是在生产中，有不少问题是亲鸽顾及不到的，需要管理人员的细心护理，才能使乳鸽正常生长，使种鸽的生产力提高。

乳鸽孵出后，体重约18g左右，眼未睁开，身带胎毛，斜卧于亲鸽的腹下。24h左右，乳鸽已觉饥饿，于是，它会不断伸展头部，触动亲鸽的腹部和嗉囊，亲鸽感知乳鸽的要求，用喙含住乳鸽的喙，然后慢慢把鸽乳吐在乳鸽嘴中，让乳鸽吸吮，乳鸽吃饱了，又躺在亲鸽的腹下舒舒服服地睡觉。

若出壳时两枚鸽蛋仅出1只乳鸽，或者两只乳鸽途中死了1只，可以把孵化日期相同的蛋及日龄相近的乳鸽两两合并，以减少部分亲鸽孵单蛋和喂单鸽，也可防止单只乳鸽被喂得过饱和造成消化不良，同时还能提高生产效率。

出壳3～4d后，乳鸽眼睛慢慢睁开，身体也逐渐强壮起来，身上的羽毛也开始长出。此时乳鸽开始学走动，食量日见增加，消化力增强，亲鸽会频频地喂乳鸽，有时每天多达十几次。因此，育雏期产鸽的食量要比非育雏期增加1倍左右，供给产鸽的营养要高些，可增加豆类的用量。

乳鸽食量大，排粪也多，往往很容易污染巢穴，应多准备些干净的麻布，及时更换，因为这时的乳鸽身体抵抗力很差，最易发病。

乳鸽1周龄时，应及时佩戴脚环。脚环是鸽子的身份证，信鸽的脚环要注明产地及出生年月日，肉鸽的脚环多用鸡的翅号牌来代替，其中印有号码，以作出生时间和区分姐妹鸽的标志。

乳鸽长到1周龄左右，新羽毛已经长了很多，此时亲鸽对乳鸽的保温时间会慢慢地缩短，亲鸽喂给的食物也变成半颗粒的饲料，有少数乳鸽未能完全适应，常会出现消化不良和嗉囊炎。出现这一情况，可给乳鸽吃些酵母片等健胃药帮助消化。

15日龄的乳鸽，体重已经接近亲鸽，肉用乳鸽可达400～500g，羽毛已基本长齐，活动自如，可以提离蛋巢。乳鸽离开蛋巢后的头几天，可在笼底部放一块20cm^{2}的麻布，让它在麻布上慢慢适应，才不致扭伤脚关节。这时的乳鸽还需要亲鸽饲喂，亲鸽喂给的饲料为颗粒状，与所吃饲料相同。多数亲鸽在此时已开始产蛋，乳鸽离巢才不致影响亲鸽产蛋，而且可增加乳鸽的活动量，增强体质。有少数亲鸽产蛋后，无心喂养乳鸽，对此应给乳鸽进行人工饲喂，以保证其正常生长。

乳鸽20～25日龄后，会在笼内四处活动，不过还不能自己啄食，仍然依靠亲鸽。因此，当它饥饿时，就会用自己的喙去碰触亲鸽或用身体去摩擦亲鸽讨食。这时，亲鸽会强迫乳鸽独立生活，做出不愿照料乳鸽的动作。在管理上应增加高蛋白质饲料的供应，并能满足需要，但每次放料不能太多，以防亲鸽吃得太多而将乳鸽喂得太饱。另外，要保持鸽笼及巢窝干净。乳鸽达到20～25日龄已经可上市出售，一般以23日龄左右为宜。作种用的鸽可继续留在亲鸽身边，待28～30日龄能独立生活时，及时捉离亲鸽，让亲鸽安心孵下一窝蛋或休养准备生殖。

对刚离开亲鸽的乳鸽，应尽量供给颗粒较细及质量好的饲料，经1～2d后，鸽子就能自行采食了。

2. 留种童鸽的饲养管理

留为种用的乳鸽在离巢群养到性成熟配对前为童鸽。当童鸽刚刚被转移到新的鸽舍时，有些对新的环境不适应，情绪不稳，不思饮食。对这种情况可不必担心，让它饿几个小时至十几个小时之后，见到其他鸽在饲料槽中采食，也会跟着采食的。

由于童鸽对新的环境要有一个适应过程，身体的机能也发生了较大的变化，如果管理不善，很容易使他们生长受阻或生病死亡，因此必须细心照料。首先应注意保温，防止伤风。饲料槽及水槽位置不能太高，供给细颗粒状饲料，饮水中适量加入多种维生素B水溶液，炎热天气应注意通风和防蚊，寒冷天气应注意预防贼风，晚上最好用红外线灯泡或保温伞保温。

童鸽转出半个月后，对环境有了一定的适应能力，这时可以按童鸽的饲料及保健砂的配方供给食物，也可开始沐浴，到运动场活动和晒太阳，以增强鸽子的体质。

2月龄左右的童鸽开始换羽，饲料配方中能量饲料可适当增加，占85%～90%，火麻仁的用量增为5%～6%，以促进羽毛的更新。保健砂中适当加入穿心莲及龙胆草等中草药，饮水中有计划地加入抗菌素，以预防呼吸道病及副伤寒等疾病的发生。

3～5月龄的童鸽应注意饲料的供给量，不能为了追求鸽子的体重，不停地增加饲料的营养水平和食量，预防鸽子太肥和早熟，每天供料2～3次为宜，如多次供给，量不能太多，以半小时吃完为宜。吃完料后将饲料槽拿开或翻转，底部朝上，防止饲料槽被粪便污染。保健砂的供给应充足，每天供给1～2次，每只鸽每天用量3～4g。晚上不需补充饲料和增加光照。

6月龄的童鸽大多已达性成熟，鸽子的主翼羽大部分更换到最后一支，这时应做好配对前的准备工作。

在童鸽阶段，清洁卫生工作一定要加强，地面饲养的应每天清扫粪便，并经常清洗水槽和饲槽；棚上饲养的较理想，但地面不能积粪太多，也不能倒水弄湿，防止粪便发酵散发有害气体。

3. 产鸽的饲养管理

对于新配对种鸽的饲养管理工作，前面已经介绍，下面介绍产鸽产蛋及哺乳期饲养管理中应注意的问题及做法。

（1）防止鸽子产无精蛋、软壳蛋和畸形蛋　在鸽子开产的初期，无精蛋的数量会多些，但受精率也要达到70%以上，低于这个比率，则不正常，应检查鸽的配对是否合理，有无全雄、全雌情况，保健砂是否按配方和要求供给。

（2）尽量减少破损蛋　造成破损蛋的原因有多种。首先，是蛋巢的结构不合理，没有垫料或者底部太平，两枚蛋不集中易被亲鸽踩破；其次，是两只配对鸽感情不和，尤其新配对的鸽子，常常互相啄斗，跳来窜去，导致蛋被踩破；三是陌生人的干扰及饲养员工作不细心，使鸽受惊而踩破种蛋；四是鸽的体重太大，加之鸽巢位置不当，也常会将蛋踩破；五是取下产蛋巢清扫后没有及时放回，鸽将蛋产在笼底及地面上，而摔破或踩破；六是鸽子体内因缺乏某些元素而吃食鸽蛋，而致破蛋。因此，应针对上述原因采取必要的饲养管理措施来加以预防。

（3）按时进行照蛋和及时处理坏蛋　孵化的第五天和第十天进行照蛋。对无精蛋、死精蛋和死胚蛋应及时取出，以防这些蛋变臭影响正常发育的蛋和产鸽的健康。发现受精率低及死胚率高应及时查明原因，完善管理制度，提高产鸽的生产率。

（4）合理饲喂育雏期和非育雏期的种鸽　育雏期的种鸽，随着乳鸽日龄的增加，食量也越来越大，每天应补充喂料 2～3 次。非育雏期的种鸽，即孵化期及产蛋前期的种鸽，可不必补充饲料，但每次喂料应让鸽吃饱，以免缺乏营养而影响卵子和精子的形成。

（5）巢盆应保持温暖干净　乳鸽出生后应注意保温，防止贼风袭击。巢盆应保持干净温暖。乳鸽 10 日龄左右，已经长大，若巢盆较小，则显得拥挤，甚至会掉下来。这时可将乳鸽调入另一巢盆，或者 15 日龄时捉离巢盆，放在笼底麻布上。这样，产鸽就可以安心产下一窝蛋而不受干扰。

（6）按时做好留种、上市工作　20～25 日龄的乳鸽可以上市出售，留种的鸽应于 1 月龄捉离亲鸽，以减少产鸽的负担，为下一窝蛋的生产作好休养生殖的准备。

（7）做好登记、统计工作　做好产鸽生产情况的登记、统计工作，可利用统计结果总结、掌握生产情况。

（8）加强换羽期的饲养管理　产鸽每年夏末秋初换羽，时间长达 1～2 个月。在换羽期，有的鸽会停产，但品种较好的鸽，换羽期对生产影响不大。若鸽在换羽期普遍停产，可降低饲料的蛋白质含量和减少给料量，促使鸽群在短时间内尽快换羽。换羽后期应及时恢复饲料的充分供应，保持或提高饲料的营养水平，促进种鸽尽快产蛋。在换羽期，可调整鸽群，淘汰生产性能较差、体弱有病及老龄少产的种鸽，补充优良的种鸽。同时，对鸽笼及鸽舍内外环境进行一次全面的清洁消毒，创造一个清新的生产环境。

（9）保证产鸽的安全　猫、鼠是鸽子的天敌，老鼠吃乳鸽和鸽蛋。猫进入鸽舍时，会惊扰鸽孵化和正常活动。因此，鸽舍应防止猫、鼠入侵，用铁丝网或竹条围好鸽棚。对老鼠多的地方，可采取必要的灭鼠措施进行灭鼠。

（10）注意防疫工作　防止飞鸟和其他家禽进入鸽舍，预防疫情的发生。

复习思考题

1. 雄鸟、雌鸟生殖器官的组成如何？
2. 鸟的繁殖特性有哪些？
3. 鸟蛋的构造与形成过程如何？
4. 鸟的配种方法有哪些？
5. 如何进行鸽子的雌雄鉴别和年龄鉴定？
6. 如何进行鸽子的配对？
7. 如何进行雏鸽的哺育？

第二章 水产宠物的繁殖

第一节 观赏鱼的繁殖

繁殖是观赏鱼养殖过程中的一个重要环节，是获得和扩大养殖对象的重要途径。要进行观赏鱼类的繁殖，首先要掌握鱼类生殖系统的形态、结构、机能及繁殖习性。

一、鱼类的繁殖器官

鱼类的繁殖器官由生殖腺和生殖导管共同组成。生殖腺由系膜悬系于腹腔的背壁、消化道的两侧。生殖细胞在生殖腺内发育成熟并经生殖导管排出体外，在体外水环境中完成受精过程。少数体内受精的种类，其雄性个体还有能将成熟的精子输入雌鱼生殖导管内的交接器。

（一）雌鱼的繁殖器官

1. 卵巢

卵巢是雌性鱼类的生殖腺，也称为性腺，是卵子发生、发育和贮存的器官。鱼类的卵巢大多成对，在鱼体的左右两侧各有一个，少数种类有两侧合一或一侧退化的现象。性腺在未发育成熟时呈半透明的条状，成熟时则呈长囊状，颜色多为黄色，也有的种类因卵的颜色不同而呈现其他色泽。鱼类的卵巢根据外包膜性质及有无与卵巢相通的输卵管等特点，可分为游离卵巢和封闭卵巢两种类型（图 2－2－1）。

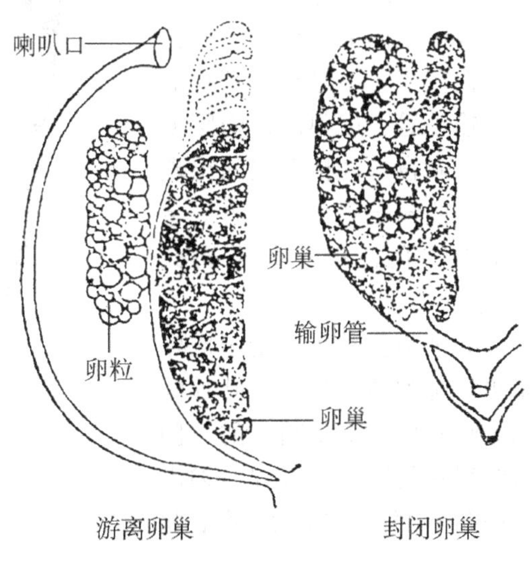

图 2－2－1 雌鱼的繁殖器官

（1）*游离卵巢* 又称为裸卵巢，卵巢外不为腹膜形成的卵巢囊所包围。这种卵巢一般不与输卵管直接相连，成熟卵粒先排入腹腔中，再经过输卵管腹腔口进入输卵管。这类卵巢属于原始类型的构造，如鲨、鳐、鲟、肺鱼、七鳃鳗等属于此类。具有游离卵巢的鱼类，很难通过外部挤压的方式将游离到腹腔中的成熟卵粒挤出，在进行人工繁殖，尤其是人工授精时不易获得成功。

（2）封闭卵巢　又称为被卵巢，卵巢被腹膜所形成的卵巢囊所包围，卵巢囊上有环肌和纵肌，收缩时可排卵。这类卵巢成熟后的卵子一般不排到体腔中，而直接进入卵巢中的卵巢腔内，卵巢囊后部变狭成为输卵管，与体外相通。封闭卵巢属于高级类型的卵巢结构，绝大多数观赏鱼类卵巢属于此类型。

2. 输卵管

除少数鱼类外，大多数鱼类具有输卵管。输卵管有各种不同类型。绝大多数鱼类的输卵管是由卵巢囊后部变细形成的短管，在后部与输尿管会合，以尿殖孔口开口于体外。在鱼的腹部可见肛门、尿殖孔两个开口，如锦鲤等。少数鱼类输卵管与输尿管各自开口于体外，腹部从前到后可见肛门、生殖孔和泌尿孔三个开口，如丽鱼科的罗非鱼。鲨类的输卵管在肝脏前方左右合一，形成输卵管腹腔口，卵子由此进入，其前部较细，成熟卵在此受精，中部膨大，受精卵在此被包裹几层膜形成卵囊，后部为胎生种类或假胎生种类胚体发育的子宫。肺鱼类及鲟等鱼类的输卵管不与卵巢相连，中部不膨大，成熟卵经输卵管腹腔口进入输卵管，通过尿殖孔排到体外。

（二）雄鱼的繁殖器官

1. 精巢

精巢是产生精子的器官，大多成对，但七鳃鳗类只有一个精巢。精巢未成熟时颜色微红，成熟时呈乳白色，表面光滑细腻。精巢多为长带状，有的种类形态发生变异，如铲子鲇的精巢向一侧发出许多细支似流梳，两侧精巢也有合并现象，尤其是在精巢的后部。根据内部构造，鱼类的精巢可以分为壶腹型精巢和辐射型精巢两种类型（图2－2－2）。

（1）壶腹型精巢　又称草莓型精巢，由许多草莓状的壶腹（滤泡）所组成，这些壶腹不规则地充满精巢内部，精子的发育和成熟就在壶腹中进行。精巢的背侧有输精管，成熟时，壶腹彼此融合，壶腹与输精管之间出现孔洞，以便输送精子到体外。金鱼、锦鲤、孔雀鱼等鱼类属此类型。

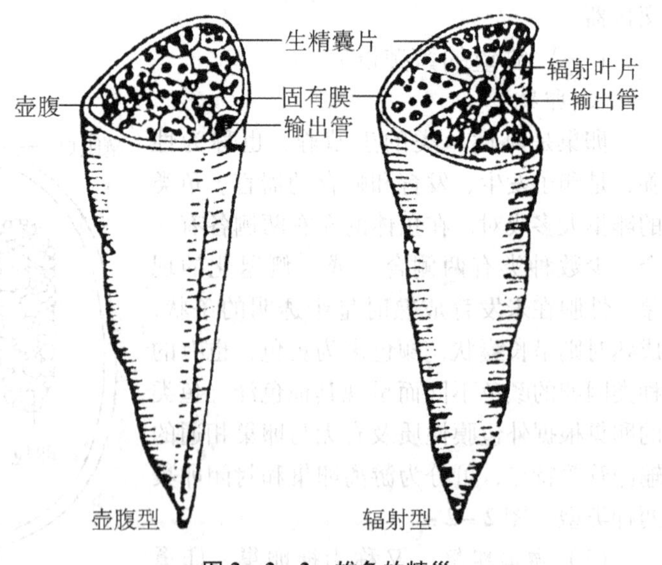

图2－2－2　雄鱼的精巢

（2）辐射型精巢　精子成熟于呈辐射排列的叶片中，叶片壁由精巢膜构成。整个精巢的一侧具有纵裂状的凹穴，底部有输出管。丽鱼科的一些鱼类属于此类型。

2. 输精管

七鳃鳗类无输精管，成熟精子经腹腔由肛门后的生殖孔排出体外；鲨类的中肾管兼有执行输精管的功能，由尿殖孔开口于体外；绝大多数观赏鱼的输精管与精巢相连，有的种类输精管与输尿管会合后形成共同的尿殖孔开口于体外，有的种类输精管与输尿管独立开口于体外，可见到肛门、生殖孔和泌尿孔三个开口。

（三）生殖开孔

鱼类的生殖导管向体外的开孔，在不同种类或雌雄个体间存在差异。

1. 生殖孔

生殖导管单独开口于体外的孔，就是生殖孔。许多鱼类的雌鱼以及某些鱼类的雌、雄个体，都以这种方式开孔。这类鱼在臀鳍前面有 3 个开孔，由前向后依次为肛门、生殖孔和泌尿孔。

2. 尿殖孔

尿殖孔是输尿管与生殖导管的共同开孔，因而在这些鱼类的臀鳍前就只有两个开孔，从前向后依次为肛门和尿殖孔。

二、鱼类的产卵和排精

在繁殖期，当鱼类的性腺发育成熟后，鱼类会出现雄鱼追逐雌鱼的兴奋现象，称之为发情。发情达到高峰时，往往雄鱼头顶雌鱼腹部，使雌鱼侧卧水面，腹部和尾部激烈收缩运动，卵球即由生殖孔一涌而出，同时雄鱼紧贴雌鱼腹部而排精。有时可看到雌鱼和雄鱼扭在一起产卵、排精。一般亲鱼开始产卵后，每隔几分钟到几十分钟产卵一次，雄鱼同时排精，大约经过一段时间，才能完成产卵、排精过程。整个产卵、排精过程持续时间的长短，随鱼的种类、生态条件等而有差异。

在进行观赏鱼人工繁殖过程中，除要了解鱼类产卵、排精活动现象和过程外，还应了解鱼类的生殖细胞特性和受精过程，如此，才能有针对性地采取相应措施，进而保证人工繁殖能够获得成功。

1. 精子的生物学特性

鱼类的精液中含有大量的精子，平均每毫升精液约含有 5 亿个精子。

（1）精子的寿命　精子在精液中是不动的，遇水后 20～30s 才开始激烈运动，不久便死亡。精子在水中活动所持续的时间称为精子的寿命。精子寿命长短直接影响到鱼卵的受精率，精子寿命长，与卵粒结合几率增加，受精率高，反之则低。锦鲤精子寿命可达 1min 左右，中华鲟精子寿命可达 5～40min，一般鱼类精子寿命介于数十秒钟至数分钟之间。精子在水中活动时，大部分能量消耗在调节渗透压方面，用于运动方面的能量较少。

（2）影响鱼类精子活动和寿命的因素　影响鱼类精子活动和寿命的主要外界因素有盐度、pH 值、温度、光线等。

①盐度对精子活动和寿命的影响：水的盐度对精子活动和寿命的影响是通过渗透压而实现的。锦鲤精子在淡水中存活时间在 60s 左右，在盐度 5‰的水中（接近其生理盐度）寿命最长可达 90s，随盐度的增高，其存活时间逐渐下降。

②水温对精子活动和寿命的影响：各种鱼类精子都要求一定的适宜温度。温水性鱼类的精子寿命在水温 22℃左右时最长，温度过高或过低都会使其存活时间下降。鱼类精液中精子寿命随温度下降而延长，锦鲤精液中精子寿命在 26～29℃、22～23℃、0～2℃条件下分别为 6～9h、14h 和 15h，故低温保存精液可取得较好的效果。

③pH 值对精子活动和寿命的影响：鱼类精子在弱碱性水中活动力最强、寿命最长。如锦鲤精子在 pH 值 7.2～8.0 水中活动力最强、寿命最长，金鱼精子在 pH 值 6.8～8.0时受精率最高。

④氧和二氧化碳对精子活动和寿命的影响：鱼类精子在缺氧和多二氧化碳的条件下活动受抑制，但寿命延长，干法受精就是利用精子这一生理学特点，使精子在无水缺氧条件下均匀分布于卵表面而延长了寿命，当加水后精子便强烈运动钻进卵中，从而可提高受精率。

⑤阳光对精子寿命的影响：阳光的紫外线和红外线对精子有杀伤作用，锦鲤精液经阳光直接照射 10～15min 后精子死亡率达 80%～90%，但白天的散射光对精子无不良影响。人工授精应避免阳光直射。

2. 卵子的生物学特性

大多数鱼类的卵属于端黄卵，有一定极性，动物极的原生质较多，并有核和极体，植物极富含卵黄，由于卵黄重于原生质，所以在水中时，一般植物极在下面。淡水鱼卵的含盐量约 5‰，在盐度 0.01‰～0.02‰的淡水中发育，处于低渗环境，水要向卵内渗入；海水鱼卵的含盐量约 7.0‰～7.5‰，在盐度为 30‰的海水中发育，处于高渗环境，水要从卵中渗出。由于卵膜与卵黄外周原生质具有调节渗透压的机能，因此，淡水鱼卵在淡水中不会吸水胀坏，海水鱼卵在海水中也不会失水干死。但是，淡水鱼卵只有防止外界水进入卵中的能力，而没有防止卵失水的能力，所以，只能在低渗液的淡水中正常发育，而不能在高渗液的海水中发育；海水鱼卵只有防止卵失水的能力，而没有防止水进入卵中的能力，因此，海水鱼卵只能在高渗液的海水中发育，而不能在低渗液的淡水中正常发育。

鱼类成熟卵产到水中，其卵膜很快吸水膨胀使受精孔封闭失去受精能力。所以鱼卵入水后随着时间的推移受精力逐渐减弱直至死亡。但鱼卵在原卵液或在等渗液中寿命则可明显地延长。大多数鱼卵是在排卵后 30～40min 受精率较高，因此，在进行人工授精时，应准确判断亲鱼发情产卵的时间，在适当时间内（通常在亲鱼发情 30～40min）捕鱼挤卵，才能提高受精率。卵在卵巢腔中停留超过 40min 便会过熟，受精力很差，甚至失去受精力。

3. 受精

卵子和精子的结合叫受精。受精作用是精子通过卵膜和卵的表层原生质与卵核结合的一系列过程。受精的结果是形成一个双倍染色体的新细胞，称受精卵或合子。

鱼类和其他脊椎动物一样，卵子是在第 2 次成熟分裂中期接受精子的。精子从受精孔入卵，一般只有头部进入，尾部留在受精孔外，这种现象属单精入卵受精。

影响养殖鱼类受精效果的因素包括精子与卵子的质量和外界环境条件。

精子、卵子的质量是决定受精率的主要因素。优质精液呈乳白色，较浓，入水后很快扩散（精子迅速强烈活动的表现）；未成熟精液挤出后呈牙膏状，遇水不扩散；过熟精液呈灰白色，浓度低，遇水扩散慢。

优质卵子饱满，大小均匀，颜色一致，具有较好的粘附性，入水后膨胀快，卵膜弹性强；过熟的卵子（成熟卵在卵巢腔中时间过长）颜色暗淡，无光泽，粘附性差，入水后膨胀慢，卵膜弹性小；未成熟的卵子（卵母细胞尚未进入生长成熟阶段，或在外源激素作用下排出的卵）透明度小，色素不够鲜明，卵径小且不均匀，入水后膨胀慢，卵膜弹性也较差。优质精液和卵子的受精率高，一般达 95% 以上，胚胎发育正常，孵化率高达 90% 以上；过熟卵和未熟卵的受精率和孵化率都较低，具体效果根据过熟或未熟的程度而异。

水溶液的 pH 值、日光、温度、盐度等外界环境因子对受精率的影响是通过对精子、卵子的作用而实现的。

4. 环境条件对胚胎发育的影响

精子和卵子的质量对受精率和胚胎发育的影响是一致的。不够成熟的卵和过熟卵不仅受精率低，而且胚胎发育畸形多、死亡率高，而适当成熟的卵受精率和孵化率都高。

影响胚胎发育的外界环境因素比较复杂。因胚胎发育依靠卵黄为营养，不从外界摄取食物，所以影响胚胎发育的主要外界条件是水温、溶氧、pH 值和敌害生物等。

（1）水温　鱼类的受精卵只有在一定水温范围内才能正常进行胚胎发育。养殖鱼类胚胎发育的适宜温度等同于繁殖适温范围。在适温范围内，水温高，发育速度快，而水温低，发育速度则慢。水温不仅影响胚胎发育速度，也影响其发育质量和成活率。胚胎发育对温度的适应程度可分为存活温度（适应温度）、适宜温度和最适温度。金鱼胚胎发育的存活温度为 10～30℃，适宜温度为 15～25℃，最适温度为 20～22℃。水温低于 10℃ 和高于 30℃，或突然下降 5℃ 以上，胚胎发育会出现畸形并大量死亡，而在其他条件正常和最适水温条件下孵化率和成活率可高达 90% 以上。

（2）溶氧　水中溶解氧量对鱼类胚胎发育的影响程度并不亚于温度。浮性受精卵与漂流性受精卵的发育对水中溶氧量的适应力比黏性受精卵和沉性受精卵低。鱼类胚胎发育各个时期的耗氧量有一定差异，各期耗氧量的规律一般是随胚胎发育的进展而增加，但到孵化期和仔鱼期耗氧量增加显著，明显高于孵化前各个时期。

保持水中溶解氧量 4mg/L 以上，不会对鱼类胚胎发育产生不良影响。尤其是在孵化期和仔鱼期要提供充足的溶解氧，可以通过人工增氧的方式进行补充。

（3）pH 值　鱼类胚胎发育的适宜 pH 值为 7.0～9.0，最适 pH 值为 7.5～8.5。pH 值低于 6.4 和高于 9.5，会因卵膜早溶而引起大量死亡。采取循环水孵化受精卵时，常出现两种倾向，水中有机物质逐渐积累降低 pH 值，或是采用敞水池具有一定数量浮游植物的水源，在日光充足情况下光合作用强烈，致使水中 pH 值迅速增高，有时 pH 值超过 9.5～10.0以上，造成胚胎大量或全部死亡。因此，在可能的情况下，孵化用水一般不要采用循环水方式。

（4）敌害生物　对鱼类胚胎发育与存活产生危害的常见敌害生物有水蚤、摇蚊幼虫、虾苗、蝌蚪、小鱼和细菌、真菌等。水霉菌是金鱼、锦鲤等胚胎发育的主要敌害。水霉菌在水温低于 20℃ 时大量繁生危害鱼类胚胎，应采用药物进行消毒防治或通过缓慢提高孵化水温的方式进行杀灭。此外，要对孵化用水进行严格过滤，避免水蚤、摇蚊幼虫、虾苗、蝌蚪和小鱼等进入孵化容器中，因它们的进入都会伤害或吞食受精卵和孵出的仔鱼。

三、鱼类的繁殖方式

鱼类的繁殖方式有以下四种类型。

（一）卵生

绝大多数鱼类属于这种类型，繁殖时雌性亲鱼将卵直接产于水中，鱼卵在体外受精和发育。也有少数鱼类是体内受精、体外发育。卵生繁殖鱼类根据其产卵习性及对产卵场所的要求，可分为以下几种生态类型。

1. 草上产卵类型

该类型鱼类所产出的卵粒遇水后在卵的表面会产生黏性物，卵一经产出即分散附着在水草茎叶上，故要求产卵场所有水草等附着物，以免卵粒落入水底死亡。

2. 水层产卵类型

所产卵粒多为浮性卵或漂浮性卵，在静水或有一定水流条件下，卵会长时间漂浮于水层中，卵在水中处于悬浮流动状态下发育。

3. 石砾产卵类型

产沉性卵或黏性卵。产沉性卵者要求产卵场所为石砾底，水质清澈；产黏性卵鱼类的卵粘附于石砾底上孵化。

4. 营巢产卵类型

亲鱼在产卵前先筑巢，在巢中完成产卵行为，并由亲体之一守护，对巢进行修补和通气。筑巢的材料多种多样，有石砾、沙土、植物茎叶及鱼自身产生的气泡均可。

5. 体表产卵类型

受精卵附于亲鱼体表、皮肤、额前或口腔、鳃部、孵卵囊内发育。

6. 特殊产卵类型

少数种类有着特殊的产卵习性，有些鱼类雌鱼有产卵管，可将卵产于软体动物的外套腔中或产于贝类的空壳内。

（二）卵胎生

卵胎生鱼类的特点是雄鱼有特殊的交接器，雌鱼与雄鱼交配后，卵子在体内受精，受精卵在雌鱼输卵管内发育，但胚胎发育是以自身的卵黄囊内营养物质为营养源，与母体没有关系，或母体仅提供水分和矿物质等部分营养物质。

（三）胎生

胎生鱼类行体内受精，体内发育，与卵胎生鱼类不同，其胚胎发育所需的营养来源于母体。雌鱼的输卵管发育为类似子宫的构造，其壁上有许多乳状突起，卵在体内受精后，胚胎与这些突起相连，形成类似胎盘的“卵黄胎盘”，使胚胎与母体建立营养上的联系。

（四）单性生殖

同种或近源种雄鱼的精子，与卵子相遇后只起到刺激卵子发育的作用而不受精，并不参与遗传物质的传递，育出的后代均为雌性，只具有母系性状。

第二节　金鱼的繁殖

金鱼鱼苗经过一年的培育，即可达到性成熟期，当春暖花开的时节到来时，雌、雄金鱼便发情产卵、排精。金鱼多数只在春季产卵、排精一次，如果饵料供应充足，加强金鱼的产后饲养管理，鱼体发育良好，也可产卵、排精两次。在我国南方地区，由于光照时间长，能够促进卵细胞的成熟，少数鱼在秋季还能产卵一次，但产卵量较少，在气温适宜时，卵也有孵化的可能。

一、金鱼的繁殖习性和雌雄鉴定

（一）金鱼的繁殖习性

金鱼是鲫鱼的变种，野生的红黄色鲫鱼为其祖先。金鱼的繁殖习性与鲫鱼相同，是典型的草上产卵型鱼类，它们产黏性卵，喜欢在江河、湖泊、水库沿岸水流平缓、水浅多水草的地段产卵。卵一经产出即粘附在水草等物体上。虽然可以在静水中产卵，但水流能够刺激其发情产卵，所以在人工繁殖时，可以通过流水方式刺激亲鱼性腺发育成熟和进行产卵繁殖活动。

金鱼的产卵季节通常在每年的4～6月份，产卵期适宜水温在14～22℃。通常1龄鱼即开始性成熟，成熟亲鱼规格大小依培育水温高低而有差异，培育期水温高，成熟早、个体小，相反则个体大。金鱼多在清晨产卵，有时也延续到下午。产卵时多尾雄鱼追逐一尾雌鱼，雄鱼不时用头冲撞雌鱼腹部，雌鱼腹部侧向水草进行产卵，雄鱼随即排出精液，精、卵在水中完成受精过程。金鱼产出的卵粒呈橙黄色或淡黄色，卵径1.5mm左右，在水温20～25℃时，受精卵经过53h左右孵化即可破膜孵出仔鱼。

（二）雌雄鉴别

在非繁殖季节，金鱼的雌、雄性状差异微小，幼鱼则更难以区分。通常以看体型、摸鱼腹部的方法进行金鱼的雌、雄鉴别（表2-2-1）。进入繁殖期后，雌、雄金鱼的性状逐渐明显，可以通过看、摸、挤的方法来鉴别雌、雄亲鱼。

看：就是观察亲鱼的体形。雄鱼体形狭长，雌鱼粗短，腹部明显膨大。

摸：就是用手摸鱼体的鳃盖、胸鳍背面和鱼的腹部。雄鱼到达繁殖期时会在鳃盖和胸鳍背面出现角质化突起，手摸有粗糙感称“追星”（或珠星），腹部膨大不明显，手摸感觉较硬；雌鱼到达繁殖期时在鳃盖和胸鳍背面很少出现“追星”或“追星”不明显，手摸感觉光滑，腹部膨大明显，手摸柔软而有弹性。

挤：就是在临近产前，将亲鱼捞出，用手轻轻挤压亲鱼腹部，雄性会有白色精液流出，而雌性会有少量卵粒流出。

表2-2-1　雌、雄金鱼的特征与鉴别

项　目	雄　鱼	雌　鱼
体型	体型狭长	体型粗短，后部膨大
鳃盖与胸鳍	胸鳍较长窄而尖，繁殖期胸鳍第一鳍条与鳃盖上有乳白色追星出现，手摸有粗糙感	胸鳍较宽而圆，繁殖期不出现追星
泄殖孔	小而狭长，两端尖，中间微膨大，略向内凹，无明显颜色变化	稍大而圆，呈梨形，柄端向前，微向外凸出，略红肿
腹部	用手摸之感觉较硬	用手摸之柔软有弹性
游动方式	游动活泼，常主动追逐其他金鱼	游动较慢，反应不如雄鱼灵敏

二、种鱼的选择与培育

（一）种鱼的选择

好种出好苗，选种是培育新品种和保存优良品种的关键。为了保证幼鱼的体质健康、品种纯正，繁殖前应从以下几方面做好种鱼的挑选工作。

1. 形态选择

良种金鱼应具有优美的体形、奇特的形状和艳丽的色彩。蛋种鱼要求其背部光滑无棘刺，尾鳍薄软而平展；文种鱼要求背鳍高大挺直，体形短小，尾鳍长而舒展；龙种鱼要求双眼突起，背鳍挺直，尾鳍长宽而平展；五花鱼要求色彩鲜艳，五彩缤纷，花斑清晰、分布均匀而遍及全身。综上所述，留作种鱼的金鱼，品种特征应越明显越好。

2. 种质选择

目前市场上真正的“纯种”金鱼极其少见，但相对的“纯种”金鱼还是有的。金鱼尾鳍是鉴定血缘的可靠部位。尾鳍柔软而薄者，多为相对纯种金鱼；尾鳍紧夹、质厚而小的金鱼，多为偏种金鱼；背部光滑、平直或略呈梳子背状，多为纯种金鱼。

3. 年龄选择

1 龄金鱼的生殖系统已经发育完善，并具备了繁殖能力。但是，一方面，1 龄鱼某些性状仍在变异中，选作种鱼对后代性状遗传不利；另一方面，1 龄鱼初次达到性成熟，产卵量、卵的受精率和鱼苗的成活率都较低，只有在种鱼缺乏时才选用生长发育良好、体长达 10cm 以上的 1 龄鱼作种鱼。通常 2～3 龄金鱼体质健壮、遗传性稳定，是理想的种鱼。年龄过大，生殖腺衰退、生殖细胞质量欠佳的高龄鱼，也不可作种鱼。

4. 体质选择

应选择体质健壮、活动能力强、体表无病无伤、鳞片完整无缺的种鱼作为亲鱼。选择性腺发育良好、腹部柔软、富有弹性的雌鱼作为母本；选择体质健壮而性腺发育良好的雄鱼作为父本。

5. 性别配比

亲鱼的雌雄比例搭配依据繁殖方式进行配比。采取自然繁殖时应雄多雌少，一般采取三雄二雌或三雄一雌，因精子在水中的存活时间短，如雄鱼数量少，不能保证鱼卵的受精率；采取人工授精时，精液的利用率高，雌鱼数量可以多于雄鱼，一般采取二雌一雄或三雌一雄。在进行人工繁殖过程中为避免金鱼品种间的互相混交，产卵期内不同品种的金鱼应放入单独的容器中进行饲养。

为获得优质的亲鱼，平时在幼鱼的培育过程中，就应加强对群体的观察。当发现某些褪色早、生长发育快、品种特征突出明显的幼鱼时，可以按择优选留的原则，单独加强培育，待特征固定后，对其中全面符合标准的鱼，即可留作亲鱼。这样的亲鱼繁殖出的后代，不仅成色好，而且品种特征稳定。由此一代代选育下去，可获得品系较纯正的优良品种。

（二）亲鱼的培育

做好亲鱼培育工作是使金鱼繁殖取得成功的物质基础。亲鱼饲养的好坏，直接影响到金鱼繁殖的成败及后代质量。因此，应当做好各个阶段的亲鱼培育工作。

1. 产后培育

生殖后无论是雌鱼还是雄鱼，其体力都损耗很大。因此生殖结束后，亲鱼经几天在清水水质中暂养后，应立即给予充足和较好的营养，使其体力迅速恢复。

2. 越冬前的准备

夏季高温季节，金鱼食欲减退，生长缓慢。进入秋季，当水温处于 24～25℃时，正是金鱼代谢旺盛、快速生长发育的时节，应当加强投饵工作，多投喂一些活的水蚤，以促进鱼体生长发育。对于2年生的亲鱼，因经过春季的繁殖，体内营养消耗很多，而夏季高温期摄食较少，也需要秋后育肥，为第二年春天繁殖做好准备。在此阶段中应延长每日的喂食时间，多投喂营养丰富的活饵料。

3. 越冬期管理

越冬期主要是作好金鱼的防寒保暖工作。在冬季，北方应在结冰前将金鱼迁入室内越冬，室温保持7～8℃，水温5～6℃，保持饲养容器内不结冰并进行少量投饵。对于南方露天饲养的金鱼，应在入冬前将同品种的金鱼进行并池（缸），增加单位面积的饲养量，以利御寒。进入严冬后，露天饲养的鱼池，夜间要在池上增加防寒设施，覆盖以芦苇、草帘等，中午气温升高时，解开防护物，以增加水温，下午气温下降时及时加盖还原。发现水面结冰时，应敲碎捞出。露天饲养池在初冬气温不很低时，可适当降低水位，利用光照提高水温，以利金鱼增进食欲。越冬期间应减少投饵量和投饵次数，宜在气温较高的中午前后投喂。此外，冬季应减少换水、注水次数，因为注水、换水会加速池水的上下混合，加速池水水温的降低，即使要进行少量的注、换水，操作时间也宜在中午气温较高时进行，防止金鱼冻伤。

4. 春季强化培育

为保证春季顺利产卵繁殖，提高孵化率和成活率，进入早春，气温开始回升时就应及时进行亲鱼的强化培育工作。在清明前后选择晴天，将冬季移入室内的金鱼迁出室外，室外越冬的，根据气候变化逐步拆除覆盖的防护物。早春昼夜温差大，应加强管理工作，遇到晴天，可适当增加投喂饵料，特别要供给营养价值高的活饵，对停食很久的亲鱼，采取少量多餐的办法，让鱼尽快恢复体质。早春培育期间，换水仍不宜太多，换水时应注意水体温差不能超过1～2℃。春暖花开，气温回升时，亲鱼的活动量、摄食量和机体新陈代谢能力也随之增强，在金鱼繁殖前的关键时刻，除提供适宜的生活环境外，应及时供应亲鱼足够的、营养丰富的适口饵料，迅速改变亲鱼的体质状况，做好繁殖前的能量储备和性腺发育准备工作。

三、金鱼的自然繁殖

（一）繁殖前的准备工作

金鱼是一种变温动物，其繁殖活动直接受水温的影响。我国南北各地金鱼繁殖季节不同，华南地区在立春前后就已进入金鱼繁殖季节，江南各地大致在清明前后开始产卵，北方地区金鱼的繁殖活动则要延长到5～6月份。在金鱼进入繁殖季节前，应及早做好各项准备工作，拟定计划和准备繁殖必备用品。

1. 产卵容器

金鱼的产卵活动需要一个清静宽敞的环境。产卵池以1～2m^2 的池子为好，内壁需光滑平整，注水深20cm左右，这样的产卵池可放亲鱼5～8对。普通鱼缸因面积过小，水体相对过深，不利于雌、雄亲鱼间的发情活动。家庭养鱼可以利用木盆或洗澡盆，放1～2对亲鱼。产卵容器一般应设在阳光充足的南向避风处，以保持水温稳定，同时做好通风工作。

2. 制作鱼巢

金鱼产黏性卵，所产出的卵必须有附着物 - 鱼巢，使卵粒附着其上，便于孵化。扎制鱼巢的材料，只要是纤细多枝，在水中易散开而不易腐烂的均可应用。日常生产上多采用水草（聚草、金鱼藻、轮叶黑藻、狐尾草、水浮莲、凤眼莲等）、水中杨柳树的根须、棕榈皮和人造纤维等。作为鱼巢的水生植物必须在使用前半个月捞回来，经过清理，除去枯枝烂叶，清洗干净，用前最好用药物进行消毒处理，用水冲洗干净后放置使用。常用的消毒药物是食盐，以 2% 浓度（100 ml 水中加入食盐 2g）浸泡 20～40min，可杀灭附在水草上的致病菌和寄生虫；也可用高锰酸钾，1mg / L 浸泡 1h 左右。杨柳根须和棕榈皮在使用前需用水煮后晒干，除去单宁酸等有害物质，通过捶打将易腐的叶肉去除，保留其纤维部分备用。人造纤维应选用网目 40 目的网片或将人造纤维经蒸煮、捶打使其边缘纤毛化，以利于卵的粘附和增加附卵量。

（二）自然繁殖

金鱼的自然繁殖对环境条件的要求并不严格，在繁殖季节，取一定量的同品种亲鱼按雌、雄比例搭配置于同一饲养容器中，使其自然发情、追逐、产卵受精和孵化。

1. 雌雄配比

将培育好的亲鱼，按雌雄比为 1∶1、2∶3 或 1∶3 搭配好放入产卵容器中饲养。具体的搭配比例可按亲鱼的个体大小、性腺发育和后备亲鱼数量等实际情况灵活掌握，一般初次进行金鱼繁殖，经验不足，可适当增加雄性亲鱼数量，以保证受精率。随繁殖经验的增加，可适当减少雄性亲鱼数量，以减少投入和保证获得优质苗种。

2. 促熟措施

为保证亲鱼性腺成熟时间同步或使亲鱼在人为设定时间段内进行繁殖活动，生产上就需要采取相应的促熟措施。促进金鱼性腺成熟产卵的环境因素很多，通过升高培育水温、加注新水、流水刺激和异性刺激等都可以促进亲鱼性腺的快速成熟，在生产上可以通过一种或几种方式的混合刺激方法进行亲鱼促熟。此外，通过人为注射外源激素，在产卵池中加设卵子附着物（鱼巢）都可促进亲鱼产卵。

3. 加设鱼巢

亲鱼放入产卵池后，开始出现雄鱼偶尔尾随雌鱼快游一段，以后追逐现象频繁，追逐的时间也越来越长，即说明亲鱼将要临产。此时，应及时向产卵池内加设鱼巢，把捞来的水草洗净消毒后，将其截成约 30cm 的小段，以数十根为 1 束，用线捆好，悬浮于产卵池水层中，其他材料的鱼巢以相同方法进行制作使用。一般 1～$2m^2$ 的产卵池，在池的两对边各悬 1 束即可，面积大的可酌情增加。鱼巢在池中的放置时间不宜过长，如前一日傍晚投放的鱼巢，到第二日中午亲鱼没有产卵迹象，应将鱼巢取出至当日傍晚经冲洗后重新放入，避免鱼巢因长时间放置在水中，表面沉积大量悬浮物而使粘附鱼卵的效率下降。

4. 鱼卵的收集与孵化

一般在设置鱼巢的第二天，亲鱼即进行产卵繁殖。产卵高潮多在清晨 4 时至上午 10 时。待鱼巢表面普遍附着鱼卵后，要及时将鱼巢从产卵池中取出同时补放新的鱼巢。将附卵鱼巢移入孵化池中孵化，以免亲鱼在上面重复产卵，降低孵化率或导致受精卵被亲鱼吞食而造成损失。一般的养鱼池（缸、盆）、产卵池都可用作孵化池，水深以 30cm 左右为宜，1～$2m^2$ 的池子可放鱼巢 5～6 束。

受精卵在适当条件下，经过一系列变化，从胚胎发育到稚鱼破卵而出的过程称为孵化。受精卵孵化的好坏与水温、水质条件尤其是溶解氧条件和光照条件等直接相关。在进行受精卵孵化时应保持孵化池水水质清新，孵化水温控制在适宜的温度范围内，同时避免孵化温度的剧烈变化。降温时，要适时采取遮盖草帘或塑料薄膜等保温措施。一般情况下，水温越高，孵化用时越短。孵化期内平均水温在20℃时，4～5d即能孵出鱼苗，20～25℃时需3d，15～20℃时需5～7d。水温高于30℃或低于10℃，可引起受精卵胚胎发育的紊乱，进而容易孵出畸形鱼苗或导致受精卵死亡。如孵化密度较高，应加设充气增氧设备，保持水中溶解氧水平不低于5mg/L。室外孵化时以自然采光为主，而室内孵化如光照不足，可用灯光替代，总之，光照不宜过强，也不宜过弱。

5. 产后管理

产卵结束后，应及时将雌、雄亲鱼分别移入与产卵池水温相同的饲养池中精心饲养，因在亲鱼产卵过程中相互追逐常导致体表黏膜、皮肤、鳞片等损伤，且刚产完卵的亲鱼耗费大量能量，体质较虚弱，故在进行亲鱼移动及后期培育中进行清污、换水时应带水操作，以保证鱼体不受伤害，发现受伤亲鱼，要及时用消炎药物涂抹伤口。喂养时，要仔细、小心，并要注意观察其活动和摄食情况。开始时要少喂，并投喂一些适口性好、金鱼喜食、营养丰富的饵料，待产后体质恢复正常时，再按正常标准投喂和管理。

四、金鱼的人工繁殖

金鱼的自然繁殖常常受客观条件的影响，受精率不高。有些品种间的杂交、远缘杂交等在自然繁殖下有较大困难，而采用人工繁殖方法更易获得成功。人工繁殖的关键技术是进行人工授精。所谓人工授精，就是通过人为的措施，使精子和卵子混合在一起而完成受精作用的方法。人工授精的核心是如何保证卵子和精子的质量。

（一）人工授精的基本方法

鱼卵的成熟程度会影响到鱼卵的受精和发育。适度成熟的卵受精后，才能发育正常。卵从生殖腺中成熟脱离至产出，在水温28℃左右时，能正常受精的时间仅为1～2h。因此，在人工授精时，要根据鱼的种类、水温等条件，准确掌握采卵和授精时间，这是人工授精成败的关键。

离体鱼卵在原卵液中绝大部分在10min内不会失掉受精能力，过半数可维持20min以上，但遇水后60～90s即基本失去受精能力。

离体精子在0.3%～0.5%的生理盐水（将0.3～0.5g食盐溶于100ml水中制成）中，水温24℃时，运动持续时间为115～170s，但在水中经60s后，即丧失受精能力。精子在水中具有较高受精率的时间只有20～30s。

常用的人工授精方法有三种，即干法授精、半干法授精和湿法授精。

1. 干法人工授精

干法人工授精是指将成熟卵子和精子在无水的情况下混合在一起，即当发现亲鱼发情进入产卵时刻，立即捕捞亲鱼检查，若轻压雌鱼腹部卵子能自动流出，则用手压住生殖孔，将鱼提出水面，擦去鱼体水分，将卵挤入洁净、干燥、内壁光滑的容器（常用搪瓷盆、缸，玻璃器皿、不锈钢容器等）内。然后立即用同样方法向盛有鱼卵的容器中挤入雄鱼精液，并转动容器（或用手、羽毛轻轻搅拌）20～30s，使精、卵充分均匀接触，再向容器内加清水，水量以覆盖卵面为宜，通过加水使处于休眠状态的精子被激活，继续转动（或搅动）容器10～20s，使精、卵完成受精作用，再加清水1～2次清洗多余精液和血污等，最后将受精卵转入鱼巢或孵化容器中。

此法是在较小容器中完成精、卵的受精过程，加入少量精液即可以获得较高的精液浓度，增加了精、卵结合的机会，大大提高了受精率。但在采集精、卵至精、卵结合前，要严格控制精、卵与水接触。

2. 半干法人工授精

半干法人工授精是指精、卵在结合之前不与水接触，但精液是通过生理盐水激活后再进行授精的方法。在半干法人工授精时，卵子的采集与干法人工授精相同，但将精液挤出后不立即放入盛卵容器中，而是用0.3%～0.5%的生理盐水稀释后再倒在卵上，以后的操作按干法人工授精进行。

采用此法进行人工授精，因使用生理盐水激活精子并延长精子的存活时间，增加了精、卵结合的时间，相应地提高了受精率。同时，在进行卵粒采集时对卵子是否与水接触不十分严格，便于采卵操作。

3. 湿法人工授精

是将精、卵在有水的情况下混合受精，即先将精液挤入盛有水的容器中，随即挤入卵粒（最好将精、卵同时挤入水中），精、卵在水中瞬间完成受精。该法效果好于干法授精，但操作必须迅速准确，适于熟练操作人员使用。

（二）金鱼的人工繁殖方法

金鱼的人工繁殖常采用干法授精和湿法授精两种方式。

1. 干法人工授精

当发现亲鱼出现追尾现象时，应立即把雌、雄亲鱼捞出，将雌鱼握在手中，用干燥、质地柔软、吸湿性好的毛巾将亲鱼体表水分擦干，用拇指由前向后轻轻挤压其腹部，卵子即可从体内流出，让卵子流入事先准备好的干净、无水的容器中，然后用同样的方法快速挤出雄鱼精液于卵子上，用干燥、柔软的羽毛轻轻搅拌，使精、卵混合均匀。几分钟后，将受精卵缓缓倒入事先放好鱼巢的盛水容器中，在鱼卵入水的过程中，用手轻轻搅动水体，使受精卵均匀地散落在鱼巢上，静置数分钟，待受精卵在鱼巢上粘附牢固后，即完成整个受精过程，可将鱼巢移入孵化容器中进行孵化。

2. 湿法人工授精

与干法人工授精相似，当发现亲鱼出现追尾现象时，应立即把雌、雄亲鱼捞出放入盛水容器中，在容器底部预先铺上鱼巢，两手分别在水中抓住雌、雄亲鱼（或由两人分别抓住雌、雄亲鱼），使它们的生殖孔相对，先用拇指轻轻挤压雄鱼腹部，可见有乳白色精液流出，遇水后迅速散开。此时用同样方法挤压雌鱼腹部使卵粒流出。在挤出精、卵的同时，用手轻轻搅动容器内水体，使鱼卵均匀散落在鱼巢上，即完成整个授精过程。

3. 注意事项

（1）避免阳光直射　整个人工授精过程，最好是在室内进行操作，如果在室外，应预先搭设遮光设备，避免阳光直射。因阳光中的紫外线会降低精子的活力甚至将精子杀死，对鱼卵也有不良影响。人工授精如暴露在室外直射光照的条件下进行，尽管时间较短，也会影响到精、卵的活力，使受精率下降，甚至会影响到受精卵的孵化和孵出苗种的质量。

（2）缩短精、卵结合时间　在进行人工授精时，应由多人同时进行，相互间紧密配合，一个人进行挤卵操作，同时由另一个人将雄鱼精液挤出，使精、卵在离体后尽快相遇并结合。因为卵粒离体后露空或遇水时间的长短，会直接影响卵的活力甚至会使鱼卵的受精孔关闭，导致鱼卵无法受精，使受精率下降。

此外，人工授精中，在进行抓握亲鱼、挤压鱼体等操作时，力度应把握准确，松紧、快慢得当，避免对鱼体造成鳞片脱落、鳍条破裂等机械损伤，以保证亲鱼在繁殖后的成活率。在进行干法人工授精时，在精、卵结合前，应避免精液或卵粒与水接触，在授精过程中应保证所使用的容器、工具以及操作人员的手均为干燥无水状态。

第三节　热带观赏鱼的繁殖

一、热带鱼的繁殖习性

热带鱼品种繁多，其繁殖习性也各有不同。鳉鱼科中某些种类属于卵胎生鱼类，实行体内受精，在繁殖期雄鱼的臀鳍会发育成棒状交接器，将精液注入雌鱼体内，卵在母体内受精并发育成幼体后产出。繁殖时，雌鱼通常在水草茂盛处产仔，产出的幼鱼匍匐在水草上，雌鱼往往有吞食幼鱼的现象。

蓝三星鱼、泰国斗鱼等在繁殖时，雄鱼在水面吐出许多带黏性的泡沫唾液，然后雄鱼忙着追雌鱼，逼它们在泡沫中产卵，雄鱼再赶紧排精。受精卵若是没黏在泡沫上，雄鱼还会将下沉的鱼卵吸入口中再吐到泡沫上，受精卵在泡沫中汇聚成一个高出水面的小包，雄鱼忠实地在小包边守护直至仔鱼孵出。

神仙鱼、蓝宝石鱼等雌鱼习惯将卵产在阔叶形的水草叶面上。在雌、雄追逐发情以后，雌鱼会从生殖口里伸出一根长长的输卵管，把卵一排排整齐地产在附着物上，雄鱼也会伸出一根射精管将精液排出，从而使卵受精。为了保证产卵附着物清洁便于卵粒粘附，产卵前亲鱼还要用嘴不断地把附着物上的污物舔干净，产完卵后，亲鱼都围着产卵附着物游动，不停地用胸鳍在鱼卵上扫动，不让污物和敌害侵害鱼卵，直至幼鱼孵出。在幼鱼未能采食前，这种抚爱持续不断，在这期间如有仔鱼过早离开附着物，亲鱼还会将其叼回来重新放到附着物上。因此，这类鱼可以说是最有爱心的鱼了。火口鱼、红肚凤凰鱼和马鞍翅鱼等繁殖时与前者相似，不过它们希望产卵过程更隐蔽一些，通常喜欢钻进石缝等处去悄悄进行。

银板鱼和银带鱼等在繁殖时，雄鱼先在沙层筑一个浅浅的可容两尾鱼的巢，然后雌、雄亲鱼进入巢内，雌鱼产卵，雄鱼射精使卵受精，雌鱼再把受精卵吞人口中的孵化囊中进行口孵。在口孵期，雌鱼不再摄食，直至仔鱼孵出。在仔鱼尚未独立前，雌鱼仍然会将它们吸入口中保护，直至能自立为止。这类鱼的幼鱼成活率很高，但雌鱼因饥饿而不易长大。

金丝鱼、红绿灯鱼、黑裙鱼等的繁殖习性与金鱼相似。在繁殖时，雌、雄鱼会在水草丛中追逐，然后把受精卵产在水草上，卵粒粘附在水草上进行孵化，而且亲鱼有吃卵习惯，产卵后亲鱼会吞食自己产下的卵。

二、热带鱼种鱼的选择

（一）雌雄鉴别方法

热带鱼品种繁多，两性相近，某些热带观赏鱼类体型较小，雌雄鉴别相对其他观赏鱼类要困难一些。进行雌雄亲鱼鉴别时，主要是通过在繁殖期的体色差异、体型差异和腹部膨大等特征来进行鉴别，以下是不同种类常见热带观赏鱼雌雄鉴别的一般特征。

1. 鲤科

大多数雄鱼的体色较雌鱼颜色丰富、鲜艳。同批鱼类相比，雄鱼个体稍小。雌鱼在繁殖期，体型粗壮，身体较宽阔，腹部膨大明显。少数鱼类在繁殖期雌雄特征不明显，不易鉴别，如三角鱼。

2. 脂鲤科

雌雄鉴别的共同特征是雄鱼体型瘦小，雌鱼体型肥大，雌鱼怀卵后腹部膨大明显。部分品种有较明显的性别特征，如刚果霓虹鱼在 10 月龄性成熟后，可通过尾部形状加以区分，雄鱼尾中央凸出，成为三叉尾，而雌鱼尾则凹进。

3. 丽鱼科

在性成熟后，尤其是进入繁殖期，雄鱼臀鳍、背鳍均较雌鱼长而尖；雌鱼产卵繁殖前出现婚姻色，体表色彩艳丽，前额常突起，腹部膨大明显。

4. 花鳉科

是一种卵胎生的小型鱼类，其形体结构较为特别，雄鱼的臀鳍有一部分鳍条已经变成交接器官。在繁殖期，雄鱼的个体较雌鱼小，雄鱼的臀鳍在生殖期特化成细长的交接器；雌鱼个体较大，臀鳍末端呈扇形，与雄鱼区别明显。

5. 攀鲈科

在繁殖期雄鱼的尾鳍、背鳍、臀鳍较雌鱼长且尖，颜色也较雌鱼艳丽。

（二）亲鱼的选择

要想培育出体质健壮、体色鲜艳的热带鱼优良品种，最重要的是选择性状优良的亲鱼进行繁殖。一般情况下，对繁殖用亲鱼的挑选，应在同种同龄鱼中挑选形态标准、个体大、色泽鲜艳、年轻强壮、性腺发育良好的雌鱼和雄鱼。不可将同一窝内挑选的雌鱼和雄鱼相互配对，如果在同一窝鱼中选择，应挑选生长快、个体大的亲鱼，但是只能选择其中 1 条雌鱼或 1 条雄鱼，以防止近亲繁殖导致后代体征和生长性状退化。

此外，应引起注意的是所选的雌、雄鱼必须同时进入发情期。在繁殖期间，很多热带鱼会出现形态变化、体色变化、习性变化，只有在此时才适合挑选种鱼。选择种鱼时还必须注重该品种的特点，以便提高繁殖成功率和保持后代的优良性状。如挑选接吻鱼，要选经常“接吻”的雌、雄鱼留用；挑选泰国斗鱼，要选好斗的留用；对瓷板卵生鱼和花盆卵生鱼，最好能通过对鱼体日常活动的观察，选择性腺发育明显、性欲旺盛，并已“自由恋爱”配对的鱼，不要强行拆散而另外配对。此外还有泡沫卵生鱼和口孵鱼也有相同的“自由恋爱”方式，只有遵循其繁殖规律才能达到顺利产卵的目的。

三、热带鱼的人工繁殖

热带鱼品种很多，其繁殖所需要的生态条件复杂，繁殖方式多种多样。绝大多数热带鱼属卵生，少数是卵胎生。无论卵生鱼或卵胎生鱼，它们的亲体绝大多数都有自食其卵和幼鱼的特性，只有极少数亲体能保卫自己的仔鱼直到它们能独立生活。

热带鱼繁殖时期对水温、水质、光线和环境条件的要求较严格，哪一条件不具备都不能顺利繁殖。那些在平时饲养中适应性较强，在硬度较高、pH 值差别大的水中也能生长的热带鱼品种，到了繁殖期也变得不能迁就，故在繁殖期要尽可能满足其需要，提供最适宜的繁殖条件，以便人工繁殖获得成功。

（一）产卵繁殖方式

热带鱼品种繁多，分布较为广泛，其繁殖方式也比其他观赏鱼多，常见的产卵方式有以下 7 种。

1. 卵胎生

这类鱼实行的是体内受精。由于受精卵在母体内发育，产仔成活率比卵生鱼类高得多，所以产仔数量不及卵生鱼类多。繁殖时，只要把雌、雄鱼放在同一缸内，等雌鱼的腹部膨大后，再移入铺有金丝草的缸内产仔，产出幼鱼后，幼鱼就匍匐在草上，这时应立即捞出亲鱼，以免它吞食幼鱼。也可以在产卵缸内设隔离板，让产出的幼鱼漏入另一边，亲鱼就无法吞食了。常见卵胎生鱼有孔雀鱼、蓝月光鱼等。

2. 泡沫卵生鱼

其特点是先由雄鱼在水面吐出许多有黏性的泡沫唾液，然后雄鱼忙着追雌鱼，逼它们在泡沫中产卵，雄鱼再赶紧排精。受精卵若是没粘在泡沫上，雄鱼还会将下沉的鱼卵吸入口中再吐到泡沫上，受精卵在泡沫中汇聚成一个高出水面的小包，雄鱼忠实地在小包边守护直至仔鱼孵出。产卵后可把雌鱼先捞出，待雄鱼守护至仔鱼孵出时，再将其与幼鱼分开，以防它们吃掉自己的儿女。泡沫卵生鱼有蓝三星鱼、泰国斗鱼、丽丽鱼、珍珠鱼等。

3. 瓷板卵生鱼

如神仙鱼、蓝宝石鱼等。雌鱼习惯将卵产在阔叶形的水草叶面上，以及塑料板或瓷板砖等附着物上。在雌、雄追逐发情以后，雌鱼会从生殖口里伸出一根长长的输卵管，把卵一排排整齐地产在附着物上，雄鱼也会伸出一根射精管将精液排出，从而使卵受精。这种默契和神速令人称奇。为了保证产卵板干净地粘上卵，产卵前亲鱼还要用嘴不断地把板上的污物舔干净，产完卵后，亲鱼都围着产卵板转，不停地用胸鳍在鱼卵上扫动，不让污物和敌害侵害鱼卵，直至幼鱼孵出。在幼鱼未能采食前，这种抚爱持续不断，在这期间如有仔鱼过早离开附着物，它们还会将其叼回来重新放到附着物上。

4. 花盆卵生鱼

这类鱼的生殖习惯和瓷板卵生鱼基本相似，只不过它们希望产卵过程更隐蔽一些，通常喜欢钻进一个倒扣的小花盆里面去悄悄进行。这类鱼有火口鱼、红肚凤凰鱼和马鞍翅鱼等。

5. 口孵卵生鱼

如罗非鱼、银板鱼和银带鱼等。雄鱼先在沙层中筑一个浅浅的可容两尾鱼的巢，雌、雄亲鱼进入巢内，然后雌鱼产卵、雄鱼射精使卵受精，雌鱼再把受精卵吞入口中的孵化囊中进行口孵。在口孵期，雌鱼不再摄食，直至仔鱼孵出。在仔鱼尚未独立前，雌鱼仍然会将它们吸入口中保护，直至能自立为止。这类鱼的幼鱼成活率很高，但雌鱼因饥饿而不易长大。

6. 水草卵生鱼

这类鱼基本和金鱼产卵相同，即雌、雄鱼产卵、排精时，会在水草丛中追逐，然后把受精卵产在水草上。值得注意的是这类鱼有吃卵习惯，要做好防护工作。金丝鱼、红绿灯鱼、黑裙鱼等属于此类型。

7. 卵石卵生鱼

常见的有斑马鱼等。这类鱼产出的卵无黏性，它们产的卵个体较大，常常堆积在缸底的卵石间，由于亲鱼有吞卵的恶习，所以在产卵缸靠卵石处最好设一道网，让卵落下后亲鱼无法接近吞食。

（二）繁殖前的准备工作

1. 产卵容器的准备

热带鱼产卵用的容器，要根据不同种类来选配。一般产浮性卵的热带鱼，要用面积较大的繁殖缸；产沉性卵的热带鱼，宜用面积较小的繁殖缸；习性活泼、游泳速度快及大体形的热带鱼，要用比较大的缸；喜静、游泳速度较慢及体形小的热带鱼，可用比较小的缸；对水质要求不高的热带鱼，用普通的缸即可。

繁殖缸使用前必须彻底清洗、消毒，根据不同品种热带鱼的要求，注入准备好的繁殖用水，水位高度约在缸的1/2或1/3处。水层越深，鱼卵沉到缸底所需的时间就越长，它们被有吞食鱼卵和鱼苗习性的亲鱼吃掉的可能性也就越大；水层太浅，水质易变坏，而且亲鱼的活动范围也会受到限制。繁殖容器要清洁无污染，并应置于环境安静之处。水质、鱼巢种类以及光线明暗和水体环境条件等都应按不同品种的不同要求去准备。缸底水层根据具体情况可放入石块、底沙、水草或花盆。

2. 产卵巢的准备

不同品种热带鱼的产卵巢都有其特定的要求。热带鱼大多喜在草上产卵，可用头发丝草铺满繁殖缸底，或铺在缸的四角处。橘子鱼、神仙鱼等瓷板卵生鱼类，通常以绿色瓷砖、绿色塑料板作产卵巢，规格为10cm×5cm，板块可用金属制成的呈45°倾斜角的架子固定在近缸底的1/3处，也可在繁殖缸内放置皇冠草等大型阔叶类水草作产卵巢。五彩神仙、蓝宝石、七彩凤凰等花盆卵生鱼类，可选择不同规格的花盆放入缸内，将花盆底部敲掉，或把底部的洞扩大一点，便于热带鱼穿梭进出和产卵。

3. 繁殖用水的准备

热带鱼对繁殖用水的硬度要求较高。繁殖用水的优劣，直接关系到热带鱼繁殖能否成功。所以要繁殖好热带鱼，必须对用水事先进行特殊的过滤处理。热带鱼的繁殖用水一般比饲养时的水温提高1～2℃，pH值降低0.2左右，并预先进行充氧，然后再放入亲鱼。对于那些对水质敏感，要求苛刻的鱼类，不要用化学法除氯，可将自来水经晾晒法除氯，具体晾晒时间应视温度而定，一般可晾晒4～7d。某些鱼类如果繁殖要求的水质与平时饲养水质的差距较大时，需作全面调整，而调整之后，又因水质改变而使鱼体一时适应不了，往往会影响其繁殖甚至导致繁殖失败。因此，一般家庭饲养的热带鱼在进行繁殖时，要想做到既省事又能繁殖成功，一是选择容易繁殖的鱼类饲养和繁殖，如饲养卵胎生鱼类；二是选择繁殖生态条件要求不高的鱼类；三是选择繁殖水质要求与当地自来水、平时饲养用水相近的鱼类进行繁殖。

（三）热带鱼的繁殖

1. 卵生鱼类的繁殖

卵生鱼类的繁殖方式是雌、雄亲鱼排卵、排精同步进行，卵子在水中受精。由于卵生鱼类是体外受精，雌、雄鱼排卵、排精需要同步进行，因此，对亲鱼性腺成熟度的选择很重要，特别是雌鱼，要选腹部最为肥满的。雌鱼产浮性卵的，雄鱼会预先吐泡沫为巢，雌鱼产卵于浮巢中；产黏性卵的，需要水草或其他附着物为巢，受精卵附在鱼巢上孵化；产沉性卵的，受精卵沉于砂石间隙孵化，需要用粗砂或石砾铺底。不同种类的热带鱼，其产卵过程和受精卵孵出鱼苗的时间有差异，水温、光线、水质、溶氧量等都会影响到热带鱼的繁殖。因此在人工繁殖之前应首先了解不同鱼类的繁殖特点。

（1）脂鲤科鱼类的繁殖　脂鲤科鱼类的品种很多，有些种类对水质、环境和光线的明暗要求严格而不易繁殖，如红绿灯鱼、柠檬灯鱼、宝莲灯鱼等。但是大多数品种容易饲养，有的也易繁殖，如黑裙鱼、红裙鱼、头尾灯鱼、玫瑰扯旗鱼等。现以玫瑰扯旗鱼为例介绍其繁殖特点。当成鱼养至4cm左右时，雄鱼色泽深红、艳丽，臀鳍白边明显，雌鱼腹部发白膨大，此时可以配对放入水族箱中繁殖，也可以群繁。繁殖用水的水质同饲养水质，水温可提高1～2℃，繁殖箱底铺以金丝草，也可以不铺，让受精卵散落于水底。亲鱼放入水族箱前应先向水中充气增氧，以利于受精卵的孵化。雌、雄鱼以1∶2的配比放入产卵用水族箱中。如果进入产卵箱后的亲鱼2～3d内不出现追逐发情现象，则应另换亲鱼。因此当亲鱼放入水族箱后要密切注意其动态，对于不发情的亲鱼捞出后放于宽大水体中并投以水蚤等天然活体饵料喂养，以促进其性腺成熟和繁殖。产卵完毕应及时捞出亲鱼，受精卵呈淡紫红色半透明，经24h左右可以孵出鱼苗，再经过3～4d，鱼苗体内卵黄吸收完毕，可以用轮虫等喂养。

（2）鲤科鱼类的繁殖　鲤科鱼类大多产黏性卵，少数产沉性卵，亲鱼有吞食卵子的习性。达到性成熟的亲鱼会出现明显的婚姻色，雄鱼较雌鱼艳丽，此时可挑选腹部明显膨大的雌鱼，雌、雄亲鱼比例按1∶2～3为宜。鲤科鱼类中的中小型鱼类的产卵用水族箱应以长40～50cm为宜，水质同饲养水质，水位应稍浅一些，同时备好鱼巢、增氧器等。对于喜欢弱酸性水、温度高些的鱼，可降低pH值0.2～0.4，提高水温1～2℃。调整水质、水温，放入鱼巢，都是促进亲鱼发情的因素。产卵用水族箱中应先放入雌鱼，1～2d后再放入雄鱼。雌、雄亲鱼产卵、排精后，卵粒散落在鱼巢上。需要注意的是，雌鱼并非仅排卵1次就能排完，应细心观察，当雌鱼完全平静，产出的卵已比较多时即将亲鱼捞出，以免卵子被吞食。受精卵在鱼巢上经24～72h左右可孵出鱼苗。孵化期间应当充氧，使孵化用水有充裕的氧气。发现死卵应及时清除，以免孳生霉菌，污染水质。出膜后的鱼苗一般仍依附在鱼巢上不动，经3～4d后鱼苗体内卵黄囊被吸收耗尽，开始游动觅食。此时可以投喂一些轮虫或煮熟的鸡蛋黄水。

（3）攀鲈科鱼类的繁殖　对三星鱼、曼龙鱼、斗鱼、攀鲈鱼等，在发现雄鱼常追逐雌鱼，鱼体出现艳丽的婚姻色时，即是发情的标志。此时应将雌、雄亲鱼配对放入事先备好的产卵水族箱内，水面放入浮性水草，以便雄鱼吐泡为巢时容易聚集泡沫成巢，水温保持在23～25℃。将亲鱼放入产卵水族箱后2～3d，雄鱼便会大量吐出泡沫筑巢，然后追逐、引诱雌鱼入巢产卵。待产卵结束后，需立即将雌鱼放回水族箱里，仅留雄鱼守巢护仔。受精卵经24～48h左右孵出鱼苗，刚孵出的鱼苗细小如同针尖，呆在泡沫中不动，3～4d后卵黄囊吸收完毕，鱼苗开始游动觅食，此时应用轮虫、草履虫等喂养。需要注意的是，如果发现雄鱼追逐雌鱼时，雌鱼总是逃避，表明雌鱼卵巢尚未成熟，此时应将雌鱼捞出另养，另换成熟的雌鱼。

(4) 丽鱼科鱼类的繁殖　丽鱼科鱼类具有保护后代的习性，有些品种需要自择配偶，否则繁殖可能失败；有些品种虽然能人工配对，但是配对入水族箱后要观察它们的行为，若有冲突不和，应立即更换对象，否则可能因发生争斗而造成伤害。因此，对人工繁殖用的亲鱼，最好从幼鱼开始就同缸饲养。以神仙鱼为例，在同缸多尾神仙鱼中，发现常在一起游动的两尾鱼时，表明已是相爱的一对。如果两尾鱼朝夕相伴，形影不离，不许第三尾鱼介入时，表明已处于待产阶段。此时应将自然配对的一对亲鱼移入产卵水族箱内。繁殖用水族箱长 50～60cm，应置于环境安静之处。繁殖用水的水质要求弱酸性软水，pH 值6.5～7.0，水温 27℃左右，溶氧量丰富，还应配备事先洗刷干净的附卵物（阔叶水草或绿色塑料小板，或用倒扣的陶盆）。当看到产卵水族箱中的雌、雄鱼腹部有肛管突出时，表明已近临产，可以放入附卵物，此后 2～3d 内，雌鱼、雄鱼便可以产卵、排精。受精卵经 48h 左右孵出鱼苗。孵化期间若发现雌、雄鱼间出现矛盾时，应捞出雄鱼，留下雌鱼护幼，直至孵出鱼苗。鱼苗孵出 3d 后开始游动觅食，可以人工投喂轮虫。

(5) 杂交繁殖　热带鱼类中有些品种容易杂交，在同属不同种鱼类间杂交，亲缘关系比较近，杂交繁殖容易成功；不同科不同属鱼类间杂交，亲缘关系较远，杂交繁殖难度较大，技术性强。杂交品种后代的性状也不稳定，要经过人工选择定向培育好几代以后才能将其变异或杂交产生的后代的色彩、花纹、形态等特征稳定下来。稳定之后还要防止近亲混养或与原种返交，以免发生不良变异或返祖。一般家庭饲养热带鱼，进行杂交繁殖时，采用容易杂交的种类，或者用同属中变异了的后代杂交，又可产生不同于亲体花色的后代。例如，将金头神仙鱼雌鱼和黑神仙鱼雄鱼配对，可以繁殖生产出黑色金丝神仙鱼。由于神仙鱼有自择配偶的习性，可以采用培养感情的办法，让雌金头神仙鱼和雄黑神仙鱼有较长的时间单独饲养在一起，以让它们相互适应和吸引。一段时间之后，发现雌、雄鱼一起游动觅食，表明配对成功。当见到雌、雄亲鱼的腹部凸出小管状肛突时，即可放入附卵物体，促使其产卵、排精和形成受精卵。

2. 卵胎生鱼类的繁殖

卵胎生鱼类，如剑尾鱼、孔雀鱼、黑玛利、珍珠玛利、月光鱼等花鳉科鱼类，其卵子排出卵巢后，卵在雌鱼的泄殖腔内与精子结合成受精卵并发育成小鱼苗后出生。因此，卵胎生鱼类鱼苗的成活率很高。

现以孔雀鱼为例介绍其繁殖方式。孔雀鱼的繁殖条件不高，只要每日投喂鱼虫等鲜活饵料，以及水温保持在 20～26℃，一般在平时饲养的水中就能产下鱼苗。但是要注意的是怀仔雌鱼受惊时易跳，应采取措施防止亲鱼跳出缸外。孔雀鱼对繁殖容器不挑剔，用广口玻璃瓶也可以满足其要求。选择雌鱼体长达 4～5cm，雄鱼体长达 3cm 左右，花色艳丽，尾形长大的作亲鱼。一般雄鱼要多于雌鱼，若雄鱼不足，以 1∶1 的雌雄比例也可。雌、雄亲鱼挑选后合缸饲养，可见雄鱼经常追逐雌鱼，交配后雌鱼腹部逐渐膨大，此时应加强喂养，多投喂鱼虫等活饵，当发现雌鱼肛门处黑色胎斑变大，黑色明显加深时，表明临近产期，应将雌鱼移入产苗水族箱中待产，在待产期间仍需加强喂养。移入产苗水族箱中的雌鱼有的会很快产下鱼苗，有些则会等待多日后产苗。在将临产雌鱼移入产苗用水族箱时，注意不能把不同品种、不同产期的其他怀仔雌鱼共同放在一个水族箱中，以避免前者产下的鱼苗被尚未产苗的雌鱼吞食。雌鱼产苗完毕后应单独饲养，暂避雄鱼。为了防止亲鱼吞食鱼苗，可以在产苗水族箱内设置隔离物，用塑料制品围成漏斗状，浸入水中，将亲鱼置于漏斗内，待鱼苗产出后便可从漏斗底部掉下进入漏斗以外的水体中，从而避免被亲鱼吞食。产苗水族箱中的小鱼苗，在产出的第二天就需要喂食。

（四）促产方法

热带鱼大多产于热带、亚热带的自然界中，和人工饲养热带鱼的条件相比，存在着不少的差别。要想养好热带鱼，就要人为地创造出类似于热带鱼原产地的自然条件，条件越接近越好。热带鱼的人工繁殖是一道难关，至今还有一些热带鱼不能在人工条件下进行繁殖。在原产地，热带鱼是在各种环境条件刺激下进行繁殖的。因此，模拟产地自然界条件，正确选择和使用刺激物，是保证人工有效繁殖热带鱼的关键。

1. 活饵刺激

多数鱼类都在春季产卵繁殖，因为春季除水温、光照外，活饵料多，这些活饵料中含有大量维生素和保证鱼类性腺发育所必需的营养成分，是加速鱼类性成熟的主要刺激物之一。繁殖前多喂活饵料，可促进热带鱼的性腺发育和性成熟。

2. 新水刺激

热带、亚热带地区，那里的雨水多，下雨时雨点拍打水面，不仅给河水注入氧气，而且补充了大量的新鲜软水。这些条件，都有利于热带鱼的健康成长，并促进其产卵繁殖。家养条件下的热带鱼，则可采取经常向水族箱内对换新水的办法，来替代自然界的雨水，以满足热带鱼的产卵需要。

3. 水温刺激

根据具体品种，可将繁殖箱中的水温比平时饲养水温提高2～5℃，以达到最佳繁殖水温，并保持水温的恒定，防止忽高忽低，因为繁殖鱼最怕水温波动。

4. 光线刺激

光照几乎对一切生物都是不可缺少的，热带鱼尤其如此。热带、亚热带处于地球低纬度地区，白昼时间长，因此热带鱼接受光照时间也长。加强光照可刺激热带鱼的新陈代谢，促进其生长、发育和繁殖。但这里讲的加强光照，绝不是指要多在阳光下直晒，热带鱼喜欢折射光和散射光。因此，为弥补热带鱼家庭饲养的光照不足，可利用灯光来延长光照时间。

5. 降低水位刺激法

自然界中的热带鱼多喜欢在浅水河滩等处产卵繁殖，因这里的水温、光照、饵料、附着物等条件都比较优越。所以家养热带鱼在繁殖时，可以降低水族箱水位来适应繁殖鱼的自然需求，水位高低可根据具体品种的要求来定。

另外，还可根据热带鱼的产卵类型和习性，在繁殖缸内放置砂石、水草、瓦罐、陶瓷片等附着物，以刺激热带鱼产卵。总之，要想成功、有效地繁殖好热带鱼，就要尽量地模拟、营造热带鱼原产地自然界中的生活、繁殖条件，以适应热带鱼的生活、繁殖习性，才能收到满意的效果。

第四节　锦鲤的繁殖

锦鲤的性腺成熟年龄，雄鱼为2龄，雌鱼为3龄。性腺成熟后即开始产卵繁殖，其后每年性腺成熟一次，繁殖一次。锦鲤的繁殖季节在每年的3～6月份，一般水温在16℃时产卵，产黏性卵，产卵时间是从黎明前开始，到中午为止。因此，每年3月份后就要准备水草、柳树根须、棕丝或网片作为鱼巢，经消毒、结扎后放置在产卵箱、产卵池或产卵塘的水中以供锦鲤受精卵的附着和孵化。

一、锦鲤的雌雄鉴定

非繁殖期锦鲤雌、雄亲鱼的性别特征不太明显，较难区别，不可单凭腹部大小来区别雌雄，因雄鲤也有腹大者。接近繁殖期时雌雄特征逐渐明显，雌鱼腹部膨大，胸鳍和臀鳍间体壁变薄，柔软而滑润，鳃盖表面光滑，体表分泌黏液多，生殖孔明显大而红肿凸出，成熟时轻轻挤压腹部即有卵粒流出；雄鱼腹部比背部略狭，胸鳍和腹鳍间的肉质较硬，鳃盖表面和胸鳍、腹鳍均有追星出现，生殖孔小而内凹，性成熟时轻轻加压腹部有白色精液流出。锦鲤雌、雄亲鱼的鉴别特征可列于表2－2－2。

表2－2－2　锦鲤雌雄鉴别特征对照表

项目	非繁殖季节		繁殖季节	
	雌鱼	雄鱼	雌鱼	雄鱼
体型	头小而体高	头较大而体较狭长	—	—
腹部	大而较软	狭长而略硬	膨大柔软，成熟时轻压有卵粒流出	较狭，成熟时轻压有精液流出
胸鳍、腹鳍	—	—	胸鳍没有或很少有追星	胸、腹鳍和鳃盖有追星
泄殖孔	较大而突出	较小而略向内凹	红润而突出	小而略向内凹

二、锦鲤种鱼的选择

要想获得优良的鱼苗，培养健康而品系纯正的锦鲤，就应在选择种鱼时注意挑选体质健壮、体型肥满、品种纯正、色泽鲜亮晶莹、色斑边际清晰鲜明、无虚边、无疵斑的锦鲤为好。此外，选作亲鱼的锦鲤鳞片要整齐而有光泽，体型优美，游动姿态稳健有力，体表要求无病无伤。

用于繁殖的锦鲤，一般不宜选择过小年龄段的作为亲鱼。适宜繁殖的雌锦鲤为4～10龄，处于这一年龄段的雌鱼体质健壮、生殖腺发育良好、产卵量多、卵粒大、活力强，受精率和孵化率都较高；雄鱼可采用3～6龄为宜，处于这种年龄段的雄鱼体质健壮，生殖腺饱满。用这两种年龄雌、雄亲鱼的卵子和精子受精，孵化出来的仔鱼不仅数量多而且身体强健，成活率高。

三、锦鲤的繁殖方法

（一）自然繁殖

1. 雌、雄亲鱼搭配

一般采取雌雄比1∶3，也有1∶2或1∶1的。试验证明，采用1∶1时也能达到较高的受精率。但配组不仅要考虑雌、雄亲鱼数量的比例，还要视鱼体大小灵活掌握，繁殖时要尽量避免雌、雄亲鱼大小差别悬殊，如采取人工授精时可视具体情况而定。

2. 产卵池

锦鲤产卵池的面积应为 16m^2 的正方形或 20m^2 的长方形池较为理想，水的适宜深度范围在 40～60cm。

3. 鱼巢布置和管理

每尾雌鱼以投放 4～5 束鱼巢为宜，过少则鱼卵黏着过密，降低孵化率。应准确估计产卵时间，及时投放鱼巢，过早投放一方面鱼巢久浸水中易腐烂影响水质，另一方面在鱼巢表面会附着大量悬浮物而影响卵的附着。在亲鱼发情产卵、排精时，发现鱼巢鱼卵附着适度时，应及时取出孵化，并更换新的鱼巢入池。

4. 催产措施

采用“晒背”和冲水相结合的办法进行催产。具体方法是将池水排出一部分，保持水深约 17cm，使亲鱼背部露出水面，日晒半天，待傍晚时再注入新水，达到原来的水位，这样连续 1～2d，就可促使亲鱼产卵。

5. 产卵繁殖

锦鲤多在清晨产卵，有时也延续到下午。产卵时雄鱼不时冲撞雌鱼腹部，相互摩擦，雌鱼腹部侧向鱼巢进行产卵，雄鱼随之射精。产卵高峰时刻，雌、雄鱼追逐激烈，尾部击水成浪花，发出声响。锦鲤的卵呈橙黄色或淡黄色，半透明，卵径约 1.7mm 左右，入水后具有黏性，能附着在水草和人工鱼巢上，然后孵化出鱼苗。

（二）人工繁殖

锦鲤的性状遗传稳定性很差，即使是同一品种间交配，也会产生很多其他性状，斑纹、色彩不可能一模一样，返祖的可能性很大。因此，必须通过不断的努力，积累丰富的经验，才有可能选育出优良的品种。采用人工繁殖可以将雌、雄亲鱼按特定品种进行优化、准确配组，即使雌、雄亲鱼个体差异较大，也不会影响繁殖效果，进而提高锦鲤品系特征的稳定性；采用人工繁殖的方式还可以提高亲鱼的利用率和鱼卵的受精率，为大规模的苗种生产创造条件。

1. 人工催产

在进行锦鲤人工繁殖时，为使雌、雄亲鱼性腺成熟同步，除采用常规催产措施外，往往需要进行人工催产，常用的催产药物有绒毛膜促性腺激素（HCG）和促黄体激素释放素类似物（LRH－A）等，或几种激素混合使用。注射方法可以采用一次注射、二次注射或三次注射。现以 LRH－A 为例介绍人工催产方法。

（1）催产剂的剂量和注射次数　对雌鱼单一使用 LRH－A 时，剂量为 10μg/kg 体重，分两次注射效果较理想，第一次注射剂量为 1～2μg/kg 体重，注射后放回原池，1～3d 后进行第二次注射，注射剂量为 10μg/kg 体重；对雄鱼为末次注射，注射剂量为雌鱼的 1/2。进行末次注射后，一般经 10～15h，亲鱼即可产卵、排精。

（2）注射液的配制　LRH－A 必须用注射用水（一般用 0.6% 氯化钠溶液，近似于鱼的生理盐水）溶解。注射液量控制在每尾亲鱼注射 1.5～2ml 为宜，亲鱼个体小，注射液量还可适当减少，应当注意不宜过浓或过稀。过浓，注射液稍有浪费会造成剂量不足；过稀，大量的水分进入鱼体，对鱼不利。

(3) 注射时间与方法　注射时间一般选择在连续晴天、气温稳定的时间段内进行。注射分体腔注射和肌肉注射两种（图2-2-3，图2-2-4），体腔注射优于肌肉注射，但操作不熟练时容易造成亲鱼死亡。体腔注射时，将鱼上半部拖出水面，在胸鳍基部无鳞片的凹陷部位，将针头朝向头部前上方与鱼体成45°～60°角刺入1～1.5cm，然后把注射液徐徐注入鱼体。肌肉注射部位是在侧线与背鳍间的背部肌肉处。注射时，把针头向头部方向稍挑起鳞片刺入2cm左右，然后把注射液徐徐注入，注射完毕迅速拔除针头，把亲鱼放入产卵池中。在注射过程中，当针头刺入后，若亲鱼突然挣扎扭动，应迅速拔出针头，不要强行注射，以免针头弯曲及刺破心脏或划开肌肤造成出血发炎，可待鱼安定后再进行注射。

图2-2-3　胸腔注射

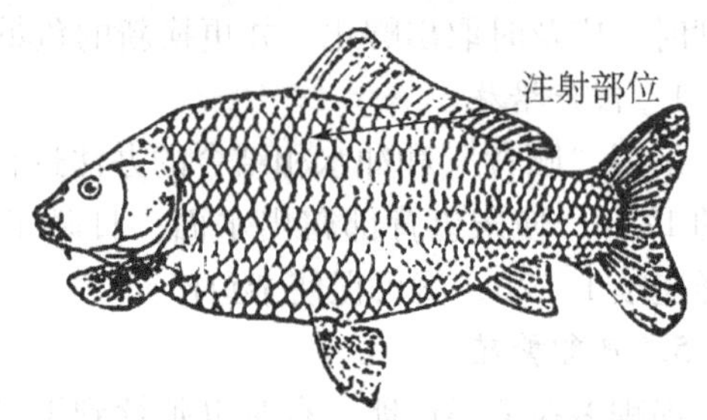

图2-2-4　背部肌肉注射

2. 人工授精

(1) 授精方法　宜采用干法授精。当发现亲鱼上升到水表面游动，出现相互追逐等发情现象后，应立即捕捞亲鱼检查。如轻压雌鱼腹部，卵子能自动流出，就应进行精、卵的采集和人工授精。将雌性亲鱼捞出，用干燥毛巾将体表、鳍条和腹部水分擦干，用手由前向后轻轻挤压鱼体腹部，便会有卵粒流出，将挤出的卵粒盛放于干燥光滑的容器中。用同样的方法立即向盛卵容器内挤入雄鱼精液，用手或干燥羽毛轻轻搅拌约1～2min，使精、卵充分混合。然后徐徐加入清水，再轻轻搅拌1～2min。静置一会后将受精卵均匀地倒入鱼巢（预先准备好一个干净的浅水盆，鱼巢也事先放在浅水盆中）。再过约一刻钟，待受精卵牢固的粘附在鱼巢上后，用清水漂洗上面多余的精液和脏物，即完成人工授精操作。

(2) 注意事项　在精、卵结合前应避免精、卵与水接触；挤出精、卵的操作要快，尽量缩短卵粒露空时间；在整个授精过程中应避免精、卵受日光直射；操作人员要协调配合，做到动作轻而快，否则，容易造成亲鱼受伤，引起产后亲鱼死亡。

(三) 受精卵的孵化

无论自然繁殖还是人工繁殖，当鱼巢上附着好鱼卵后，在移入孵化池中进行孵化之前，要进行消毒，以杀灭致病菌。消毒方法，可使用6%的食盐水浸洗鱼卵5min，或用10mg/L的高锰酸钾溶液浸洗鱼卵30min。孵化池中应打开增氧机，如果有条件可提供流水，以提高孵化率。受精卵在20～25℃的水温中，通常经过2～3d便能孵化出膜，水温过高、过低或水温变化过大，对孵化不利。孵出的鱼苗再经过3～4d，便能游动并开始摄食，至此完成整个孵化过程。

第五节　观赏龟的繁殖

一、龟的生殖系统

（一）雌性生殖系统

观赏龟的雌性生殖系统由卵巢、输卵管及阴蒂等器官组成（图2－2－5）。

1．卵巢

呈疏松囊状，由黑色卵巢系膜牵附于体腔背壁，在发生上由生殖嵴形成，是卵粒发生和成熟的器官。性成熟雌龟，卵巢上存在着发育不同期的卵粒，可见到数目繁多的还未脱离卵泡囊的小型卵粒，亦有进入腹腔的大型成熟卵。大型卵卵黄明显堆集，外被卵膜，表面有清晰可见的毛细血管分布。

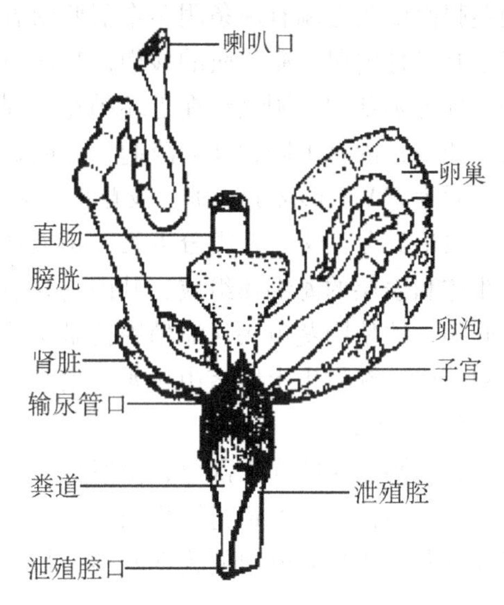

图2－2－5　雌性龟泄殖系统腹面观

2．输卵管

在发生上由牟勒氏管演化而来，为两端均开口的一对管子，前端开口于体腔，称喇叭口，后端开口于泄殖腔腹面近端两侧，称输卵管口。整个输卵管前大部比较细长，由输卵管系膜牵附，折叠弯曲，后小部近泄殖腔段比较粗短，为“子宫”。成熟卵于输卵管中受精，并被包上由输卵管腺分泌的钙质卵壳后产出体外。

3．阴蒂

阴蒂为泄殖腔内壁腹面的一个黑色膜质突起，但不甚明显。在发生上由生殖突形成，与雄性阴茎同源。

（二）雄性生殖系统

观赏龟的雄性生殖系统由精巢、附睾、输精管和阴茎等器官共同组成（图2－2－6）。

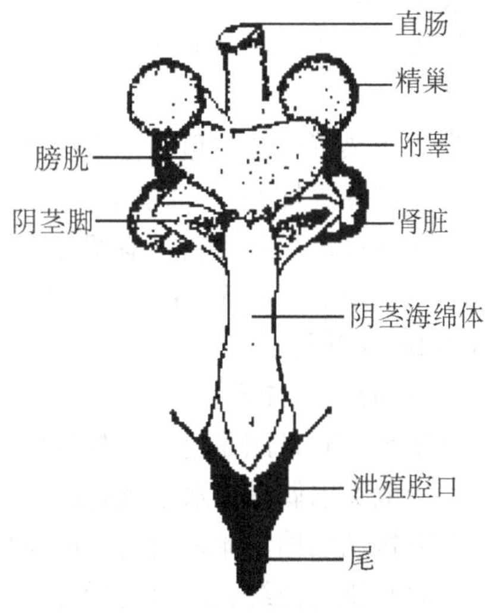

图2－2－6　雄性龟泄殖系统腹面观

1．精巢

又被称为睾丸，位于腰区背壁，肾脏前内侧面，为一对淡蓝色、略呈椭圆形的球状体，由精巢系膜所固着，与肾脏系膜汇合。精巢是精子发生和成熟的器官。

2．附睾

紧贴精巢后端，连接着一些盘曲迂回的管子，并堆集成紫黑色的球状体。在发生上由中肾管演化来的输精管膨大所致，它同其他高等脊椎动物的附睾一样，亦有贮存和活化精子的功能。

3. 输精管

是附睾后端延伸的细管，其开口在泄殖腔腹面近端，正位于阴茎基部的尿生殖乳突处，连通于阴茎沟。

4. 阴茎

为龟鳖类的雄性交接器，是泄殖腔腹面的组成部分，单个，背面呈黑色，近端基部向腹腔内折叠一小段，远端膨大近似伞形，称龟头。阴茎与泄殖腔的长度之比约为1.5∶1。阴茎腹面龟头近端有两条阴茎牵引肌附着，此肌起于第八胸椎腹面的横突，斜行而下，贴走于耻坐骨内肌、髂骨肌的腹面，髂尾肌的背面，然后到达止点。阴茎背面正中有一条纵沟，称为阴茎沟。阴茎沟在近端稍宽，周围为尿生殖乳突；阴茎沟向远端通到龟头，此处为一凹陷，内有不同程度的隆起，最明显的为两个锥形乳突，前为向中线处延伸的旋形隆起，后为"V"形隆起连通。交配时，龟头从泄殖腔孔翻出，可见其龟头末端分为两叉，而一般龟类分三叉，鳖类分五叉，精液从叉隙中导入雌性泄殖腔内。阴茎的结构由深层的纤维体和表层的海绵体组成，其内富含血管。当性兴奋时，阴茎海绵体充血膨胀，泄殖腔壁收缩，致使阴茎龟头从泄殖腔孔翻出体外，完成交配后，通过阴茎牵引肌的收缩，退回泄殖腔内。在发生上阴茎由生殖褶发育而来，与雌性阴蒂同源。

5. 泄殖腔

为直肠远端的膨大部分，由肌性外壁围成的腔隙，该腔由腹面的阴茎共同构成。腔的内壁发生皱褶，使肛道与尿生殖道的开口趋于分离，最前方与直肠通连的称粪道，中间有输尿管及生殖导管开口的为泄殖道，最后的腔称肛道，即泄殖腔孔。

二、龟的繁殖习性

1. 产卵期

大多数龟在4～6年以上方能性成熟，如野生三线闭壳龟雌体6～7龄、体重1 250～1 500g时达到性成熟，雄性4～5龄、体重700～1 000g时达到性成熟。在较好的饲养条件下，性成熟时间可提早1年。红耳彩龟一般在4～5龄性成熟，雄性比雌性略早些，体重略小些。

生活在热带地区的龟可全年产卵；我国长江流域的龟在5月上旬～10月上旬产卵，6～9月是产卵高峰期；三线闭壳龟于6月中旬开始产卵，7月处于产卵盛期；乌龟于4月产卵，一直持续到8月底，盛期在6～7月；黄喉拟水龟的产卵期与乌龟相似。每只成熟雌龟在生殖季节产卵3～4次，每次间隔时间10～30d，每次产卵4～7枚，少者2枚，多的可达10枚以上。

2. 龟的交配行为

每年5～10月间是龟类交配繁殖期。不同生活习性的龟种，其求偶、交配方式各有差异。水栖龟类求偶是在水中进行的，交配前，雄龟在雌龟前方游动，并抖动双肢或伸长头颈，上下抖动以挡住雌龟前进，向雌龟发出求爱的信号，雌龟原地不动时，则表明接受了雄龟，此时雄龟便绕到雌龟的后部，爬到雌龟的背甲上，前肢爪钩住雌龟背甲的前缘，然后开始交配。

海龟类的求偶交配与水栖龟类相似，大都在海洋水面上进行，此刻也是最容易被捕捉的时候。

陆栖龟类的求偶交配方式与水栖龟类有所区别。对比之下，陆龟科成员的求爱方式就显得比较粗暴。交配前，雄龟追逐雌龟并发出呼呼的强烈求偶信号，雄龟一旦追上雌龟，不是反复咬雌龟的前腿，就是爬到雌龟的背甲上，以它的腹甲撞击雌龟，直至雌龟接受它的求爱趴在那里一动不动为止。

3. 龟的产卵习性

龟类是卵生动物，繁衍后代均在陆地上，它们产卵大多在夜晚进行。产卵前雌龟不厌其烦的多次上岸挑选产卵地点，一旦选中某块地方，龟就用它的两个后肢轮换挖土打洞，若遇上质地坚硬的土壤，它就排尿润湿后再挖，挖掘 8～20cm 深的洞穴，洞穴呈锅底状，上大下小。雌龟产卵时，尾对准洞口，头颈伸长，嘴微张，有趣的是，为防卵产出落入洞穴中摔破，当卵产出体外时，便用后肢掌把卵托着，轻轻地将卵放落到洞的底部，然后用后肢扒一些微量土填盖上，接着产第二枚卵，如此反复。待卵全部产完后，就用两个后肢以土填封洞口，然后用腹甲将土压平、压实后离去。龟没有守巢的习性，产卵后，龟仅用后肢扒沙将卵掩盖，离开产卵地，不再关心它们所产的卵。

乌龟的产卵过程可分为四个阶段：

第一阶段是选择卵穴的位置。乌龟在产卵之前，到处爬行，以选择土质疏松的斜坡，隐蔽、能防敌害的地方，如树根旁、杂草中。土壤的含水量约为 5%～20%。

第二阶段是挖穴。即先扒出一个凹坑，用前肢固定身体，一侧后肢作支点，另一侧后肢则在穴内用力挖土，两后肢轮流挖土。当将穴内土扒松后，用两后肢轮换以肢掌向上拨土，再用尾巴把土向后推。这样轮换作业 4h 以上，即可成穴。卵穴口径约 3～4cm，穴身稍有倾斜，深 8～20cm。

第三阶段是产卵。卵穴打成后，接着产卵，产完一个卵即用后肢在穴内把卵排好。每间隔 2～5min 产一枚卵，产完一批卵需要 30min 左右。

第四阶段是盖穴。乌龟产完卵，一般都要在原处休息 4～10min 才开始盖穴。盖穴同样依靠后肢和尾巴。盖穴时，前肢固定不动，两后肢轮番作业，把穴外的泥土一点一点地扒往穴内，且每放一次土，就用后肢压一下，当土盖满卵穴时，再用整个身体后半部的腹板用力压，有时还会发出打夯一样的声音。一旦卵穴盖好，乌龟便立即离穴下水，但也有产完卵不盖穴就离开的。整个生殖过程约需 8h，其打穴、产卵、盖穴时间比例约为 6∶1∶3。

世界上已知 240 多种龟，它们所产的卵都呈白色，但卵的形状、重量因种类差异有所区别。海产龟类的卵有羊皮膜似的外壳，具有韧性，呈圆球形，直径达 3cm 左右，卵重 15～20g。其余龟类的卵具有钙质外壳，有的为软壳，有的为硬壳，形状有圆形、纺锤形、长椭圆形和短椭圆形 4 种。重量大的卵达 70g 左右，小的只有 4g 左右。不同种类的龟，产卵量不同，每次产卵少则 1 枚，最多达 200 余枚（海产龟类），并且产卵的数量随着雌龟年龄的增加而增加。

三、观赏龟的选择

（一）龟的雌雄鉴别

雌、雄龟在外形、体色上虽存在一些差异，但鉴定龟的性别通常以泄殖腔孔与腹甲后部边缘的距离远近进行判断。雄性的泄殖腔孔在腹甲后部边缘之外；雌性的泄殖腔孔在腹甲后部边缘之内。另外，雄海龟尾巴比雌性的长，半水栖龟雄性个体小、爪长。龟的腹甲形态也显示性别的差异，雄性的腹甲凹陷，而雌性平坦。常见龟的雌雄鉴别特征见表2－2－3。

表2－2－3　常见龟的雌雄鉴别特征

种　类	雌龟特征	雄龟特征
黄喉拟水龟	背甲宽短；腹甲平坦；尾短	背甲较长；腹甲凹陷，个体大者比较明显；尾短
三线闭壳龟	腹甲的两块肛盾缺刻浅；尾细且短，尾基部细；肛孔距腹甲后缘较近；背甲较宽	腹甲的两块肛盾缺刻深；尾粗且长，尾基部粗；肛孔距腹甲后缘较远；背甲较窄
黄缘盒龟	背部隆起较低，顶部钝；腹甲后缘略呈半圆形；尾粗短；泄殖腔孔距尾基部较近	背部隆起较高，顶部尖；腹甲后缘略尖；尾长；泄殖腔孔距尾基部较远
凹甲陆龟	背甲宽短；尾不超过背甲边缘或超出很少；肛孔距腹甲后部边缘较近	背甲较长且窄；肛孔距腹甲后部边缘较远
红耳彩龟	腹甲平坦；泄殖腔孔在背甲后部边缘之内	四肢的爪较长；尾较长；泄殖腔孔在背甲后部边缘之外
蛇鳄龟	尾短，尾长小于腹甲长的86%	体大尾长，尾长度是腹甲长度的86%；泄殖腔孔位于背甲边缘的后部
果龟	腹甲中央平坦，无凹陷；肛孔距腹甲边缘较近，一般不超过腹甲边缘	腹甲中央凹陷明显；肛孔距腹甲边缘较远
放射陆龟	体大；尾部短，腹部无凹槽；喉盾不突出，且平	尾部细长；腹面有“V”形凹槽；喉盾较突出

如果经过上述特征比较，仍不能鉴别雌雄，可将龟四肢朝天置于掌心，用另一只手的大拇指和食指分开龟前腿窝并用力向后端挤压两腿，此时雄性交接器可从肛孔中伸出。

（二）亲龟的选择

只有正确选择种龟，并经过精心饲养，才能使其在生殖季节正常发情交配，产卵数量多、质量好，以孵化出成批整齐、健壮、活泼的种苗。种龟的选择应重点考察以下几个方面：

1．亲龟年龄

五龄以上的龟，性腺开始成熟，七龄以上成熟良好。因此，为保证受精卵的质量和孵化率，应选择七龄或七龄以上个体作为亲龟。

2．体质要健壮

亲龟应体质优良，外型正常，活泼健壮，体肤完整无伤。

3．无病残、无畸形

龟体表的病、伤情况用肉眼即可观察到。有内病、内伤的龟不爱下水，常在晾风台上活动，用手捏住龟的两个后脚窝，有一只后腿下垂，不上去，如用手扶上去又会垂下来。畸形龟，如少腿、缺尾巴等，这些龟都不宜作种龟用。

4．雌雄配比

雌、雄亲龟的比例以2:1为宜，因雌龟和雄龟交配后，精子可在雌龟体内存活较长时间，能满足其半年繁殖需要；又因雄龟数量过多，在交配期相互间会出现撕咬、打斗现象，而导致亲龟受伤。

（三）亲龟的培育

1. 放养前的准备

池塘底泥是龟的主要生活环境，底泥的净化对亲龟的生长发育十分重要。由于龟的粪便、残饵及其他水生动植物残骸残留于池底腐败分解，使池底酸性化，并产生大量的有毒气体，严重妨碍着龟的生长发育。因此，必须对龟池池底进行清塘改良。

亲龟池的清塘可每三年一次，时间宜在秋后进行。清塘时，先将池水排干，将亲龟放入暂养池暂养，然后挖出脏物及部分底泥，塘底晾晒数日。接着按每亩（$667m^2$）龟池用生石灰100～150kg化浆泼洒全池，同时添补一些新泥沙，过15d左右注入新水使用。

2. 放养密度

一般以每平方米水面放养2～3只为宜。

3. 饲养管理

（1）饵料及其投喂　饵料是培育优良亲龟的物质基础。要使亲龟性成熟早，年产卵数多且质量好，就要充分满足亲龟的营养需要。泥鳅、黄鳝、蚯蚓、螺蛳、河蚌、蜗牛、黄粉虫、蝗虫、畜禽的内脏、蚕蛹、豆饼、麦麸、米饭、玉米粉等，这些都是乌龟爱吃的食物。动物性与植物性饲料的比例应为7:3。动物性饲料在投喂前要剁碎。饲料分两次投喂，上午一次，下午一次（在高温季节，等太阳光离开龟池时再喂）。除上述精饲料外，还可适量投喂新鲜的瓜、菜等，以增加食物中的维生素含量。龟的饲料要新鲜，不要喂腐烂发臭的食物。产卵前、产卵期间要多投喂蛋白质含量高、维生素丰富、脂肪含量低的饵料。为防止饵料中的脂肪和蛋白质被氧化，最好在饵料中加入一定量的维生素E。

具体投喂方法如下：

开春后，水温上升到15～16℃时，开始投饵诱食，每隔3d用新鲜的优质饵料诱食1次，以促使亲龟早开食。水温达18℃以上时，可正式投喂。一般春、秋比较凉爽的季节，每天于上午10时左右投喂1次。春末秋初及夏季（6～9月），按“四定”原则投饲。①定时：一天两次，上午8～9时、下午4～5时各一次；②定量：投饵量为亲龟总体重的5%～10%，或保证饵料在2h吃完为度。6～9月要多喂，5月、10月要少喂，11月～次年4月为冬眠期可不喂；③定质：饲料要新鲜、营养丰富，体积较大的饲料如内脏等要绞碎或剁碎，然后加入占饵料总量5%的骨粉、1.5%～2%的畜用生长素、2%的酵母及0.5%的食盐；④定位：饵料要投放在食台上。

（2）水质管理　一般来说，池水可见深度要求在25cm左右，池水颜色以淡绿色或茶褐色为宜。春、秋季水位控制在0.8m左右，夏、冬季控制在1～1.2m。池内适当放些鳙鱼、鲢鱼可改善水质。另外，亲龟池每月用生石灰20～30kg化浆泼洒全池1次，可中和酸性、改良水质、预防疾病。

四、观赏龟的人工繁殖

（一）清整产卵坑

在龟产卵前，要将产卵坑的沙翻松，清除杂草，使沙土保持湿润。若沙干燥，则应喷水，使沙土以手捏成团、松手即散为宜。目前，生产上多设置沙盘来满足雌龟产卵所必需的生态条件。沙盘大小一般为100cm×35cm×18cm，盘内装满细沙。沙盘应设置于坐北朝南、背风向阳的地方，其附近可种植一些高秆阔叶植物，以创造一个寂静、隐蔽的环境让龟产卵。沙盘的多少，可视亲龟放养量而定。

（二）卵的收集

在整个生殖季节，应每天早上巡塘一次，仔细检查产卵场是否有雌龟产卵痕迹。检查时间以太阳未出、露水未干时为宜。如发现亲龟已产卵，不要随意翻动或搬运卵粒，待卵产出后8～30h，其胚胎已固定，动物极（白色）和植物极（黄色）分界明显，动物极一端出现圆形小白点，此时方可采卵。一般在头天早上发现有卵后，先做好标志，到第二天早上再采卵。

采卵时，用收卵箱盛卵。收卵箱长、宽各约45cm，高约8cm，四周底部有滤水孔。收卵前，先在箱底铺一层2cm厚的细沙。同时准备一根长约20cm、宽约1.5cm、厚约0.3cm的竹片，作为开洞拨土工具，一把长镊子做取卵工具。收卵前，将收卵工具清整干净，然后进入产卵场，根据标志依次将洞口泥沙拨开，用镊子取出洞内全部卵粒。取卵时应注意其受精与否和发育情况，如果卵壳顶上有一白点，边缘清晰圆滑，卵粒颜色鲜亮呈粉红色或乳白色，卵大而圆，即为受精发育良好的卵；反之，如卵壳外表无白点，颜色基本一致，或卵壳白点呈大块不整齐的白斑，即为未受精或受精发育不良的卵。

收卵时，应剔除未受精卵、受精不良卵、畸形卵、壳上有黑斑的卵或壳破裂卵。装箱时应将受精卵的动物极（有白点和气室的一端）朝上，整齐排列在收卵箱中，移入孵化场孵化。收卵完毕，应整理好产卵场，天旱时适量喷些水，以便让龟再次产卵。

（三）龟卵的人工孵化

在自然界中，龟卵的孵化完全依赖于太阳、雨水带来的温度和湿度。龟卵的孵化期与气温有着密切的关系，一般孵化期需要55～65d左右。若天气暖热，孵化期短，若天气凉爽，则孵化期相对长一些。

龟卵发育时，要求温度控制在24～30℃之间，空气相对湿度在80%～82%之间，沙子要通气良好，含水适宜，若满足这些条件，卵孵化率可达95%以上。

1. 孵化设施

（1）室外孵化池　室外孵化池应选在地势较高、通风干燥的地方。其大小视生产量的大小而定，一般为$1m^2$，可供孵化4 500～5 500枚龟卵使用。

室外孵化池多为长方形，长边东西向，短边南北向，长宽比为2∶1。池长边壁高35cm，其中地上10cm，地下25cm。池底外侧设排水孔，池底平面向排水孔倾斜5°～10°以防积水。外壁四周的地面设8～10cm宽、5cm深的防蚁沟，沟内浇水。池的两个短边壁用水泥和砖砌成中间高两端低的“八”字形或北高南低的倾斜状，顶端用梁架起并固定，再用玻璃和木框作成窗户状的顶盖。玻璃窗框的一边用合叶固定在顶端的木梁上，以便开启或关闭。

（2）室外孵化场　室外孵化场应选择在地势较高、通风干燥的地方，其面积根据生产量的大小而定。一般为2～$3m^2$。长、宽之比为2∶1，周围砌上高约1.2m的围墙，墙的四周有排水孔和通气孔。孵化场内地基从上至下应倾斜5°～10°，在最底层先铺上碎石或粗沙10cm厚，以增加孵化场的滤水性，然后再在上面铺5cm厚细沙作孵化床，并在最低处埋设一个小缸或水盆，其缸口略低于沙平面或与沙面平齐，缸里装少量清水。围墙上面搭上钢筋或竹木架，以便需要时覆盖芦席或帆布。

（3）室内孵化池　室内孵化池与室外孵化池所不同的是不用防雨水，只需加水平盖以防止老鼠危害。室内孵化池要建在地面上，以利于提温。

2. 卵的排列

（1）准备工作　①孵化用沙石：小卵石粒径0.5～1cm，粗沙粒径0.1～0.2cm，细沙粒径0.5～0.6mm。使用比例为小卵石：粗沙：细沙＝1∶2∶3。②消毒：用2.0×10^{-5}的漂白粉溶液对孵化设施和沙石进行消毒。也可在阳光下摊开沙石暴晒，然后用凉开水将沙石调至适宜湿度后备用。

（2）布卵　用0.5～1cm粒径的小卵石在孵化池底铺2～3cm厚，再用粒径0.1～0.2cm的粗沙在小卵石上盖2cm厚，然后将卵的动物极向上一个一个安放在粗沙上。卵排三层后，在卵的上面盖一层厚2～3cm粒径为0.1～0.2cm的粗沙，再在粗沙上铺一层厚5～7cm粒径为0.5～0.6mm的细沙。沙子湿度为10%～15%。排卵时，当天产的卵，要当天下午排放在一处，并用木板隔开，插上标记，记上产卵日期和数量，以后以此类推。

3. 孵化管理

孵化期间主要应管理好温度、湿度和通气。

（1）温度　温度最好控制在26～32℃，不得高于34℃，不得低于25℃。

（2）湿度　空气湿度最好控制在80%～82%。沙子含水量最好控制在7%～8%，不得低于5.3%，不得高于27%。孵化期间，应每天定期检查沙子的湿度。检查时，可用手轻轻扒开沙子，观察含水沙层离表面的深度。如果直到靠近卵才出现湿润沙层，则用喷雾器在沙子表面喷洒凉开水，使细沙层略带湿润即可，切不可在高温下大量洒水。如果沙子表面以下1cm的沙层出现湿润，即使表面沙子干得发白也不必洒水，否则，必须及时洒水。洒水后10min左右，用手将细沙层松一下，这样既可防止板结和闭气，又切断了毛细管，能防止水分蒸发。扒动沙层时，不得振动下面的卵，以免影响孵化效果。一般每1～3d洒一次水，每次洒水以使细沙层湿润为度。

（3）通气　晴天温度高时，应通风降温，否则应保温。沙内通气，主要通过安排砂石的比例来进行。孵化期间，应防砂石表层板结。

（4）除害防病　孵化期间要严防蛇、鼠、蚂蚁等的危害。

4. 稚龟的收集

孵化开始50～60d后临近结束时，应经常观察，并用小耙疏松表层沙土，以利稚龟出穴。出壳的稚龟有趋水习性，这时要在孵化池一端预先安置的一个脸盆中注入半盆水，盆底铺厚约2～3cm的细沙，盆口外沿略低于沙土表层或与沙层平齐，以便于稚龟爬入盆中。刚出壳的稚龟重3～7g，背部带土黄色，腹部橙红色，体形近圆形，类似古代铜钱。待稚龟脐孔封闭、卵黄吸收完后（一般孵化后12～24h），可放入用清水湿润的细沙中暂养，饲喂精料，3～5d后放入稚龟池饲养。

复习思考题

1. 观赏鱼类精、卵质量的鉴别方法如何？
2. 游离型卵巢和封闭型卵巢各自特点有哪些？对鱼类人工繁殖有何影响？
3. 观赏鱼雌、雄鉴别的一般方法有哪些？

4. 对金鱼亲鱼选择有哪些要求？
5. 金鱼自然繁殖中为什么要在产卵池中设人工鱼巢？如何制作人工鱼巢？
6. 热带观赏鱼的产卵繁殖方式有哪些？各有什么特点？
7. 鱼类的常用人工授精方法有哪几种？如何操作？
8. 锦鲤人工繁殖中的注意事项有哪些？
9. 如何对锦鲤进行人工催产注射？
10. 影响鱼类受精卵发育的因素有哪些？
11. 促进观赏鱼进行产卵繁殖的方法有哪些？
12. 如何进行观赏龟的雌雄鉴别？
13. 观赏龟受精卵的采集要求有哪些？
14. 如何进行观赏龟受精卵的排布？
15. 观赏龟受精卵孵化时对环境条件有哪些要求？

第三篇

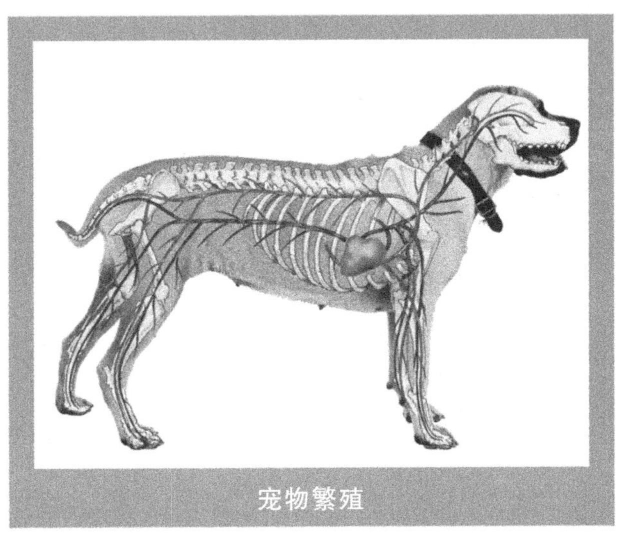

宠物繁殖

宠物的选育及繁殖力

第一章　宠物的选育

第一节　宠物种类概述

一、犬的种类

犬分布于世界各地。据统计，世界上有850多个犬种。由于犬的品种繁多，加之近代犬的形态与血统都很复杂，因此，对犬种进行合理的分类，是非常困难的。本教材主要根据犬的体型大小进行分类，可分为小型犬、中型犬和大型犬。现将目前国内饲养较多的一些名贵品种犬的分类加以介绍。

（一）小型犬

小型犬的体重平均为4kg左右，体高在25cm以下，最小的体重不足1kg，体高在20cm以下。由于其体型太小，没有任何抵御能力，骨骼细小脆弱，容易发生骨折，因此，在抱起或放下时，应轻抱轻放，尤其在上楼梯时，更应注意。

1. 北京犬

又称京巴犬，是一种著名的玩赏犬。其被毛长、光滑、下垂、不卷曲或呈波纹状，在颈部和肩部长有漂亮的饰毛。被毛有各种颜色，以金黄色最为名贵，但较为罕见，其次以白色为佳，国内以纯白色最受欢迎。北京犬体高为20～25cm，体重为3～6kg。

北京犬性情温和，表情略显严肃，敏捷而懂事，极易与人相处，无论地方大小都可饲养，是玩赏犬中的佳品。

2. 西施犬

又称中国狮子犬，是原产于我国的一种长毛犬，其祖先是由拉萨狮子犬与北京狮子犬杂交繁育而成的。其特点为：聪明、敏捷、活泼、气质好，虽然体形很小，却充满旺盛的精力，是个魅力十足的犬种，它的仪态、风采均富有贵族气息。

西施犬的被毛丰满而长，分上下两层，且略带波浪状。毛色多变化，以白色、黑色、金黄色为好，也有棕色、褐色、咖啡色、米色或灰色，而头部中央及尾端的白色更是重要的认定标准。成年犬体重为4.5～8kg，身高不超过27cm。

3. 拉萨犬

又称拉萨狮子犬，原产于青藏高原，其体型不大，韧性很强，听力敏锐。全身披有华丽的长毛，毛直而硬，略带波纹状，毛色有黑色、白色、褐色、金黄色。体高为25～28cm，母犬较小，体重为4～8kg。

拉萨犬的个性开朗、沉着冷静、听觉灵敏、性格倔强，对陌生的环境警觉性高，对主人十分忠实，成年犬难以驯服。

4. 博美犬（松鼠犬）

又称波美拉犬，因其外貌像松鼠，故又称“松鼠犬”。其祖先源于北极圈一带，18世纪传到欧洲几个国家，但以德国东北部的波美拉尼亚地区培育出来的最好，故取其名。近几年我国才从国外引进博美犬，南北方均有饲养。

博美犬尖形的吻宛如狐狸的吻，其性情表现聪慧、活泼机警、运动敏捷、性情温顺，受人喜爱。它喜爱主人温柔地抚摸，但有时会恃宠生娇，好发脾气，狂吠乱叫或向大犬挑战。

5. 蝴蝶犬

又称“蝶耳犬”或“巴比伦犬”。由于其头上一对外张而直立的耳朵很像一双展翅高飞的蝴蝶而得名。蝴蝶犬被毛丰满，呈长绸缎状，有光泽，不卷曲，无下毛。毛色以白色为底色，且身体大部分为白色，部分有红色、黑色、褐色、栗色等斑点。体高不超过20～28cm，体重为2.5～5kg。胆大灵敏，有感情，外观灵巧、漂亮，是良好的玩赏犬及伴侣犬。

（二）中型犬

中型犬与小型犬一样，都是人们的宠物，同样有其独特的个性和风度。其体高在25.5～40.7cm之间。此类犬警戒性强，好吠叫，故有看家犬的特点。优良中型犬的品种有如下几种。

1. 巴哥犬

俗称“哈巴狗”。其历史与四川罗江狗相仿，源于17世纪中叶的中国西藏。目前巴哥犬遍布世界各地，很受欢迎。

巴哥犬被毛短而柔软，滑润而有光泽，毛色主要有银褐色、黑色和浅黄色，前额、耳朵至吻部布满黑色斑纹，有的从头后部到臀部有一条黑色纹线。体高为25～35cm，体重为6～8kg。性情温和，感情丰富，易与人相处，深受儿童和妇女尤其是老年妇女的喜爱，是优秀的伴侣犬，但该犬种嫉妒心强，最好只养一只。

2. 中国冠毛犬

也称“中国无毛犬”，是仅有的几个无毛犬品种之一，原产于中国南方。其全身大部分无毛，只是在头、尾和四肢下部有少量饰毛。皮肤光滑、柔软，无皱褶，手触有温暖感，肤色多为粉红底色加上深色斑块，斑块多为蓝色或咖啡色。体高为23～35cm，体重为3～5kg。性情活泼机灵，勇敢而又温柔。由于其数量少，爱清洁，无体臭，不换毛，性格温顺，恋人性特强，因此，近年来受到人们的欢迎，是一种较有发展前途的玩赏犬。

3. 贵妇犬

也称“贵宾犬”，其祖先生活在水边，由于具有漂亮、卷曲的长毛及雍容华贵的仪表，使得贵妇犬走进豪华客厅，成为贵夫人的宠物。由于重视选育、改良，出现了三种不同体型及各种毛色的贵妇犬，即标准型、迷你型与玩具型三种。

贵妇犬悟性好，忠实听话，许多马戏团都用贵宾犬作驯犬表演。经过修剪后的贵妇犬有其他犬所不及的高贵典雅之容貌，是世界上具有很高声誉的玩赏犬。我国有一定数量的贵妇犬，多为黑色、银灰色和白色，其中以纯白色最受人们青睐。

4. 迷你宾沙犬

又称“小型警犬”，原产于德国。其体高为25～31cm，体重为2.7～4.5kg。体型精悍，动作敏捷，有威武之式。该犬体型虽小，但看家本领较高，适于作看家犬或伴侣犬。

5. 中国小细犬

又称“山东快犬”，原产于山东省和河北省，在山东梁山一带数量较多，并将其称为山东细犬。该犬是我国很有潜力的跑犬品种，爆发力强，跳得快，柔韧灵活，毫不逊色于国外著名的跑犬，但目前该犬的数量已很少，亟待拯救开发。

6. 美国可卡犬

该犬的祖先是西班牙的猎鸟犬，到英国后成为猎山雉的能手。1924年，该犬自英国引入美国，被改良为比较小型的犬，称之为美国可卡犬。其浑身洋溢着喜悦欢欣的肢体语言，行走时不停地摆动尾巴，充满欢悦的神情和调皮的作风，其表情亲切、行动灵活、服从命令，一直是美国养犬爱好者最受欢迎的犬种。

（三）大型犬

大型犬被养犬者认为是最有魅力的类型。通常中、小型犬是属于女性拥有的犬种，而大型犬则是男人所支配和饲养的犬种。如军用犬、警犬、猎犬、护身用的工作犬、赛犬、导盲犬以及牧羊犬等。

属于大型犬的名犬品种很多，下面介绍一些国内较多见的大型犬种。

1. 藏獒

又名“藏狗”，产于西藏，其身体粗壮，头大而方，头顶圆高，额宽耳垂，眼睛黑黄，嘴短而粗，嘴角略垂，吻短鼻宽，舌大唇厚，颈粗有力，颈下有垂，背平臂圆，尾粗而卷曲，腿粗脚肥，前腿直，后腿曲，体长大于身高。被毛长而密，毛色有黑色、黑红色、黄色、白色、青色、灰色和混合色。体高为70～85cm，体重为75～95kg。

藏獒耐寒怕热，在-40～-30℃的冰雪中仍能安然入睡。性格刚毅，力大凶猛，野性尚存，使人望而生畏。偏肉食，抗病力强；护领地，善攻击，对陌生人有强烈的敌意，但对主人亲热至极，任劳任怨，是牧民的得力助手。

2. 松狮犬

也称“熊狮犬”，原产于我国北方地区，有长毛和短毛两个品种。长毛品种全身披长毛，颈肩部被毛长而直，形如狮鬃状。短毛品种被毛浓密蓬松，肩毛也较长。松狮犬体高为46～60cm，体重为22～27kg，胆大勇敢，喜欢嬉戏，是儿童的良伴，通常被用作伴侣犬和护卫犬。

3. 沙皮犬

又名“大沥犬”，原产于广东省南海县大沥乡，因其毛短而硬，手感粗糙似砂纸，故称沙皮犬。其被毛短而粗糙，蓝舌，胸深宽，全身皮肤厚而坚韧、松弛、多皱褶。四肢粗壮，尾根粗，尾巴上翘，被毛粗短稀疏、硬如刷子。毛色呈黄色或黄褐色。性格独立性强、冷淡。身高为35～45cm，体重为15～25kg。

4. 德国牧羊犬

又称“狼犬”，是当前极受欢迎的优秀军犬、警犬、牧羊犬或护院犬。其体型大小适中，肌肉发达、雄健。身体各部分匀称和谐，姿态端庄美观，生理机能好，繁殖力强。被毛厚密，直而光滑，长度适中，下层毛丰厚，毛色为黑色、黑中带浅黄褐色、灰色、黄褐色等。体高为55～65cm，体重为28～35kg。感觉极为敏锐，警惕性高。行动时胆大凶猛，机警灵活，敏捷轻快，追踪衔物欲高；静时安稳沉着，富于耐性，刚柔相济，依恋性强，易于训练。

5. 大丹犬

是一种大型工作犬，由中国的藏獒与原始的爱尔兰灰犬及一些古老的大型猎犬杂交繁育而成。其体型美丽，被毛短而密、平滑带有光泽，有五种基本毛色：黑色、蓝色、白色带黑斑、黄褐色和浅黄色。身高貌凶，但比例适中。身高公犬在80cm以上，母犬在71cm左右。体重公犬在54kg以上，母犬在45kg以上。大丹犬性情比较温和，不好斗，与人相处和谐，行动时略显笨拙。大丹犬的体型和吠声适宜作护卫犬，近年来已成为最受欢迎的大型伴侣犬之一。

6. 大麦町犬

又名“斑点犬”、“马车犬”。原产于南斯拉夫的达尔马提亚。其被毛短粗而密实，但触觉平滑，颜色为白底配有黑色或褐色斑点，整体呈流线型。体重为20～27kg，公犬身高为59～61cm，母犬身高为56～58cm。该犬适于赛跑，有耐力，记忆力强，防卫性能好，身体健壮，可用于看家、狩猎、拉车及军用。

7. 贝格犬

又称“比格犬”，原产于英国，15世纪时是最小的一种猎犬，善猎兔。1880年引入美国并大量繁殖，现为理想的医学实验犬。我国于1982年引进，主要用做医学实验。

贝格犬嗅觉好，灵敏度高，性格活泼且温和，与人的亲和性强，容易配合医务工作者进行医学实验。用贝格犬进行实验的最大优点是它具有良好的均一性、重复性和可行性。因此，贝格犬是国际上公认的实验用犬。

二、猫的种类

（一）国外著名品种

1. 波斯猫

波斯猫可谓猫中贵族，深受人们的青睐。波斯猫的被毛丰厚，有弹性，能松散地附着在躯体上，颈肩部的被毛更致密，形成狮子样的鬃毛，因而外观像一头小狮子。耳朵内外都长满了毛，腿部和尾巴的毛发育良好，趾间也有毛。

波斯猫的毛色很多，大体上可分为三大类。第一类是单色，如黑色、白色、蓝色、奶油色、浅红色（黄褐色）等。这些单色猫，多数具有橘黄色的眼睛。第二类是多色，眼睛的颜色和被毛的颜色也不同。第三类是杂色，被毛呈不同颜色和图案，如从灰到棕色，从蓝到橘黄色，有的像老虎斑样外观或呈大理石样花纹。

波斯猫的体长为40～50cm，毛长为25～30cm，肩高为30cm，有粗壮的骨骼和魁梧的体躯。其性情温文尔雅，反应灵敏，善解人意，少动好静，给人一种华丽、高贵的感觉，叫声尖细优美，容易适应新环境。

2. 泰国猫

起源于泰国，是目前西方最为流行的一个短毛品种猫。其身体修长，体型适中，肌肉结实、紧凑，后肢细长并稍长于前肢。脸形尖而呈“V”字形，颈部细长，两眼如杏仁状、呈深蓝色和浅绿色，耳大直立，鼻梁高直，两耳末端与嘴端呈三角形。泰国猫有四种基本毛色：一是海豹样色点，即背部为米色或浅黄褐色，腹部为白色，面、耳、四肢和尾巴则呈海豹样的褐色；二是青灰色点，即米色身体，而脸部、耳部、四肢和尾部为蓝灰色；三是巧克力色点，即在象牙白的背景下，呈现奶油巧克力色点，色调温暖；四是淡紫色点，即白色身体配以灰粉红色点，鼻为淡紫红色。

泰国猫性情刚烈好动，多愁善感，嫉妒性、攻击性强，喜怒哀乐变化迅速，常在几天内可发生根本性变化，这些特征成为区别于其他品种的基本特征。泰国猫的感情专一，常倾向于家中的某一个成员，而对其他人表现为漠不关心。饲养在屋内的泰国猫，因自由受约束而张牙舞爪，放纵不羁，常从一个家具上跳到另一个家具上。

3. 缅甸猫

原产于缅甸，其身体强壮，肌肉结实，头圆略尖，两耳距离较宽，眼睛呈圆形或椭圆形，颜色有金黄色或黄绿色，被毛短而紧密、光滑，毛色有棕色、橙黄色、红色、巧克力色和蓝色等。性情聪明伶俐，好奇心强，喜欢出头露面，希望得到主人的奖励。勇敢，诙谐有趣，可连续蹦跳玩耍数小时而不感疲倦，是难得的观赏娱乐猫。

4. 安哥拉猫

起源于土耳其，16 世纪传入欧洲，主要分布在法国和英国，是当时最受欢迎的长毛品种。到 19 世纪中叶，由于波斯猫的出现，安哥拉猫的地位逐渐降低。

安哥拉猫身材修长，背部起伏较大，四肢高而细，头长而尖，耳大，全身披有细丝般的长毛，有红色、褐色、黑色和白色之分，一般认为白色为正宗的安哥拉纯种猫。安哥拉猫的动作相当敏捷，独立性强，不喜欢被人捉抱。

5. 巴厘猫

是由泰国猫的突变个体经过一系列的选育、纯化、繁育而成。其身材细长，动作优美，被称为猫“舞蹈家”。巴厘猫被毛的颜色为均匀的单色，有白色、蓝色、巧克力色和淡紫色，面、耳、尾、四肢呈深色的色点，头长而尖，呈“V”字形轮廓，由下颌部起向耳顶端笔直敞开，构成三角形，眼睛呈深蓝色，尾长而高举。

巴厘猫很聪明，能完成一些技巧性很强的动作，喜欢跑跳，好爬高，感情丰富，易与主人建立感情，尤其在得到主人宠爱后，对主人感情深厚，喜欢向主人撒娇，对主人的声音分辨力特强，在较远距离即可分辨出主人的声音。

6. 喜马拉雅猫

该品种从 20 世纪 30 年代开始培育，英国和美国几乎同时进行，直到 50 年代才得到公认。它是由泰国猫和波斯猫杂交而成的，集两者的优点于一身，它具有泰国猫的毛色、眼睛和聪明伶俐的特点，又有波斯猫的体型、长毛和反应灵敏的特点。性情介于泰国猫和波斯猫之间，便于饲养，逗人喜爱。

7. 日本短尾猫

在日本已有数百年的历史，最初为黑色，后来逐渐发展有白色和红色，如果仔猫生来就有黑、红、白三色，这便是幸运的象征。

日本短尾猫以其三角头、高颧骨、大圆眼、吊眼梢、长鼻梁、大立耳，以及优美的体态、发达的肌肉、卷曲的短尾、流畅的身体曲线、感情丰富、聪明伶俐等为特征，跻身于世界各名贵玩赏猫的行列中。

（二）国内主要品种

1. 云猫

云猫仅分布在我国南方，因身上的毛色似天上的云彩而得名，它喜食椰子树汁和棕榈树汁，又称为“椰子猫”、“棕榈猫”。云猫的毛色呈棕黄色或黑灰色，头部为黑色，眼睛的下方及侧面有白斑，身体两侧为黑色花斑，背部有数条黑色纵纹，四肢及尾部为黑褐色，外观很漂亮，是一种珍贵的观赏猫。

2. 山东狮子猫

主要分布于我国的山东省，其颈部毛长，形如狮子，毛色为白色或黄色，也有黑白相间者，尾部粗大，身体健壮，抗病力强，特别耐寒，善于捕鼠，但繁殖率低，每年一窝，每窝产仔2～3只。

3. 狸花猫

各地均可看到，以陕西、河南等地为多。狸花猫颈、腹下毛色为灰白色，身体其他各部分为黑、灰色相间的条纹，形如虎皮，毛短、光亮而润滑。捕鼠能力强，产仔率高，怕寒冷，抗病力弱，与主人的关系不太密切，不守家。

4. 四川简州猫

其体型高大强壮，动作十分敏捷，是个狩猎能手，在广大农村饲养量较大，主要用于捕鼠。

三、观赏鸟的种类

观赏鸟品种很多，按照鸟的食性可分为硬食鸟和软食鸟两类。

（一）硬食鸟

硬食鸟以未经加工的植物籽实作为饲料，这类鸟在自然界以各种植物种子为主要食物。它们的嘴壳短而厚实，坚硬有力，取食时可以轻而易举地剥开硬壳种子的外壳，取食种仁。文鸟科的白腰文鸟、斑纹鸟，雀科的金翅雀、黄雀等都是硬食鸟。硬食鸟饲养容易，一般从野外捕获的成鸟，经过短时间的驯养，便能顺利地取食人工饲料，适用于笼养条件，很多种类还能鸣唱和学习技艺，硬食笼鸟中很多种类都适宜于初学者饲养和玩赏。

（二）软食鸟

软食鸟指在野生条件下以觅食虫类，摄取动物性蛋白质营养为主的鸟类，这类鸟在自然界以昆虫、浆果等为主要食物。它们的嘴壳细长而尖如锥型，有些软食鸟的嘴壳比较软，基部有毛状须。红喉歌鸲、黄眉柳莺、黄腰柳莺等都是软食笼鸟。

软食笼鸟的饲养比较复杂，若调配与喂养得当，均可改食人工饲料。软食鸟初期驯养需要较多的饲养经验，否则不易成功。

四、观赏鱼的种类

（一）金鱼的主要品种

根据形态、色彩的不同可以将金鱼分成许多品种。根据外部形态的异同和亲缘关系的远近，将金鱼大体归纳为草种鱼、龙种鱼、文种鱼、蛋种鱼四大品系。而龙种鱼、文种鱼和蛋种鱼又都是草种鱼经过一系列人工选择定向培育而成。

1. 草种鱼

草种鱼的代表品种是草金鱼。身体侧扁，呈纺锤形，有背鳍，其体形和鳍形均与一般鲫鱼近似，也有的具成双的臂鳍和尾鳍。

（1）金鲫　是最古老的金鱼品种，身体侧扁呈纺锤形，尾鳍较短、单叶、呈凹尾形，全身均为橙红色。

（2）草金鱼　起源于金鲫，身体扁而呈纺锤形，尾鳍较长、双叶或三叶、不分开，呈燕尾形或菱角形，全身均为红色。

（3）红白花草金鱼　身体侧扁呈纺锤形，尾鳍较短，单叶呈凹尾形，头部和身体上红白色兼有。

2. 文种鱼

主要特征是体短而圆，头平而窄，臂鳍和尾鳍都成双而延长，尾鳍叉多在四叶以上。体色多为红、红白、紫、蓝和五色杂斑等。帽子和珍珠是文种鱼的两个主要品种，其变异品种有帽子翻鳃、帽子绒球、帽子翻鳃球和红龙晴珍珠、黑龙晴珍珠、五花龙晴珍珠和红珍珠翻鳃水泡等。

（1）帽子　也称高头，体短而圆，头宽，主要特点是头顶上长有厚实的草莓状肉瘤，细分又有狮头型高头和鹅头型高头两种类型。鹅头型高头的肉瘤仅仅限于头顶范围，简称帽子。狮头型帽子又称为虎头，头部肉瘤发达，从头顶一直包向两颊，眼和嘴也陷入肉瘤内。

（2）珍珠　又称珠鳞，头小腹膨，体短而圆，细分则有皮球型、橄榄型和大尾、短尾等区别。球型珍珠是珍贵品种。珍珠鱼的主要特征是鳞片呈珍珠形，排列成行，粒粒可数，尾部较小。珍珠鱼鳞易被碰掉，掉后不能再生，因此，在饲养时要特别注意保护。

3. 龙种鱼

主要特征是体短，头平而宽，尾鳍四叶，眼球膨大突出眼眶之外，鳞圆而大，臀鳍和尾鳍都成双而延长，胸鳍呈三角形，背鳍高耸。这一类中的主要品种是龙晴鱼，又是金鱼中的代表，品种也最繁多。

（1）普通龙晴鱼　具有龙种鱼的特征。根据体色不同有红龙晴、墨龙晴、紫龙晴、蓝龙晴、红鳍白龙晴、五花龙晴、紫蓝花龙晴、红白花龙晴等，其中以墨龙晴最名贵。

（2）蝶尾龙晴　具有龙晴鱼的特征，惟独尾鳍呈蝴蝶形。常见品种有墨蝶尾龙晴、五花蝶尾龙晴等。

（3）绒球龙晴　具有龙晴和绒球的特征，鼻膜发达凸出于鼻孔外，形成两个肉瓣式的绒球。根据鱼的体色可分为红龙晴球、墨龙晴球、紫龙晴球、蓝龙晴球、紫蓝花龙晴球、红白花龙晴球、五花龙晴球、喜鹊华龙晴球等。此外，还有朱球墨龙晴，其绒球与体色不一，全身乌黑，绒球鲜红色，是龙晴球中最名贵的品种。

（4）龙晴翻鳃　龙晴鱼的鳃盖后部向外翻转，红色鳃丝裸露于鳃腔之外。根据体色可分为红龙晴翻鳃、墨龙晴翻鳃、蓝龙晴翻鳃、五花龙晴翻鳃等品种。

4. 蛋种鱼

是我国金鱼中的另一大类，形体短缩，形如鸭蛋，头平，有正常鳞片和正常眼睛，主要特征是绝大多数无背鳍，有成双的尾鳍和臀鳍。鳍的长、短和形状差异较大，一般丹凤、翻鳃、红头等的鳍较长大，绒球、水泡、虎头等的鳍短小而圆。

（1）普通水泡　头平而宽，臀鳍、尾鳍长度适中，眼球周围长出一个内含液体呈半透明状的水泡，故名“水泡眼”。水泡膜很薄，膜上分布着叶脉似的微血管，清晰欲穿，像两只球分别挂在鱼头两侧。常见品种有红水泡、蓝水泡、黄水泡、银水泡、墨水泡、红白花水泡、紫蓝花水泡、五花水泡等。

（2）红玉印水泡　体洁白，仅在两水泡间的头顶正中生有朱红色草莓状肉瘤，是难得的珍稀品种。

（3）虎头　是蛋种鱼的又一类型。鳞片、鳃盖和鼻均正常，头部具有发达的肉瘤，且下延至颊颚，在头顶部隐约可见“王”字凹纹。常见的有红虎头、黄虎头、银虎头、红白花虎头、五花虎头等。

（4）丹凤　如红丹凤、蓝丹凤、五花丹凤等。体短，头平而窄，双臀鳍、尾鳍特别长大，薄如蝉翼，似凤凰尾而得名。五花丹凤又名五花蛋鱼，特殊之处在于大部分是透明鳞片，小部分为正常鳞片，体色五花，是丹凤鱼中颇受喜爱的品种。

（5）红头　又称元宝红、齐鳃红。头部平而窄，眼正常，无背鳍，臀鳍和尾鳍较长，鱼体洁白，惟有头的上半部或整个头部呈鲜红色，艳丽夺目，是难得的珍贵品种。

（二）热带鱼的主要品种

热带鱼的品种繁多，其中有些种类对水温、水质和饲料要求苛刻，不易饲养，但是也有不少品种经过多年人工驯化饲养，能耐受较低温度，适应环境的能力较强，对硬度较高的水质也能适应，比较容易饲养繁殖。

1. 脂鲤科

主要特点是尾柄上长有一个小小的脂鳍。其原产地在南美洲和非洲的天然水域，是热带鱼中数量最多的一个科。脂鲤科绝大多数品种躯体小型、美丽、性情温顺，均属卵生型鱼类。雌鱼有吞食鱼卵的习性，故雌鱼在产卵后要及时捞出。

（1）红绿灯鱼　又名霓虹灯鱼。该鱼体型较小，呈纺锤形，全长3～4cm，体色十分艳丽，突出特征是侧线上方有一条霓虹纵带，从眼部直至尾柄前，在光线折射下既绿又蓝，至尾柄处呈鲜红色，游动时呈红、绿、蓝光闪烁。各鳍无色透明，其中背鳍、臀鳍、尾鳍饰有精细的红色图案。红绿灯鱼被誉为水族箱中的一块宝石，该鱼适宜于22～24℃水温、弱碱性软水、pH值6.4～6.8、硬度为4～8度的老水环境，不需阳光直射，对饵料不苛求，对鱼虫、水蚯蚓及干饲料都能摄食。

（2）宝莲灯鱼　成鱼体长为4～5cm，纺锤形，侧扁，口稍大，眼睛大，背鳍、胸鳍、腹鳍形态正常，而臀鳍延长，尾鳍分叉。体色非常艳丽，背部呈黄绿色，腹部呈乳白色。鱼体两侧从眼后缘至尾柄有一条较宽的蓝色纵带，纵带下方后腹部有一片红色斑块，十分醒目。宝莲灯鱼易饲养，最适生长温度为24℃，喜偏酸性水质，杂食性，性情温和，宜群养。

（3）黑莲灯鱼　成鱼体长在4cm左右，形状和红绿灯鱼相似，主要区别是从头至尾有金黄色及黑色霓虹纵带各一条，眼睛下半部为银白色，有珠光，上半部呈鲜红色。腹鳍、胸鳍无色透明或略带黄色，背鳍黄中泛红，臀鳍及尾鳍尖端呈淡黄色。黑莲灯鱼性情温和，可以和其他小型温和鱼类混养，喜弱酸性软水，在硬度为2～3度、pH值5.9～6.2、水温24～26℃的环境中生长良好。

（4）红鼻鱼　成鱼体长为5～6cm，体色淡青带黄，腹部银白鲜亮。从躯干部1/3处沿侧线方向往后有一条黑色彩带，颜色由浅渐深到尾鳍中央处尤为明显。头部上方从吻端至鳃盖后呈深红色，故名红鼻鱼。尾鳍上下叶基部各有一块卵圆形黑斑，周围布满小型乳白色斑块。自然界中红鼻鱼适宜的生活水温为20～25℃，喜群游，6～8月龄性成熟，受精卵需在黑暗环境中孵化。红鼻鱼对繁殖条件要求苛刻，在水族箱中繁殖十分困难，在自然条件下是成群集体繁殖，产卵场一般是开阔的浅水水域，硬度为1～2度，pH值6.8，水温在27℃左右。

2. 鲤科

属于观赏热带鱼的种类，主要分布于东南亚和非洲，主要特点是靠口腔后不发达的咽喉齿磨碎食物，一般都是颜色鲜艳，游动灵敏，喜欢生活在水草茂密但是有广阔活动空间的水域，生长最适水温为24℃左右。供观赏用的鲤科热带鱼都是草上产卵鱼类，多数种类雌鱼有吞食卵的习性，所以当雌鱼完成产卵受精后应及时将其捞出。

（1）金丝鱼　别名白云山鱼、唐鱼、红尾鱼、莺鱼等。原产于我国广东省，成鱼体长3cm左右，鱼体呈长梭形，腹圆，眼大，体色为背部褐中带蓝，腹部银白，体两侧沿侧线有一条金光闪闪的金线，此纵纹一端是黑眼珠，另一端至尾柄末端有一块黑斑结束，鳍较小，背鳍、尾鳍呈鲜红色，其余鳍透明。金丝鱼适应性较强，能耐受15～16℃低温，最适生长水温为18～24℃，喜食活饵，兼食干饲料，性情温顺、活泼。

（2）黄金条鱼　别名香港鱼巴、绿巴、五线鱼。原产于我国广东省及其邻近省区，雄鱼成鱼体长5cm，雌鱼可达8cm，无触须，全身金黄色，并发出绿色光泽。在鳃盖后缘及沿侧线上方装点着很多不规则的红褐色斑点，尾柄处的一块最大。背鳍、尾鳍、臀鳍均为黄色，其上长满红色放射状线纹。胸鳍呈黄色但无红色线纹，眼睛虹膜为鲜红色。黄金条鱼适应性强，对水质不苛求，能在17～26℃水温中生长，对饵料不挑剔。

（3）虎皮鱼　成鱼体长为5～6cm，体形近似梭形，体高，侧扁。体色基调浅黄，布有红色斑纹与小边，位于背中部，腹鳍红色，尾鳍深叉形，腹部乳白色。虎皮鱼最适生长水温为24～26℃，要求含氧量高的老水，杂食性，喜食活饵，较贪食，喜群居，游泳敏捷，成鱼会袭击其他鱼，不宜和有丝状体鳍条的鱼（如神仙鱼）混养。

（4）斑马鱼　别名蓝条鱼。鱼体呈梭形，成鱼全长5cm左右，尾部侧扁。全身基调黄色，背部为橄榄色，从背部至腹部，有多条深蓝色条纹与身体并行直达尾鳍。背鳍、臀鳍偏后，尾鳍深叉形，各鳍均为黄色透明，眼眶虹膜呈黄色。斑马鱼对水质要求不高，pH值为中性，水温不低于20℃即可生活，最适生长温度为25℃，杂食性，性情温和，喜结群快速地在水域上层游泳。

3. 攀鲈科

具有辅助呼吸器官——褶鳃，可用以在水面吞咽空气，因而耐低氧能力强。绝大多数种类卵生，雄鱼有吐泡沫营巢和护幼特性。繁殖期都有明显的婚姻色，尤其以雄鱼最明显。攀鲈科鱼的受精卵很小，幼鱼个体也小，开口饵料需用微型活饵料。

（1）暹罗斗鱼　成鱼体长可达8cm左右，鱼体呈纺锤形，侧扁。雄鱼的鳍特别长大，尤以背鳍、尾鳍、臀鳍最突出，游动起来飘飘欲仙，一般呈棕红色，并可发出光泽，遍体不规则地散布着深棕色、红色和蓝色的斑纹，所有鳍条均呈绿中透蓝色，上有红色图案，但图案位置、大小及深浅不定，眼睛呈黄色，发蓝光。雌鱼色彩逊于雄鱼。暹罗斗鱼喜欢生活在22～24℃的水中，对水的酸碱度、硬度要求不苛刻，喜食孑孓，生性好斗，在饲养中不能把两尾以上雄斗鱼放养于同一缸内，但是因为这种鱼并不与其他鱼相斗，所以能与其他品种的鱼混养，雌鱼可合养在同一缸内。

（2）接吻鱼　成鱼体长为4～10cm，长圆形，侧扁，头大，口唇发达、能伸缩，其上有锯齿。体色淡肉红色，后缘直抵尾鳍末端。接吻鱼适宜生活在22～26℃的水中，喜偏酸性软水，能刮食箱壁附着的藻类。该鱼性情温顺，喜成群游动，宜与好动的热带鱼混养。从幼鱼起，两鱼相遇会嘴对嘴呈接吻状故得此名。

（3）蓝星鱼　成鱼体长可达10～15cm，鱼体呈椭圆形，体高，侧扁。腹鳍胸位且呈丝状，臀鳍前位且臀基延长直达尾鳍基部，呈长弧形，尾鳍短，略分叉。鱼体呈蓝灰色，在鳃盖后、躯干中部和尾柄处有三块黑斑。各鳍呈淡黄色，繁殖期臀鳍出现橙红色宽边。蓝星鱼对水质无特殊要求，最适生活在22～26℃的水中。

4. 丽鱼科

体形奇异，色泽灿烂，有保卫领土、保护后代的习性。体形较大，大部分种类产卵于自己营造的小坑中，受精卵在雌鱼口腔孵化。某些种类有自行选择配偶的习性。丽鱼科鱼喜食个体较大的动物性饵料。

（1）神仙鱼　别名燕鱼、天使鱼。体扁而高，成鱼体长可达12cm、高15cm左右，背鳍、臀鳍的中部有几根鳍很长，向后侧斜向舒展，两边鳍条渐短，似三角帆。腹鳍延长为长丝状，呈白色。尾柄短，尾鳍后缘平直，上下端略长。鱼体银白带黄，背部呈淡金黄色，腹部银白，体侧各有四条间距相等的黑色横带，眼睛虹膜呈鲜红色，背鳍、臀鳍略现黄色，腹鳍呈白色。神仙鱼最适生长水温为26℃左右，要求饲养的水体较宽大、水质清洁、pH值6.5～7.4、有阔叶水草和光线的环境，喜食水蚯蚓等个体大的新鲜活饵。

（2）莫桑比克罗非鱼　别名非洲鲫鱼。体侧扁，在水族箱中宜放养体长为10～12cm的个体，体色呈深棕色，布满蓝色斑点，还点缀着几条黑色条纹。该鱼饵料来源广，不挑食，甚至在水箱底部摄食其他鱼类的残饵和排泄物，能忍受含氧量低和浑水等不良的生活环境，饲养的最适水温为23～24℃。

（3）火口鱼　别名丽体鱼、红鳍花鲈。成鱼体长可达10～12cm，体高而侧扁，头大，口大，眼大。体色呈淡褐色，从头部至尾柄，分布着5～6条不清晰的黑色宽条纹，头下方及腹部呈橙红色，鳃盖后下方有一块大黑斑，熠熠闪光，张开嘴时呈现一口血红色，鳍呈淡棕红色，边缘色深，并饰有闪光的蓝条纹。火口鱼在20～30℃的环境中都能生活，最适生长水温为23～25℃，对饵料不挑剔，但是喜食活饵。此鱼性情凶猛，不宜与其他品种混养。

5. 花鳉科

主要特点是卵胎生，雌鱼产下的已是鱼苗。花鳉科鱼类食性广，对环境的适应能力比较强，能在中性或弱碱性和硬度较高的水中生活与繁殖。有的品种能耐受16～18℃的低温，是热带鱼中最易饲养和繁殖的种类之一。该科鱼类多有吞食幼苗的习性。

（1）孔雀鱼　体形修长，有极为美丽的尾鳍。雄鱼体长3cm左右，体色艳丽，基色有淡红、淡绿、淡黄、红、紫、孔雀蓝等，尾部长占体长的2/3左右，尾鳍上有1～3行排列整齐的黑色圆斑或是一个彩色大圆斑。尾鳍形状有圆尾、旗尾、三角尾、火炬尾、琴尾、齿尾、燕尾、裙尾、上剑尾、下剑尾等。雌鱼体长可达5～6cm，尾部长占体长的1/2以上，体色较雄鱼单调，尾鳍呈鲜艳的蓝、黄、淡绿、淡蓝色，散布着大小不等的黑色斑点。这种鱼的尾鳍很有特色，游动时似小扇煽动。孔雀鱼适应性很强，最适生长水温为

22～24℃，喜微碱性水质，pH 值 7.2～7.4，食性广，性情温和，活泼好动，能与其他热带鱼混养。孔雀鱼容易饲养，但要获得体色艳丽，体形优美的鱼则从鱼苗期就需要宽大的水体，较多的水草、鲜活的饵料、适宜的水质等环境。

（2）黑玛利鱼 鱼体呈梭形，包括鳍和眼睛在内，通身乌黑发亮，成鱼体长为 5～6cm，需生活在 24～27℃、硬度为 12 度、pH 值 7.4～7.6 的水中，喜弱碱性硬水和微咸水，对水温要求严格，低于 20℃易患病，喜食植物性饵料，能刮食水族箱壁上的藻类，也食动物性饵料，性情温和，易于混养。

（3）珍珠玛利鱼 成鱼体长为 10～12cm，鱼体基色为美丽的橄榄绿，到腹部转为有珠光的浅蓝色，整个鱼体布满近十条由褐色小斑点组成的纵纹，眼睛虹膜呈蓝色，背鳍高大耸立似帆，上面缀满珍珠般小点和图案，鳍条边缘有红色宽边，其余各鳍透明。此鱼生长适宜水温为 24～27℃，水硬度为 12 度，pH 值 7.4～7.6，杂食性，喜食鱼虫，宜放于较大的水族箱内饲养繁殖。

（三）观赏锦鲤的主要品种

日本养殖锦鲤有近 200 年的历史，经过不断的杂交改良和选育，培育出了不少新品种，至今约有 100 多种。20 世纪 70 年代锦鲤由日本传入我国，经过十几年的驯养，已成为我国观赏鱼家族中的重要成员。同时，锦鲤也是可食用的经济鱼类。根据锦鲤的色彩、斑纹以及鳞片的分布情况，主要种类如下。

1. 红白锦鲤

底色为白色，上衬红色斑纹，是正宗的日本锦鲤。它是以全身有红点斑纹的雄性“樱斑”鱼与头顶有红斑纹的雌鱼交配而成。根据红色斑纹的数量、生长的形状及部位又分为如下两种类型。

（1）二段红白锦鲤 在洁白的鱼体上，生有两段绯红色的斑纹，宛如红色的晚霞，鲜艳夺目。

（2）三段红白锦鲤 在洁白的鱼体背部生有三段红色的斑纹，非常醒目。

2. 大正三色锦鲤

产于日本大正年间，白色的鱼体上分布有粉红色和墨色斑纹。这种鱼最好的是背侧有大的绯红色斑纹与黑色斑纹和谐排列，所有的颜色必须显现在背部上方才算正品。根据其鱼体上红、墨色斑纹的分布可分为如下两种类型。

（1）口红三色锦鲤 鱼的嘴唇上生有圆形鲜艳的、优美的小红斑，极为俊俏。

（2）赤三色锦鲤 从头至尾有连续红色斑纹的大正三色锦鲤。

3. 昭和三色锦鲤

产于日本昭和年代。其主要特点是鱼体的黑色底色上有红、白花纹点缀，胸鳍基部有圆形黑斑。它华丽而矫健，具有较高的观赏价值，是锦鲤中的精华。

（1）淡黑昭和锦鲤 在其黑斑上，所有的鳞片呈浅黑色，淡雅优美，别具风采。

（2）绯昭和锦鲤 从头部至尾部有大面积的红色花纹，红黑相间，庄重而艳丽。

（3）近代昭和锦鲤 鱼体仍由黑、红、白三色组成，但白色斑纹居多。

4. 写鲤

体色是以黑色为基底，上面有三角形的白斑纹、黄斑纹或红斑纹。

（1）白写锦鲤 其三角形斑纹呈白色，此鱼黑白分明，清秀淡雅。

(2) 黄写锦鲤 其黄斑金黄而有光泽。

5. 别光锦鲤

在洁白、绯红、金黄的不同底色上呈现出黑斑的锦鲤，称为别光锦鲤。

(1) 白别光锦鲤 在洁白的鱼体上，从头部至尾部，分布有纯黑斑，黑白相间，色彩极为明快清秀。

(2) 赤别光锦鲤 鱼体呈红色，背部有黑斑纹。

(3) 黄别光锦鲤 鱼体呈黄色，其上点缀漆黑如墨的黑斑。

6. 金银鳞锦鲤

通过不断的杂交，鱼体全身有金色或银色鳞片，闪闪发光。若发亮的鳞片在红色斑纹上，则呈金色光泽，称金鳞锦鲤；若发亮的鳞片在白底或黑底上，则呈银色光泽，称银鳞锦鲤。

7. 丹顶锦鲤

特点是头部具有一块鲜艳的圆形红斑，酷似白鹤头顶上的红冠。

(1) 丹顶红白锦鲤 全身呈银白色，仅头顶有一块鲜艳圆形红冠。

(2) 丹顶三色锦鲤 全身洁白，略有乌斑，头顶有一块鲜艳的圆形红斑，集淡雅、鲜艳于一身。

(3) 丹顶昭和锦鲤 身躯为昭和三色锦鲤斑纹，惟独头顶生有一块红色斑。

五、观赏龟的种类

(一) 国内主要品种

1. 乌龟

头部粗大，略呈三角形。头、背部为橄榄色，头侧及咽部有黄色纵纹及斑点，一直延伸到颈部。背甲棕色或黑色，且具有三条嵴棱，腹甲棕黄色并有黑褐色斑块。背甲、腹甲间借骨缝相连。四肢灰褐色，且爪、指、趾间有蹼。此外，有一种变异的乌龟，皮肤呈黄色，且背甲盾片之间具有金丝样色线嵌缝，故名金丝龟或金线龟。

乌龟是中国龟种类中分布最广、数量最多的一种，其适应性强、食性广，容易饲养。

2. 花龟

是淡水龟类中体型较大的一种。其背甲长可达20cm、宽16cm。头部较小，顶后部光滑无鳞，上喙有细齿，中央部有凹陷。背甲呈栗色且略拱，后缘不呈锯齿状。腹甲棕黄色，每一盾片具有一块大黑渍状斑块。甲桥明显，背甲、腹甲间借骨缝相连。因其头部、颈部、四肢均布满绿色条纹，故称花龟。

花龟属于亚热带地区的水栖龟类，在国内分布于广东、广西两省，在国外分布于越南，喜暖怕寒，生活于池塘、小河及陆地上，以动物性饵料为主，饥饿时也食菜叶、水草等植物以及米饭。

3. 平胸龟

在国内分布于江苏、安徽、浙江、江西、福建、广东、广西、湖南等地。在国外分布于越南、老挝、柬埔寨、泰国、缅甸等。该龟生活于山区多石处，喜夜间活动，能攀树游水，是龟类中最凶猛的一种，喜食小鱼、小虾、蚯蚓、蜗牛、小青蛙等。该龟头大、呈三角形，且头背覆以大块角质硬壳，上喙钩曲呈鹰嘴状，眼睛大，无外耳鼓膜，背甲棕褐色，长卵形且中央平坦，前后边缘不呈齿状。腹甲呈橄榄色，较小且平，背腹甲借韧带相连。四肢为灰色，具有瓦状鳞片。此龟的头、四肢均不能缩入腹甲，是我国已知龟鳖类动物中较特殊的一种。

4. 锯缘摄龟

头大小适中，背部为灰褐色，散有蠕虫状花纹，眼后至额部有镶黑边的窄长条纹，上喙钩曲，眼睛较大。背甲为棕黄色，上有三条嵴棱，前缘无齿，后缘具有八齿。腹甲黄色，边缘具有不规则的大黑斑，背腹甲间、胸盾与腹盾间均以韧带相连，但仅能半闭合。四肢具有覆瓦状鳞片，趾、指间具有半蹼。此龟生活于山区、丛林、灌木及小溪中，食性为动物性，尤其喜食活食，如蝗虫、黄粉虫、蚯蚓等。它喜暖怕寒，当环境温度在19℃时，进入冬眠，25℃时正常进食。

5. 黄缘盒龟

在国内分布于安徽、河南、江苏、浙江、广西、湖北、江西、福建、湖南、台湾等，在国外分布于日本。其头部光滑，吻前端平，上喙有明显的钩曲。头顶部呈橄榄色，眼后有一条黄色“U”形弧纹。背甲绛棕色且隆起较高，中央嵴棱明显，呈淡黄色，故称黄缘盒龟。腹甲黑褐色，背甲与腹甲间、胸盾与腹盾间均以韧带相连，腹甲前后边缘呈半圆形。四肢平扁，上有鳞，指、趾间有半蹼，尾短。

黄缘盒龟生活于丘陵山区的池塘或溪边，以昆虫、蜗牛为主要食物，也兼食植物。每年5～9月份为产卵期，每次产卵3～7枚。

（二）国外主要品种

1. 巴西彩龟

分布于美国、墨西哥、巴西，生活于湖泊、小河、池塘中，喜食鱼肉、瘦猪肉、螺肉等。体型适中，头较小，吻钝，头、颈处具有黄绿相嵌的纵条纹，眼后有一对红色斑块。背甲扁平，每块盾片上具有圆环状绿纹，后缘不呈锯齿状。腹甲淡黄色，具有黑色圆环纹，似铜钱，背甲、腹甲间借骨缝相连。四肢淡绿色，有灰褐色纵条纹，趾、指间具有丰富的蹼。

2. 彩龟

分布于泰国、马来西亚、苏门答腊、婆罗州。其背甲为椭圆形，中央隆起，背甲后部边缘不呈锯齿状。背甲呈淡灰色，中央嵴棱处及两侧有三条黑色粗条纹，除颈盾、第一枚缘盾外，背甲边缘处均有大黑色斑块。腹甲和甲桥均为淡黄色，腹甲较窄长，甲桥较宽。头部为橄榄色或灰色，眼眶和面部为黑色，吻部上翘呈黑色，颈部、腹部为灰褐色，四肢为灰褐色或淡黄色且有鳞片，指、趾间有蹼，尾适中。成年龟生活于港湾、海口湾与大河流的中间，幼龟则生活于淡水河中，且能短时间生活在海水中。人工饲养条件下为杂食性，可采食蔬菜、鱼、虾等。

第二节 宠物的选种与选配

一、选种

（一）选种的概念

选种就是从群体中选出符合人们要求的优良个体留作种用，同时把不良个体淘汰。选种的目的，一可改变群体的基因频率，增加群体中某些优良的基因和基因型的频率，减少某些不良基因和基因型的频率，从而定向改变群体的遗传结构；二可累积新的变异，在原有群体基础上创造出新类型，生产更多更好的产品，提高动物生产的经济效益。

在进行宠物选种的时候应注意，既要选好种用雄性宠物，也要重视选择种用雌性宠物；既要重视数量性状的选择，也不能忽视质量性状的选择。

（二）选种应遵循的原则

1. 根据育种值是选种的一个方面，更重要的是要进行全面鉴定，包括体质外貌、生产力和生长发育等。

2. 选种时要进行全面鉴定，但不是求全，一定要坚持健康和适应性这样的最低要求条件。如果种用宠物不健康、适应性差就无法进行其他方面的选择。

3. 要看性征表现如何，即雄性宠物有雄性特征，雌性宠物有雌性特征，性征是否明显，能反映出种用宠物的生理状态、繁殖性能和种用价值。

4. 选种和选配要结合起来，选种的广义概念中包括选配，选的时候就应考虑怎样配。如果不注意选配，就往往达不到选种的目的和要求。

5. 选种时要强调标准，往往快和准是相互矛盾的，如采用后裔测定的选种效果最佳，但其速度最慢。因此，在选种时，应根据性状特点，灵活运用各种选种方法，以期达到快和准的目的。

（三）种用宠物的品质鉴定

根据宠物的生长发育、体质外貌和生产力等资料来判定宠物的品质称为鉴定。鉴定是选种的基础，根据鉴定成绩，从群体中选出一定数量的种用个体，以满足育种需要。鉴定要分阶段进行，每次鉴定后，都要将不合适的个体及时淘汰，对合格的个体加强培育。

1. 生长与发育的鉴定

对宠物生长发育的鉴定是宠物选种的重要依据之一。生长与发育是两个不同的概念，生长是指宠物达到体成熟前体重的增加，是以细胞分裂增殖为基础的量变过程。而发育是指宠物达到体成熟前体态结构的改变和各种机能的完善，是以细胞分化为基础的质变过程。二者互相联系，互相促进，互为因果，不可分割。可以说生长是发育的基础，而发育又反过来促进生长，并决定生长的发展方向。

由于宠物的机体结构和内外环境的复杂关系，所以对生长发育规律的研究很难在短时间内根据单方面的观察就能得出正确的结论，只有多方面进行综合观察，采用多种方法，才能比较可靠的揭示出生长发育的客观规律。

（1）观察与测量　目前对宠物生长发育的研究，主要是采用定期称重和测量体尺的方法，并将称重和测量所得资料进行统计处理，取得最后数据。测量次数视宠物种类、用途和年龄不同而异，对育种群和幼年宠物可多测几次，科研用的可多测几次，训练和玩赏用的可少测几次。

（2）生长发育的计算与分析　对生长发育的研究，一般都是在对比情况下进行比较研究，可概括为两个方面：一是从动态观点来研究，即随年龄的变化来研究宠物整体的体重或体积的增长；二是研究比较各种组织器官随整体的增长而发生比例上的变化，以及这些组织器官彼此增长的相对比例。其研究方法有：①测定各部位组织（器官）的重量占体重的百分比，或测定某一器官的重量占各种器官总重量的百分比等。②将某一部位或某一器官，同标准部位或器官进行比较。③将某一器官、部位或组织在不同年龄时的重量或大小，同该组织、器官或部位的某一固定年龄重量或大小进行比较。④测定每一固定的单位时间内，某一器官、部位或组织的增重速度。⑤研究在不同营养水平或某种条件的影响下，宠物的器官、组织、部位的重量变化。

2. 外形、体质和生产力的鉴定

(1) 外形的鉴定 外形是指宠物的外部形态，我国古代称之为“相”。外形能在一定程度上反映机体内部机能、生产性能和健康状况。这是因为有机体是一个统一整体，它的内部和外部、形态和机能的关系是密切的。通过外形观察，可以鉴别不同品种或个体间体型的差异，判断宠物的主要用途，正确判断宠物的健康和对生活条件的适应性，还可以鉴别宠物的年龄。这一点在生产实践中很重要，因为直接研究宠物的内部机能有一定的困难，而研究外部形态却很方便。

宠物外形鉴定方法有两种：一是肉眼鉴定，即用肉眼观察宠物的外形，并辅以触摸等手段来判断种用个体的优劣。肉眼鉴定的步骤及程序是：先概观后细察，先远后近，先整体后局部，先静后动。鉴定时，人与宠物要保持一定距离，并由其前面→侧面→后面→另一侧面进行整体结构观察，以了解其体型是否与选育方向相符，体质是否健康结实，结构是否协调匀称，品种特征是否典型，生长发育和营养状况是否正常，有何主要优缺点。获得一个轮廓认识后，再接近宠物，详细审查各个重要部位。最后根据观察印象，综合分析，定出等级。肉眼鉴定的优点是不受时间、地点等条件的限制，不需要特殊器械，简便易行。鉴定时，宠物也不至于过分紧张，可以观察全貌，很容易抓住缺陷和特征。但是，肉眼观察的缺点是对鉴定人员有较高要求，必须具有丰富的实践经验，并对所鉴定宠物的品种类型、外形特征要有正确的掌握，并在鉴定时难免带有主观性，不同的人对同一宠物会得出不同的评价。外形鉴定的第二种方法是评分鉴定，即先根据各品种宠物的理想型标准，制定出评分表，对每一部位对照评分表上的标准逐项评分。评分鉴定的优点是把鉴定内容用文字加以说明，初学者容易掌握，存档价值较高。但其缺点是以各具体部位为单位进行评分，往往总分偏高，而且反映整体结构显得不够。

(2) 体质的鉴定 体质是机体机能和结构协调性的表现。宠物有机体是一个复杂的整体，只有在有机体各部分间、各器官间以及整个有机体与外界环境间保持协调的情况下，宠物才能很好的发育和繁殖，才能充分发挥其生产性能和观赏性，这种协调表现就是体质。即体质是宠物作为统一整体所形成的外部的、生理的、结构的、机能的全部综合。

(3) 生产力的鉴定 生产力是宠物给人类提供产品的能力。在育种中，宠物的生产力重点表现在繁殖能力方面，如性成熟期、年产仔窝数、窝产仔数、泌乳力等。

(四) 选种方法

1. 单性状选择

就是选种时只着眼于一个性状，其选择方法如下。

(1) 表型选择 根据个体表型值的高低进行选种的方法。对种用个体进行表型选择常采用择优选留法，即将群体中表型值最高的个体依次选留，直到满足留种数的要求为止。对于遗传力高的性状，其表型值接近育种值，所以采用表型选择简单易行，效果较好，可以缩短世代间隔，加快遗传进展。但是对于遗传力低的性状，因受环境因素影响大，表型值不能反映育种值的高低，因此不宜采用此法。

(2) 家系选择 家系是指全同胞或半同胞的亲缘群体。若把整个家系作为一个单位，根据它的平均表型值进行选种的方法，称为家系选择。家系选择和表型选择的结果不同，如图3－1－1所示。

图3－1－1表示5个家系甲、乙、丙、丁、戊，每个家系各有5个成员，如果要在这25个个体中选择10个个体，表型选择法选留的是个体表型值最高的*f*、*u*、*v*、*g*、*w*、*a*、*h*、*x*、*b*、*i*，而家系选择法选留的是家系均值最高的乙、戊两个家系中的全部成员，即*f*、*g*、*h*、*i*、*j*和*u*、*v*、*w*、*x*、*y*。

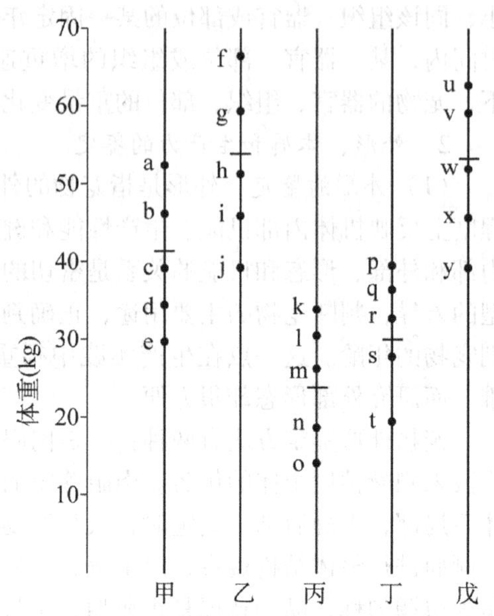

图3－1－1　家系选择与表型选择的比较

遗传力低的性状宜采用家系选择。因为这类性状受环境因素影响较大，根据家系平均表型值进行选择时，各家系个体表型值中的环境偏差可在家系均值中彼此抵消，这样家系平均表型值便接近于家系平均育种值，选种的准确性就提高了。

家系选择的常用方法有同胞选择和后裔选择。

①同胞选择：根据种用个体同胞的平均表型值的高低来进行选种的方法。同胞选择可以根据同胞成绩对被测定的个体基因型作出判断。此法适用于限性性状和胴体性状的选择，可以缩短世代间隔，进行早期选种。但其准确性不如后裔选择。

②后裔选择：是根据种用个体后代的平均表型值的高低来进行选种的方法。后裔选择需要通过对后代的性能测验和对比来进行。进行后裔选择时应注意的问题是：首先，被测定的各雄性个体所配雌性个体的条件要一致，可采用随机交配的方法，也可以选几个相似的雌性群体与不同雄性个体交配；其次，后代的年龄和饲养管理条件要一致，要求不同雄性个体的后代同龄、同期、同条件下进行比较，饲料营养、季节、环境条件、管理措施等都要力求统一；第三，后代数量越多，所得结果越准确，同时要随机选留后代，不能只选择优秀的后代进行测定；第四，后裔选择的依据要以主要性状为主，同时要全面分析后代的外形、发育、适应性及有无遗传缺陷等。后裔选择的优点是选种效果确实可靠，因为后代品质的好坏是对亲本种用价值最现实的见证。这种方法多用于种用雄性个体和限性性状的选择，其缺点是需要时间长，延长了世代间隔，影响选种进度，耗费较多。

(3) 系谱选择　系谱是系统地记载个体及其祖先情况的一种文件。系谱可分为不完全系谱和完全系谱两种。不完全系谱是指只记载祖先的编号与名字的系谱；完全系谱除记载各代祖先的名字、编号外，还记载祖先的生产成绩、育种值、发育情况、外貌评分以及有无遗传疾病和外貌缺陷等等。系谱中的各项资料来自日常的原始记录。系谱一般记载3～5代祖先的资料，因为代数越远对个体的影响就越小。系谱一般有竖式系谱和横式系谱两种形式。

①竖式系谱：个体的编号与名字写在上端，下面依次为亲代、祖代、曾祖代……每一代祖先中的雄性写在右侧，雌性写在左侧，系谱正中画一垂线，右半边为父系，左半边为母系。示例如下：

个体的编号与名字

亲代	母				父			
祖代	母母		母父		祖代		母母	
曾祖代	母母母	母母父	曾祖代	母母母	母母父	曾祖代	母母母	母母父

②横式系谱：个体的编号与名字写在系谱的左边，各代祖先依次向右记载，越向右祖先的代数越高，各代的雄性写在上方，雌性写在下方，系谱正中画一横虚线，上方为父系，下方为母系（图3－1－2）。

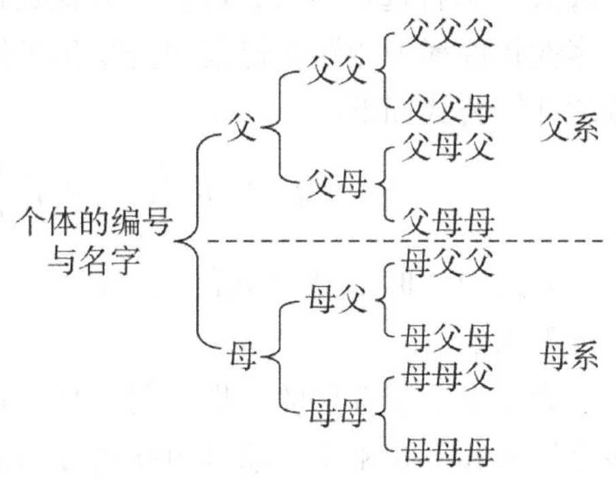

图3－1－2　横式系谱

根据宠物系谱间比较来推断其种质优劣的选种方法称为系谱选择。系谱选择的目的在于通过分析各代祖先的生产性能、发育、外形等，估计待选种用个体的种用价值；另外，还可以了解该种用个体祖先的近交情况，为选配工作提供依据。系谱选择的具体方法是将两个以上种用个体的系谱放在一起比较，选出祖先较优秀的个体作种用。比较鉴定时，两个系谱要同代的祖先互相比较，即亲代与亲代比较、祖代与祖代比较，父系与母系的祖先分别比较。重点以审查亲代为主，因为血统越远，对个体的影响就越小。系谱选择的优点是适用于种用个体幼年和青年时期本身无生产记录的情况，是早期选种必不可少的手段，也可用于某些限性性状的选择，还能发现选留个体的祖先有无遗传缺陷。但单独使用系谱选择，选种准确性比较低，应结合其他方法综合使用。

（4）合并选择　把由同一性状各种亲属的资料合并成的指数叫合并选择指数，根据这一指数的高低来进行选种的方法称为合并选择。

（5）估计育种值选择　育种值是指表型值中能稳定遗传的部分，只有选择育种值才能收到实效。育种值比表型值稳定，用育种值选择比用表型值选择更加可靠。但是，育种值不能直接度量，只能根据表型值进行间接估计。根据估计育种值的高低来进行选种的方法称为估计育种值选择。

从表型值估计育种值是应用回归的原理进行的，利用两个变量间的回归关系，可以从一个变量估计另一个变量。我们以表型值P为自变量，育种值A为因变量，表型值对育种值的回归系数为性状的加权遗传力 h_A^2，所以估计育种值的基本公式为：

$$\hat{A}_x = (P - \bar{P})\ h_A^2 + \bar{P}$$

2. 多性状选择

一般情况下，宠物育种目标均涉及到多个性状，如体重、体长、体高、毛色、产仔数等。因此，多性状选择在实际的宠物育种中是不可避免的。现介绍三种多性状选择的方法。

（1）顺序选择法　是对所要选择的多个性状，依次逐个进行选择的方法。此法的优点是对所选的某一个性状来说，遗传进展较快，选种效果较好。缺点是所需时间长，而且对于负相关的性状，则有顾此失彼之虑。

（2）独立淘汰法　是对所要选择的每个性状，分别规定选留标准，凡其中任一性状不够标准的一律淘汰。此法的优点是标准具体，容易掌握。缺点是中选个体往往是一些中庸者，同时选择的性状越多，中选的个体越少，要想多选留，势必要降低标准，这样对提高整个群体品质十分不利。

（3）综合选择指数法　是将所要选择的多个性状，综合成一个便于不同个体互相比较的数值（综合选择指数，I），然后根据这个指数的高低进行选种的方法。实践证明，此法在多性状选择中能够获得最快的遗传进展，取得最好的经济效益。目前常用的综合选择指数的计算公式如下：

$$I = W_1 h_1^2 \frac{P_1}{\overline{P}_1} + W_2 h_2^2 \frac{P_2}{\overline{P}_2} + L + W_n h_n^2 \frac{P_n}{\overline{P}_n} = \sum_{i=1}^{n} W_i h_i^2 \frac{P_i}{\overline{P}_i}$$

公式中：W_i 代表性状的加权值，h_i^2 代表性状的遗传力，P_i 代表个体表型值，$\overline{P}_i$ 代表群体平均值。

为了更适于选种的习惯，可以把各性状都处于群体均值的个体，其指数定为 100，其他个体都和 100 相比，超过 100 越多的越好。这时综合选择指数的计算公式如下：

$$I = a_1 \frac{P_1}{\overline{P}_1} + a_2 \frac{P_2}{\overline{P}_2} + L + a_n \frac{P_n}{\overline{P}_n} = \sum_{i=1}^{n} a_i \frac{P_i}{\overline{P}_i}$$

公式中：$a_i = W_i h_i^2 a$；而 $a = \dfrac{100}{\sum_{i=1}^{n} W_i h_i^2}$

在制订综合选择指数时，除了考虑各性状适当的经济加权值外，还应注意：①突出主要经济性状。一个选择指数不应当也不可能包括所有的经济性状。同时选择的性状越多，每个性状得到的遗传改进就越慢，一般以 2～4 个性状为宜；②性状应该是容易度量的，有利于在生产中推广使用；③尽可能是个体早期的性状。因为进行早期选种可以缩短世代间隔，提高选种进展的效率；④对“向下”选择的性状用负加权系数；⑤对于负相关的性状尽可能合并成一个性状来处理。

二、选配

在宠物生产实践中，能否得到优良的后代，不仅取决于双亲的品质，而且还取决于它们的选配组合是否恰当。因此，在宠物育种过程中，除了要做好选种工作外，还必须做好选配工作。

（一）选配的概念

选配就是按照人们的育种需要，有目的、有计划地选择合适的父本和母本交配，以期获得优良的后代。

选配是育种工作中一项非常重要的措施，它与选种和培育同样是改良现有宠物种群和创造新种群的有力手段。应该说选种是选配的基础，但其结果又必须通过选配才能具体体现。同时，合理选配能为进一步选种创造更好的条件。所以，选种与选配在育种过程中是不可分割的。

（二）选配的作用

选配是一种交配制度，通过选配，对个体的配对加以人为控制，使优秀个体获得更多的交配机会，使优良基因更好地重新组合，以获得人类需要的类型。因此，选配是控制和改良个体品质的一种强有力手段，能使群体的遗传结构不断得到改变和提高。具体来说，选配在育种工作中的作用可概括为如下五个方面。

1. 选种的效果必须靠选配来保证

选出的优良个体，如果选配不当，同样达不到选种的目的。所以，选种工作只有通过适当的选配方式，才能达到选种目的。

2. 选配能决定后代质量

选配是在人为控制下，选择配对双方，这样能使优秀个体获得更多的交配机会，并使优良基因更好地重新组合，促进宠物群体的不断改良和提高。

3. 选配能创造必要的变异

选配双方的品质、亲缘关系和所属种群特性等方面的情况，无疑是极其复杂多样的。也就是说，交配双方的遗传基础不可能完全相同，有时甚至相差很大，这样交配的结果，所生后代当然也就不可能与父母任何一方完全相同，将会导致遗传结构重新组合，这就为培育优良理想类型提供了选择的材料。

4. 选配能加快遗传性稳定

个体的遗传基础来源于双亲，如果父母双方遗传基础相近，那么所生后代的遗传基础就很可能与其父母出入不大。这样，经过若干代选择性状特性相近的雌雄个体交配，该性状的遗传基础即可逐渐趋于纯合，性状特征也就相应被固定下来。

5. 选配能把握变异的方向并加强某种变异

当群体中出现某些有益的变异时，将具有这种变异的优良雌雄个体选出，经过多代的选种、选配及培育工作，有益的变异就能在群体中得到突出发展，形成该群体所独具的特点，以致扩大成为一个新的类型。

（三）选配的方法

根据交配个体间的表型特征或亲缘关系，通常将选配方法分为品质选配和亲缘选配两类。

1. 品质选配

按交配双方的品质来进行的选配。所谓品质，既可以指一般品质，如体质、体形、生物学特性、生产性能等方面的品质，也可以指遗传品质，如估计育种值的高低等。根据交配双方品质的异同，品质选配又可分为同质选配和异质选配两种。

（1）同质选配　是指选用性状相同、性能表现一致或育种值相似的优秀个体进行交配，以期获得与亲代品质相似的优秀后代，巩固和加强它们的优良性状。

同质选配的作用主要是使亲本的优良性状稳定地遗传给后代，使优良性状得以保持与巩固，并在群体中增加具有这种优良性状的个体。在育种实践中，无论是通过纯种繁育改善现有品种，还是杂交育种过程中固定理想型，只要是为了巩固和加强种用个体有价值的性状，都应采用同质选配。当杂交育种到了一定阶段，出现了理想型，就可采用同质选配，使理想类型在群体中得到巩固和扩大。

同质选配的缺点是不利于产生新变异，而且长期采用同质选配有可能导致无意识的近交，引起衰退现象，因为越是同质的个体，它们的亲缘关系往往越近。为了防止这些消极影响，要特别加强选择，淘汰体质衰弱或有遗传缺陷的个体。

采用同质选配应注意的事项：一是选配的性状要集中，其遗传力越高越好；二是选配双方只有共同优点，没有共同缺点；三是尽量用最好的配最好的，不搞一般的配一般的。

（2）异质选配　是指选择具有不同品质的雌雄个体进行交配，以期将两个性状结合在一起，从而获得兼有双亲不同优点的后代；或者选择同一性状但优劣程度不同的雌雄个体进行交配，以良好性状纠正不良性状，以期后代取得较大的改进和提高。

异质选配的优点是可望在后代群体中结合双亲的优良性状，甚至获得新性状。缺点是影响所选性状各自的遗传进展，有时会把双亲的不良性状结合起来，而且基因型的纯合一致程度可能较差。

异质选配的作用在于通过基因重组综合双亲的优点或提高某些个体后代的品质，丰富群体中所选优良性状的遗传变异。为此，在育种实践中，只要群体中存在着某些差异，就可以采用异质选配的方法来提高群体的品质，并及时转入同质选配加以固定。

采用异质选配应注意的事项：一是选配的优良性状宜少不宜多，不但要考虑性状各自的遗传力，而且要注意遗传相关；二是后代群体要适当大些，以利于性状组合的充分表现，并按需要进行严格的淘汰；三是防止为了获得“中和”的后代，使有相反缺点的个体进行“弥补选配”；四是只要条件许可，不提倡用优秀个体和较差个体进行改良选配，因为其后代群体的水平往往一般化。

综上所述，同质选配和异质选配各有其特点，所以在育种实践中，应当根据育种需要和群体的实际情况，灵活掌握，交替使用。

2. 亲缘选配

根据交配双方的亲缘关系进行的选配。亲缘选配可分为近亲交配（近交）和非亲缘交配（远交）。在育种学中，近交是指6代以内双方具有共同祖先的雌雄交配。

（1）近交的遗传效应　①近交可使个体基因纯合，群体分化；②近交会降低群体均值；③近交可暴露有害基因。

（2）近交衰退现象及防止措施　近交虽然是育种工作中的一种有利措施，但会出现近交衰退现象。因此，根据近交的规律很好地利用，就能为育种工作服务，并带来较大的经济效益。反之，如果滥加使用或任其泛滥，就必然会给生产带来损失。

①近交衰退现象：由于近交，使宠物的繁殖性能、生理活动以及与适应性有关的各性状，都较近交前有所削弱的现象。具体表现为繁殖力减退，死胎和畸形增多，生活力下降，适应性变差，体质变弱，生长较慢，生产力减低等。

②近交衰退的原因：由于基因纯合，基因的非加性效应减小，隐性有害基因纯合而表现出有害性状。从生理生化角度看，近交后代所以出现生活力下降，可能是由于某种生理上的不足，或由于内分泌系统的激素不平衡，或者是未能产生所需要的酶，或者是产生不正常的蛋白质及其他化合物。

③近交衰退的防止措施：为了防止近交衰退的出现，除了正确运用近交，严格掌握近交程度和时间外，在近交过程中还应注意采取以下措施。

第一，严格对近交后代进行选择与淘汰。由于近交具有分化群体的作用，后代差异较大，有些个体符合或超过理想型要求，有些个体则表现较差甚至暴露出有害性状，所以必须在近交后代中坚持严格选择的原则。凡不符合理想型要求和有任何衰退现象（特别是遗传缺陷）的个体，一律淘汰。这是近交取得成功的重要保证。对于近交后代中的雄性个体尤其要从严选留，应当是经过后裔鉴定和测交确定基因型，被认为完全合格的个体。否则，一旦通过雄性个体使不良基因扩散到全群，就要费很长时间反复近交与选择，才能使不良基因暴露并加以淘汰，结果造成很大损失。因此，在育种工作中强调近交用的雄性个体要经过后裔鉴定。

第二，及时进行血缘更新。在进行几代近交之后，为防止不良影响的过多积累，可从外地引入无亲缘关系的种用个体进行血缘更新。血缘更新能增加后代群体的杂合性，有利于提高后代的生活力，防止和减轻近交衰退现象。

第三，加强饲养管理。近交后代的基因型趋于纯合，遗传性稳定，种用价值高，但生活力较差，表现对饲养管理等环境条件的要求较高。如果能满足它们的要求，就可以暂时不表现或少表现近交带来的不良影响；如果环境条件不能满足要求，近交的不良影响可能在各性状上立即表现出来；如果环境条件恶劣，直接影响正常生长发育，则遗传和环境的双重不良影响将导致更严重的不良后果。

第四，做好选配工作。只要适当多留种用雄性个体和做好细致的选配工作，就不致被迫近交，即使发生近交，也可使近交系数的增量保持在一定水平以下。据报道，每代近交系数的增量维持在3%～4%左右，即使继续若干代，也不致出现显著的不良后果。

第三节　宠物的本品种选育

一、品种的概念

种是动物学分类的基本单位，而品种则是畜牧学上的分类单位。野生动物中只有种（包括亚种和变种），没有品种。从遗传学的观点看，各个物种，染色体数目和形态结构不同，基因位点不同，因此种间存在着生殖隔离现象。而品种间则是基因位点相同，染色体可以配对，因而是可以自由交配的。品种是在自然选择和人工选择的共同作用下形成的。宠物的品种是人类在一定的自然条件和经济条件下，通过长期选育而形成的具有某种价值的宠物类群。因此，凡能称之为一个品种的宠物，除具有较高的价值外，还应具备以下六个条件。

1. 来源相同

凡属同一品种的宠物，在血统来源上应是基本相同的，如拉布拉多犬就是来自北美拉布拉多半岛的土犬，在英国改良培育而成的一个品种。一般来说，古老的品种往往来源于一个祖先，而培育的新品种则可能来源于多个祖先。由于一个品种内的个体在血统来源上基本相同，所以其遗传基础也就非常相似。

2. 特征特性相似

由于血统来源、培育条件和选育目标相同，这就使得同一个品种的宠物，无论在体形结构、生理机能以及许多重要经济性状上都很相似，构成了该品种的特征，据此很容易与其他品种相区分。

3. 适应性相似

一个品种是在一定的自然条件和经济条件下长期培育而成的，所以凡是能适应该条件的个体就被保存下来，不适应的已被淘汰，因此，一个品种对当地的自然条件和经济条件就具有良好的适应性。

4. 具有一定的经济价值

一个品种所以能存在，必然有某种经济价值，或是生产水平高，或是产品质量好，或是有特殊的用途，或是对某一地区有良好的适应性，从而，有别于其他类群。

5. 遗传性稳定，种用价值高

品种必须具有稳定的遗传性，才能将其典型的优良性状遗传给后代。这不仅使品种得以保持，而且当它与其他品种杂交时，能起到改良作用，亦即具有较高的种用价值。品种的遗传性稳定只是相对的，要保持一个品种性能的相对稳定，主要依靠人工选择的作用，一旦离开了人工选育，品种的一些优良特性就难以保持。由此可见，品种不是一成不变的，任何一个品种都有它形成发展和消亡的过程。

6. 具有一定的结构和含量

一定的结构是指一个品种内由若干各具特点的类群组成。品种由于所处的自然条件、饲养条件及管理水平的不同，品种内包括有品系、品族和类型。所谓品系是指同一品种内，具有某些突出性状，并能稳定遗传的，相互有亲缘关系的个体组成的类群。以优秀雌性个体为共同祖先的类群称为品族。一个品种内具有若干个优良的品系或品族，就能使品种得到更好的保持和提高。品种内还包括地方类型和育种场类型。同一品种由于分布地区条件不同形成了若干互有差异的类群，称作地方类型。同一品种由于所在育种场的饲养管理条件和选育方法不同所形成的不同类型，称作育种场类型。

品种除需具有若干个品系或类型外，还要拥有足够数量的个体。当群体已基本具备以上条件，只是含量不足时，一般称“品群”。品种内只要有了足够数量的个体，就能正常地进行繁殖、保种、扩大分布、提高适应性和开展进一步的育种工作。

二、本品种选育

（一）概念及意义

本品种选育是指在本品种内通过选种选配、品系繁育、改善培育条件等措施，以提高品种生产性能的一种育种方法。本品种选育的基本任务是保持和发展一个品种的优良特性，增加品种内优良个体的比重和优良基因频率，通过选育克服该品种的缺点，淘汰带有某些缺陷的个体，以达到保持品种纯度，提高整个品种质量和种用价值的目的。

任何品种都不是完全纯一的群体，它存在着类群间和个体间的差异。特别是优良的品种，由于受到人工选择的作用较大，品种内异质性更大，这就为本品种选育，不断选优提纯，全面提高品种的质量提供了可能。同时，一个品种即使是品质很高的良种，一旦放松了选育工作，就会受到自然选择的作用，使群体向野生型方向发展，导致品种退化。可见，为了巩固和提高品种的优良性能，实行本品种选育是十分必要的。

本品种选育与纯种繁育，是既有相似之处，又有区别的两个概念。纯种繁育是指在一个品种内进行繁殖和选育，其目的是追求同质基因的结合，增加群体内相同基因的概率，最终目的是追求如何获得纯种。而本品种选育的含义较为广泛，不仅包括对育成品种的纯繁，而且包括对地方良种的改进提高，它不是非常强调保纯，为了改进和提高，在采取措施上并不排除某种程度的小规模有计划的杂交。

本品种选育一般包括地方良种的选育和培育品种（包括引进良种）的选育。对某些基本上能够满足人们的需要，不需改变生产方向的品种；或者具有特殊的经济价值，必须予以保留和提高的地方良种；或者生产性能虽然较低，但对当地的自然条件有特殊适应力的本地品种，都应采取本品种选育的方法。

（二）本品种选育措施

本品种选育包括本地品种选育和引入品种的选育两个方面。由于其特点不同，选育措施也不相同。这里所述的本品种选育主要指本地品种的选育。

1. 本地品种的特点

本地品种根据选育程度大体可分为三类：第一类是选育程度较高，类型整齐，生产性能突出的良种；第二类是选育程度较低，群体类型不一，性状不纯，生产性能中等，但具有某些突出经济用途的地方品种；第三类是导入外血育成的新品种，但其遗传性还不稳定，后代有分离现象。对于这三类品种，在选育措施上应各有所侧重。对第一类，主要是加强选育工作，开展品系繁育，提高生产性能；对第二类，着重开展闭锁繁育，加强选择，提纯复壮；对第三类，则要继续加强育种工作，提高品种纯度，使体型性能一致，有的还要进一步扩大群体含量。

2. 本地品种选育的基本措施

（1）进行品种普查　首先要组织专业人员查清地方良种的分布、品种的含量和质量以及品种的形成历史和当地的自然条件、经济条件等情况。在此基础上，对发现的地方良种要进行科学鉴定，明确它的特征特性、主要优缺点，以便采取相应的选育措施，进行有计划的选育和改良提高工作。

（2）制定选育规划，确定选育目标　在普查鉴定基础上，根据国民经济的需要，当地的自然条件以及原品种的具体特点，制定地方品种资源的保存和利用规划，提出选育目标（包括选育方向和选育指标）。确定选育目标时，要注意保留和发展原品种特有的经济类型和独特品质，并根据品种的具体情况确定重点选育的性状。

（3）划定选育基地，建立良种繁育体系　在地方良种的产区，应划定良种选育基地。在选育基地范围内，逐步建立育种场和良种繁殖场，以及一般的繁殖饲养场。只有建立一套良种繁育体系，才能使良种不断扩大数量，提高质量。在良种场内还要建立良种核心群，为选育区提供优良种用宠物，促进整个品种的提高。

（4）严格执行选育技术措施　在选育过程中，一项重要的技术措施是定期进行性能鉴定。要拟定简易可行的良种鉴定标准和办法，实行专业选育与群众选育相结合，不断精选育种群和扩大繁殖群。要严格执行规定的选种选配方案，按照选育目标，采取以同质选配为主，结合异质选配的办法，使重点选育性状得到改良。同时，严格选优去劣，不断提高群体的纯合程度。

（5）开展品系繁育　在本品种选育过程中，积极创造条件，开展品系繁育，有利于整个品种的全面提高。一般来说，地方品种由于地理和血缘上的隔离，往往形成了若干不同类型，这为品系繁育提供了有利条件。地方品种是长期闭锁繁育的群体，群体的平均近交系数较高，可以在地方良种群体中尽力找到突出的家族，采取亲缘建系法，建立繁殖性能高的品系。用类型间杂交或性能建系的方法，建立体型外貌优秀、观赏价值高、品质独特的品系，使良种的优良特性得到不断发展和提高。

（6）加强组织领导，建立选育协作组织　实践经验说明，建立相应的各种选育协作组织，在统一组织领导下，制定选育方案，各单位分工负责，定期进行统一鉴定，评比检查，交流经验，对加速地方良种的选育能起到积极推动作用。

三、引进品种的选育

随着社会的发展，人们的交流日益频繁，宠物的引种也逐渐增多。把外地或外国的优良品种、品系或类型引进当地，直接推广或作为育种材料的工作，称为引种。引种后，个体存在一个风土驯化的问题。所谓风土驯化，是指个体适应新环境条件的复杂过程。其标准是品种在新的环境条件下，不但能生存、繁殖、正常的生长发育，而且能够保持其原有的基本特征和特性。这不仅包括育成品种对不良生活条件的适应能力，也包括原始品种对丰富的饲料和良好的管理条件的反应，还包括个体对某些疾病的免疫能力。宠物的风土驯化主要通过两种途径：一是直接适应。即从引入个体本身在新环境条件下直接适应开始，经过后代每一世代个体发育过程中不断对新环境条件的直接适应，直到基本适应新环境条件为止；二是定向地改变遗传基础。当新迁入地区环境条件超过了品种个体的反应范围，引入个体不能很好地适应新环境条件的种种反应，此时通过选种选配制度的改变，淘汰不适应个体，留下适应的个体繁殖，从而逐渐地改变群体中的基因频率和基因型频率，使引入品种个体在基本保持原有特性的前提下，遗传基础发生改变。应强调的是，风土驯化的两种途径并不是彼此孤立、互不相干的，往往最初是通过直接适应，以后由于选种选配制度的改变，而使其遗传基础发生了改变。

（一）引种应注意的问题

由于自然条件对品种特性有多方面的影响，所以在引种工作中必须采取慎重态度。在引种前，首先应认真研究引种的必要性，必须注意防止盲目引种，如确实需要引种，必须做好以下几方面工作。

1. 正确选择引进品种

对于引进的品种既要考虑其经济价值和育种价值，也要考虑其适应性，同时还要衡量两地的环境气候差异。有些品种在长期受某种生态条件影响下，形成某种特殊的适应性，在引种时要特别加以注意。如藏獒适应高原寒冷气候，引入南方易引起遗传性变化。为了正确判断一个品种是否适宜引入，最可靠的办法是首先引入少量个体进行引种试验观察，经实践证明表现出良好的经济价值和育种价值，又能较好地适应当地自然条件和饲养管理条件后，再大量引种。

2. 慎重选择个体

在引种时对个体的选择，除考虑品种特性、体质外形以及健康、发育状况外，还应特别加强系谱审查，注意亲代或同胞的性能高低，防止带入有害基因和遗传疾病。引入的个体间最好不要有亲缘关系，雄性个体要来自多个不同品系。引入个体的年龄，最好选择幼年健壮个体，这样个体比较容易适应新环境条件，有利于引种的成功。随着冷冻精液和胚胎移植技术的应用与推广，采用引入良种精液以及良种胚胎（受精卵）的办法，不仅能降低成本，更有利于引种的成功。

3. 妥善安排调运季节

为了使引入个体在生活条件上的变化不过于突然，使有机体有一个逐步适应的过程，应考虑原产地的气候特点，选择适宜的调运季节。如由寒冷地区引到温暖地区，可选在冬季引入，使个体逐步适应当地环境。

4. 严格执行检疫制度

检疫是引种的重要环节，如果检疫制度不严，常会带入当地原先没有的传染病，造成严重的损失。因此加强引种检疫制度非常必要，引入的个体要严格实行隔离观察制度。

5. 加强饲养管理和适应性锻炼

引种后的第一年是关键性的一年，为了避免不必要的损失，必须加强饲养管理。为此要做好引入个体的接运工作，并根据原来的饲养习惯，创造良好的饲养管理条件。在迁运过程中，为了防止水土不服，应携带原产地饲料，供途中和初到新地区饲喂。要根据个体对环境的要求，采取必要的防寒或降温措施。预防地方性的寄生虫病和传染病，也是有利于引入品种风土驯化的积极措施之一。

6. 采取必要的育种措施

对新环境的适应性不仅品种间存在差异，而且个体间也有不同。因此在选种时应注意选择适应性强的个体，淘汰那些不适应的个体。在选配时，为了防止生活力下降和退化，应避免近亲交配。此外，为了使引入品种对当地环境条件更容易适应，也可考虑采取级进杂交的方法，使外来品种的成分逐代增加，拉长迁移的时间，缓和适应过程。在环境条件不好的地区，引入外地品种确有困难时，可通过引入品种与本地品种杂交的办法，培育适应当地条件的新品种。

（二）引种后的主要表现

引进品种迁移到新地区后，由于自然条件和饲养管理条件的变化，以及选种选配制度的改变等原因，品种特性总是或多或少要发生一些变异的，这种变异按照其遗传基础是否发生变化，可归纳为两种类型。

1. 暂时性变化

自然环境的变迁和饲养管理条件的改变，常可使引进品种在体质外形、生长发育以及其他生物学特性和生理特性等方面发生一系列暂时性的变化。这是在引种工作中最常见的一类变化。其具体表现是：成熟期延迟、生长发育缓慢、体重减轻、骨骼发育受阻、体型变小、体躯狭窄细长、四肢相对较高、被毛无光、肌肉松软、性能下降等。这些现象看起来很像品种退化，但由于其遗传基础并未改变，只要所需条件得到满足，上述变异就会逐渐消除。

2. 遗传性变化

（1）适应性变异　风土驯化过程中可能产生适应性变异，其结果可能在体质外形和性能上发生某些变化，但适应性却显著提高。

（2）退化　品种退化是指品种特性发生了不利的遗传变异，其主要特征是体质过度发育，生活力下降。具体表现主要是个体抵抗力较差，发病率增加，生长发育缓慢，繁殖力下降，性征不明显，甚至出现不育，群体中畸形、死胎等现象增多，而且这些不利的变异会遗传给下一代。

（三）引进品种的选育措施

引进品种与本地品种相比，在培育程度上和生产性能方面都较突出，要求的培育条件和管理水平也较高。如果对引进品种不能提供相应的条件和育种手段，便难以发挥其优良特性。因此，其选育措施也不同于本地品种。

1. 集中繁殖，逐步推广

由于引进品种个体数量有限，应采取集中繁殖的办法，按照品种改良的区域规划布局，建立原种繁殖场，以利于保种。如果实行分散饲养，可能因种用雄性个体过少，在繁殖过程中被迫近交，出现衰退现象；或被迫杂交而被“淹没”、“融化”；或者由于场地分散，技术力量不足，造成管理粗放，品种性能得不到发挥。因此，对引进良种，必须集中人力、物力，办好良种繁殖场，加强系统的引种驯化工作，逐步扩大数量、提高质量，并推广合格种用个体，以取得良好的社会效益。

2. 创造必要的培育条件，防止品种退化

对引进品种必须注意观察引种效果。如果引进的品种多数个体生长发育缓慢，发病率和死亡率增高，繁殖性能显著减低，表明引种效果欠佳。假设其下一代继续恶化，表现出遗传变异的趋势时，说明品种开始退化。为了使品种不致因暂时的不适应而逐步发展到品质退化，应及时采取引种驯化措施。

3. 开展品系繁育

实行品系繁育是引进品种选育中的一项重要措施。开展品系繁育的作用是保持原有品种的优良特性，克服某些缺点；同时采取品系杂交方法，使来源不同，特点各异的品系互相杂交，结合其特点，选出更好的合成品系。

4. 加强组织领导，建立相应的育种协作组织

对引进品种应与本地良种同样地建立育种协作的组织机构，及时交流总结经验，解决引种驯化中出现的各种技术问题，以加速引进品种的选育提高。

四、品种资源的保存

一个品种中汇集着各式各样的优良基因，它们能在一定的环境中发挥作用，从而使品种表现出各种为人类所需要的优良性状。因此，一个品种就是一个特殊的基因库，也是培育优质高产品种和利用杂种优势良好的原始材料。认真保护和合理利用品种资源，是一项重要的任务。

（一）保种的意义和任务

保种就是保护人们需要的品种资源，使之免遭混杂或灭绝，也就是说，要妥善保存宠物资源的基因库，使其中优良基因不致丢失。从这个意义上讲，保种要求闭锁繁育和防止近交，而不强调品质的提高。当然保种也不是把地方品种毫无选择的全部保存下来，而仅是对某些具有某种优良特性，或适于做杂种优势利用的品种，加以保存；对那些低劣的、没有保存价值的品种，则不必过分强调保种。

目前世界上随着商品经济的发展，大量地方品种遭到排挤以至灭绝或濒临灭绝，出现了地方品种资源枯竭的危机。为了今后新品种的选育和杂种优势的利用，保证有足够的原始材料，必须加强保种。此外，对新育成的良种，为使其不致退化，也要采取适当的保种措施。

（二）保种的主要措施

为了保存好一个品种，使其基因库中的每一种优良基因都不丢失，应主要采取以下措施。

1. 划定良种基地

一般认为，保种应在原产地进行，因为原产地的自然生态和社会经济条件对该品种的形成起了重要作用。但是，随着流通领域的拓宽，社会经济和科技水平的发展，异地保种已经成为可行的措施。异地保种应尽可能在环境条件与原产地相似的地方确定良种基地，在良种基地中禁止引进其他品种，严防群体混杂，这是保种的一项首要措施。

2. 建立保种核心群，确定适宜的公母比例

核心群是保种的基础。繁育单位根据自身的条件和发展的需要建立一定数量的核心群，确定适宜的公母比例有利于品种的延续。如在犬的核心群中，公犬数一般要求在 20 只以上，如果目前没有足够数量的优质公犬，可由少量开始，以后在各世代中选优补充或通过其他途径补充。母犬数随繁育任务和社会需求而定，如果繁育任务不重，可少留一些，但不能少于公犬数。一般适宜的公母比例为 1:3～1:5。

组建核心群要考虑群体的有效含量和每世代近交系数的增量。群体近交系数增加的快慢，主要受群体大小和留种方式的影响。一般来说，群体愈大，近交系数增量愈小；相反，群体愈小，近交系数增量就愈大。但是，同样数量的群体，由于公母比例不同，近交系数增量也不同。因此，在进行群体比较时，常以群体有效含量（N_e）来表示群体大小。所谓群体有效含量，是指在近交增量的效果上，与群体实际含量所相当的“理想群体”的含量。而理想群体是指规模恒定，公母各半，没有选择、迁移和突变，也没有世代交替的随机交配群体。显然，群体有效含量愈大，近交系数增加也愈慢。根据计算，群体有效含量为 10 只时，群内繁殖到 20 世代时，群体的平均近交系数可高达 0.7；如果群体的有效含量为 200 只时，同样到 20 世代，群体的平均近交系数仅为 0.1 左右。可见，要保持一个品种的优良特性不丢失，必须保持群体有适当的有效含量。

实行不同的留种方式时，群体有效含量和近交系数增量的计算方法也不同，现分述如下：

（1）随机留种　就是将群体内所有雄性个体的后代放在一起，根据个体的表型值高低来选留后备种用个体。这样，优良种用个体的后代选留就多，劣等种用个体的后代可能被排除在外，使以后各代群内个体间亲缘关系愈来愈近，群体有效含量减少，近交系数增量加快。

采用随机留种计算群体有效含量的公式为：$N_e=\dfrac{4N_S \cdot N_D}{N_S+N_D}$

计算每世代近交系数增量的公式为：$\Delta F=\dfrac{1}{2N_e}=\dfrac{1}{8N_S}+\dfrac{1}{8N_D}$

上述公式中：ΔF 代表每世代近交系数的增量，N_S 代表实际参加繁殖的雄性个体数，N_D 代表实际参加繁殖的雌性个体数。

例如：有一群体由 4 只公犬和 20 只母犬组成，采取随机留种，每世代都保持 4 只公犬和 20 只母犬，群体的有效含量计算为：$N_e=\dfrac{4N_S \cdot N_D}{N_S+N_D}=\dfrac{4\times4\times20}{4+20}=\dfrac{320}{24}=13.33$

每世代近交系数的增量为：$\Delta F=\dfrac{1}{2N_e}=\dfrac{1}{2\times13.33}=\dfrac{1}{26.66}=0.0375$

或 $\Delta F=\dfrac{1}{8N_S}+\dfrac{1}{8N_D}=\dfrac{1}{8\times4}+\dfrac{1}{8\times20}=\dfrac{1}{32}+\dfrac{1}{160}=0.0375$

(2) 各家系等量留种　实行这种留种方式，就是在每世代中，各家系选留的个体数量相等，而公母保持原比例。这时计算群体有效含量的公式为：$N_e = \frac{16N_S \cdot N_D}{N_S + 3N_D}$

计算每世代近交系数增量的公式为：$\Delta F = \frac{1}{2N_e} = \frac{3}{32N_S} + \frac{1}{32N_D}$

例如：由 4 只公犬和 20 只母犬组成的群体，每世代都按这个比例各家系等量留种，即每个家系留 1 公 5 母，群体的有效含量计算为：$N_e = \frac{16N_S \cdot N_D}{N_S + 3N_D} = \frac{16 \times 4 \times 20}{4 + 3 \times 20} = \frac{1280}{64} = 20$

群体近交系数的增量为：

$\Delta F = \frac{1}{2N_e} = \frac{1}{2 \times 20} = 0.025$ 或 $\Delta F = \frac{3}{32N_S} + \frac{1}{32N_D} = \frac{3}{32 \times 4} + \frac{1}{32 \times 20} = 0.025$

按各家系等量留种时，如果各家系选留公母比例为 1∶1，则群体有效含量会显著增大，近交系数增量相对减少。设总数是 24 只犬的群体，其中包含 12 个家系，每个世代，各家系都留 1 公 1 母，则该群体有效含量为：$N_e = \frac{16N_S \cdot N_D}{N_S + 3N_D} = \frac{16 \times 12 \times 12}{12 + 3 \times 12} = 48$

群体近交系数的增量为：$\Delta F = \frac{1}{2N_e} = \frac{1}{2 \times 48} = 0.01$

从上面的计算结果表明，不同留种方式对群体有效含量和近交系数增量有明显的影响。各家系等量留种比随机留种，近交系数增量要小；同样实行各家系等量留种，公犬数多，近交系数增量相对较小。所以群体的公犬数量的多少对保种起着重要作用。在保种的过程中，如果因某种原因必须减少群体含量时，不应公母等量减少，而应尽量多留公少留母，才有利于保种。

3. 确定合适的世代间隔

世代间隔是指个体出生时双亲的平均年龄。在育种和改良过程中，通过各方面的综合措施，群体的性能得到了提高，其世代间隔缩短能早见成效。但在保种工作中，适当延长世代间隔，可延缓种群的衰退速度，延长种群的利用年限，但并不是越长越好。一般认为，大型犬 5 岁是壮年趋向衰老的转折，因此，大型犬的保种核心群的世代间隔定为 4 年较合适。

4. 选用适当的留种方式

在保种工作中，采用各家系等量留种较为合适。即在每一世代留种时，在每一个雄性个体的后代中，经后裔测定，选留一个雄性个体，在每一个雌性个体的后代中选留一个雌性个体。同时注意淘汰有衰退表现的个体。

5. 注意保种核心群的选配工作

保种核心群的选配应尽量防止近交。如下一代的选配可采用雄性个体不动，调换另一家系的雌性个体与之交配的方式进行。有亚群的核心群也可采用调换雄性群的办法。这样能有效地遏止近交系数的增长。在性状的选配上应灵活地运用同质选配和异质选配，防止保种性状的衰退。

6. 搞好协作

保种并不意味着品种的品质停滞不前。保种工作可与选育工作结合进行，以保证群体品质的稳步提高。要正确处理保种与提高、保种与使用的关系，提升保种工作的水平。保种过程中的选育不能急于求成，要确保保种性状不发生退化，真正做到消除有害基因和毫无利用价值的性状，切不可追求改进量或突出少部分性能而违背了保种目标，致使基因库中的基因大量流失。

7. 加强制度建设，收集档案材料

保种工作是一项技术工作，更是一项管理工作。各技术措施的实施必须以管理工作为保证，所以要加强保种工作的制度建设，规范各项日常工作。如选配计划的落实、配种记录、分娩记录、性能检测等。同时要注意收集档案材料，并进行统计和分类管理，为各项工作方案的改进提供依据。

（三）品种资源的开发利用

1. 作为杂种优势的原始材料

在开展杂种优势利用时，母本要求适应性广、抗病力强、繁殖力高，并具有一定的生产性能，父本则要求生产性能和品质优良。例如，我国利用昆明犬作母本，与引进的马林涝阿犬为父本进行杂交，以获取高性能的警犬；朝鲜利用本地丰山犬为母本，与引进的德国牧羊犬为父本进行杂交，繁育出胆大凶猛、作业顽强的边防犬。

2. 作为培育新品种、新品系的原始材料

培育新品种既要满足社会需要，又要适应当地气候和饲养管理条件。一般用本地良种为基础，根据要完善的性能再引入外来良种杂交。例如，原始品种的圣伯纳犬是雪地中出色的识途者，以其发达嗅觉在当地救助了众多遭遇暴风雪无力自救的人。为了增大圣伯纳犬的体型，提高该犬种的营救性能，同时减缓品种衰退，将其与体力强大、被毛厚重、脚掌宽厚的纽芬兰犬杂交，培育出了著名的大型犬种圣伯纳犬。

第四节　宠物的杂交改良

一、杂交的概念及用途

（一）杂交的概念

在遗传学中，一般把两个基因型不同的纯合子之间的交配称为杂交。而在育种实践中，杂交是指不同种群（种、品种或品系）之间的雌雄交配。

（二）杂交的用途

杂交的遗传效应与近交相反。一是杂交使群体中杂合子的频率增加，非加性效应增大，从而提高了群体的平均值，产生杂种优势；二是杂交使群体趋于一致，两个纯系杂交的子一代全为杂合体，个体间表现整齐，在生长发育和生产性能方面的差异小。概括地说，杂交的用途有以下三个方面。

1. 杂交可综合双亲的性状，培育出新品种

杂交使群体基因重新组合，因而综合了双亲的性状，产生新的类型。如利用高产品系与抗病品系杂交，就可育成既高产又抗病的品系。

2. 杂交可以改良宠物的生产方向

由于社会的发展和人们需求的变化，原有品种不能满足要求，于是必须在原有基础上

改变宠物的应用方向。例如，由原来的工作型犬转变为玩赏型犬，或者由玩赏型犬转变为工作型犬。

3. 杂交能产生杂种优势，提高生产力

杂交能产生明显的杂种优势，因而，杂交对于全面提高宠物生产水平有着十分重要的意义。

二、杂种优势

（一）杂种优势的概念及表现

杂种优势是指杂种后代在生活力、生长势和生产性能诸方面的表现优于亲本纯繁个体，就性状而言，是指杂种某一性状的表型值超过双亲该性状平均表型值。

杂交所产生的后代称为杂种。杂种并不是在所有性状方面都表现优势。杂种是否有优势，其表现程度如何，主要取决于杂交用的亲本群体的质量以及杂交组合是否恰当，也受制于营养水平、饲养制度、环境温度、卫生防疫体系等环境因素，还受制于遗传与环境的互作。如果亲本群体缺少优良基因，或双亲本群体在主要经济性状上基因频率无大差异，或在主要性状上两亲本群体所具有的基因非加性效应很小，或者不具备充分发挥杂种优势的饲养管理条件等，那么就不能产生理想的杂种优势。

杂交有时也会出现不良的效应。由于某些非等位基因间存在负的显性效应，杂种的基因型值就会低于双亲的平均值，这种现象称为“杂种劣势”。但总的来说，杂种优势总是多于劣势。

一般而言，亲本纯度愈高，雌雄间的差异愈大，杂交效果愈明显；近亲繁殖容易退化的性状，杂交时也容易表现杂种优势；生命早期表现的性状（嗅觉、反应性、猎取性、领域性等）比生命后期表现的性状容易表现杂种优势；遗传力低的性状（繁殖力、生活力等），在杂交时往往杂种优势水平较高；遗传力高的性状（体尺、体重、体质外貌等），在杂交时往往杂种优势水平很低，甚至全无；而中等遗传力的性状（生长速度等），其杂种优势水平往往也是中等的。

（二）配合力测定与杂种优势的度量

1. 配合力测定

配合力是指种群通过杂交能够获得杂种优势的程度，即杂交效果的大小。各个种群间只有通过杂交才能选择出配合力好的杂交组合。

配合力按基因效应可分为一般配合力和特殊配合力。一般配合力就是一个种群与其他各种群杂交所能获得的平均效果。如果一个品种与其他各品种杂交经常能够得到较好的效果，这就说明它的一般配合力好。一般配合力的遗传基础是基因的加性效应。因为显性效应与上位效应值在各杂交组合中有正有负，在平均值中已经抵消。特殊配合力是指两个特定种群之间杂交所能获得的超过一般配合力的杂种优势。它的遗传基础是基因的非加性效应，即显性效应与上位效应。这两种配合力可用图 3－1－3 加以说明。

A 种群的一般配合力为 $F_{1(A)}$，B 种群的一般配合力为 $F_{1(B)}$，A 与 B 两种群的特殊配合力为 $F_{1(AB)}-\frac{1}{2\left[F_{1(A)}+F_{2(B)}\right]}$。一般配合力反映了杂交亲本群体平均育种值的高低，所以一般配合力主要依靠纯繁选育来提高。特殊配合力反映的是杂种群体平均基因型值与亲本平均育种值之差，其提高主要应依靠杂交组合的选择。一般杂交试验，主要是测定两个杂交亲本群体的特殊配合力。

2．杂种优势的度量

特殊配合力一般以杂种优势值来表示，即：$H=\bar{F}_1-\bar{P}$。其中，H 为杂种优势值，$\bar{F}_1$ 为一代杂种平均值（即杂交试验中杂种组的平均值），$\bar{P}$ 为两亲本群体平均值（即杂交试验中各亲本种群纯繁组的平均值）。为了各性状间便于比较，杂种优势常以相对值来表示，即化成杂种优势率的形式：$H\%=\dfrac{\bar{F}_1-\bar{P}}{\bar{P}}\times 100\%$。

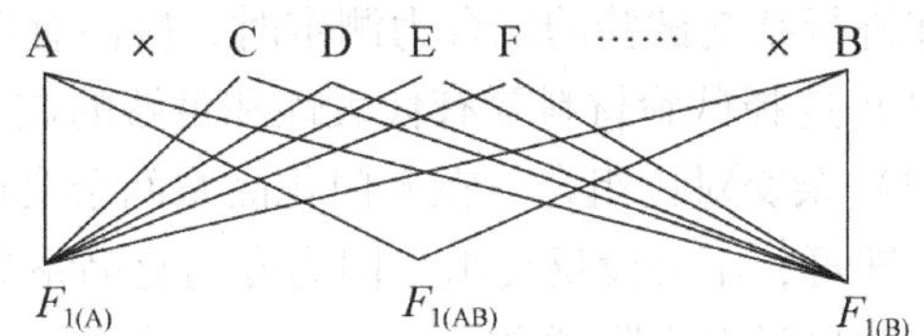

$F_{1(A)}$：A种群与C、D、E、F和B等种群的一代杂种的平均值
$F_{1(B)}$：B种群与C、D、E、F和A等种群的一代杂种的平均值
$F_{1(AB)}$：AB两种群的一代杂种的平均值

图3－1－3　两种配合力概念示意图

（三）提高杂种优势的措施

1．杂交亲本的选优与提纯

此为杂种优势利用最基础的环节，这个环节的好坏直接关系到杂种优势的效果。因为杂种优势必须从亲本获得优良的、高产的、显性效应和上位效应大的基因，才能产生显著的杂种优势。

“选优”是通过选择使亲本群体原有的优良、高产的基因频率尽可能增大。“提纯”是通过选择和近交使得亲本群体在主要经济性状上纯合子的基因型频率尽可能增加，个体间差异尽可能缩小。提纯的重要性并不亚于选择，因为亲本群体愈纯，杂交双方基因频率之差才有可能愈大，使杂种一代群体杂合体频率也愈大，杂种优势就愈明显。选优与提纯并不是截然分开的两个措施，选优就是增加优良基因的频率，而只有优良基因的纯合子频率提高了，才能达到提纯的效果，所以“优”和“纯”虽然是两个不完全相同的概念，但选优和提纯却是相辅相成的，可以同时进行和同时完成的。因此，利用杂种优势绝不能单纯杂交而忽视杂交亲本的纯繁提高工作。

宠物个体有着各种各样的经济性状，有不少经济性状遗传力较高，亲本选育时效果较好，但杂种优势往往不显著，对于这类性状，就应该在亲本种群中选育提高。即使是那些遗传力低的性状，个体表型选择效果虽然不大，但也应通过其他选择方法，如同胞选择或后裔选择尽可能使之改进。

选优提纯在杂种优势利用中的作用是一个“水涨船高”的关系，亲本选优提纯愈好，杂种性能也会愈高。选优提纯的较好方法是品系繁育。用品系繁育来选优提纯杂交亲本种群，其优点是品系比品种小，容易选优提纯，有利于缩短选育时间，有利于提高亲本群体的一致性，更适应现代化生产的要求。

2．选定最佳杂交组合

有了优良的杂交亲本群体，还要通过杂交试验，即配合力测定，选出品种或品系间的最佳杂交组合，以便确定本地区杂种优势利用的主要配套品种或品系。

为了获得最优的杂交组合，应考虑选择那些在分布地区上距离较远、来源差别较大、类型特点不同的品种或类群作杂交亲本。杂交母本应选择在本地区数量多、适应性强、繁殖力高、母性好、泌乳能力强的品种或品系，杂交父本应选择性状优良的品种。

在进行杂交试验的配合力测定时，应注意以下问题：

（1）选择试验材料要有代表性和足够的数量。

（2）杂交对比组合，在专门化品系间杂交或外来品种和本地品种间杂交时，一般只设正交组即可，不必设反交组。因为专门化品系父母本已定，本地品种一般也只作母本，所以反交效果没有实际意义。

（3）每次试验必须有杂交所涉及的全部亲本的纯繁组作对照。杂交组与纯繁组的各方面条件应尽量一致。配合力测定应在与推广的地区相仿的饲养管理条件下进行。

（4）为了提高试验的可靠性，必要时可重复1～2次，但重复试验的条件最好相同。

（5）为了节省人力、物力，应尽量压缩测定任务，可以不必测定的杂交组合不测。例如，在一个地区要测定5个专门化品系相互间的配合力，一共有5×4＝20个杂交组合，如每对正反交只做其中之一，也还有10个杂交组合。如采取压缩后集中一次进行，只要10个杂交组和5个纯繁对照组就够了；如分散10次进行，每次都要2个纯繁对照组，一共就需要10个杂交组和20个纯繁对照组，组数增加一倍，而且杂交组相互之间还不好比较。

3. 建立专门化品系和杂交繁育体系

专门化品系是指生产性能“专门化”的品系，是按照育种目标进行分化选择育成的，每个品系具有某方面的突出优点，不同的品系配置在完整繁育体系内不同层次的指定位置，承担着专门任务。利用专门化品系进行杂交，可以获得具有高度杂种优势的杂种。

杂种优势利用不仅是一项技术性工作，而且还是一项组织性工作，其中特别重要的是要建立杂交繁育体系。所谓杂交繁育体系，就是为了开展整个地区的杂种优势利用工作，而建立的一整套合理组织机构，包括建立各种性质的养殖场，确定其规模、经营方向、互相协作等关系，达到统一规划，分工合作，以提高杂种优势利用的效果。建立杂交繁育体系，可确保杂交工作顺利进行，不致出现杂交乱配、搞乱品种血缘现象，更重要的是可以长期保持杂种优势。

（四）产生杂种优势的杂交方法

1. 品种间杂交

（1）单杂交　又称两品种杂交或二元杂交。就是用两个品种杂交，产生的一代杂种不论公母全部作经济利用。这种方法简单易行，只需进行一次配合力测定即可。

（2）三元杂交　又叫三品种杂交。就是先用两个品种杂交产生的杂种雌性个体，再与第三个品种的雄性个体杂交，产生的三品种杂种全部供经济利用。

（3）轮回杂交　即用两个或两个以上品种逐代的轮流杂交，各世代的杂种雌性个体，除留一部分再与另一品种雄性个体杂交外，其余杂种全作经济利用。轮回杂交又分为两品种轮回杂交和三品种轮回杂交（图3－1－4）。

2. 配套系杂交

就是按照育种目标进行分化选择，培育一些品系，然后进行品系间杂交，杂种后代作为经济利用。配套系杂交包括近交系杂交和专门化品系杂交两大类。

（1）近交系杂交　建立近交系的目的是为了进行杂交生产，利用系间杂种优势。近交系是通过近亲繁殖而建立起来的品系，并在以后世代中保持一定的近交系数，使系内的基因型纯合化。近交系杂交的基本模式通常有单交、三系杂交、双杂交、顶交和底交等。

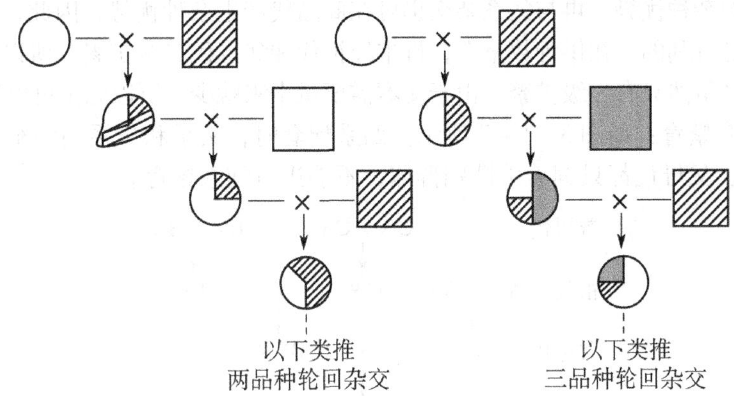

图 3－1－4　轮回杂交模式图

①单交：又称两系杂交，是指两个近交系杂交一次，一代杂种不论公母，全部作经济利用。

②三系杂交：即两个近交系杂交后，一代杂种雄性个体作经济利用，雌性个体留作种用，继续与另一近交系雄性个体杂交，杂种后代全部作经济利用。

③双杂交：即以两个近交系的杂种作父本，另两个近交系的杂种作母本，再进行一次杂交，所得的杂种后代作经济利用。这种杂交方式需维持四个近交系，经过近交、单交、双交三个阶段进行生产。

④顶交和底交：顶交是指利用近交系的雄性个体与无亲缘关系的非近交系的雌性个体交配，杂种后代作经济利用。这种杂交方式由于避免了近交雌性个体在繁殖性能方面较差对后代的影响，所以在实践中易于接受，且风险小、成本低等。底交是一种与顶交相对应的杂交方式，即用无亲缘关系的非近交系的雄性个体与近交系的雌性个体杂交。

（2）专门化品系间杂交

培育专门化品系的目的是为了进行品系间配套杂交，以获得生产性能高而均匀的后代。专门化品系通过育种过程培育成功后，还要有一个制种过程才能产生出理想型的后代。制种工作的前提是对育成的品系进行配合力测定，即开展品系间众多杂交组合的筛选，以确定最优组合的配套繁育计划。专门化品系配套繁育的基本模式有二系配套、三系配套和四系配套。

①二系配套繁育：用于杂交的专门化品系有父本、母本之分，每个专门化品系由两个以上品种杂交育成，因而通常叫合成系，由于这些品系是各自按某些性状的特定方向育成的，相互间无亲缘关系，从而能产生较大的杂种优势。二系配套的基本模式如图 3－1－5 所示。二系配套时，祖代是最高的制种层次，饲养核心群进行纯系繁育，需维持两个专门化品系，父母代只饲养单性别群体（A♂和 B♀），不能进行纯系繁育。

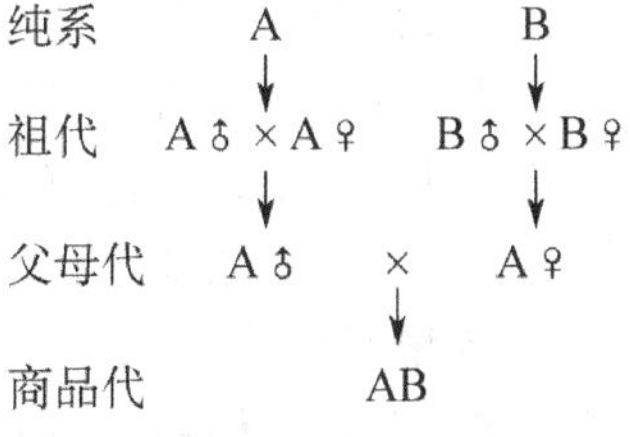

图 3－1－5　二系配套繁育示意图

二系配套体系是比较原始的形式，从纯系育种群到商品代的距离短，因而遗传进展传递快。不足之处是不能在父母代利用杂种优势来提高繁殖性能，而且扩繁层次少，供种量少。

②三系配套繁育：见图 3－1－6。三系配套时，父母代母本是二元杂种，所以其繁殖性

能可获得一定的杂种优势，再与父系杂交仍可在商品代产生杂种优势，因此，从提高商品代生产性能上讲是有利的。在供种数量上，母本经祖代和父母代二级扩繁，所以供种量可大幅度增加，而父系虽然只有一级扩繁，由于父本需要量本来就少，所以完全可以满足需要。

③四系配套繁育：如图3－1－7所示。四系配套时，父系和母系的曾祖代核心群进行纯繁，而祖代、父母代都只饲养单性别群体，不能进行纯系繁育。

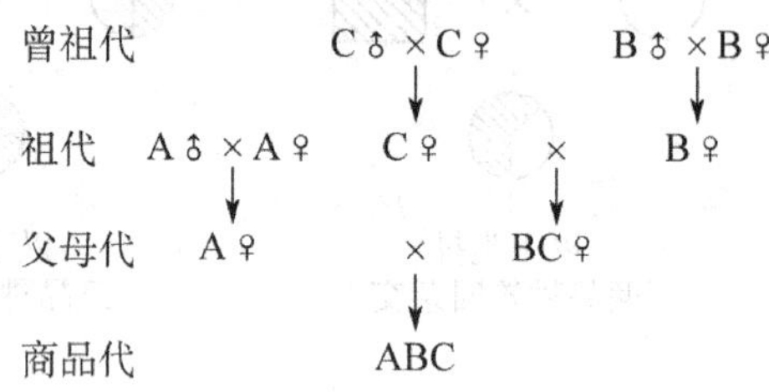

图3－1－6　三系配套繁育示意图

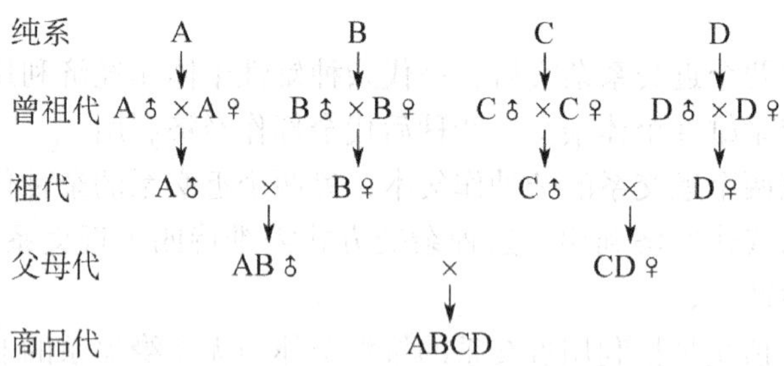

图3－1－7　四系配套繁育示意图

（五）提高杂种优势利用效果的途径

1. 加强组织管理

开展杂种优势利用是一项比较复杂，需要多方面配合，又有连续性的工作。杂种优势利用需拟定杂交计划，制定计划要注意四个方面：①熟悉原始材料的基本情况；②运用性状的遗传规律、杂种优势的一般规律和实践经验科学制定；③注意影响杂种优势效果的各种因素；④要符合发展的整体思路，并能得到有关部门的协助和支持，这需要有一个协作机构进行组织管理。该机构可根据各地的品种资源、饲养管理条件和杂交试验制定一整套方案，集中科技力量，进行有计划、有步骤地实施杂种优势利用的工作，保证杂种优势利用的各项工作有条不紊地进行。

2. 完善繁育体系

建立和健全繁育体系是提高杂种优势利用效果的根本措施。繁育体系应根据具体情况、生产任务和原有基础周密考虑。管理机构要有计划的建立或指定繁育场的性质，规定其任务，做到分工明确、各负其责、相互配合，才能把整个工作做好。例如，我国公安系统建立了两级警犬繁育体系，部署警犬基地为一级警犬繁育单位，承担警犬繁殖、品种保纯、新品种或品系培育、警犬繁育研究等工作，并为省级警犬繁育单位提供种犬和部分受训犬；各省级警犬基地为二级警犬繁育单位，为本地公安系统提供受训犬。整个繁育体系应遵循自上而下流动的原则。警犬的繁育体系趋于完善而且分工明确，能保证警犬的品种保持和杂种优势利用的持续、有序进行。因此，我国的警犬繁育体系已为杂种优势利用奠定了坚实的基础。

3. 开展系间杂交

随着宠物业的发展，以品种为单位的杂交显得粗糙、笨重和提高缓慢，由于品种间的杂交导致体型外貌的显著变化，后代不受饲养者的欢迎，进而可能导致该杂交品种退化。因此，应进行专门化品系的培育，使杂种优势利用工作更加精确、灵活和高速持续发展。

4. 提高杂种优势利用的技术水平

随着现代生物技术的发展，进一步提升了杂种优势利用的技术水平，如基因组分析就是从核酸水平上来认识遗传物质，鉴定基因功能单元，确定其在染色体上的位置及摸清其作用机理。通过基因组分析可以确定性状的表型值与基因或遗传标记的关系，因此，在杂交亲本种群的选优与提纯，杂交亲本的选择与杂交方式的确定，杂交效果的预估和配合力测定等杂种优势利用的主要环节上有积极作用，它能提高选种和配合力测定的正确性及杂交效果预估的准确性，缩短世代间隔，排除性别、时间和环境因素对选择的影响，为杂交方式的确定提供了依据。

三、杂交育种方法

杂交育种是培育新品种的重要途径，在国内外都普遍采用。所谓杂交育种是指运用杂交将两个或两个以上的品种特性结合在一起，创造出新的品种。其原理主要是由于不同品种具有各自的遗传基础，通过杂交时基因的重组能将各亲本的优良基因集中在一起，同时由于基因的互作可能产生超越亲本性状的优良个体，而通过选种、选配等育种手段可使有益基因得到相对的纯合，从而使其相当稳定地遗传给后代。

（一）杂交育种方法

1. 按参加品种的数量划分

（1）简单杂交育种　通过两个品种杂交培育新品种的方法。这种方法所需的品种数量少，杂种的遗传基础相对比较简单，获得理想型和稳定其遗传性比较容易，因此培育的速度较快，所用时间较短，成本较低。但是对于所用的亲本品种和个体一定要选择好、应用好，因此要选择那些符合育种目标、优点突出、缺点少、优缺点能够互补的品种和个体。同时，配合方式和培育条件也要有助于育种目标的完成。简单杂交育种是杂交改良工作中最常用的一种类型，在犬的育种实践中，通过此法已经培育出了不少品种，如拉布拉多犬、金毛猎物犬等。

（2）复杂杂交育种　通过三个或三个以上品种杂交培育新品种的方法。在育种工作中，如果选择两个品种仍不能满足育种目标要求时，可以采用三个以上的品种，以丰富杂种的遗传基础。当然，也不是用的品种愈多愈好，品种多了之后，后代的遗传基础就相对复杂，变异的范围常常较大，从而延长了培育的时间。在选择亲本品种时，不仅应根据每个品种的性状或特点来确定父母本，还应对个体进行严格的选择，同时还要考虑品种使用的先后顺序，因为后用的品种对新品种的影响相对较大。如德国的杜伯文犬就是采用这种杂交方式培育而成的品种。

2. 按培育工作的基础划分

（1）在杂交改良基础上的杂交育种　当有些地区对宠物已经进行了长期的杂交改良，

已经拥有大量杂种甚至有些已基本上达到了理想型时，可以在这个基础上直接开展新品种培育工作，不必从头开始。即使该地区杂交改良工作时间不长，或者合乎要求的理想型个体还很少，也完全可以在调查和整理杂种群的基础上拟订计划继续杂交，待有相当数量的理想型个体时再进行自群繁育。因为杂交的目的就是为了获得理想型个体，既然已经有了理想型个体，当然就没必要从头开始了。这不但可以节约大量的人力、物力和财力，而且可以节约很多时间。

（2）有计划从头开始的杂交育种　为了保证进度和质量，育种开始前应根据市场或实际的需要、当地的自然条件和基础群的特点，进行细致的分析和研究，然后以育种理论为指导制订出目的明确、目标具体、方法可行、措施有力和组织落实比较周密的育种计划。在执行计划的过程中，一定要按要求严格选择品种和个体，培育杂种的工作要做好，以尽快得到高质量的理想型。有计划从头开始的杂交育种可使工作少走弯路，加速育种进度，缩短育种时间，并且可培育出高质量的品种。

3. 按育种工作的目的划分

（1）改变应用方向的杂交育种　由于社会的发展和人们需求的变化，原有品种不能满足要求，于是必须在原有基础上改变宠物的应用方向。例如，由原来的工作型犬转变为玩赏型犬，或者由玩赏型犬转变为工作型犬。改变应用方向的杂交育种方式很多，但在方法上都基本一致，即应用一个或几个具有目标类型的品种为改良者，连续与被改良者杂交，在获得理想型后自群繁育。

（2）提高工作能力的杂交育种　当地的品种工作能力较差，但具有对当地环境较强的适应性，为了提高本地品种的工作能力，让当地品种与工作能力较强的非本地品种杂交，在获得理想型的后代后，即停止杂交进行自群繁育。

（3）增进抵抗力的杂交育种　每个品种往往都有其自己最适宜的推广应用范围。由于地域不同，自然条件往往相差很大，有些品种对一些特殊条件如热带、寒带或存在地方病的地区就不能适应。为了工作的需要，培育具有特殊抵抗力的耐热品种、耐寒品种、抗地方病品种等就非常必要。

（二）杂交育种的步骤

开展杂交育种工作，必须在全面调查研究基础上，根据需要，结合当地的自然、经济条件和原有品种的特点，制定一个切实可行的育种方案，确定育种方向、育种指标和育种措施，然后，根据育种方案有计划地进行。

1. 杂交创新阶段

杂交创新阶段是杂交育种工作的第一阶段。这一阶段的主要目的是运用杂交的方法，使两个或两个以上品种的优良特性，通过基因重组和培育，以改变原有类型并创造出新的理想型。为了达到此目的，应注意以下几点：

（1）要有明确具体的理想型要求　即对新品种要有明确具体的要求和指标。

（2）选用的亲本品种要有助于理想型的创造　所用品种和个体越具有理想型要求，越容易创造出新的理想型。为了保证新品种能适应本地的自然条件，亲本品种中最好有一个是当地品种。

（3）要认真做好选种、选配和培育工作　对父母本的选择、个体交配组合的确定及后代的培育等都要认真研究，必要时要在此之前进行初步的试验。

(4) 要灵活掌握杂交的代数　杂交代数的多少，应根据杂种表现如何而定，一般来说，当杂种出现一定的理想类型后，杂交即可停止。

(5) 要珍惜本地品种的优点　杂交时每一个品种所占的比重，应根据理想型的要求、品种及个体品质而定，不能认为外来品种比重越大越好，要珍惜本地品种的优点。

2. 横交定型阶段

横交又叫杂种自群繁育。通过杂交阶段，由于基因分离重组，杂种个体是多种多样的。当杂种群中有占总数15%左右的个体达到理想型要求，并培育出遗传性稳定的杂种雄性个体时，即可组成杂种自群繁育基础群。通过杂种间互相选配（横交），使后代遗传性稳定下来，这称为“横交定型”。要使创造出来的理想型具有稳定的遗传基础，必须做好以下几方面工作。

(1) 停止杂交，选出理想型个体组成杂种自群繁育基础群　对于理想型个体，不必要求同属一个世代，因其后代可能出现严重的分离现象。基础群的组成最好有较广泛的遗传基础，并有一定的数量。

(2) 实行闭锁繁育　为加速有利基因的纯合，应在核心群内选种选配，一般不再引入外血。但是，根据近年来的育种经验，也可运用所谓的“开放核心群育种体系”，其具体的运作机制如图3-1-8所示。开放核心群的优点是扩大了核心群的选择范围，同时也降低了核心群中的近交程度。“开放”不仅可以从制种群雌性返回核心群，也可以从其他种用群引入外血到核心群，其原则是引入种用个体的性能要高，并与原有的育种群有相同的育种目标。

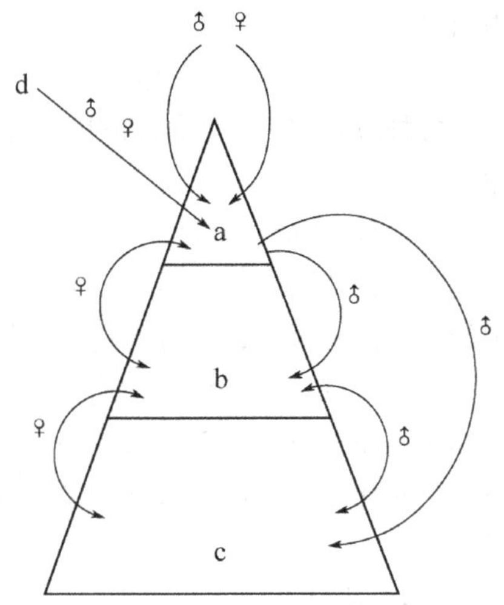

图3-1-8　开放核心群育种体系运作机制

a. 育种核心群　b. 制种群　c. 应用繁殖群　d. 外来个体

(3) 在强调同质选配的基础上，要有目的地采用近交　要尽快固定杂种理想型的遗传特性，近交手段是必不可少的。杂种一般具有较强的生活力，因此，适当的近交不会导致严重的衰退。对近交程度没有严格的规定，但事先要对具体的近交个体及预期的结果进行研究，事后要对后代加强培育，并严格淘汰产生衰退的个体。

(4) 做好种用个体的选留和测定　对理想型的后代，在幼年阶段要加强培育和训练，注意挑选有潜质的个体进行更高一级的训练，以全面测定其品质。然后根据本身的表现，选择符合要求的个体作为下一世代的种用个体。对于种用雄性个体，有条件的还应进行后裔测定，以证明其是否真正为理想型的个体。在选种过程中，对未达到理想型指标的个体绝不能留作种用，对体质不佳或具有严重缺点的个体要严格淘汰。

(5) 要注意建立具有特色的品系　在选择杂种理想型准备进行自群繁育的过程中，对表现特别突出的个体，应考虑建立品系。可选择一定数量的个体与其品质相同的理想型个体进行交配，研究分析其后代，对于符合条件的，应立即加强建系工作，以便更好的稳定其遗传性和巩固新类型。

（6）加强后代的培育工作　宠物各种性状的表现都是遗传和环境共同作用的结果。要想使个体具有良好的表现并适应当地的自然条件，必须在相应的条件下进行培育。

3. 扩群提高阶段

该阶段的主要任务是大量繁殖，增加数量，提高质量。要进一步通过选择和培育，巩固和提高已建立的品系。必要时，可适当进行品系间杂交，建立新品系，使品种群的质量全面提高。实行繁殖与推广相结合，积极推广优良品种，在实践中检验其育种价值。要逐步扩大品种群的数量和分布地区，使育成的品种具有广泛的适应性。

扩群提高阶段开始时，定型工作虽已结束，但是为了加速新品种的培育和提高新品种的质量，还应继续做好选种、选配和培育等一系列工作。不过，这一阶段的选配有着鲜明的特点，即不一定再强调同质选配，而且应避免再用近交。在这一阶段，为了保持定型后的遗传性状，方法上应该是纯繁性质的，杂交一般是不许可的。

通过以上三个阶段形成的品种，经过有关单位鉴定验收，认为符合品种条件时，即可正式成为新品种。

（三）杂交育种中应注意的问题

在杂交育种过程中，为了顺利的完成育种任务，还应在培育新品种的原则基础上注意以下问题。

1. 慎重选择杂交的亲本品种

杂交是为了创造新的理想类型，而新类型的性状则要取决于所用的品种。如果亲本品种有利于创造所需的类型，培育的进度就快，质量也高；反之，培育的进度就慢，质量也低。亲本品种要具有较强且稳定的遗传基础，必须具有新类型所需要的全部主要性状。因此，在选择亲本品种时，应对其形成历史、优缺点及杂交利用的有关资料进行认真的分析研究，在进行对比分析后做出选择。亲本品种的选择宜精不宜多，每选用一个品种都要有明确的目的。

2. 严格选择杂交个体

杂交一定要选用最好的个体，尤其要注意选择具有突出性状、对创造的类型特别需要的个体。

3. 杂交方法要适当

有了适宜的品种和优良的个体后，还应考虑如下问题：一是确定父母本，如果采用复杂杂交，应注意品种的使用顺序；二是确定本地品种的血缘应该保留多少，其他品种的血缘应该占多少为宜；三是应该采用哪些先进的繁育技术，以保证优良种用个体充分发挥作用及杂种个体正常的性能表现。

4. 对杂种进行认真培育

培育的目的不是改变其遗传基础，而是为了使其得以充分发育，以获得理想型个体。不具备一定的饲养管理及训练条件，再好的遗传基础也不能得到充分的表现。

5. 认真选好典型个体

典型个体不一定就是完全的理想型，可以具有各自的优良性状，这样既可以利用它们来固定和提高理想型，也可利用其来建立品系。

6. 抓紧理想型固定工作

一旦获得了足够的理想型个体，就应该立即停止杂交，改用自群繁育。通过选择具有共同优良祖先的个体进行同质选配，逐步稳定后代的遗传基础，从而使它们尽快固定下来。

7. 适当采用近交

近交是迅速固定理想型的有效手段。但是，一定要防止因近交造成生活力降低而出现的各种衰退现象。因此，在选种时，要严格淘汰体质不良、健康不佳或生活力差的个体。

8. 严格选留种用个体

对于种用个体要实行严格的淘汰制度，凡是达不到理想型要求的个体一律淘汰。

9. 及时建立品系

为了加速新品种的育成和进一步的提高，应及时建立品系。品系的建立应在自群繁育固定理想型的过程中开始进行。

10. 积极扩群，大力推广应用

扩群就是要积极繁育理想型个体，迅速扩大理想型个体的数量。这样做，一方面可以避免不必要的近交，避免因过度近交引起的品质退化，同时可扩大种用个体的选择范围，有利于进一步提高新品种的质量。要做好扩群工作，就必须做好新类型的推广应用工作。如果新类型不被人们认可，那么就不能达到培育新品种的目的。

11. 及时研究和改进工作

培育新品种是一项科学性、技术性较强的工作，其方法和步骤都不是固定不变的，这就要求在整个育种过程中要及时研究分析，不断改进。只有严肃认真、精益求精的进行工作，新品种培育工作的进展才能快，质量才能好。

复习思考题

1. 何谓选种？选种应遵循的原则有哪些？
2. 选种的一般方法有哪些？它们各有哪些优缺点以及在什么情况下应用？
3. 何谓选配？选配的作用有哪些？
4. 什么是同质选配和异质选配？二者的作用有何不同，各应注意哪些问题？
5. 什么是近交衰退现象？在实践中应如何防止近交衰退的发生？
6. “品种”和“品系”有何区别？品种应具备哪些条件？
7. 何谓本品种选育？本品种选育的措施有哪些？
8. 在生产实践中应用杂交有何作用？

第二章　宠物的繁殖力

第一节　宠物的繁殖力及其评价

一、繁殖力与正常繁殖力的概念

（一）繁殖力

繁殖力是指宠物维持正常生殖机能、繁殖后代的能力。对于种用宠物而言，繁殖力就是其生产力。繁殖力的高低直接影响到宠物数量的增加、质量的提高、生产力水平和宠物行业的经济效益。

宠物的繁殖力涉及到宠物生殖活动的各个环节。对雄性宠物而言，繁殖力取决于其精液的数量和质量，性欲及交配能力；对于雌性宠物而言，其繁殖力取决于其性成熟的早晚、发情是否正常、排卵数的多少、卵子的受精能力、妊娠时间的长短和哺育幼仔的能力等。随着科学技术的发展，饲养管理因素的改善，宠物的繁殖力正在不断提高，以满足宠物养殖业的发展需求。

（二）正常繁殖力

正常繁殖力是指宠物在正常饲养管理条件下，所表现出的最经济的繁殖力水平。而运用现代繁殖新技术所获得的繁殖力，则不属于其正常繁殖力水平。

二、繁殖力的评价

宠物繁殖力的高低，常用发情率、受配率、受胎率、繁殖率等指标来评价。通过年度或阶段性统计宠物的繁殖力指标，可以评价宠物繁殖机能是否正常，检验宠物繁殖改良工作成果的优劣，从而能够及时发现问题、找出不足，以便及时改进，不断提高宠物的繁殖力，增加宠物行业的经济效益。

（一）犬、猫繁殖力的评价

1．发情率

指发情犬、猫数占应发情犬、猫数的百分率。发情率的高低，可反映犬、猫的发情活动是否正常。

$$发情率=\frac{发情犬、猫数}{应发情犬、猫数}\times 100\%$$

2. 受配率

指参加配种的犬、猫数占发情犬、猫数的百分率。该指标主要反映对犬、猫配种工作的组织情况。

$$受配率=\frac{配种犬、猫数}{发情犬、猫数}\times 100\%$$

3. 受胎率

受胎率可分为总受胎率、情期受胎率和第一情期受胎率。此项指标反映了对犬、猫配种效果的高低。

(1) 总受胎率　指配种后妊娠犬、猫数占参加配种犬、猫数的百分率。

$$总受胎率=\frac{妊娠犬、猫数}{配种犬、猫数}\times 100\%$$

(2) 情期受胎率　是指妊娠犬、猫数占配种情期数的百分率。此项指标能真实反映犬、猫的实际配种效果。

$$情期受胎率=\frac{妊娠犬、猫数}{配种情期数}\times 100\%$$

(3) 第一情期受胎率　指第一次发情配种后妊娠犬、猫数占第一次发情配种犬、猫数的百分率。此项指标反映了犬、猫第一次发情配种的效果。

$$第一情期受胎率=\frac{第一情期配种妊娠犬、猫数}{第一情期配种犬、猫数}\times 100\%$$

4. 分娩率

指分娩犬、猫数占妊娠犬、猫数的百分率。此项指标反映了对妊娠犬、猫保胎防流工作的水平。

$$分娩率=\frac{分娩犬、猫数}{妊娠犬、猫数}\times 100\%$$

5. 产仔窝数

指犬、猫一年内产仔的胎数。

6. 窝产仔数

指犬、猫每胎产仔的只数。

7. 断奶成活率

指断奶时成活的幼仔数占出生时活仔数的百分率。此项指标反映了母犬、母猫的泌乳能力、护仔性及对犬、猫哺乳期饲养管理的成绩。

$$断奶成活率=\frac{断奶时成活幼仔数}{出生时活仔数}\times 100\%$$

8. 繁殖率

指本年度内初生仔数（包括出生后死亡的幼仔）占上年度末适繁母犬、母猫数的百分率。该指标主要反映犬、猫的增殖效率，它与发情、配种、受胎、妊娠和分娩等生殖活动的机能以及管理水平有关。

$$繁殖率=\frac{本年度出生仔数}{上年度末适繁母犬、母猫数}\times 100\%$$

9. 繁殖成活率

指本年度内幼仔成活数（不包括死产及出生后死亡的幼仔）占上年度末适繁母犬、母猫数的百分率。它能反映犬、猫群体的实际增长水平。

$$繁殖成活率 = \frac{本年度内幼仔成活数}{上年度末适繁母犬、母猫数} \times 100\%$$

（二）鸟类繁殖力的评价

1. 产蛋量

指鸟类在一年内的平均产蛋个数。

2. 种蛋受精率

指受精的种蛋数占产蛋总数的百分率。

$$种蛋受精率 = \frac{受精种蛋数}{产蛋总数} \times 100\%$$

3. 种蛋孵化率

指出雏数占受精蛋数或入孵蛋数的百分率。

$$受精蛋孵化率 = \frac{出雏数}{受精蛋数} \times 100\%$$

$$入孵蛋孵化率 = \frac{出雏数}{久孵蛋数} \times 100\%$$

4. 育雏率

指育雏期结束时，成活雏鸟数占育雏期初总雏鸟数的百分率。

$$育雏率 = \frac{育雏期末成活雏鸟数}{育雏期初雏鸟总数} \times 100\%$$

第二节　宠物的繁殖障碍

宠物的繁殖过程是从产生精子和卵子开始，经过配种、受精、妊娠、分娩和泌乳的一系列有序协调过程，其中任何一个环节出现障碍，都会影响其正常的繁殖机能，甚至造成宠物不能生育后代的结果。

繁殖障碍是指宠物生殖机能和生殖器官异常，暂时性或永久性不能正常繁殖后代的现象。雄性宠物由于繁殖障碍不能与雌性宠物正常交配，或者精液品质不良，不能使雌性宠物受胎的现象称为不育。而雌性宠物由于繁殖障碍不能繁殖后代的现象称为不孕或不育。

一、雄性宠物的繁殖障碍

（一）公犬、公猫繁殖障碍的种类

公犬、公猫的繁殖障碍主要有先天性不育、获得性不育及低受精力等。在先天性不育中，最常见的是睾丸发育不全、体积较小、质地坚硬或柔软，多数公犬、公猫表现有正常的性欲，但无精子产生。两侧附睾节段性发育不良者，射精反射虽然正常，但射出的精液中无精子。低受精力是指由于精子数少、活力差、畸形率高而导致的繁殖障碍。雄性假两性畸形时，有睾丸，无阴茎，但有阴门。

获得性不育是由后天因素导致的繁殖障碍，其原因较为复杂，有如下一些种类：

1. 环境应激

由环境条件过度变化产生的应激会影响公犬、公猫的生殖能力。如睾丸温度和体温相同时，精子就会失去活力，高温持续的时间如果很长，睾丸就会丧失生精能力。

2. 局部贫血

当睾丸精索发生扭转时，供应睾丸的血液量会大大减少，导致睾丸贫血而影响生精能力，同时损害分泌睾酮的睾丸间质细胞，使公犬、公猫的配种能力下降或丧失。

3. 自身免疫

当睾丸组织受损时，睾丸内的精子会进入身体其他部位而产生自身免疫反应，使精子的受精能力下降。

4. 化学物质中毒

某些化学物质会引起公犬、公猫的生殖障碍。如锌能使睾丸间质细胞和曲精细管发生严重坏死，α－氯代甘油和烷基化合物类药物（如苯丁酸氮芥、磷酰胺等）能引起睾丸和附睾发生病理变化，两性霉素 B、雌激素、抗雌激素可引起睾丸萎缩，磷酰胺、长春花碱等抗肿瘤有丝分裂剂能抑制睾丸细胞分裂。

5. 激素分泌失调

当公犬、公猫的甲状腺机能亢进时，睾丸生精能力下降。肾上腺皮质激素的变化，可影响垂体和睾丸的机能。丘脑下部肿瘤或垂体肿瘤，促性腺激素分泌减少，可引起睾丸变性和萎缩。

6. 生殖器官炎症

阴囊皮炎、睾丸炎、附睾炎、副性腺炎等生殖器官炎症，会损害精子，导致精子活力差、畸形精子数增多，使输精管道堵塞等。

7. 交配过度

可使受精能力降低或不受胎。

8. 衰老性不育

由于机体的衰老，生精机能降低或丧失，交配能力下降或无能等。

9. 饲养管理不良

由于饲养管理不当，导致营养不良，过肥或过瘦，缺乏某些微量元素等，均可导致精子生成障碍，交配机能下降等。

（二）公犬、公猫繁殖障碍的诊断

1. 病史调查

调查病史的重点是公犬、公猫的繁殖历史，包括饲养管理情况、预防接种情况、健康状况、年龄大小、疾病及治疗情况、以前的交配情况（交配的母犬猫数目、妊娠情况和窝产仔数）等。

对病史资料的调查要进行认真仔细地分析研究，去粗取精，去伪存真。通过对病史资料的了解，能够有助于对公犬、公猫繁殖障碍作出一个正确的判断。

2. 临床检查

包括全身检查、生殖器官检查、精液品质检查和性行为观察等。

全身检查的内容包含机体的发育是否正常，是否过肥、过瘦，是否患有全身性疾病等。生殖器官检查包括阴囊、睾丸、阴茎和前列腺的发育状态，是否畸形，有无外伤和病理性变化等。精液品质检查包括精液颜色、气味、精子活力、精子密度和精子形态等的检查。

（三）公犬、公猫繁殖障碍的治疗

对患有生殖器官疾病和全身性疾病的公犬、公猫，要针对原发病进行相应治疗；对先天性不育和衰老性不育的公犬、公猫，一般做淘汰处理；对饲养管理性不育的公犬、公猫，可改善饲养管理，加强运动，全价饲养；对激素分泌不足性不育，可使用睾丸素、PMSG、HCG 等加以治疗。

二、雌性宠物的繁殖障碍

（一）母犬、母猫繁殖障碍的种类

母犬、母猫性成熟后不发情，或分娩后不能再次配种受胎，或屡配不孕都属繁殖障碍。

母犬、母猫繁殖障碍的种类如下：

1. 先天性不孕

是由母犬、母猫生殖器官发育不全，雌雄间性，生殖道异常（如子宫颈、子宫角纤细，子宫颈缺陷或闭锁，阴道或阴门过于狭窄或闭锁而不能交配）等先天因素导致的不孕。对先天性不孕的母犬、母猫，不能作为种用。

2. 饲养管理性不孕

是由饲养管理因素导致的繁殖障碍。长期、单纯饲喂过多的蛋白质、脂肪、碳水化合物，并缺乏运动，可使母犬、母猫过肥，卵巢内脂肪沉积和浸润，卵泡上皮发生脂肪变性，影响卵子的发生及排出，致使卵巢静止，表现不发情，或虽发情但配种后不受胎，或虽受胎但会引起胎盘变性，流产率、死胎率、难产率等明显增加。母犬、母猫日粮单调，质量差或缺乏必须氨基酸、矿物质和维生素等，也会造成不孕。维生素 A 缺乏，可引起子宫内膜上皮细胞、卵母细胞及卵泡上皮细胞变性，卵泡闭锁或形成囊肿。缺乏维生素 E 可造成发情周期紊乱，引起妊娠中断、死胎或隐性流产。维生素 B 缺乏，可引起子宫收缩机能减弱，卵母细胞的发育和排卵遭到破坏，使母犬、母猫长期不发情。维生素 D 缺乏，可引起体内钙、磷等的代谢紊乱，从而间接引起不孕。此外，钙、磷、硒、钴、锌等的缺乏也可导致母犬、母猫不孕。营养性繁殖障碍在实践中较为常见，程度有所不同，容易被忽视。因此，对母犬、母猫的饲养管理性不孕，应通过加强饲养管理，饲喂全价日粮，加强运动，做好妊娠期间的保胎防流工作等措施加以防治。

3. 疾病性不孕

是由母犬、母猫生殖器官疾病或全身性疾病而导致的不孕。如子宫积脓综合症、子宫炎、阴道炎、输卵管炎、卵巢炎、卵巢囊肿、卵巢肿瘤、子宫和阴道肿瘤、布氏杆菌病、弓形体病、钩端螺旋体病等，都会造成母犬、母猫的不孕。对于疾病性不孕，应有针对性地对原发病进行及时的治疗。

4. 应激性不孕

是指由环境的突然变迁，气温、日照的骤然变化等原因而造成的繁殖障碍。因此，在对母犬、母猫的饲养管理过程中，要尽量保持稳定的环境条件。

5. 衰老性不孕

由于年龄的过大而导致的不孕。对衰老性不孕，应及时进行淘汰。

6. 繁殖技术性不孕

由于母犬、母猫的配种技术不规范或不正确而导致的不孕。如配种时间掌握不准，配种方法不当，人工授精过程中精液处理不当等，都可造成母犬、母猫的不孕。

7. 假孕

母犬、母猫有时会出现假妊娠现象，可见乳腺发育胀大、乳头潮红，有的还能挤出乳汁，长期不发情，有搭窝、厌食、呕吐、表现不安和急躁等现象，腹围逐渐增大，但触摸不到胎囊和胎体，一般30～40d后腹部逐渐缩小，恢复到正常状态。假孕是由于持久黄体而导致的。母猫的假孕可发生在与不育的公猫“假配”之后，也可发生在一些类似“假配”刺激（如用玻璃棒刺激子宫颈，制作阴道黏液涂片取样时对阴道的刺激，对会阴部按摩等）之后。猫的假孕期约为40～50d。

（二）母犬、母猫繁殖障碍的诊断

综上所述可以看出，母犬、母猫不孕的原因复杂，治疗不孕症的关键是要正确诊断及查明原因才能对症治疗。对母犬、母猫不孕症的诊断，既要向主人详细问诊，又要进行系统全面的临床检查。问诊内容包括母犬猫的年龄、胎次、病史、日粮水平、交配情况等。临床检查的内容包含机体的发育是否正常，是否过肥、过瘦，是否患有全身性疾病等。生殖器官检查包括外阴部、阴道、子宫颈、子宫和乳腺的发育状态，解剖学变化是否正常，有无外伤和病理性变化等。

（三）母犬、母猫繁殖障碍的治疗

不孕症的治疗宜早不宜迟。治疗包括一般性治疗和针对性治疗。一般性治疗是指加强饲养管理，饲喂全价日粮，加强运动等。针对性治疗是指对生殖器官的疾病等原发病进行及时的治疗。此外，激素疗法是治疗不孕症的重要而有效的手段，选用的生殖激素有三合激素、前列腺素、PMSG、HCG、孕酮、雌激素等，使用时要对症治疗，避免盲目乱用。

第三节　提高宠物繁殖力的措施

一、影响宠物繁殖力的因素

宠物的繁殖力高低受多种因素的影响，如遗传、年龄、环境、饲养管理、繁殖技术和疾病等因素。弄清这些因素对宠物繁殖力的影响，可以给不断提高宠物繁殖力提供科学的依据。

（一）遗传因素的影响

遗传因素对宠物繁殖力的影响较为明显，不同种类的宠物及同种宠物的不同品种，甚至同一品种的不同个体，繁殖能力均存在着差异。

（二）环境因素的影响

环境是宠物赖以生存的基本条件，是影响宠物繁殖力的重要因素。如不同季节中的温度、光照、湿度等气候性因素可明显影响宠物的繁殖活动。猫一年四季均可发情，但在适宜的季节发情者居多，其他季节相对减少，有淡旺季之分。犬的发情季节多集中于春、秋两季。在高温的热应激下，公犬、公猫睾丸的生精能力下降，母犬猫的受精、妊娠和胚胎发育也受到不良影响，受胎率下降或出现不育。

（三）营养因素的影响

营养是影响宠物繁殖力的重要因素。营养不良会导致母犬、母猫性成熟延迟，发情规律紊乱，受胎率降低，流产、死胎的比例增加。公犬、公猫营养不良，则精液质量不佳，配种机能下降。

蛋白质是宠物繁殖必需的营养物质，蛋白质长期缺乏会使公犬、公猫精液品质下降，精子活力降低。蛋白质不足，使母犬、母猫生殖器官发育受阻、卵巢发育不全、不发情等。

饲料中能量水平对宠物繁殖影响也较大。能量过高，公犬、公猫过肥，精液品质下降，影响其性欲和交配能力，母犬、母猫卵巢、输卵管脂肪过度沉积，致使卵泡发育受阻，影响排卵和受精，受胎率明显下降。

矿物质和维生素缺乏对犬、猫的繁殖力亦有影响。缺乏钙、磷会使卵巢萎缩，易出现死胎或流产。铜缺乏可增加胚胎的死亡率，抑制发情，繁殖力下降。缺乏维生素 A，可使母犬、母猫阴道上皮角质化，胎儿发育异常。维生素 E 缺乏会使母犬、母猫繁殖机能紊乱，屡配不孕。

（四）管理因素的影响

随着宠物养殖业的发展，宠物的繁殖已逐渐在人类的控制下进行。良好的管理是保证宠物繁殖力充分发挥的重要前提。合理的饲喂、运动、调教及房舍卫生设施等，对宠物繁殖力均有影响。管理不善，不但会使宠物繁殖力下降，严重时会造成宠物的不育。

（五）年龄的影响

宠物的繁殖力是一个由发生、发展直至衰亡的过程，随着年龄的变化而变化。青年公犬、公猫的精液品质随年龄的增长而逐渐提高，到了一定年龄以后，又开始下降。母犬、母猫到了一定年龄以后，受胎率、产仔数等也明显下降，最终会停止繁殖后代。

二、提高宠物繁殖力的措施

提高宠物繁殖力，最基本的是要使种用宠物保持旺盛的生育能力，具有良好的繁殖体况。从管理方面，要不断提高宠物的配种率、受胎率、分娩率和幼仔成活率。另外，还要及时防治宠物的繁殖障碍。

（一）选择优秀的宠物作种用

由于同一宠物品种内各个体之间繁殖力高低有差异，因此，选择繁殖力高的个体作种用，可使后代的繁殖力得到提高。选择雄性宠物时，要充分考虑其祖先的生产能力，进行严格的家系和个体选择，经后裔测定确认为优秀个体，方可应用于繁殖改良。选择雌性宠物时，要注意性成熟的早晚、发情排卵情况以及受胎能力。值得提出的是，在选择雌性宠物时，不能只是过分强调繁殖力指标，而应对其所有性状进行综合考虑。

（二）加强种用雄性宠物的培育，提高精液质量

品质优良的精液是保证宠物受胎率的重要条件。实践中要从雄性种用宠物的选种、饲养管理、调教和采精等环节上，都要进行严格的把关，加强技术的熟练程度。人工采集精液后要进行细致、严格的检查和处理，不合乎标准的精液禁止用于人工输精。

（三）做好雌性宠物的发情鉴定，达到适时配种或输精

发情鉴定的准确程度是适时配种或输精的前提，是提高宠物繁殖力的重要环节。犬、猫的发情各有特点，应根据其发情的外部表现、阴道黏液的分泌情况和对雄性的反应等进行综合判断，才能确定最佳的配种时间或输精时间。

（四）积极推广应用繁殖新技术

在宠物的繁殖改良实践中，不断推广应用人工授精、发情控制和胚胎移植等先进的繁殖技术，可以充分发挥优秀种用宠物的繁殖潜能，使宠物的繁殖率明显提高。

（五）加强宠物妊娠期的饲养管理工作，减少胚胎死亡和流产

胚胎死亡和流产是影响宠物繁殖力不可忽视的一个重要方面。在宠物妊娠期间，适当的营养水平和良好的饲养管理能使胚胎正常发育，可减少胚胎早期死亡。雌性宠物配种后，要尽早地进行妊娠诊断，以便对妊娠的宠物加强饲养管理，给以全价日粮，避免挤压和冲撞，对出现流产先兆者，可肌肉注射孕酮等保胎药物进行保胎。

犬在不同生理阶段对营养的需求是不同的，只有科学地调配犬的日粮，保证妊娠各阶段胎儿发育所需的营养物质，才能有利于母犬和胎儿的健康。母犬妊娠期的营养调节对胚胎发育影响很大，妊娠20d左右是胚胎的着床期，大部分犬食欲减退，有些犬表现“妊娠反应”性呕吐，此期也是胎儿大脑形成和发育时期，可加喂核桃仁、芝麻等果实类食物，有助于健脑。妊娠30～35d之后，母犬食欲增加，日粮中应增加肉类、鱼粉、骨粉、蛋类和维生素等。妊娠45d至分娩前这段时期，要连续喂服维生素E，以促进胎儿发育。对食欲旺盛的犬要限量喂食，防止妊娠后期过肥。

妊娠期母犬运动量的强弱决定其分娩动力的大小。母犬在妊娠20d时最容易流产，此时运动量不能过大。妊娠40d以后应适当增加运动量，这有利于胎儿生长并可矫正胎位。妊娠后期的运动量，每天应达到2h，运动方式以散放或随主人行动为主。

（六）做好宠物的接产和助产工作，提高幼仔成活率

根据宠物的配种时间，准确推算其预产期，做好正常分娩的接产和难产救助工作，是保证宠物顺利分娩的重要措施。在产后哺乳期间，注重饲养管理工作，保证环境条件的适宜，是促进母、仔健康，提高幼仔成活率的关键。

母犬产后由于体力消耗较大，失血较多，表现呼吸急促、四肢负重不良、食欲较差，这时要从保健的角度，除增加高蛋白、高能量饲料外，还要同时加喂ATP能量合剂。在产后期内，要根据母犬排出恶露的颜色和性状进行选择性用药。当母犬阴道内排出血色分泌物时可肌肉注射催产素20IU，每日2次；当母犬产仔数较多时，使用催产素既有催乳作用又有止血效果；当母犬阴道内排出深绿色分泌物时，可投喂新生化冲剂或益母草膏，有通络化淤之功效；当母犬阴道内排出焦油状分泌物时，说明子宫有炎症，要同时使用抗菌素和催产素。有的母犬产仔后乳汁分泌不足或无乳，经催乳泌乳3～5d后再次无乳，可用通乳散等中成药于产前1周开始服用直至产后1周为止；对气血两虚造成无乳的犬，要饲喂富含维生素E的饲料和有催乳作用的鲫鱼、鲤鱼等。初生仔犬免疫功能低下，主要通过初乳获得母源抗体来增加抵抗力。因此，对初生仔犬应哺食初乳。

（七）及时防治宠物的繁殖障碍

繁殖障碍是影响宠物繁殖力的重要因素。确认宠物患有不育症后，要及时根据不育症的种类进行处理或治疗。对遗传性、永久性和衰老性不育的宠物应尽早淘汰，对疾病性不

育的宠物应对症进行治疗，对饲养管理性不育的宠物，应通过改善饲养管理来加以克服。在人工授精技术中，要严格遵守操作规程，对产后母、仔做好护理工作，加强饲养管理，尽量减少不育症的出现。

子宫内膜炎在犬、猫的繁殖障碍中占有较高的比例，由于炎性分泌物的危害作用，造成犬、猫的受精、胚胎附植、胚胎发育和妊娠等出现障碍，因此要特别加以注意。

引起犬、猫子宫内膜炎的原因有多种，如难产时未经消毒的助产以及助产时对产道的损伤并发细菌感染；产后胎盘或死胎滞留在子宫内，产后期饲养管理不当，环境卫生不良，造成生殖道的感染；配种时生殖器官不洁，人工授精时不注意无菌操作等，都可造成子宫的感染而发生子宫内膜炎。

子宫内膜炎的临床症状，根据病情严重程度的不同有较大差异。患隐性子宫内膜炎的犬、猫，平时无明显症状，但在发情时可从子宫中排出混浊或絮状分泌物，虽然发情周期正常，但屡配不孕；患慢性卡他性子宫内膜炎者，属子宫黏膜的浅层炎症，病理变化较轻，子宫黏膜增生变厚，分泌物混浊有絮状物，阴道黏膜充血，子宫颈口开张，一般无全身症状，发情周期正常，屡配不孕或胚胎早期死亡；患慢性化脓性子宫内膜炎者，由化脓性细菌感染而引发本病，发情周期紊乱，可见生殖道内排出脓性、混有血液的分泌物，触诊腹部时感觉子宫体积增大，有波动感，阴道黏膜和子宫颈水肿并严重充血，偶尔出现坏死性子宫内膜炎，是由于细菌侵入子宫深层组织而引起的；患急性子宫内膜炎的犬、猫，最初的症状出现在分娩后12h至4d内，表现精神沉郁、厌食、体温升高达39.5℃以上、脉搏频数、泌乳量下降或拒绝哺乳，有的伴发乳房炎，出现拱背和努责表现，阴道内排出稀薄、恶臭、灰白色、黄褐色或红色的分泌物，胎膜滞留时排出绿色或黑色分泌物。如阴道排出物中含有大量黏膜，则为中毒表现，往往出现抽搐症状，精神高度抑郁，并经常舔触阴唇。腹部触诊时可感觉到松弛的子宫，继发腹膜炎时因疼痛而拒绝触诊。实验室检查，白细胞数明显增多且大多数伴有核左移。

子宫内膜炎的治疗：临床上治疗子宫内膜炎多采用子宫冲洗结合灌注抗菌素的方法。即用37～38℃的灭菌生理盐水50～100ml或0.1%雷夫奴尔冲洗子宫，边注入边排出，冲洗完毕后，再往子宫内注入40万～80万IU氨苄青霉素溶液10ml，同时为促进子宫收缩，排出炎性渗出物，可肌肉注射己烯雌酚0.5～1.5ml，或肌肉注射催产素5～10IU，或按0.2mg剂量，灌服麦角新碱，每日3次，连服2～3d。对有全身症状者，可选用效果好的抗生素进行全身治疗，并且当体温降到正常以后，至少继续应用3～4d。此外，通过腹壁按摩子宫也有一定效果。当患病犬、猫体质虚弱时，要进行静脉补液，防止脱水，以维持体内的电解质平衡并具有解毒作用。对严重的子宫积脓、久治不愈者，冲洗子宫和药物疗法往往疗效不佳，最好施行手术疗法，切除子宫和卵巢。

第四节　宠物的去势

一、犬的去势

为了对犬进行计划生殖、优生优育、繁殖优良品种、淘汰劣质品种、有效控制数量和质量，可采用对公犬摘除睾丸、对母犬摘除卵巢及子宫的方法。一般而言，小型母犬7个月龄左右开始发情，大、中型母犬的初情期比小型母犬晚一些。母犬发情有季节性，多在春季和秋季。家养母犬发情时，常在夜间大声嘶叫，由于阴道内排出血性分泌物，常常污染主人家中的地板、沙发、被褥等。为了防止母犬发情时对主人造成的烦恼，可对其进行去势处理。母犬去势后，可使其不再发情，还能预防由卵巢源性内分泌紊乱引起的乳腺肿瘤、阴道增生、某些皮肤病和假孕等，同时也能治疗子宫、卵巢和输卵管感染、肿瘤、创伤、先天性畸形、子宫积脓等。给公犬去势后，使其不再寻找母犬，性情变得温顺，不再粗野打架，更加亲近主人，安于家中不向外跑，便于饲养和管理，减少危险和发生传染病的可能性，同时可去掉尿臊臭味，不再到处乱撒尿。另外，给公犬去势还能治疗睾丸和阴囊的创伤、肿瘤及精索炎、前列腺肿大、会阴疝等。

（一）公犬的去势手术

公犬去势的最佳年龄是0.5～1岁，以气候凉爽的春季和秋季去势为宜，如以治疗疾病为目的，则不受年龄和季节的限制。去势手术前要进行严格的术部剪毛、消毒和麻醉等处理。

手术时，阴囊皮肤的手术切口，小型犬为一个，沿阴囊缝隙切开；大型犬可为两个，在阴囊缝隙两侧平行于阴囊缝隙切开。切口应尽量靠近阴囊底部，不能靠上或偏斜，以防术后阴囊积液。对幼龄犬，将阴囊切口后，先将睾丸挤出切口外，再用拇指和食指尖端在精索明显变细处反复撸挫、捻转，直至将精索挫断为止。对大型成年公犬，将睾丸挤出切口外，要将精索进行双重结扎后剪断，然后除去睾丸。在手术过程中应注意，撕开阴囊韧带时，对睾丸系膜不要过度分离，将其分离到精索欲断处即可，同时精索断端不要留得太长，否则术后精索断端易脱出切口外而引起感染，影响创口愈合。另外，不能将精索强行拉断而造成止血不良，如精索摘除过多，其断端缩回腹腔，可引起不易观察的内出血。

睾丸摘除后，阴囊切口不必缝合，或做上部的部分缝合，但不能密闭缝合。阴囊切口周围要用碘酊消毒，精索断端及创缘可用刺激性小的消毒剂消毒，不要用高浓度的碘酊消毒，否则公犬苏醒后，因刺激疼痛而发生摩擦、啃咬、抓挠等而造成术部感染。

（二）母犬的去势手术

母犬去势的最佳年龄是0.5～1岁，以气候凉爽的春季和秋季施术为宜，但要避开发情期。术前母犬应绝食12h，使胃肠空虚，以便于探查卵巢；另外，术前要让母犬排尿，或开腹后压迫膀胱排尿，以免术中损伤膀胱。

母犬手术部位的选择，应在脐孔后4～10cm的腹白线上。开腹时应将腹白线及腹膜提起后剪开或切开，不可粗暴下刀，以免损伤腹内器官。开腹后将食指伸入腹腔并沿腹壁朝脊柱方向，在肾脏后方仔细探摸到卵巢，并将其轻轻引至切口外，或先摸到子宫后向前导出卵巢。因母犬的卵巢系膜、输卵管系膜和子宫系膜较短，引导时不可强行拉拽，以免拉断血管而出血。将卵巢导至切口外的同时，可将腹壁切口压向背侧，以配合卵巢的显露。用止血钳在卵巢下方夹住卵巢系膜，在止血钳下方用丝线结扎卵巢系膜后切除卵巢。松开止血钳，确认无出血后方可将断端还回腹腔。

犬的子宫属于双角子宫，子宫角长而直，系膜短，故很难像阉割小母猪那样采用小挑法。另外，母犬子宫壁较厚、管径细，呈淡红色，而小肠管经较粗，呈扁带状，管壁较薄，色泽深暗，子宫系膜较肠系膜血管少，阉割时应注意加以区别，避免误操作。

如果只摘除卵巢，而不摘除子宫，容易造成术后子宫角蓄脓并发症。故在摘除卵巢的同时，结扎切断子宫体，将卵巢和两个子宫角全部摘除是比较适宜的。

二、猫的去势

猫作为人类的伴侣动物，为广大的饲养者带来了快乐。很多人喜欢饲养母猫，因为母猫性情温顺，喜欢和主人撒娇，常常陪伴在主人身边。但是，母猫到性成熟后出现周期性发情，表现不安静、烦躁，食欲下降，到处乱撒尿，甚至发出“嗷嗷”叫声，夜间喜欢出去寻找公猫，很容易妊娠，而且扰民，影响邻里关系。同时，由于母猫的发情、妊娠、产仔以及过度繁殖等问题也给饲养者带来了不少麻烦。因此，越来越多的宠物主人选择给母猫做去势手术。公猫好斗性强，容易抓伤或咬伤主人，增加了感染疾病的风险，且公猫在7～9月龄性成熟时，当受到发情母猫气味以及叫声的诱惑，也会表现发情而不停的鸣叫，外逃寻找母猫。另外，性成熟后的公猫为了抢占地盘，常常随地小便，尿骚味很浓。

综上所述可以看出，选择公猫或母猫饲养各有利弊，应根据主人的喜好来选择。但无论选择公猫还是母猫，为避免上述情况的发生，可进行去势手术来加以克服。

（一）公猫的去势手术

给公猫去势就是手术摘除公猫的睾丸，这样可以消除公猫的腥臊气味，使其性情变得温顺，更讨主人的喜欢。另外，通过去势，还可治疗公猫的睾丸或阴囊创伤、前列腺肥大、精索炎和腹股沟阴囊疝等病症。公猫去势的适宜时间一般在6月龄前未达到性成熟时为好。

1. 术前准备

①对公猫进行健康检查，测量体温、呼吸、心率、体重，观察外阴部是否异常等。如果公猫健康不佳或有病，暂不要去势。

②去势前对公猫禁食半天，注射破伤风抗毒素。准备好呋喃西林或青霉素，以备去势后喷洒在创口上。

③准备手术刀1把、止血钳2把、手术剪1把、小镊子1把、缝合线和灭菌纱布等。术前将手术器材用0.1%的新洁尔灭溶液浸泡30min或煮沸30min进行消毒。术者应洗净手臂，用0.1%的新洁尔灭溶液浸泡消毒。

④对公猫进行全身麻醉。常用的麻醉药有：846＋氯胺酮；846（0.2ml/kg体重）；3%塞胺酮（0.1ml/kg体重）；舒泰麻醉药；氯胺酮（剂量为5～15mg/kg体重，肌肉注射后3～5min可发生作用）等。

⑤对公猫进行术部消毒。用绷带包扎公猫尾根部被毛，固定尾巴后将阴囊及周围的被毛剪除，先用0.1%的新洁尔灭溶液洗净、擦干术部，再用2%的碘酊消毒，最后用75%的酒精涂擦脱碘，以减少碘酊的刺激作用。

2. 去势操作

把麻醉后的公猫横卧保定，将灭菌纱布中间剪开3～5cm长的口子作为创巾盖住公猫会阴部，使阴囊暴露在外。手术采用鞘膜去势法，即用左手拇指和食指固定一侧睾丸，并使阴囊的皮肤绷紧，右手持手术刀沿睾丸的纵轴方向并于阴囊缝隙线平行，一次性切开阴囊和总鞘膜达1～2cm长，将睾丸挤出，剪开或撕开阴囊鞘膜，再分离睾丸系膜，将阴囊或总鞘膜推向腹壁方向，使精索暴露，用缝合线双重单结结扎，然后剪断精索，看不到出血时，用2%的碘酊消毒断端，剪断尾线，使精索缩回阴囊内。对未成年的公猫，也可使用两个止血钳将精索碾断或用指甲撕断，但要注意止血。以同样的方法将另一侧睾丸摘除，然后将抗生素撒入创口内，除去创巾，进行局部消毒即可。对未免疫的公猫，手术后应接种猫瘟疫苗，或用进口三联苗、狂犬苗进行免疫。

3. 术后注意事项

①手术结束，当公猫从麻醉状态中完全苏醒后，要给以新鲜的饮水，经2～3h后，即可喂食少量食物，并逐渐恢复到正常饲喂状态。

②手术部位应保持清洁、干燥，一般6～7d后，阴囊萎缩，创口开始愈合，再经3～5d后即可给猫洗澡了。

③如果术后2～3d局部出现肿胀并有分泌物排出，同时体温升高时，应及时肌肉注射青霉素进行消炎处理。

（二）母猫的去势手术

1. 术前准备

（1）手术切口部位的选择　脐孔后腹中线切口是进行母猫去势手术的最佳部位。沿脐孔后腹中线切开3～5cm长的切口，可兼顾两侧卵巢的摘除，也可同时进行剖腹产手术。如需进行卵巢和子宫的全切手术，可从脐孔后开始向后切开腹中线5～8cm长的切口。另外，也可在母猫的腹侧壁作平行于体躯的切口，使切口长5～8cm。当由于某种原因不宜进行腹中线切口时（如二次手术，或怀孕后期乳腺发育挤压腹中线等），可选择腹侧壁切口部位，但选择该手术切口部位，在牵引和摘除切口对侧卵巢时会有一定的困难。

（2）手术部位的处理　先用剪子剪掉手术部位的被毛，再用手术刀进行剃毛，最后对术部进行常规消毒处理。

（3）全身麻醉　方法同公猫睾丸摘除术。

2. 手术方法

（1）卵巢摘除术　单纯对母猫进行去势时，通常只摘除两侧卵巢，保留子宫角和子宫体。手术时，将母猫仰卧保定，用速眠新（846）麻醉剂作全身麻醉，然后用手术刀自脐孔后1cm处向后沿腹中线切开皮肤、皮下组织、腹白线及腹膜，使切口长3～4cm。术者用中指伸入腹腔，沿腹壁探查背脊处的子宫角及卵巢，最好先探查右侧的子宫角及卵巢，以免探查左侧子宫角时受脾脏的干扰。探摸到子宫角后，小心牵引出一侧子宫角并显露出卵巢，用纱布隔离固定，在卵巢系膜无血管区切一小口，经此切口对卵巢与肾脏之间的卵巢悬韧带进行贯穿结扎，然后对卵巢与子宫角之间的卵巢固有韧带也进行贯穿结扎，完整剪除两结扎点之间的卵巢和卵巢囊，确认肾侧卵巢韧带断端不出血后将其放回腹腔。再沿切除卵巢侧子宫角牵引出子宫体，并牵引出对侧卵巢，按上述方法将其摘除。最后将子宫放回腹腔中，常规缝合腹壁切口，装上结系绷带。术后给母猫肌肉注射抗生素，防止术后感染。

（2）卵巢、子宫全切术　如在摘除母猫卵巢时，发现子宫有炎症、蓄脓等病变时可选择卵巢、子宫全切术；另外，在剖腹产同时兼做去势手术也可采用卵巢、子宫全切术。手术时，牵引出一侧卵巢，按前述方法结扎卵巢悬韧带并切断之，并用止血钳夹持卵巢侧断端，沿子宫角旁侧剪开子宫系膜（子宫阔韧带）并分离至子宫体处。手术时应注意对卵巢动脉、子宫中动脉及子宫后动脉的止血。用相同方法分离对侧卵巢及子宫，然后在子宫体后部连同两侧子宫后动脉作子宫体的贯穿结扎，在结扎部位前1cm处用止血钳夹持并切断子宫体，摘出完整的子宫及卵巢。残留的子宫体断端不必缝合，用酒精消毒后放回腹腔，最后常规缝合腹壁切口。

3. 手术去势时应注意的问题

（1）去势时间的选择　一般情况下，母猫的去势手术应选择在6～7月龄第一次发情前为最佳时机。如为性成熟后乃至经产母猫做去势手术时，应在休情期进行。如在发情期作去势手术时，要特别注意卵巢动脉及周围血管的止血问题。有人认为在母猫6～14周龄时进行早期去势手术，虽有诸多优点，但手术中潜在的危险以及过早摘除卵巢后激素分泌受阻所引起的生理、行为是否受到影响均有待探讨。

（2）施术方法的选择　健康母猫的生理性去势，一般可采取摘除双侧卵巢，保留子宫的方法。但有人主张将子宫一并切除，以防止子宫蓄脓。也有人认为卵巢完全摘除后，子宫不存在感染的危险，同时可减少发生乳房肿瘤的比率。当然，在摘除卵巢手术中如发现已存在子宫炎症或蓄脓时，应选择卵巢和子宫的全切手术。如在施行剖腹产时进行去势手术，应选择卵巢和子宫全切术，即切开子宫取出胎儿后，子宫切口不必缝合，用纱布覆盖，并用止血钳夹持暂时封闭子宫切口，然后进行卵巢、子宫的全切手术，在切除过程中应避免子宫内的污物流入腹腔中。

（3）关于卵巢的摘除方法　两侧卵巢摘除时，最稳妥的方法是在卵巢前的悬韧带与卵巢后的固有韧带之间完整摘除卵巢及卵巢囊组织。有人曾尝试采取切开卵巢囊，直接剪除卵巢组织的方法，该方法不必结扎卵巢前后的血管，出血很少，但术后曾出现重新发情、怀孕并生仔的现象。这表明该法难以保证完全剪除卵巢组织，同时说明一旦有少量的卵巢组织残留，仍可能再生并发生排卵。

（三）母猫的非手术法避孕

1. 诱发排卵避孕法

当主人抚摸发情母猫的颈背部和会阴部区域时，猫表现出接受交配的姿势。利用这一习性，可用顶端光滑干净的玻璃棒伸入母猫的阴道内停留大约10s，然后取出，5min后再次插入，如此反复3～5次，连续两天，便可诱发母猫排卵，但不让公猫交配，即可达到避孕目的。

2. 避孕药避孕法

国外使用人用避孕药给猫避孕（剂量为人的1/6～1/4），但麻烦，效果不理想，易引起子宫感染，故一般不采用。

复习思考题

1. 何谓宠物繁殖力？其评价指标有哪些？
2. 如何进行犬、猫繁殖障碍的诊断和治疗？
3. 提高宠物繁殖力的措施有哪些？

第四篇

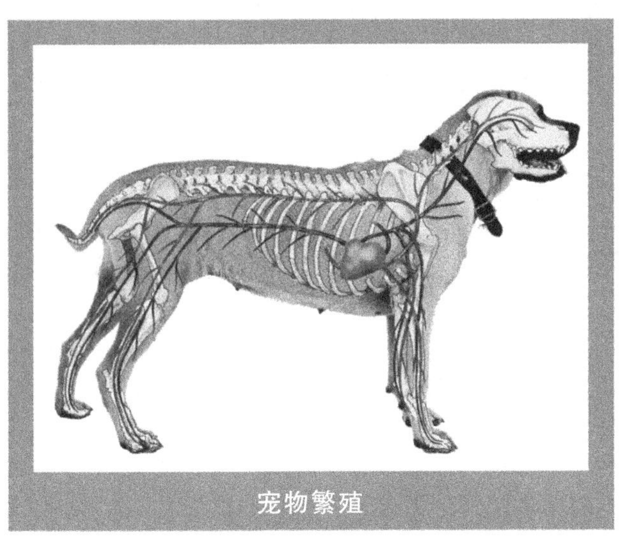

宠物繁殖实训

实训一　犬、猫生殖器官构造的观察

一、实训目的

熟悉犬、猫生殖器官的解剖构造及形态特点，了解各部位之间的相互关系。观察睾丸、卵巢、输卵管、子宫等的形态结构及组织构造，为学习宠物繁殖技术奠定基础。

二、实训材料

1. 犬、猫生殖器官的浸制标本、模型及挂图等。
2. 睾丸、卵巢、输卵管、子宫等组织切片。
3. 剪子、镊子、搪瓷盘、胶皮手套、显微镜等。

三、实训内容和方法

教师重点讲解犬、猫生殖器官的解剖构造及形态特点，利用挂图、模型等使学生了解犬、猫生殖器官在活体上的位置及各部位之间的相互关系及生殖机能，并对照浸制标本细致观察比较。

（一）公犬、公猫生殖器官解剖构造的观察

公犬、公猫生殖器官包括性腺（睾丸）、副性腺（前列腺、尿道球腺）、输精管道（睾丸输出管、附睾输出管、输精管、尿生殖道）、外生殖器官（阴茎、阴囊和包皮）。

1. 观察比较公犬猫睾丸、附睾的形态及其相互关系

公犬、公猫睾丸均为长卵圆形，成对存在，位于肛门下方的会阴区，其长轴自后上方向前下方倾斜。睾丸头位于后端，睾丸游离缘朝向阴囊底，附着缘的外侧附有附睾。

2. 比较公犬猫副性腺的大小、形状及位置

犬的副性腺与一般动物不同，无精囊腺和尿道球腺，而仅有前列腺。犬的前列腺略呈黄色、球状，环绕在膀胱颈和尿道起始部的周围，组织坚实，输出管很多，开口于尿生殖道骨盆部。前列腺分为体部和扩散部，体部较大，位于耻骨前缘处，呈球状环绕在膀胱颈及尿道的起始部，扩散部较小，隐藏于尿道壁内。猫的副性腺由发达的前列腺和不发达的尿道球腺构成，尿道球腺位于坐骨弓处的尿道球旁，呈豌豆状。

3. 阴茎的观察

阴茎起自阴茎根形成的一对阴茎脚，固定在坐骨弓的两侧。犬的阴茎向前延伸，开口于腹下的包皮。猫的阴茎向后开口于尾部阴囊下面的包皮。犬、猫的阴茎呈粗细不等的长圆锥形，龟头的形状各异。犬和猫的内有一条长圆形的软骨称为阴茎骨，犬的软骨外围有一圈特殊的海绵体结节，为茎球腺，在交配时充血膨大使阴茎难以从阴道中抽出。猫的阴茎龟头上有100～200个角质突起，并指向阴茎基部，长度为0.75mm。

（二）母犬、母猫生殖器官解剖构造的观察

母犬、母猫的生殖器官包括卵巢、输卵管、子宫、阴道、尿生殖前庭、阴唇和阴蒂。前四部分称为内生殖器官，后三部分称为外生殖器官。

母犬、母猫的整个生殖器官均位于骨盆腔及其前方的腹腔内，上面为直肠和小结肠，下面是膀胱。子宫颈以前的生殖器官依子宫阔韧带连到体壁的上方，子宫颈以后的各部分，依靠结缔组织及脂肪固定在骨盆的侧壁上。

1. 母犬、母猫卵巢的特点

卵巢的大小和形状因个体和不同生理时期而有差异。无卵泡和黄体的卵巢一般呈长卵圆形或蚕豆状，稍扁平。犬的卵巢平均长度约为2cm，猫约为1cm。成年犬的卵巢在接近发情期时，有数个至十数个卵泡发育，成熟卵泡的卵泡壁有部分隆起突出于卵巢的表面，卵巢呈不规则形状。

2. 母犬、母猫输卵管的特点

输卵管前部的腹腔端呈漏斗状，漏斗的周缘有皱襞状的输卵管伞，在漏斗的底部有圆形腹腔孔开口于腹腔。输卵管后部的子宫端，以小丘状突入子宫角尖端内，其开口为输卵管子宫孔。输卵管长度，犬的为4～10cm，猫的为4～5cm。未成年犬的输卵管一般为直管状，成年犬的输卵管明显弯曲，呈螺旋状。犬的输卵管直接进入卵巢囊，包埋在卵巢囊的脂肪中。输卵管上1/2段粗而软，称为输卵管壶腹部，是卵子受精的地方。输卵管下1/2段细而硬，称为峡部，其末端经输卵管子宫孔与子宫角相通。

3. 母犬、母猫子宫的特点

未妊娠的子宫大部分位于腹腔，仅子宫颈位于骨盆腔。已经妊娠的子宫，其子宫角增长、前伸，与胃、肝接触。子宫背侧为直肠，腹侧为膀胱，前接输卵管，后接阴道。子宫是由子宫角、子宫体、子宫颈所组成。子宫角与子宫体借助于子宫阔韧带悬于腹腔后部和骨盆腔内。猫和犬的两侧子宫角很长，子宫体较短，子宫角基部内有纵隔将两子宫角分开，称为对分子宫。子宫角形似小肠但较为平直，弯曲较小，两子宫角于膀胱上方分叉后向前延伸到位于肾脏后方的卵巢。子宫体与阴道的连接部为子宫颈。子宫颈管与子宫体腔相接的部位是子宫颈内口，开口于阴道的部位是子宫颈外口。子宫颈阴道突出部由阴道穹窿环绕。

4. 阴道

阴道是由子宫颈外口至尿生殖前庭的部分，呈扁平状。

5. 外生殖器官

尿生殖前庭是阴瓣至阴门的部分。阴唇是生殖道最末端部分，由二片阴唇构成阴门的两侧壁。阴蒂位于阴唇下角，呈球形凸起。

（三）犬、猫生殖器官的组织学观察

1. 睾丸组织构造的观察

在低倍镜下观察睾丸的白膜、纵隔、睾丸小叶及精细管横断面。白膜由致密的结缔组织构成，其中有血管。睾丸小叶呈锥形，其内有若干精细管，精细管之间有血管、神经和间质细胞。精细管在各小叶尖端汇成一条直细精管，然后穿入睾丸纵隔的结缔组织，形成睾丸网，成为精细管的收集管。然后由睾丸网分出10～30条睾丸输出管，形成附睾头部，最后又汇集为一条附睾管并构成附睾的体和尾。

在高倍镜下观察精细管及间质细胞。精细管的管壁为复层上皮和结缔组织，上皮细胞有数层排列在基膜上，可分为足细胞和生精细胞。

（1）足细胞（支持细胞）　大而细长，呈辐射状排列在精细管中，分散在各期生精细胞之间，其基部附着在基膜上，远端凸出管腔，细胞核位于细胞的基部，着色较淡，具有清楚的核仁，在细胞的顶端常见有许多精子伸入胞浆内。

（2）生精细胞　数量比较多，成群地分布在足细胞之间，大致排列成3～7层。根据其发育阶段和形态特点分为精原细胞、初级精母细胞、次级精母细胞、精细胞和精子。

2. 卵巢组织学构造的观察

在低倍镜下观察卵巢的生殖上皮及不同发育阶段的卵泡构造。

（1）原始卵泡　位于卵巢皮质部外周，是体积最小的卵泡，直径约30～40μm，由卵原细胞和被覆在其周围的一层扁平状的卵泡细胞构成，无卵泡膜和卵泡腔。

（2）初级卵泡　由原始卵泡发育而来，位于卵巢皮质部的基层，直径约40～60μm，无卵泡膜和卵泡腔，中央为较大而圆的初级卵母细胞，胞质染色淡，核较大，核仁清楚。在初级卵母细胞周围有一层立方形或柱状的卵泡细胞。

（3）次级卵泡　由初级卵泡发育而来，卵泡细胞达两层以上，尚未形成卵泡腔，但形成了卵泡膜和透明带。

（4）三级卵泡　体积不断增大，卵泡细胞的层次进一步增多，卵泡腔形成并逐渐扩大，出现了卵丘和颗粒细胞层。

（5）成熟卵泡　是卵泡发育的最后阶段，卵泡腔体积达到最大，卵泡突出于卵巢表面。卵泡膜分化成为内膜和外膜。

（6）黄体　主要由颗粒细胞和内膜细胞构成。颗粒黄体细胞呈多角形，含有球形细胞核，内膜黄体细胞较少，在颗粒黄体细胞外面或在其间分布。在黄体细胞之间分布着丰富的血管。

3. 输卵管组织学构造的观察

输卵管的管壁包括黏膜、肌层和外膜。黏膜层上有许多皱襞，有两种上皮细胞，一种是分泌细胞，另一种是有纤毛的柱状细胞，二者相间排列。肌层主要由内环行平滑肌和纵行平滑肌构成。外膜为浆膜层。

4. 子宫组织学构造的观察

子宫壁由外向内由外膜、肌膜和内膜层构成。内膜由上皮和固有膜构成，上皮为单层柱状上皮细胞，上皮内陷入固有膜内，形成子宫腺。固有膜为环形的结缔组织，其内含有大量的淋巴管、血管和子宫腺。肌膜由内环肌层和外环肌层构成，内外肌层间有许多血管和神经。外膜为浆膜层。

四、实训提示

1. 重点观察犬、猫生殖器官组成上的差异；
2. 观察生殖细胞时应先在低倍镜下观察，然后再在高倍镜下观察并绘出示意图。

实训二　犬、猫发情鉴定

一、实训目的

使学生熟悉犬猫发情鉴定的基本方法，基本掌握判断犬猫发情周期阶段、确定排卵时间和配种时机的基本要点。培养学生进行实际动手操作的能力，为今后从事犬猫繁殖与改良工作做好技能准备。

二、实训材料

1．动物

达到性成熟后的公犬猫和母犬猫若干只。

2．器材

阴道开张器、手电筒、手术剪子、镊子、注射器、保定架、保定绳、脱脂棉、水盆、毛巾等。

3．药品

75%酒精、1%～2%来苏儿溶液、0.1%新洁尔灭溶液、液体石蜡油、洗涤剂、诱导发情药剂等。

三、实训内容和方法

（一）用外部观察法进行发情鉴定

1．通过对犬、猫发情鉴定的理论讲授，要求学生熟记犬、猫发情时的外表征状。

2．组织学生到犬、猫养殖场现场观察犬、猫发情时的外表征状，并做记录，从而使学生熟悉如何区别发情犬、猫与非发情犬、猫。

3．选择发情犬、猫作实验动物，让学生进行实际观察判断。也可对非发情犬、猫利用激素诱导发情，然后观察其发情表现。

（二）用试情法进行发情鉴定

1．由实训指导教师讲解犬、猫的试情方法及试情表现。

2．利用母犬猫与试情公犬猫进行现场试情，让学生进行实际观察，并判断母犬、母猫发情与否。

（三）用阴道检查法进行发情鉴定

1．由实训指导教师讲解阴道检查前的准备工作，包括犬猫的保定、消毒，阴道开张器的准备，检查人员的准备等。然后在实训现场进行实际操作示教。

阴道检查前，应将犬、猫在保定架内进行必要的保定，将其尾巴拉向一侧，洗净并消毒外阴部，并用消毒毛巾擦干。检查人员洗净并消毒双手。阴道开张器洗净、消毒（用1%～2%来苏儿溶液浸泡，用时再用温开水冲去药液，也可用酒精棉球彻底擦拭消毒或用酒精火焰消毒）后，加温至37 ℃左右，并涂上适量灭菌石蜡油。

2．由实训指导教师讲解阴道检查的具体操作过程及方法，并进行示范性操作。

阴道检查时，检查人员用一手将母犬、母猫阴唇分开，另一手持阴道开张器缓慢侧着伸入阴道内适当深度，下转把柄并按压开张器把柄扩张阴道，然后借助手电光源观察阴道内的状况进行判断。

3．组织学生亲自进行阴道检查的操作训练，教师进行指导并提醒阴道检查的注意事项及观察阴道的表现。

阴道检查时，插入开张器要缓慢，取出时不要完全关闭，以防夹伤阴道黏膜；开张器的温度不要过冷或过热；检查时间不要过长，不要频繁插入和取出开张器，以免物理刺激而影响观察效果；严格遵守消毒制度，每检查完一只犬、猫，要重新对开张器消毒后再检查另一只犬、猫，以防疾病的传播。

4. 经过多次反复训练后，对学生进行操作技能考核。考核内容包括阴道检查前的准备工作，阴道检查的方法是否正确，鉴定发情的结果是否准确等。

四、实训提示

1. 为了提高实训的效果，对实训动物的选择要适当。要尽量选择发情明显的犬、猫做实训动物，对非发情犬、猫，可采用诱导发情的方法使其发情。

2. 要求学生一定在教师的指导下，按操作规程进行操作，检查过程中要确保安全。

3. 充分利用各种实训场所和条件，经常性地组织学生在课余时间参与犬、猫的发情鉴定实践，以补充课内实训时间的不足。

4. 实训后要求学生写出实训报告。

实训三　犬、猫发情控制

一、实训目的

了解犬猫诱导发情、同期发情、超数排卵控制的基本原理，熟悉犬猫诱导发情、同期发情、超数排卵控制的基本方法，为学生今后从事犬、猫繁殖与改良工作做好技能准备。

二、实训材料

1. 动物

达到性成熟后的母犬、母猫若干只。

2. 器材

犬猫手术台、保定绳、水盆、毛巾、手术刀、止血钳、手术剪子、小镊子、缝合线、注射器、纱布、脱脂棉、手术创巾等。

3. 药品

846、氯胺酮、1%～2%来苏儿溶液、2%碘酊、75%酒精、0.1%的新洁尔灭溶液、青霉素、链霉素、氯前列烯醇钠注射液（PGc）、FSH、PMSG、LH、HCG、$PGF_{2\alpha}$、雌激素、孕激素等。

三、实训内容和方法

（一）犬的诱导发情

1. 选择间情期过长或初情期推迟的母犬进行诱导发情。

2. 利用孕马血清促性腺激素（PMSG）并配合使用氯前列烯醇钠注射液（PGc）和HCG进行诱导发情。

3. 各种激素的用法及剂量分别为：每只母犬肌肉注射PMSG300～500 IU，间隔24h一次，连用3次；在第一次注射PMSG的同时，肌肉注射PGc 0.2mg，当母犬出现发情表现时，再肌肉注射 HCG300～500 IU。

引起母犬间情期过长或初情期推迟的原因很多，在用激素诱导发情时，必须与科学饲养管理相结合。如提高饲养水平，改善环境条件，适当增加运动量和光照，合理使用公犬调情等，对间情期过长或初情期推迟可起到一定的疗效，如同时结合使用激素处理，诱导母犬发情的效果会更理想，可获得较高的发情率、受胎率和产仔数。

（二）犬、猫的同期发情

给群体母犬、母猫肌肉注射 $PGF_{2\alpha}$ 和 PMSG，可使被处理的群体母犬、母猫有 80% 左右集中在处理后的 2～4d 内表现发情。

（三）犬、猫的超数排卵

采用 PMSG、FSH、LH、HCG、$PGF_{2\alpha}$ 对犬、猫进行超数排卵处理，一般于注射 FSH 或 PMSG 的 4～6d 再注射 LH 或 HCG，如在超排处理的程序中加入 $PGF_{2\alpha}$ 或其类似物，及时溶解黄体，可使超数排卵时间整齐一致。通常在使用 PMSG 和 FSH 处理后 48h，采取子宫颈注入法或肌肉注射法注射 $PGF_{2\alpha}$ 或其类似物。

四、实训提示

1. 为了提高实训的效果，对实训动物的选择要适当，应尽量选择经产的母犬、母猫。
2. 要求学生在教师的指导下，按操作规程进行操作。
3. 犬、猫的同期发情、超数排卵可与犬、猫的胚胎移植实训结合进行。
4. 实训后要求学生写出实训报告。

实训四　犬、猫的采精

一、实训目的

熟悉公犬、公猫采精操作要领，初步掌握其采精方法。

二、实训材料

公犬、公猫、假母犬、试情母猫、假阴道、无菌纱布、凡士林、酒精棉球、保温瓶、集精瓶等。

三、实训内容和方法

（一）公犬的采精方法

公犬的采精一般采用手握按摩采精法。即在公犬出现性冲动、阴茎勃起后，采精员一手持集精杯，另一手戴胶皮手套握住公犬阴茎，将阴茎执向侧面，同时给阴茎球体适当的压力并做前后按摩，当阴茎充分勃起后经 30s 左右即开始射精，射精过程持续 3～5s。采精时注意不要使公犬的阴茎接触集精杯，否则会抑制射精。公犬射出的精液一般分为三段，但在实际采精中，三段精液很难截然分开，第一段射出的精液较透明，呈水样，可弃之不用，对后两段射出的精液可一起收集。收集时，集精杯口覆上 2～3 层灭菌纱布，以滤出精液中的杂质。

(二) 公猫的采精方法

用假阴道给猫采精时，必须在有试情猫存在的情况下进行训练。经过2～3周训练后，约有20%的公猫可进行假阴道采精。采精操作时，假阴道内胎温度可调节为44～46℃。当公猫阴茎开始勃起时，把假阴道套在阴茎上，用手指在外壁加压刺激，1～4min内可引起射精。在采精过程中，不可用力过猛，以免过度刺激公猫的阴茎，引起公猫的不适感觉。

实训五 犬、猫精液品质检查

一、实训目的

通过实训，了解犬、猫精子的运动方式，能识别正常精子和异常精子。初步学会和掌握精子密度、精子活率、精子畸形率和顶体异常率的测定方法。能用肉眼观察评定精液品质。

二、实训材料

1. 精液

犬和猫的新鲜精液或保存的精液。

2. 药品

蒸馏水、75%酒精、95%酒精、3% NaCl溶液、0.9% NaCl溶液、5%伊红染液、0.5%龙胆紫酒精溶液、蓝墨水、福尔马林磷酸盐固定液、磷酸盐缓冲液、姬姆萨染色液。

3. 器材

显微镜、分光光度计、载玻片、盖玻片、温度计、滴管、移液枪、移液枪枪头、红白血球稀释管、血球计数板、玻棒、染色缸、5ml试管、1ml吸管、纱布、脱脂棉、显微镜、保温箱等。

三、实训内容和方法

(一) 精液的肉眼检查

1. 射精量

将采得的精液倒入有刻度的试管中，测其容量。一般情况下种犬的射精量为10～13ml，第一段精液量平均为3.8ml。猫使用假阴道采精时，每次可射精0.01～0.12ml，平均为0.04ml。

2. 精液的色泽和气味

正常的犬、猫精液为乳白色或灰白色，略带有腥味。

(二) 精子活率测定

测定精子活率的方法有活精子计算法、死活精子染色法和目测法。目测法又可分为平板压片法和悬滴检查法。现将目测法的实训内容介绍如下：

1. 平板压片法

（1）将载玻片、盖玻片、玻棒等接触精液的器具洗净烘干，再用75%酒精棉球涂擦消毒，晾干备用。

（2）制作平板压片。即用玻棒蘸取一滴精液（如原精液精子密度较大，可先用生理盐水适当稀释）于清洁的载玻片上，盖上盖玻片。

（3）将平板压片放在显微镜载物台上，先用低倍镜观察，后用高倍镜（400～600 倍）观察。如气温低，须将显微镜置于保温箱内升温到37℃后，再进行镜检。

2. 悬滴检查法

（1）滴一小滴精液于消毒好的盖玻片中央。

（2）将盖玻片倒转过来，使精液滴悬挂于盖玻片下，然后盖在凹载片的凹陷处。

（3）将制好的悬滴片放在显微镜载物台上进行观察评定。

3. 精子活率的评定

根据显微镜视野中呈直线前进运动的精子所占比例进行评定。如视野内全部精子均呈直线前进运动，看不到非直线前进运动的精子，可评为“1”分；如果视野中90%的精子呈直线前进运动，则评为“0.9”分；如果视野中80%的精子呈直线前进运动，则评为“0.8”分，其余以此类推。测定时要求多看几个视野，然后进行综合评定。此外，在视野中，如果呈前进运动的精子占多数，则重点估测非前进运动的精子所占比例，反之则估测前进运动的精子所占比例，以减少估计误差。

（三）精子密度检查

测定精子密度的方法有估测法、计数法和光电比色法。

1. 估测法

取一小滴精液于清洁的载玻片上，盖上盖玻片，使精液分散成均匀一薄层，但不能产生气泡，也不能使精液外流或溢于盖玻片上，然后置于显微镜下放大400～600 倍进行目测评等估计。

（1）稀　视野内精子分布很分散，精子之间的空隙很大，超过一个精子的长度，甚至可查清精子的个数。这种精液的精子密度约为每毫升 2 亿以下。

（2）中　视野内精子分布较为分散，精子之间有相当于一个精子长度的明显空隙，可看清单个精子活动状态。这种精液的精子密度约为每毫升 2 亿～10 亿。

（3）密　整个视野内布满精子，几乎看不到空隙，很难看清单个精子活动状态。这种精液的精子密度约为每毫升 10 亿以上。

2. 计数法

将精液用白血球稀释管稀释 10 倍或 20 倍后，滴入计数室内，置于 400～600 倍显微镜下观察、计数。计数精子时，只需要数出红血球计数室中四个角和中央的 5 个方格中的精子数即可，对于头部压线的精子，采用“上记下不记，左记右不记”的原则，避免重复和漏掉。最后将 5 个方格内的精子数代入公式计算出 1ml 精液内的精子数。

精子密度计算公式如下：

1ml 精液中的精子数 = 5 个方格的精子数 × 5（25 个方格的精子数）× 10（1mm^3 内的精子数）× 1 000(1ml 稀释后精液中的精子数) × 稀释倍数

为保证检查结果的准确性，滴入计数室的精液不能过多，否则，会使计数室的高度增加。为了减少误差，应连续检查两次，取其平均数。如果两次检查误差大于10%，要求做第三次，并将第三次结果与前两次中数据接近的一次平均计算，作为最后的结果。

3. 光电比色法

此法是根据精液的精子密度越高，其透光性越低的特性，利用分光光度计来测定精子密度的方法。检查时，先将精液稀释成不同比例，并用血细胞计数板计算出相应的精子密度，然后用分光光度计测出相应精液的透光度，再根据不同精子密度标准管的透光度，求出每相差1%透光度的级差精子数，制成精子查数曲线或采用计算机直接显示。

（四）精子畸形率和顶体异常率测定

1. 精子畸形率测定

（1）制作抹片　滴一小滴精液于消毒过的载玻片一端，用另一块边缘光滑玻片的一端斜抵于精液前成35°角，使玻片底面与精液接触，并向两旁散开精液后，向载玻片的另一端轻快推去，使精液均匀地涂于载玻片上（图4－5－1）。让抹片风干后，先在显微镜下观察所制抹片是否均匀，如抹片均匀，则可染色，否则，洗去重做。

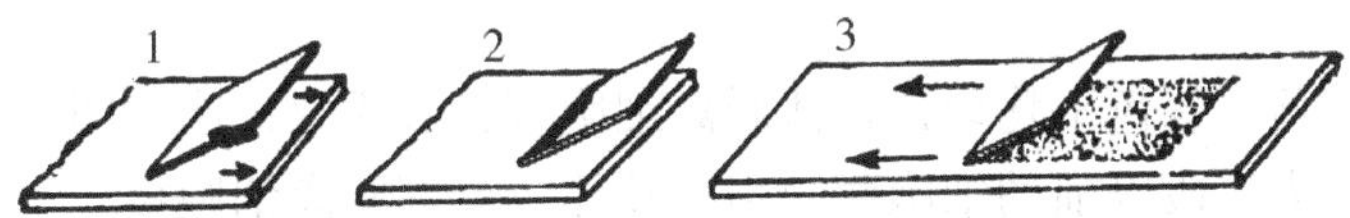

图4－5－1　精液抹片示意图

（2）染色　在风干的抹片上滴上2～3滴5%伊红染液，并用玻棒稍微推开。染色3～5min，然后轻轻用水洗去多余的染料，风干后进行镜检。

也可以用下列方法对抹片进行固定和染色：

① 用0.5%的龙胆紫酒精染色3min，水洗，待风干后即可镜检（也可用普通红、蓝墨水代替染色液）。

② 用95%酒精（或5%福尔马林溶液）固定5～6min，晾干后用蓝墨水等染色3～5min，再用蒸馏水漂洗去多余的染色液，风干后置于显微镜下放大400～600倍检查。

（3）镜检　在任意若干个视野中查数500个精子中有多少个畸形精子（注意区别正常精子与头部、颈部、尾部畸形的精子）。

（4）计算精子的畸形率　$精子畸形率=\frac{畸形精子数}{查数精子总数}\times 100\%$

2. 精子顶体异常率测定

（1）制作抹片　将待测定精液样品摇匀，在精液的中层用吸管吸取一小滴精液，滴在载玻片的右端，取另一块边缘光滑平直的载玻片呈35°角自精液滴的左面向右接触样品，样品精液即呈条状分布在两个载玻片接触边缘之间，将上面的载玻片贴着平置的载玻片表面自右向左移动，带着精液均匀地涂抹在载玻片上（图4－5－1），切忌将精液滴“推”过去，否则易造成精子的人为损伤。制作另一抹片时，须重新换取载玻片，在抹片的右端背面用特种铅笔注明标号，每份精液样品须同时制作两个抹片。

（2）风干　自然干燥5～10min后即可固定和染色，不可久置。

(3) 固定　将风干抹片平置于染色架上，用滴管吸取1～2ml福尔马林磷酸盐缓冲固定液，滴在抹片上，轻轻摇动，使固定液布满在整个抹片表面，静置固定15min。

(4) 水洗　用玻片镊子夹住抹片一端，将固定液弃至染色缸内，在蒸馏水缸中漂洗，取出后立于瓷盘边自然晾干。

(5) 染色　将固定、风干后的抹片平置于染色架上，用滴管吸取新配制的姬姆萨染色液2ml，自左向右滴在抹片上，使染液均匀布满抹片上，静置染色90min。

(6) 水洗　用蒸馏水洗除抹片上的多余染色液，风干后镜检观察。

(7) 精子顶体的观察　将抹片置于1 000倍显微镜下观察或者用相差显微镜（10×40×1.25倍）观察。在每张抹片上观察300个精子，并查出其中的顶体异常精子数。用姬姆萨液染色时，精子的顶体呈紫色，而用苏木精—伊红液染色时，精子的细胞膜呈黑色，顶体和核染成紫红色。

按照精子形态、细胞膜及顶体的完整与否，可将精子顶体状态分为以下四种类型。

顶体完整型：精子头部外形正常，细胞膜和顶体完整，着色均匀，顶脊，赤道段清晰。

顶体膨胀型：顶体着色均匀，但头部边缘不整齐呈畸形，核前细胞膜不明显或部分缺损。

顶体破损型：顶体着色不均匀，顶体脱离细胞核，形成缺口或陷凹。

顶体全脱型：赤道段以前的细胞膜缺损，顶体已全部脱离细胞核。

(8) 计算顶体异常率　要求每张抹片精子顶体异常率差异不超过15%，求出二张抹片平均顶体异常率，即为样品精液的顶体异常率。

$$\text{精子顶体异常率} = \frac{\text{顶体异常精子数}}{\text{查数精子总数}} \times 100\%$$

四、实训提示

1. 实训前要了解精子活率、精子密度、精子畸形率、精子顶体完整率的检查方法和注意事项。

2. 实训前要熟悉血球计数室及光电比色计的构造和使用方法。

3. 仪器数量不足时，可分组轮流进行。

4. 事先配制福尔马林磷酸盐固定液、磷酸盐缓冲液和姬姆萨染色液，以备使用。

(1) 福尔马林磷酸盐固定液配制

① 取2.25g $Na_2HPO_4 \cdot 12H_2O$ 和0.55g $NaH_2PO_4 \cdot 2H_2O$ 于100ml容量瓶中，加入0.89% NaCl溶液30ml，在30℃温度下静置3～4h使之溶解。

② 加入经 $MgCO_3$ 饱和的甲醛溶液8ml，其配制方法是在500ml甲醛中加入8g $MgCO_3$，须在一周前配制好，使pH值由原来的3.84提高到5.0左右。

③ 加0.89% NaCl溶液至100ml，静置24h，pH值为7.0～7.2。

(2) 磷酸盐缓冲液配制

取2.25g $Na_2HPO_4 \cdot 12H_2O$ 和0.55g $NaH_2PO_4 \cdot 2H_2O$ 置于100ml容量瓶中，加入约30ml蒸馏水溶解后，再用蒸馏水定容至100ml，pH值为7.0～7.2。

(3) 姬姆萨原液配制

称取姬姆萨染料1g、甘油66ml、甲醇66ml，将研细的姬姆萨染料加入少量60℃的甘油，在研钵内研磨直至完全无颗粒呈匀浆时为止，再将剩余全部甘油倒入并放置于56℃恒温箱中2h，分次用甲醇清洗容器于棕色瓶保存，二周后使用，此原液放置时间越长越好，使用前过滤。

（4）姬姆萨染液的配制

根据每个抹片需染液2ml来确定所需染液量，配置好的染液需立即使用染色，放置时间过长会使染色效果减退。

姬姆萨染液的配制方法，是将姬姆萨原液、磷酸盐缓冲液、蒸馏水按2∶3∶5的比例进行混合。

实训六　犬、猫精液稀释

一、实训目的

通过实训，使学生熟悉精液稀释液的配制过程和精液的稀释方法。

二、实训材料

1. 精液

犬、猫的新鲜精液。

2. 药品

蒸馏水、75%酒精、Tris（三羟甲基氨基甲烷）、果糖、柠檬酸、蔗糖、葡萄糖、新鲜牛奶、新鲜鸡蛋、青霉素、链霉素、甘油。

3. 器材

冰箱或冰瓶、纱布、脱脂棉、定性滤纸、100ml烧杯、20ml量筒、100～200ml三角烧瓶、10ml和1ml注射器、水浴消毒锅、温度计、天平（电子天平）、容量瓶、培养皿、玻璃纸等。

三、实训内容和方法

（一）犬精液稀释液的配制及精液稀释

1. 稀释液配方

以犬冷冻精液用的卵黄－Tris稀释液为例：Tris 2.422g、果糖1.0g、柠檬酸1.36g、卵黄20ml、甘油8ml、青霉素10万IU、链霉素10万IU、蒸馏水72ml。

2. 配制方法

（1）用天平称取Tris 2.422g、果糖1.0g、柠檬酸1.36g置于清洁的烧杯中，然后加入蒸馏水72ml，使它们充分溶解。

（2）将上述溶液用定性滤纸过滤1～2次。

（3）将过滤后的溶液装入三角烧瓶内，瓶口用玻璃纸包好，放在水浴消毒锅内水浴消毒20min，然后取出降温至35℃。

(4) 将8ml甘油装入量筒中，用玻璃纸包好筒口，放在水浴消毒锅内水浴消毒20min，然后取出降温至35℃时加入上述消毒后的溶液中。

(5) 将鸡蛋外壳洗净擦干并用75%酒精消毒，待酒精完全挥发后，用消毒过的镊子从蛋的中间将蛋壳打成两段（注意不要将蛋壳打碎），然后互相倾倒直至蛋白流尽为止，流出的蛋白装在小烧杯内，而蛋黄留在蛋壳里，或者倒出装在消毒过的培养皿里，然后用消毒过的注射器穿过蛋黄膜吸取20ml蛋黄加入到上述溶液中。

(6) 取青、链霉素各10万IU加入到上述溶液中，最后通过搅拌使各种成分均匀混合。

3. 精液稀释

按着确定的精液稀释倍数将一定量的35℃的稀释液装入烧杯或三角烧瓶中，用玻璃棒引流，将稀释液沿着盛装精液的容器壁徐徐加入到35℃的精液中，边加入边轻轻搅拌。精液稀释后，经精子活力检查应达到合格标准。

（二）猫精液稀释液的配制及精液稀释

1. 稀释液配方

乳糖11g、卵黄20ml、甘油4ml、链霉素10万IU、青霉素10万IU、蒸馏水76ml。

2. 配制方法

(1) 用天平称取乳糖11g置于清洁的烧杯中，然后加入蒸馏水76ml，使乳糖充分溶解。

(2) 将上述溶液用定性滤纸过滤1～2次。

(3) 将过滤后的溶液装入三角烧瓶内，瓶口用玻璃纸包好，放在水浴消毒锅内水浴消毒20min，然后取出降温至35℃。

(4) 将4ml甘油装入量筒中，用玻璃纸包好筒口，放在水浴消毒锅内水浴消毒20min，然后取出降温至35℃时加入上述消毒后的溶液中。

(5) 用消毒过的注射器穿过蛋黄膜吸取20ml蛋黄加入到上述溶液中。

(6) 取青、链霉素各10万IU加入到上述溶液中，最后通过搅拌使各种成分均匀混合。

3. 精液稀释

同犬精液稀释。

四、实训提示

1. 配制稀释液的药品，最好使用分析纯制剂，蒸馏水要新鲜，现用现制。
2. 各种成分的量取要准确。
3. 稀释液经过水浴消毒后，蒸发掉的水量要用无菌蒸馏水补充到原来的容量。

实训七　犬、猫精液的冷冻保存

一、实训目的

熟悉公犬、公猫精液冷冻保存的方法，初步掌握公犬、公猫精液冷冻保存技术程序和冷冻精液的解冻方法。

二、实训材料

1. 犬、猫的新鲜精液。

2. 犬、猫精液冷冻保存稀释液及冷冻精液解冻液。

3. 冰瓶、液氮罐、滴管、保温杯、小液氮罐、泡沫保温盒、冰块、液氮、0.25ml 塑料细管、冷冻盒、冷冻架、普通温度计、低温温度计、纱布、棉花、擦镜纸、75%酒精棉球、镊子、捞筛、小玻棒、载玻片、盖玻片、显微镜、水浴锅、铝锅、量筒、玻璃注射器、烧杯、三角烧瓶、标记笔等。

三、实训内容和方法

(一) 公犬精液的颗粒冷冻保存

1. 检查精液品质

检查项目包括颜色、气味、精子密度、精子活率等项目，要求精子活率达到70%以上，其他指标合格。

2. 稀释精液

将合格精液与冷冻稀释液同置于室温中 10min，使二者的温度一致，然后按 1∶1 的比例进行稀释，轻轻混合均匀。

3. 降温平衡

将稀释好的精液放在装有冷水的烧杯中，再移入 7℃的冰瓶里平衡 30～60min，然后镜检精子活率，要求精子活率不低于 60%。

4. 制冻

(1) 将保温杯或冰瓶用少量液氮预冷 2min，然后装入液氮约 7 成满，并将制冻用的冷冻盒平稳地固定于离液氮面 1～1.5cm 处，加盖预冷 2min。

(2) 揭开盒盖，用滴管吸取平衡后的稀释精液，迅速滴在冷冻盒的凹槽内，每滴约 0.1～0.2ml。滴完后，加盖 1～2min，然后揭开盒盖，当精液完全冻结并发出“喳喳”声时，即可铲脱颗粒冻精装入纱布袋内并转入液氮内进行保存。

5. 解冻

(1) 湿解冻　将消毒过的小试管加入解冻液 1ml 放在 56℃水浴锅中进行预热，然后从液氮中取出 1 粒冷冻精液放入预热过的解冻液内并旋转摇动之，待冻精刚好解冻即可提出水浴，镜检精子活率应达到 30%以上。

(2) 干解冻　从液氮中取出 1 粒冷冻精液放入洁净的小试管中，立即将试管放入 56℃水浴锅中旋转摇动，待冻精刚好解冻即提出水浴，加入 1ml 35℃的解冻液并旋转摇动混匀即可。

(二) 公猫精液的细管冷冻保存

1. 精液的稀释

将合格精液与冷冻稀释液同置于室温中 10min，使二者的温度一致，然后按 1∶5～1∶3 的比例进行稀释，轻轻混合均匀。

2. 精液的分装

将稀释后的精液分装于 0.25ml 塑料细管内，并进行封口和标记。

3．降温平衡

将分装好的细管精液用4～8层纱布包裹好，装于塑料袋中，置入4～5℃恒温冰箱中平衡2～3h。而后镜检精子活率，要求活率不低于60%。

4．制冻

将冷冻盒用少量液氮预冷2min，然后装入液氮约7成满，并将冷冻架平稳地固定于离液氮面约2～3cm处，预冷2min，然后将精液细管表面的水分擦干，单层摊放在冷冻架上，加盖冷冻2～3min，然后浸入液氮中保存。

5．解冻镜检冻后活率

将水浴锅内的水温调至37～40℃，然后用镊子夹取细管冻精，在空气中停留10s后，投入37～40℃温水中，待细管中的冻结精液全部溶化时即可取出，用消毒纱布擦干细管外的水分，取样镜检精子活率应不低于30%。

四、实训提示

1．在实训前要准备好精液冷冻保存的药品和用具。

2．在教师的示范和指导下，进行犬、猫精液的冷冻保存，防止液氮飞溅伤人或使人窒息。

实训八　犬、猫的输精技术

一、实训目的

熟悉犬、猫输精前的准备工作，掌握犬、猫的输精操作方法。

二、实训材料

母犬、母猫、阴道开膣器、输精器、注射器、光源灯或手电、水浴锅、干燥箱、消毒桶、固定架、75%酒精棉球、液体石蜡、灭菌纱布、温度计等。

三、实训内容和方法

（一）输精前的准备工作

1．输精器械的清洗消毒

阴道开膣器可用酒精火焰消毒，或用75%酒精棉球涂擦消毒。输精器采用蒸煮法消毒，使用时再以生理盐水冲洗2～3次。

2．母犬、母猫的准备

做好母犬、母猫的发情鉴定，检查有无生殖器官疾病，做好必要的保定，用温水洗净母犬的外阴部并擦干，再用酒精棉球擦拭消毒。

3．准备精液

采精后检查精液品质，鲜精的精子活率应在60%～70%以上，冷冻精液解冻后的精子活率应在30%以上才能用于输精。

4. 输精人员的准备

输精人员应熟悉犬、猫的输精操作技能，将指甲剪短磨光，手要经过消毒或戴上无菌乳胶手套后再进行操作。

（二）犬、猫的输精操作方法

1. 母犬的输精

将适合输精的母犬保定在输精架上，大型母犬可令其站在地面上，后躯抬高，将头部固定在助手的两膝之间。将阴道开膣器加温并涂上液体石蜡，轻轻插入阴道，使阴道开张，借助光线寻找到子宫颈外口后，用阴道开膣器前端顶住子宫颈突入阴道内的部分，向前并略向下推进固定子宫颈的位置。在输精管的前端涂以少量经灭菌的液体石蜡，通过阴道开膣器插入到子宫颈管的深处或子宫体内，然后推动注射器，将精液缓慢注入。精液注入后，将注射器取下，吸入1ml空气注入输精管，以顶出输精管内残留的精液。接着把输精管后退2～3cm并倒抽一下注射器，若没有吸到精液，就可抽出输精管和阴道开膣器。如果倒抽注射器时，精液又倒流回注射器内，应把精液全部抽出，重新调整阴道开膣器位置，直到准确地完成输精操作。为防止精液的流失，在输精后最好将母犬的后躯抬高几分钟。

2. 母猫的输精

用头部磨钝的吸管或尖端磨光的9cm的20号注射针头，接上1ml的注射器，吸取经稀释后的精液，仔细插入阴道内，在靠近子宫颈口处注入精液。为提高受胎率，可间隔24h再输精一次。输精后轻轻拍打母猫臀部数次，以刺激阴道和子宫的收缩，有利于精液进入子宫。

四、实训提示

1. 输精前必须对母犬、母猫进行发情鉴定，以确定适宜的输精时间。
2. 实训前应先熟悉输精操作要领。实训时，应在教师示范和指导下进行操作。
3. 母犬、母猫的数量不足时，可将学生分组轮流操作。

实训九 人工授精器材的洗涤与消毒

一、实训目的

熟悉不同种类人工授精器材的洗涤与消毒方法。

二、实训材料

1. 金属、搪瓷类

阴道开膣器、剪刀、镊子、金属输精管、搪瓷方盘、不锈钢方盘等。

2. 玻璃类

玻璃输精管、玻璃注射器、温度计、烧杯、滴管、吸管、量杯、漏斗、玻璃棒等。

3. 胶皮类

采精用假阴道内胎、胶手套等。

4. 其他类

高压灭菌锅、干燥箱、酒精、毛刷、脱脂棉、纱布、洗涤剂、蒸馏水、稀释液等。

三、实训内容和方法

（一）器材洗涤

人工授精器材在使用前和使用后必须要洗刷干净。可先用洗涤剂洗去污物，再用清水漂洗数次，最后用蒸馏水冲洗。

（二）器材消毒

根据人工授精器材的种类和性质，可采用不同的方法进行消毒处理。

1. 蒸气消毒

对于不怕蒸煮的玻璃、稀释液、纱布、脱脂棉和毛巾等，可用蒸气消毒30min。

2. 酒精消毒

假阴道内胎、温度计、搪瓷方盘、不锈钢方盘等，可用75%酒精棉球涂擦消毒，待酒精完全挥发后方可使用。

3. 火焰消毒

阴道开膣器、金属输精管、镊子等，可用酒精灯火焰进行消毒。

4. 煮沸消毒

输精用的器械，如注射器、针头和各种稀释液等，可煮沸（稀释液隔水煮沸）15～20min进行消毒。

以上经过消毒的器材，在使用之前，需用生理盐水和稀释液进行冲洗后，方可使用。

四、实训提示

1. 实训前要求学生了解人工授精器材洗涤和消毒的方法和注意事项。

2. 经过消毒后的人工授精器材，应放置在经消毒处理的方盘中，或放入消毒柜中，防止再次污染。

实训十　犬的妊娠诊断

一、实训目的

熟悉母犬妊娠诊断的外部观察法、触诊法、超声波诊断法、X 射线诊断法的操作方法和诊断要点。

二、实训材料

处于妊娠期的母犬、多普勒妊娠诊断仪、B 型超声波诊断仪等。

三、实训内容和方法

（一）外部观察法

母犬妊娠20d左右，表现食欲增加、被毛光亮、性情温顺、行动迟缓。妊娠35～40d，可以看到腹围明显增大，体重迅速增加，排尿次数增加，乳腺逐渐胀大，甚至可以挤出乳汁。

（二）触诊法

触诊法是隔着母犬腹壁触诊胎儿和胎动的方法。犬妊娠20～23d时，子宫角增粗，能隐约触感到子宫内胎儿的存在；妊娠24～30d时，可以清楚地摸到子宫角内胎儿的散在性分布，胎儿之间有明显的距离；妊娠30d后，很难摸到子宫角，胎囊体积增大、拉长、失去紧张度，胎儿位于腹腔底壁；妊娠40d后，子宫体积增大，仅能摸到增粗的子宫角，仔细触摸可感觉胎儿的形状；妊娠50d后，隔着腹壁可感觉胎动，并可听诊到胎儿的心音；妊娠55～60d时，胎儿增大，很容易触诊到。

（三）超声波诊断法

利用线型或扇型超声波装置探测胚泡或胚胎的存在与否来进行母犬的妊娠诊断时，须将母犬仰卧或侧卧保定，剪掉下腹部被毛，超声波探头和探测部位涂抹整合剂，使探头与皮肤紧密接触后进行探测。

多普勒诊断法是根据母犬子宫动脉、胎儿脐静脉或脐动脉的血流以及胎儿心跳的搏动反射超声信号，将其转变成声音信号，从而判断母犬是否妊娠。

B型超声波诊断法是通过在荧光屏上反应子宫不同深度的断面图，来判断胎儿的有无、存活或死亡。在配种后的第18～19d就可诊断出来，在第28～35d是最适合的诊断期。

四、实训提示

1. 妊娠诊断时动作要轻，以防造成母犬流产。
2. 尽量根据不同诊断方法综合考虑得出妊娠诊断的结论。
3. 本实训如受条件所限，可结合生产实习进行。

实训十一　犬、猫的助产

一、实训目的

熟悉犬、猫的分娩预兆及分娩过程，掌握犬、猫的接产与助产操作要领。

二、实训材料

1. 动物

临产母犬、母猫若干。

2. 器材

照明设备、常用外科器械和产科器械、一次性注射器、体温计、听诊器、缝合线、结扎绳、灭菌纱布、脱脂棉、水盆、水桶、肥皂等。

3. 药品

75%酒精、5%碘酊、5%来苏儿、0.1%新洁尔灭、0.1%高锰酸钾、催产素、强心剂、盐酸普鲁卡因等。

三、实训内容和方法

（一）犬的助产

1. 产前准备

产房要彻底清扫一遍，并用0.5%的来苏儿水喷洒消毒，保持空气流通。母犬妊娠一个半月的时候，应准备产床或产箱，铺上柔软的垫物，并让妊娠母犬逐渐适应。母犬的全身可用0.1%的新洁尔灭洗刷一遍，尤其是臀部和乳房更应洗擦消毒。

2. 正常分娩的助产

分娩前一天，母犬表现紧张不安，性情急躁，外阴部肿大，乳房膨大红润，可挤出白色乳汁，子宫颈和阴道变软并逐步开张，有水晶状透明黏液流出，有时流出少量血液。大多数母犬在临分娩时比正常体温降低1℃以上。犬多在凌晨和傍晚产仔，因而应留心观察。

母犬分娩过程一般为3～4h，每只胎儿产出的间隔时间为10～30min。正常情况下，母犬会本能地产出胎儿，无需人去特殊护理。犬在分娩时，表现努责，呻吟，呼吸加快，然后伸直后腿，可看到阴门先有稀薄的液体流出，随后第一个胎儿产出，此时胎儿尚包在胎膜内，母犬会迅速地用牙齿将胎膜撕破，再咬断脐带，舐干胎儿身上的黏液。如果第一个胎儿能顺利产出，则其他胎儿一般不会发生难产。母犬产出几只胎儿之后变得安静，不断舐仔犬的被毛，2～3h后不再见其努责，即表明分娩已结束。母犬产后吃胎膜是正常现象，它具有催乳作用，但吃太多，会引起胃肠的消化障碍，一般吃2～3个即可。

3. 难产的助产

对于产程超过4～6h或阵缩持续30～60min以上仍未见胎儿产出，都应视为难产。

（1）药物助产　对子宫颈未完全开放的，可肌肉注射雌二醇，待宫颈开放后方可进行助产。若子宫颈已开放，羊水尚未流干，母犬阵缩、努责无力时，可肌肉注射5～10 IU催产素进行催产。如果仍然不能顺利产出，即可进行人工助产。

（2）人工助产　当母犬产仔时间过长或体质虚弱，胎儿难以正常产出而发生难产时，要进行人工助产。在助产前，可通过阴道内检查了解子宫颈扩张程度和胎位是否正常，胎儿存活状况，还可通过X光检查胎儿的大小、数量以及胎位等，以便能更好地助产。

首先用酒精棉对手涂擦消毒，然后戴上无菌乳胶手套。当胎儿头部显露并且胎位、胎势正常时，一人用两手卡住母犬腹部，随犬的努责而向后挤压，另一人一手固定住母犬尾根部，另一手抓住胎儿头部，将胎儿轻轻拉出。若羊水已流净、产道干燥时，可注入液体石蜡再进行助产。如果是胎位不正，可乘母犬努责间歇时，将胎儿轻轻推回子宫并矫正胎位后，趁母犬努责时向外小心拉出胎儿。当胎儿已经产出，应及时将胎儿身上的胎膜撕破，用纱布擦干胎儿口鼻中的黏液，在离腹部2cm处断脐，用5%碘酊涂擦断端以防感染。然后将胎儿放到母犬嘴边，让母犬舔干胎儿身上的羊水。当胎儿因吸入羊水过多造成窒息时，可倒提胎儿，轻轻拍打，排出羊水，擦干鼻孔中的黏液，如仍不呼吸，可做人工呼吸抢救。

（3）剖腹助产 采取侧卧保定，用2%的盐酸普鲁卡因局部麻醉，术部选在犬的左肷部或右肷部，常规剪毛、消毒，用手术刀切开皮肤，使切口长为8～12cm，钝性剥离皮下组织和肌肉，剪开腹膜，右手伸入腹腔将子宫拉出创口外，在子宫角大弯靠近子宫体处，避开血管及胎盘切开子宫壁10～15cm长，依次取出全部胎儿。若另一侧子宫角内的胎儿不能达到切口部，可再行子宫壁切开取出胎儿。然后排除两侧子宫角内的残留胎水、血液及胎衣碎片等，撒布青霉素粉，用羊肠线做一次性垂直褥式内翻缝合子宫切口，用生理盐水冲洗后还纳腹腔，再连续缝合腹膜，结节缝合腹壁肌层，撒抗生素，皮肤采取间断缝合，最后在术部涂5%碘酊，外敷纱布以防创口感染。

（二）猫的助产

1. 助产前准备

在预产期前1周，为猫准备好产箱或产窝，在产箱底部要铺以柔软保温物品，并对其进行彻底消毒。

2. 正常分娩的助产

猫临产时表现不安、停食、不离产箱或体温明显下降等现象，会阴部肌肉松弛变软，乳房肿胀，乳头突出并变为粉红色，出现造窝行为。

产出的仔猫被裹在胎衣内，每产出一个胎儿，母猫都将胎衣囊撕开，咬断脐带，然后母猫把胎衣吃掉，以舌舔净仔猫身上的羊水。如果母猫产出胎儿后不将胎衣囊撕破，接产人员要用指甲或剪刀弄破羊膜，取出仔猫，擦净鼻子附近的羊水，然后用指甲轻轻刮断脐带，按压1～2min，以不出血为佳。通常两个胎儿一组产出，然后再经过10～90min产出另一组两个胎儿，两侧子宫角交替排出胎儿，全部胎儿产出需要2～6h。

3. 难产的助产

如果临产母猫已破水15～24h仍不见胎儿产出，或看见胎儿已露出阴门5min还不能全部产出，则说明母猫发生难产，要进行助产或做剖腹产。

（1）人工助产 对阵缩微弱或努责无力而难产的母猫，可静脉注射催产素5～lO IU，半小时后可顺利分娩。对胎儿已进入骨盆腔或部分露出产道5min以上不能产出的，可用手指和镊子配合母猫努责轻轻将其拉出。一般助产一只胎儿后，其余胎儿往往能够顺利娩出。

（2）剖腹产手术 术前要常规检查猫的各项生理指标。手术时，将猫仰卧保定，固定好头部及四肢，用2%的盐酸普鲁卡因4ml局部麻醉。以最后第2乳头为中点，沿腹中线依次切开皮肤、肌肉和腹膜，切口长约4～6cm，然后经切口拉出子宫角，在大弯处切开子宫3～5cm，将胎儿连同胎衣一起拉出取尽，最后分别缝合子宫、腹膜、肌肉及皮肤。术后，要喂一些蛋、奶和少量流质食物，加强护理，防止创口感染，一周后即可拆线。

四、实训提示

1. 犬、猫分娩场所切忌喧哗，实训要在教师指导下进行。

2. 在助产时要保定好犬、猫，防止伤人。

3. 由于犬、猫的分娩时间不定，本实训可机动进行。

实训十二　犬、猫的胚胎移植

一、实训目的

通过实训，使学生初步掌握犬、猫胚胎移植的基本操作过程和操作方法。

二、实训材料

1. 动物

经产母犬、母猫若干。

2. 药品

FSH、LH、OXT、速眠新、生理盐水、75%酒精、2%碘酒、青霉素等。

3. 器材

双目实体显微镜、常规腹部手术器械一套，3CC－8 型冲卵管、移植针、检卵吸管、冲洗液（PBS）、培养液（M－199）、35mm 培养皿、20 号穿刺针、注射器等。

三、实训内容和方法

（一）犬的胚胎移植

1. 供体、受体的同期发情处理程序（以京巴犬为例）

	供体（8～10 kg 体重）	受体（8～10 kg 体重）
第 1d	肌注 FSH 50 IU	肌注 FSH 50 IU
第 3d	肌注 FSH 50 IU	肌注 FSH 50 IU
第 10d	肌注 FSH 50 IU	肌注 FSH 50 IU
第 23（或 24）d	肌注 LH 100 IU　4h 后试情、配种 24h 后复配一次	试情（记录同期发情情况）
第一次配后 3～7d	手术收集胚胎	手术移植胚胎

2. 手术

术前供体犬和受体犬均需禁食 24h，以排空胃肠道内的食物和膀胱内的尿液。用速眠新 0.1ml/kg 体重肌肉注射麻醉。背位仰卧保定，以常规外科手术方法对术部进行消毒处理。

手术切口选择在距脐上 3cm 偏离腹白线向左（或右）3cm 纵行切开皮肤 5～8cm，钝性分离腹外斜肌和腹内斜肌，剪开腹膜，暴露腹腔。术者右手伸向腹腔，沿肋壁至肾脏后缘拉出卵巢，观察卵巢和子宫的发育情况。剥开卵巢囊，可见卵巢黄体鲜红，突出于卵巢表面，直径为 0.5～1cm 以上，依此确定供体排卵数目。

3. 从供体输卵管或子宫角中冲取胚胎

（1）从输卵管中冲胚　用手轻轻翻转供体犬卵巢找到输卵管在卵巢囊上的开口，并从开口轻轻导入经消毒的聚乙烯冲胚管。用注射器吸入经 38℃ 水浴预热的 PBS 培养液，并于输卵管和子宫角结合部沿输卵管走向插入输卵管，向输卵管里缓缓注入冲洗液，同时用培养皿在冲胚管末端收集冲卵液。

（2）从子宫角中冲胚　在供体子宫角基部，距子宫体3cm处，用穿刺针穿孔，朝子宫角方向插入3CC－8型冲卵管。在进气端口用注射器充入气体约5～10ml，使气囊膨胀，将导管固定在子宫角内适当的位置，并防止冲洗液倒流。然后，在子宫角与输卵管连接部前2～3cm左右，用穿刺针刺个孔，插入冲洗套管针，注入冲洗液10～20ml，冲洗液注入后，由冲卵管另一端口导出冲洗液。另侧子宫角用同样的方法冲洗采集胚胎。

4. 胚胎检查

冲出的胚胎要立即进行镜检观察。即将盛装有冲卵液的35mm培养皿置于体视显微镜下，用检卵吸管将检出的状态良好的胚胎吸入到另一盛有培养液的35mm培养皿中暂培养，剔除形态不好、退化和透明带崩解破碎的胚胎。

5. 将胚胎移植给受体

受体犬手术后，将输卵管和子宫角拉至手术切口外。用准备好的移卵针（在1ml注射器针头上连有一段4cm长的聚乙烯细管）将胚胎从细胞培养液中吸出。吸取胚胎时应采用三段法，以便对输卵进行指示。吸卵时应尽量减少吸入的空气和细胞培养液的量，以使输入的胚胎能尽快适应受体的生殖道内环境，有利于胚胎进一步发育。犬胚胎移植实验中冲出胚胎数少于4枚时，仅输入一侧输卵管内即可，如4枚以上时应分别输入两侧输卵管内。

6. 术后护理及孕期监测

供体犬、受体犬术后1周内，每天肌肉注射青霉素3万～4万IU/kg体重、链霉素10～15mg/kg体重进行抗感染，并用体温计每天监测体温变化，第8d拆线。妊娠第30d时运用B超腹部探查，观察胚胎生长发育情况。

（二）猫的胚胎移植

1. 供体猫、受体猫的选择

供体猫选好后，记录供体猫的发情情况，然后选择与供体发情日期相近的猫作为受体。

2. 手术

与犬胚胎移植的手术过程相同，可在配种后6～7d进行胚胎采集和移植。术前要对猫禁食，用速眠新0.1ml/kg体重肌肉注射麻醉，背位仰卧保定，以常规外科手术方法对术部进行消毒处理。纵行切开腹壁3～6cm，暴露腹腔，拉出卵巢和子宫，观察卵巢和子宫的发育情况。

3. 冲胚

在供体猫子宫角基部，距子宫体2cm处，用穿刺针穿孔，朝子宫角方向插入3CC－8型冲卵管。在进气端口用注射器充入气体约2～6ml，使气囊膨胀，将导管固定在子宫角内适当的位置，并防止冲洗液倒流。然后，在子宫角顶部用回形针刺个孔，插入冲洗套管针，注入冲洗液10～15ml，冲洗液注入后，从冲卵管另一端口导出冲洗液于表面皿中。另侧子宫角用同样的方法冲洗采集胚胎。

4. 胚胎检查

冲出的胚胎立即进行镜检观察，检出A级、B级胚胎移入另一盛有培养液的35mm培养皿中以备移植，对C级胚胎应废弃不用。用准备好的移卵针将胚胎从细胞培养液中吸出，移植入受体猫子宫角内。移植入受体猫子宫内的胚胎数对妊娠率有一定的影响，每只受体移植入的胚胎数多于12枚比少于12枚时的受孕率要高。由于家猫的胚胎能在子宫中进行迁移，使之在两侧子宫角中均匀分配，因而家猫的胚胎移植只需进行单侧移植。

5. 术后护理及孕期监测

供试猫术后要进行抗感染护理，第8d拆线，妊娠第30d运用B超腹部检查，观察胚胎生长发育情况。

四、实训提示

1. 本实训需要较高的技术水平及实训条件，可根据具体情况开设此实训。
2. 本实训可在教学实习中穿插进行，或结合科研项目实施训练。

实训十三　鸟类生殖器官构造的观察

一、实训目的

熟悉鸟类生殖器官的形态构造，为鸟类的人工授精技术打好基础。

二、实训材料

雄鸟、雌鸟、剪子、手术刀、镊子、搪瓷盘、乳胶手套等。

三、实训内容和方法

（一）雄性鸟生殖器官的观察

雄性鸟的生殖器官包括睾丸、附睾、输精管和交配器（图2－1－1）。

1. 睾丸与附睾

睾丸位于雄性鸟肾脏前叶腹面，成对，为白色卵圆形，非生殖季节萎缩，不易找到，而生殖季节则增大几百倍，甚至1 000多倍，极为明显。附睾很小，紧贴在睾丸的背内侧缘，被睾丸膜所覆盖，它主要由睾丸输出管构成，附睾管很短。

2. 输精管

输精管是多弯曲的输精管道，在输尿管外侧平行后伸，其前端与附睾连接，末端膨大成贮精囊，直接开口于泄殖腔。

3. 交配器

鸟的交配器是由泄殖腔壁突起形成的，只有少数鸟类才有交配器，用以输出精液，而大多数鸟都是靠泄殖腔口相互吻合完成输精作用的。另外，某些鹤形目和鸡形目的鸟类也有残余的交配器痕迹，可作为鉴别雌、雄的标志。

（二）雌性鸟生殖器官的观察

雌性鸟的生殖器官包括卵巢和输卵管两部分（图2－1－2）。

1. 卵巢

雌性鸟在胚胎期有两个卵巢，其中右侧的卵巢在孵化出壳时已经退化，只有左侧卵巢正常发育。卵巢在繁殖季节明显增大，呈结节状，卵泡逐个成熟排出卵黄。非繁殖季节中的卵巢呈扁平状，贴于左肾前叶上，较难找到。

2. 输卵管

输卵管是一条长而弯曲的管道，从卵巢向后一直延伸到泄殖腔。输卵管按其形态结构和功能的不同，可分为喇叭部、蛋白分泌部、峡部、子宫部和阴道部。

四、实训提示

1. 先由实训指导教师用图讲解鸟类生殖器官的组成和形态结构特点，并示教鸟的解剖方法；

2. 学生分组解剖雄鸟、雌鸟，然后观察雄鸟、雌鸟生殖器官的组成及形态特点。

实训十四　鸟的人工授精

一、实训目的

熟悉鸟人工授精各环节的技术要点。掌握鸟的采精和输精方法。

二、实训材料

1. 动物

雌鸟、雄鸟。

2. 药品

生理盐水、75%酒精、蒸馏水、稀释液等。

3. 器材

集精杯、注射器、贮精器、保温杯、恒温干燥箱、显微镜、剪毛剪、脱脂棉球等。

三、实训内容和方法

（一）采精前的准备工作

1. 训练种雄鸟

种雄鸟在采精前要经过必要的训练，使之能适应人工刺激而顺利地排出精液。在做训练时，最好固定专人进行，以使雄鸟熟悉和习惯采精手势，有利于性反射的形成。

2. 创造优越条件

在采精季节，要注意种雄鸟的营养水平、营养成分的平衡和充足的光照时间，以获得优质和较多数量的精液。

3. 器械准备

对集精杯、贮精器等器材，先用清水、蒸馏水清洗干净，置于恒温干燥箱中烘干备用。

4. 分开饲养

采精前先将雄鸟、雌鸟分开饲养，并在采精前3～4h停止供应雄鸟食物和饮水，以减少采精时粪便污染精液。

5. 剪去羽毛

采精前先将雄鸟泄殖腔周围的羽毛剪去，并用生理盐水棉球擦拭干净，或用酒精棉球擦拭消毒，待酒精挥发完后才可采精。

（二）采精方法

正式采精一般每隔2～3d一次，时间宜在下午进行。采出的精液要在30min内输入雌鸟的泄殖腔内，以确保种蛋的受精率。

采精需要两个人配合操作。一人是操作者，负责把雄鸟的精液采出来，另一人是助手，负责雄鸟的固定和收集精液工作。采精时，操作者应坐在椅子上，左手握住雄鸟的双翅，右手握住其双腿放在自己的大腿上。助手右手持集精杯准备收集精液，左手替换下操作者固定着雄鸟双腿的右手。这时操作者就可用右手的整个掌面自雄鸟背部顺尾羽方向抚摩数次，以减轻其惊恐并引起性欲。当雄鸟引起性反射，尾羽上翘、生殖器突起有节奏地用力外翻时，操作者要松开雄鸟的双翅，左手替换右手，用左手掌抚摩雄鸟的尾部，拇指和其余四指分开放在泄殖腔两上侧，用右手以迅速敏捷的手法频频按摩泄殖腔周围5～7s，使雄鸟性欲增强，操作者随即用左手拇指和食指挤压泄殖腔两上侧，在左、右手共同的挤压、按摩作用下，生殖突起翻出并达到充分勃起时即开始排出乳白色精液。与此同时，助手要用集精杯承接精液。

（三）输精

1. 精液的稀释

采出的精液应立即用35℃的稀释液稀释10倍左右。稀释液可用0.9%生理盐水，但最好是用以下配方配制稀释液，即蔗糖4.0g、葡萄糖1.0g、醋酸钠1.0g、重碳酸钠0.15g、磷酸醋酸钾0.2g，加蒸馏水定量至100ml。

2. 输精方法

采出的精液要在30min内输入雌鸟体内，否则会严重影响受精率。每只雌鸟每次输入稀释精液0.1～0.2ml，每个输入剂量应含7 500～10 000个精子，每周连续输2次，即连续输2d，每天各输1次。

输精操作由两人配合完成，一人负责固定雌鸟，另一人负责输精。操作时，负责固定雌鸟的人应用右手抓住雌鸟的双腿倒提，用右腋夹住雌鸟的双翅，左手握住其头部。负责输精的人用塑料注射器吸取精液后，在注射器头插上输精导管，用右手的食指插入雌鸟的肛门内，将输精导管插入其泄殖腔内3～5cm深的地方，并用手指不停地按摩其泄殖腔外侧，将精液徐徐注入。

为增加输精效果，输精者也可用右手掌使劲压迫雌鸟的尾部，并用拇指和食指把雌鸟的肛门翻开，使输卵管口翻出，再将输精导管斜向插入输卵管内约1cm，将精液输入，然后使肛门复原，即完成输精工作。

四、实训提示

1. 鸟的种类繁多，体型大小差异很大，为了便于操作，实训时，最好选择鸽子作实训动物，也可用鸡代替。

2. 给鸟采精时的动作要轻柔、迅速而准确。若按摩过重，则容易引起粪便排泄，甚至使生殖器突起内部毛细血管破裂，造成出血，污染精液。

3. 给鸟输精时应注意不要将空气或气泡输入雌鸟的泄殖腔内，以免影响受精率。另外，为防止相互感染，最好每输 1 只雌鸟换 1 根输精导管。由于水、酒精和消毒剂对精子都是有害的，因此输精过程中所有与精液接触的器械都不得接触这些物质，如果需要清洗，应该用稀释液清洗。

实训十五　鸟蛋的孵化

一、实训目的

通过实训，使学生学会使用孵化器；熟悉鸟蛋机器孵化的操作程序及方法。

二、实训材料

种鸟蛋、孵化器、出雏器、蛋盘、出雏盘、照蛋器、检修工具、高锰酸钾、福尔马林溶液等。

三、实训内容和方法

（一）孵化器的准备

孵化器应设备齐全、完好，事先经过调试合格，孵化前用高锰酸钾和福尔马林溶液进行熏蒸消毒。

（二）孵化过程

1. 上蛋

将种蛋钝端向上放置在蛋盘上，放入孵化室内预热。

2. 孵化机的管理

种蛋入孵后，注意风扇、电动机、调温、调湿、通风、换气、翻蛋等装置的正常工作情况。及时对孵化室工作日程计划表、孵化管理记录表、孵化情况表等进行记录。

3. 照蛋

孵化期间一般检蛋 2～3 次，即入孵第 5d 进行第一次照蛋，将无精蛋、死精蛋检出。第二次照蛋在入孵第 10d 进行，主要是剔除死胚蛋。另外也可进行第三次抽检，通过检查尿囊血管是否在锐端合拢来判断胚胎发育快慢，以调整孵化温度。照蛋动作要稳、准、快，尽量缩短照蛋时间，并防止漏盘和错盘。

4. 移盘

在出雏的前两天，将种蛋从孵化器的孵化盘上移至底部的出雏盘中或转移到出雏器的出雏盘里。

5. 淋蛋

移盘 12h 后，要每隔 6h 用 40℃ 左右的温水淋蛋 1 次，能刺激胚胎运动，利于雏鸟出壳。

6. 出雏和助产

雏鸟出壳后，及时拣出绒毛已干的雏鸟和空蛋壳，出雏高峰期，每 4h 拣 1 次并进行拼盘。取出的雏鸟放入箱内，置于25℃温度下存放。对少数未能自行脱壳的雏鸟，应进行人工助产。

7. 机具的清洗与消毒

出雏结束后，将孵化室、孵化器、出雏器以及所有用具进行彻底清洗与消毒。消毒方法可以采用高锰酸钾和福尔马林溶液进行熏蒸消毒，然后开机烘干备用。

四、实训提示

1. 本实训应尽量结合孵化生产来开展，以解决教学条件的限制。

2. 实训时，要将学生分组轮流进行孵化过程的值班管理工作，并建立岗位责任制度，防止漏岗和出现事故。

实训十六　观赏鱼的雌雄鉴别与催产

一、实训目的

掌握观赏鱼亲鱼雌、雄鉴别的一般方法；熟悉锦鲤人工繁殖中催产剂的配制、注射剂量控制与注射方法。

二、实训材料

1. 动物

锦鲤和金鱼亲鱼各若干组。

2. 药品

0.5%生理盐水、LRH－A、PG、HCG、蒸馏水等。

3. 器材

研钵、注射器及针头等。

三、实训内容和方法

（一）亲鱼雌雄鉴别

季节	性别	体形	腹部特征	是否有追星	体色	生殖孔特点
繁殖季节	雌	体粗短	成熟时膨大，手摸柔软，轻压有卵粒流出	胸腹鳍没有或很少有珠星，手摸光滑	繁殖期通常没有明显体色变化	肛门和生殖孔略红肿，凸出
	雄	体狭长	成熟时膨大不明显，手摸较硬，轻压有乳白色精液流出	胸腹鳍和鳃盖有珠星，有粗糙感	部分鱼类在繁殖期出现婚姻色	肛门和生殖孔略凹陷，不红肿，生殖孔较小，呈三角形

（二）催产药物种类、剂量及注射部位（以锦鲤为例）

1. LRH－A：剂量为10～30μg/kg 体重。

2. PG：剂量为4～6mg/kg 体重。

3. HCG：剂量为6～8 IU/kg 体重。

4. 0.5%生理盐水：剂量为3～5ml/尾。

以上剂量为雌鱼的注射剂量，雄鱼的注射剂量为雌鱼的1/2。注射部位有背部肌肉注射和体腔注射，注射时针头向前倾斜45°角，插入1.5～2cm即可（图2－2－3，图2－2－4）。

四、实训提示

1. 学生分组

将学生每两人分为一组进行实训操作。

2. 雌雄鉴别

亲鱼样本充足时，可每组学生发放锦鲤和金鱼雌、雄亲鱼各一组，进行独立鉴别，然后由每组学生说明鉴别结果和依据；样本不足时可改由普通鲤鱼和鲫鱼替代进行。

3. 催产剂配制

将三种常见催产药物分别研磨或溶解于生理盐水中配制成催产剂，重点考察是否混合均匀、研磨细度和配制浓度。

4. 催产注射

分别采用胸鳍基部和背部肌肉注射方法进行现场催产注射，重点考察注射部位、角度、入针深度和注射剂量是否正确。条件具备情况下，可将注射后的亲鱼进行分池暂养，以观察具体催产效果。

实训十七　宠物品种的认识

一、实训目的

通过实训，使学生认识常见的宠物品种及其特征。

二、实训材料

1. 常见宠物品种的幻灯片、录像带及挂图。
2. 犬、猫、鸽子、鱼、龟的标本或活体。
3. 多媒体播放设备。

三、实训内容和方法

（一）内容

1. 常见宠物犬品种的认识。
2. 常见宠物猫品种的认识。
3. 常见观赏鸽品种的认识。
4. 常见观赏鱼品种的认识。

5. 常见观赏龟品种的认识。

（二）方法

1. 观看常见宠物品种的幻灯片、录像带及挂图。

2. 实训指导教师对上述观看的内容进行必要的解释说明。

3. 实训指导教师利用犬、猫、鸽子、鱼、龟的标本或活体进行品种识别要点的讲解。

四、实训提示

1. 实训前，要准备好所用的实训材料，尽量做到品种齐全。

2. 有条件时，可到当地宠物养殖场或宠物市场进行实际观察和识别宠物品种及其特征。

实训十八　宠物犬选种选配方案的制定

一、实训目的

通过实训，使学生了解制定选种选配方案的用途，熟悉宠物犬选种选配方案的编制方法和过程。

二、实训材料及要求

1. 材料

当地某犬种的系统资料。

2. 要求

提出育种目标。在育种工作中，应根据今后对犬性能的要求，结合现犬群的综合情况以及个体的特性，制订切实可行的各阶段育种目标和进度，使育种工作有序进行。

三、实训内容和方法

（一）选配前的准备

选配前要充分了解犬群的情况、系谱结构、形成历史，掌握各种犬的性能、成绩及后裔品质。实践证明，原来配种组合能产生良好效果的予以维持，采用“重复交配”对其群体品质提高有积极作用；如果种犬尚无后裔成绩，可参照该种犬的同胞资料。选配前还要明确每只种犬要保持的优点，要克服的缺点，做到有的放矢。具体做法如下：

1. 分析种犬的特性

以每只公犬分群列表如下，分析种犬特性及原来的选配效果，为本次选配提供依据。

种犬选配效果分析表

种公犬	特性	与配种母犬	特性	后裔特性	要保留的特性	要提高和改进的特性	要清除的特性

2. 绘制种犬系谱图

种犬系谱图能提供清楚的种犬间的亲缘关系，有利于防止近交。

3. 分析系、族间的亲和力

犬群的品系和品族一般有各自的特性。按照育种目标的要求，以系谱图追溯种犬的各系或族，分析各种犬的特性及后裔品质，从而判断相互间的亲和力，为确定选配组合提供依据。将同族中全同胞和半同胞母犬分开，分别与不同的公犬交配，选出选配效果最好的公犬，在拟订下次选配计划时，用该公犬与此族中所有母犬交配，这是实践证明的一条行之有效的方法。

（二）拟订选配计划

选配计划并没有固定的格式，拟定选配计划是以育种目标为目的，依据犬的用途、特点、后裔品质、亲缘关系、选配原则、繁育方法和预期效果综合考虑。现列举一种犬的选配计划式样如下表，供学生参考。

犬的选配计划表

<table>
<tr><td rowspan="4">耳号</td><td rowspan="4">母犬名</td><td rowspan="4">品种</td><td rowspan="4">预计配种期</td><td rowspan="4">主要特点</td><td colspan="12">与配公犬</td><td rowspan="4">选配原因</td></tr>
<tr><td colspan="4">前次计划</td><td colspan="8">本次计划</td></tr>
<tr><td rowspan="2">耳号</td><td rowspan="2">公犬名</td><td rowspan="2">品种</td><td rowspan="2">主要特点</td><td colspan="4">主选犬</td><td colspan="4">候选犬</td></tr>
<tr><td>耳号</td><td>公犬名</td><td>品种</td><td>主要特点</td><td>耳号</td><td>公犬名</td><td>品种</td><td>主要特点</td></tr>
</table>

四、实训提示

1. 实训前，应选取有代表性的资料，避免盲目性。

2. 宠物的选种选配，是一项系统工作，是需要结合生产实践循序渐进才能进行的。因此，本次实训应结合理论讲授的选种选配原则及方法，根据繁殖犬场的实际需要，练习制订出初步的选种选配计划，以供生产参考。

实训十九　犬、猫繁殖障碍的诊治

一、实训目的

了解犬、猫繁殖障碍的种类，熟悉犬、猫繁殖障碍的诊断方法，掌握犬、猫子宫内膜炎的临床表现及治疗方法。

二、实训材料

1. 动物

达到性成熟后的公犬猫和母犬猫若干只。

2. 器材

阴道开张器、手电筒、手术剪子、镊子、乳胶管、子宫冲洗器、注射器、保定架、脱脂棉等。

3. 药品

0.05%的呋喃西林、0.02%新洁尔灭、0.5%来苏儿、0.1%高锰酸钾、70%酒精、青霉素、链霉素、$PGF_{2\alpha}$及其类似物、FSH、LH、PMSG、HCG、孕激素、液体石蜡、医用凡士林等。

三、实训内容和方法

（一）对犬、猫进行全面系统的检查，确定繁殖障碍的类别

犬、猫繁殖障碍的诊断方法分为临床检查和实验室检查。

1. 临床检查

（1）问诊　向宠物的主人询问犬、猫的年龄、胎次和来源，最后一次分娩日期，分娩及分娩后是否正常，患过何种疾病，治疗结果如何，产后发情周期是否正常，配种次数，最后一次配种日期，饲养情况等。

（2）外观　从犬、猫的外表进行年龄鉴定，观察宠物的营养状态、有无全身及其他系统疾病、后躯及阴唇有无分泌物黏着等。

（3）阴道检查　先用温水充分清洗犬、猫阴门及其附近，用纱布擦干外阴部，再用0.05%～0.1%的新洁尔灭，或2%来苏儿，或70%酒精等消毒阴门。将清洁的阴道开张器外面涂以液体石蜡或医用凡士林，缓慢地插入阴道深处，然后充分地撑开阴道，借助手电光观察阴道及子宫颈阴道部黏膜的色泽、黏液性状、有无炎症和病变等。

（4）剖腹探查　在用以上检查法不能确诊时，可按腹腔手术常规要求，剖腹探查内生殖器官的状态来进行诊断。

2. 实验室检查

用棉棒采取子宫颈深部黏液做微生物的分离培养和药物敏感试验，根据试验结果采用相应的抗菌药物进行治疗。应注意的是，阴道内存在的微生物远比子宫内多，一般情况下它们不致病。因此，采取病料必须在子宫颈深部进行，采取病料的消毒棉棒不得接触开张器或阴道壁，否则得出的结果不可靠。

（二）犬、猫卵巢性繁殖障碍的诊治

1. 持久黄体

持久黄体的主要特征是发情周期中断，常继发于早期胚胎死亡或子宫疾病之后。治疗时采用$PGF_{2\alpha}$及其类似物、FSH、孕激素等。

2. 卵泡囊肿

母犬、母猫患卵泡囊肿时，表现为长期发情、性欲亢进、明显消瘦、体重下降。治疗卵泡囊肿除加强饲养管理外，主要采取激素治疗的方法。

（1）取LH 20～50 IU肌肉注射，隔日一次，连用二次可治愈。

（2）每天肌肉注射黄体酮10～15mg，连日或隔日进行，7～8d为一疗程。

3. 卵巢发育不全

由于犬、猫下丘脑与垂体机能障碍，或卵巢对促性腺激素的敏感性降低，到成年时卵

巢呈幼稚型，无卵泡发育。对卵巢发育不全的犬、猫可通过改善饲养管理，注意维生素A、E的补充，同时使用FSH（促卵泡素）10～20 IU，LH（促黄体素）10～20 IU肌肉注射，每隔2d注射1次，2～3次为一个疗程。

4. 卵巢萎缩及硬化

老年、瘦弱或运动过度的母犬卵巢易发生萎缩。卵巢炎可引起卵巢硬化。卵巢萎缩及硬化均不能形成卵泡，外观上无发情表现。治疗方法，除加强营养外，可用PMSG25～200 IU，皮下或肌肉注射。

（三）犬、猫子宫内膜炎的诊治

子宫内膜炎为犬、猫常见的繁殖障碍，临床上可分为卡他性和化脓性两类。

卡他性子宫内膜炎属子宫黏膜的浅层炎症，病理变化较轻，一般无全身症状。母犬、母猫发情周期多正常，但发情持续期延长。发情时外部表现较明显，黏液流出量较正常多，常混有絮状物，屡配不孕。

脓性子宫内膜炎的病理变化较深，有轻度的全身反应，如体温升高、精神不振、食欲减退等。发情周期紊乱，可见灰白色、黄褐色的脓性分泌物由阴门流出，附于尾根、坐骨结节及臀部形成结痂。阴道检查发现阴道黏膜充血，子宫颈口开张，有脓汁蓄积或流出。

子宫内膜炎的治疗通常采取子宫冲洗并灌注药物的方法。对卡他性子宫内膜炎，可用加温至38℃，无刺激性药液如生理盐水、5%的葡萄糖溶液冲洗子宫，边注入边排出。将冲洗液充分排净后，向子宫注入抗菌素或中成药合剂。

脓性子宫内膜炎一般选用5%盐水、0.1%的高锰酸钾、0.05%呋喃西林、0.5%来苏儿等药物冲洗子宫，将药液排出后再用生理盐水进行冲洗，直至回流液清亮透明为止。最后，取青霉素40万～60万IU、链霉素10万～30万μg，用蒸馏水或生理盐水溶解后灌入子宫内并保留于子宫内。

（四）公犬、公猫不育症的诊治

公犬、公猫如饲料质量不好，缺乏维生素和矿物质，运动不足，配种过度或长期不配种，公犬年老体衰，生殖器官疾病（隐睾、睾丸萎缩、睾丸及附睾炎等），或感染某些疾病（如布氏杆菌病、结核病），内分泌紊乱、雄激素不足等，均可导致繁殖障碍。其主要表现是：公犬无性欲，在交配中不能射精，或排出精液中无精子，出现死精、畸形精子或精子活率低等现象。

治疗方法：应改善对犬、猫的饲养管理条件，使其营养均衡、体质增强、配种频率适度。对生殖道疾病要给予及时的治疗。对性欲缺乏的公犬，可内服甲基睾丸酮10mg或肌肉注射丙酸睾丸素20～50mg/次。对治疗无效或年老体衰的公犬，应淘汰不作种用。

四、实训提示

1. 实训时，尽量选用具有典型繁殖障碍的犬、猫。
2. 繁殖障碍的诊断要根据临床症状综合分析，不要轻易下结论。
3. 冲洗子宫时，要注意注入子宫内药液的量和温度要适宜，防止子宫受到损伤。
4. 实训后学生要写出实训报告。

实训二十　宠物繁殖力的统计

一、实训目的

熟悉犬、猫繁殖力评价的常用指标，掌握犬、猫繁殖力常用指标的计算方法。

二、实训材料

某一养犬户，2007 年年初有可繁殖母犬 75 只，到 2007 年 12 月 31 日止，经统计，2007 年全年有 68 只母犬共发情 130 个发情周期，经自然交配的母犬为 65 只，交配的总情期数是 120，第一情期交配的母犬为 64 只，第一情期受胎的母犬数是 50 只，全年受胎母犬总数是 100 只，最终分娩母犬数是 95 只，初生仔犬总数 450 只，其中有 10 只为死胎，断奶成活的幼犬数是 210 只。

三、实训内容和方法

根据上述所给资料，按下述犬繁殖力评价指标的计算公式，计算出各项繁殖力指标的数值。

1．发情率

发情犬数占应发情犬数的百分率。发情率的高低，可反映犬的发情活动是否正常。

$$发情率=\frac{发情犬数}{应发情犬数}\times 100\%$$

2．受配率

参加配种的犬数占发情犬数的百分率。主要反映对犬配种工作的组织情况。

$$受配率=\frac{配种犬数}{发情犬数}\times 100\%$$

3．受胎率

受胎率可分为总受胎率、情期受胎率和第一情期受胎率。此项指标反映了对犬配种效果的高低。

（1）总受胎率　配种妊娠犬数占参加配种犬数的百分率。

$$总受胎率=\frac{妊娠犬数}{配种犬数}\times 100\%$$

（2）情期受胎率　妊娠犬数占配种情期数的百分率。此项指标能真实反映犬的实际配种效果。

$$情期受胎率=\frac{妊娠犬数}{配种情期数}\times 100\%$$

（3）第一情期受胎率　第一次发情配种妊娠犬数占第一次发情配种犬数的百分率。

$$第一情期受胎率=\frac{第一情期配种妊娠犬数}{第一情期配种犬数}\times 100\%$$

4. 分娩率

分娩犬数占妊娠犬数的百分率。此项指标反映了对妊娠犬保胎防流工作的水平。

$$分娩率=\frac{分娩犬数}{妊娠犬数}\times 100\%$$

5. 窝产仔数

是犬每胎产仔的平均只数。

6. 断奶成活率

断奶时成活的幼仔数占出生时活仔数的百分率。此项指标反映了母犬的泌乳能力、护仔性及对犬哺乳期饲养管理的成绩。

$$断奶成活率=\frac{断奶时成活幼仔数}{出生时活仔数}\times 100\%$$

7. 繁殖率

本年度内出生仔数（包括出生后死亡的幼仔）占上年度末适繁母犬数的百分率。主要反映犬的增殖效率，其与发情、配种、受胎、妊娠、分娩等生殖活动的机能以及管理水平有关。

$$繁殖率=\frac{本年度出生仔数}{上年度末适繁母犬数}\times 100\%$$

8. 繁殖成活率

本年度内幼仔成活数（不包括死产及出生后死亡的幼仔）占上年度末适繁母犬数的百分率。此项指标能反映犬群的实际增长水平。

$$繁殖成活率=\frac{本年度内幼仔成活数}{上年度末适繁母犬数}\times 100\%$$

四、实训提示

1. 实训材料的来源，可取自养犬专业户的生产记录，也可通过学生参与实践调查获得。

2. 犬、猫繁殖力的评价指标和计算方法是相同的，因此，可只选一种进行统计分析。

3. 对计算出的各项指标数值进行分析，评价该犬、猫养殖专业户对犬、猫繁殖的水平，同时讨论提高繁殖力的基本措施。

实训二十一　宠物的去势

一、实训目的

熟悉犬、猫去势前的准备工作，掌握犬、猫的手术去势方法。

二、实训材料

1. 动物

公犬、公猫和母犬、母猫若干只。

2. 器材

手术刀、止血钳、手术剪子、小镊子、医用缝合线、注射器、保定架、灭菌纱布、脱脂棉等。

3. 药品

846、氯胺酮、3% 塞胺酮、舒泰麻醉药、2% 碘酊、75% 酒精、0.1% 的新洁尔灭溶液、青霉素、链霉素等。

三、实训内容和方法

（一）犬、猫去势前的准备工作

1. 对犬、猫进行健康检查，测量体温、呼吸、心率、体重等。

2. 去势前对犬、猫禁食半天，注射破伤风抗毒素。

3. 准备好手术用器械和药品等。

4. 将手术器械用 0.1% 的新洁尔灭溶液浸泡消毒 30min 或煮沸消毒 30min。术者洗净手臂，再用 0.1% 的新洁尔灭溶液浸泡消毒。

5. 对犬、猫进行全身麻醉，用绷带包扎尾根的被毛，固定尾巴后进行术部剪毛并用 0.1% 的新洁尔灭溶液洗净、擦干，再用 2% 的碘酊消毒，最后用 75% 的酒精涂擦脱碘。

（二）公犬、公猫的去势操作

1. 公犬的去势操作

用手术刀将阴囊皮肤切口，小型犬切口为一个，沿阴囊缝隙切开；大型犬切口可为两个，在阴囊缝隙两侧平行于阴囊缝隙切开。切口应尽量靠近阴囊底部，不能靠上或偏斜，以防术后积液。对幼龄公犬，当阴囊切口打开后，术者可用拇指、食指尖端在精索明显变细处反复撸挫、捻转，直至将精索挫断，然后摘除睾丸，不能将精索强行拉断而造成止血不良；对大型成年公犬，需对精索进行双重结扎后剪断，然后再摘除睾丸。

在摘除睾丸时，撕开阴囊韧带后，对于其上方的睾丸系膜分离到精索欲断处即可，不要过度分离。同时精索不要留得太长，否则术后精索断端易脱出切口外而引起感染，影响愈合，但也不能将精索摘除过多，否则其断端缩进腹腔，可引起不易观察的内出血。

术后，阴囊切口不必缝合，或只进行上部的部分缝合，但不能密闭缝合。切口周围用碘酊消毒处理，精索断端及创缘可用刺激性小的消毒剂消毒，不要用高浓度的碘酊消毒，否则动物苏醒后，因刺激疼痛而发生摩擦、啃咬、抓挠等现象，造成术部污染，影响创口愈合。

2. 公猫的去势操作

将麻醉后的公猫横卧保定，将灭菌纱布中间剪开 3～5cm 长的口子，作为创巾盖住会阴部，使阴囊露出。采用鞘膜去势法，用左手拇指和食指固定一侧睾丸，并使阴囊的皮肤绷紧，右手持手术刀沿睾丸的纵轴方向并于阴囊缝隙线相平行，一次切开阴囊和总鞘膜 1～2cm，将睾丸挤出，剪开或撕开阴囊系带，再分离睾丸系膜，将阴囊或总鞘膜推向腹壁方向，使精索暴露，然后用医用缝合线进行双重单结结扎，用手拉着尾线，在结后约 0.3cm处剪断精索，看不到出血时，可用 2% 的碘酊消毒断端，最后剪断尾线，使精索缩回阴囊内。以同样的方法摘除另一侧睾丸。最后将抗生素撒入创口内，除去创巾，进行局部消毒即可。

（三）母犬、母猫的去势操作

1. 母犬的去势操作

将母犬仰卧保定，在母犬腹部脐后4～10cm的腹白线上做一切口，切口长约5cm，然后将食指伸入腹腔沿腹壁向脊柱方向，在肾脏后方仔细探摸卵巢，并将其轻轻引至切口外，同时，可将腹壁切口压向背侧，以配合卵巢的显露。用止血钳在卵巢下方夹住卵巢系膜，在止血钳下方用丝线结扎卵巢系膜，然后切除卵巢，松开止血钳，确认无出血后方可将断端还回腹腔。最后，常规缝合腹膜及皮肤，装结系绷带。术后肌肉注射抗生素，防止感染。

2. 母猫的去势操作

将猫仰卧保定，自脐孔后1cm处向后依次切开腹中线的皮肤、皮下组织、腹白线及腹膜，使切口长3～4cm。显露腹腔后，术者用一手指伸入腹腔沿腹壁探查背脊处的子宫角及卵巢，小心牵引出一侧子宫角并显露卵巢，用纱布隔离固定，在卵巢系膜无血管区切一小口，经此切口对卵巢与肾脏之间的卵巢悬韧带进行贯穿结扎，然后对卵巢与子宫角之间的卵巢固有韧带也进行贯穿结扎，然后完整地剪除两结扎点之间的卵巢（包括卵巢囊），确认肾侧卵巢韧带断端不出血后将其放回腹腔。再沿该侧子宫角牵引出子宫体，随之牵引出对侧卵巢，按上述方法将其摘除。最后将子宫放回腹腔中，常规缝合腹壁及皮肤，装结系绷带。术后肌肉注射抗生素，防止感染。

四、实训提示

1. 先由教师讲解犬、猫去势前的准备工作。
2. 由教师对犬、猫的去势操作进行示教。
3. 让学生分组进行犬、猫的去势训练。
4. 实训后清理实训场所和实训物品。
5. 写出实训报告。

参考文献

［1］叶俊华．犬繁育技术大全．沈阳：辽宁科学技术出版社，2003

［2］张周．家畜繁殖．北京：中国农业出版社，2001

［3］杨利国．动物繁殖学．北京：中国农业出版社，2003

［4］张忠诚．家畜繁殖学．第三版．北京：中国农业出版社，2000

［5］张春光．宠物解剖．北京：中国农业大学出版社

［6］耿明杰．畜禽繁殖与改良．北京：中国农业出版社，2006

［7］张玉．肉狗养殖技术．北京：中国农业大学出版社，2003

［8］杨万郊等．宠物繁殖与育种．北京：中国农业出版社，2007

［9］金东航．肉犬标准化生产技术．北京：中国农业大学出版社，2002

［10］张忠诚．家畜繁殖学．第四版．北京：中国农业出版社，2004

［11］郭世宁．最新实用养猫大全．北京：中国农业出版社，2002

［12］金维正．养狗驯狗与狗病防治．北京：金盾出版社，2006

［13］王力光等．犬的繁殖与产科．长春：吉林科学技术出版社，2000

［14］曹文广．实用犬猫繁殖学．北京：中国农业大学出版社，1994

［15］郭立堂．工厂化肉犬饲养新技术．北京：中国农业出版社，2001

［16］徐汗坤．肉犬生产大全．南京：江苏科学技术出版社，2002

［17］张立波．实用养犬大全．北京：中国农业出版社，2003

［18］马衍忠．宠物精养猫．天津：天津科学技术出版社，2002

［19］动物繁殖生物技术．北京：中国农业出版社，2002

［20］岳文斌等．动物繁殖新技术．北京：中国农业出版社．2003

［21］文端成等．家猫的胚胎工程．动物学杂志［J］，2002，37（3）：97～102

［22］余道伦等．犬输卵管胚胎移植实验研究．中国畜牧杂志［J］，2007，43（5）：12～14

［23］董君艳等．犬胚胎移植手术路径研究性试验．中国工作犬业［J］，2005，5：34～36

［24］任守海等．犬繁殖生物技术概述．畜牧兽医科技信息［J］，2007，10：12～14

［25］黄梅等．犬猫助产术．中国兽医杂志［J］，2005，41（8）：42

［26］X J Yin，H S Lee，Y H Lee etal. Cats cloned from fetal and adult somatic cells by nuclear transfer. Reproduction［J］，2005，129：245～249

［27］冯逢．养鸟指南．长春：吉林科学技术出版社，2004

［28］陈益添．肉鸽信鸽观赏鸽．北京：金盾出版社，1988

［29］任忠芳．观赏鸽．北京：中国农业出版社，2000

［30］沈建忠．实用养鸽大全．北京：中国农业出版社，2001

[31] 李承林．鱼类学．北京：中国农业出版社，2002
[32] 王武．鱼类增养殖学．北京：中国农业出版社，2000
[33] 刘焕亮．水产养殖学概论．北京：青岛出版社，2000
[34] 陈昌福等．观赏鱼饲养与疾病防治．北京：中国农业出版社，2000
[35] 童筱．观赏鱼饲养大全．第二版．北京：广州世界图书出版公司，2006
[36] 周永发等．龟趣．北京：中国农业出版社，2007
[37] 钱谷兰等．龟养殖．第二版．北京：科学技术文献出版社，2001
[38] 赵平．黄缘闭壳龟的泄殖系统．动物学杂志，1993，28（2）：31～34
[39] 黄继志等．四甲陆龟的泌尿生殖系统．山东师范大学学报（自然科学版），2006，21（4）：117～118
[40] 傅丽容等．四眼斑龟的泄殖系统解剖．动物学杂志，2004，39（3）：68～71
[41] 侯万文．家畜遗传育种学．长春：中国人民解放军兽医大学，1986
[42] 欧阳叙向．家畜遗传育种．北京：中国农业出版社，2001
[43] 王殿奎等．宠物繁育技术．哈尔滨：东北林业大学出版社，2007
[44] 李青旺．畜禽繁殖与改良．北京：高等教育出版社，2001
[45] 赵晓玲等．宠物饲养7日通．北京：中国农业出版社，2003
[46] 韩博等．养狗与狗病防治．北京：中国农业大学出版社，2001
[47] 赖志杰．家畜遗传育种学．北京：中国农业出版社，1987
[48] 尤明珍等．禽的生产与经营．北京：高等教育出版社，2001
[49] 郭荣昌．遗传育种学．哈尔滨：黑龙江朝鲜民族出版社，1986